U0277531

土木工程数值分析与工程软件应用系列教程

PLAXIS 3D 基础教程

刘志祥　张海清　编著

机 械 工 业 出 版 社

PLAXIS 3D 是一款国际上广泛使用并受到业界高度认可的岩土工程有限元分析软件。它操作流程简明清晰，具备强大的建模、计算及后处理功能；能考虑岩土体的非线性、时间相关性、各向异性及流-固相互作用等复杂特性；另外，在很多工程中除了要模拟土体本身的力学行为，还要模拟三维空间中的结构，以及土和结构之间的相互作用，PLAXIS 3D 能很好地解决上述问题。

本书全面讲解 PLAXIS 3D 程序的功能特性及其在岩土工程中的应用方法。全书分为两大部分共 18 章，其中第一部分（1～10 章）详细介绍从输入土层、设置结构、指定材料参数、施加荷载、设定（塑性、渗流、动力）边界条件、划分网格，到设置计算阶段、设置计算控制参数、执行计算和输出计算结果等整个分析过程中涉及的各项操作细节，可使读者全面了解软件的架构和各个功能；第二部分（11～18 章）以 8 个典型岩土工程问题为例，深入讲解利用 PLAXIS 3D 进行实际岩土工程计算分析的方法流程，包括模型构建、参数取值、计算条件设定及计算结果输出与分析的全过程，可使读者具备基本的实战能力。

本书作为土木工程数值分析与工程软件应用系列教程之一，适于广大岩土工程师和学习研究人员入门使用。

本书配有算例的模型文件，读者可通过本书附赠的刮刮卡在“天工讲堂”下载，可供读者学习并检查自己的计算结果使用。

图书在版编目（CIP）数据

PLAXIS 3D 基础教程/刘志祥，张海清编著. —北京：机械工业出版社，2014. 12（2023. 12 重印）

土木工程数值分析与工程软件应用系列教程

ISBN 978-7-111-48654-1

Ⅰ. ①P… Ⅱ. ①刘… ②张… Ⅲ. ①土木工程－应用软件－教材 Ⅳ. ①TU－39

中国版本图书馆 CIP 数据核字（2014）第 274272 号

机械工业出版社（北京市百万庄大街 22 号　邮政编码 100037）
策划编辑：李　帅　责任编辑：李　帅　任正一
版式设计：霍永明　责任校对：刘怡丹
封面设计：张　静　责任印制：刘　媛
涿州市般润文化传播有限公司印刷
2023 年 12 月第 1 版第 4 次印刷
184mm×260mm · 23. 25 印张 · 4 插页 · 557 千字
标准书号：ISBN 978-7-111-48654-1
定价：69. 80 元

电话服务
客服电话：010-88361066
　　　　　010-88379833
　　　　　010-68326294

网络服务
机　工　官　网：www. cmpbook. com
机　工　官　博：weibo. com/cmp1952
金　　书　　网：www. golden-book. com
机工教育服务网：www. cmpedu. com

序

随着计算技术的发展以及人们对工程设计建造要求的提高，对工程结构进行数值计算分析的必要性越来越得到人们的重视，数值分析的应用也越来越广泛。近年来制定的很多工程技术规范也都要求对复杂工程结构需进行数值计算分析。

数值计算分析最常用、最有效的方法是有限元法。早期由于计算机硬件及计算技术水平的限制，多采用高度简化的模型或平面模型，即使对于具有显著空间作用的问题也多简化为平面问题进行计算。然而，很多问题需要进行三维计算，比如复杂形状基坑、地下洞室开挖中掌子面等的变形及稳定问题，如按二维问题进行分析则与实际会有较大差异，甚至得出明显错误的结果。比如对土钉支护，笔者研究发现如按平面模型分析则算不出符合实际的破坏模式。当然，三维分析需要功能更强的软件，要便于输入数据、显示计算结果，同时要求计算者对所采用的数值方法及工程问题的本质有较为深入的理解或认识。

PLAXIS 是由荷兰 Delft 工业大学土工研究所创始研发的一个岩土工程有限元软件，其界面友好、计算可靠，但其早期版本仅针对二维和轴对称问题。成立 PLAXIS 公司之后，该软件得到持续发展，2001 年推出三维基础分析程序，2004 年推出三维隧道分析程序，到 2010 年则推出一般三维分析程序。其功能包括弹塑性分析、渗流、固结、大变形、动力分析，还可模拟土-结构共同作用问题。

该软件的研发集中了众多岩土力学及工程专家和软件工程师的智慧，对各类复杂岩土工程问题的分析具有很强的适用性，深受岩土工程界和科研人员的欢迎，在世界范围内已有数以万计的用户，在我国也拥有越来越多的用户。

北京金土木信息技术有限公司一直致力于推进该软件在国内的应用，这有助于我们学习西方国家的先进技术。2010 年，他们曾参照 PLAXIS 软件的英文用户手册编写了《PLAXIS 岩土工程软件使用指南》。现在根据 PLAXIS 软件的发展，考虑国内岩土行业的需求，刘志祥和张海清工程师参考新版 PLAXIS 三维分析程序的英文用户手册，编写了这本《PLAXIS 3D 基础教程》，相信对大家使用 PLAXIS 三维程序会有帮助。

本人曾作为 PLAXIS 早期版本的主要研发人员之一，目前又担任 PLAXIS 公司的学术顾

问委员会委员，很高兴看到 PLAXIS 能在国内工程建设中发挥作用，也很愿意向大家推荐这本书。因此，应金土木公司的要求写了以上这些话，聊以为序。

宋二祥
于清华园

前言

随着近几年中国经济飞速发展，尤其是城镇化的发展，国家对城乡建设和基础设施建设大举投入，在城建、交通和港口等众多领域不断涌现出大型岩土工程项目，随之引发的工程事故和经济损失也越来越多。因此，对于地质条件、施工工况和周边环境等比较复杂的岩土工程项目，尤其是大型项目，在确定设计施工方案之前，进行方案比选、预判关键变形受力部位并提出改进建议，以确保施工的安全、顺利进行，已逐渐成为整个工程项目中必不可少的重要环节，相关的监测技术、试验研究也越来越受到重视。这就需要能够模拟整个施工过程、能够考虑复杂荷载工况及地下水条件、考虑土-结构相互作用及流-固耦合作用的专业的岩土分析程序来辅助我们完成这些工作。同时，随着理论研究与工程经验的不断积累与发展，业内专家学者及专业技术人员也逐渐认识到，单纯依靠常规的传统算法已经无法满足日益复杂的岩土工程项目的计算分析需求，在各类岩土工程的设计施工方案的专家评审会上，已普遍要求使用岩土有限元程序进行分析校核。

在众多有限元程序中，PLAXIS 程序以其专业性、友好性和优质性广受用户的喜爱。与 ANSYS 和 ABAQUS 这类大型通用有限元程序不同，PLAXIS 始终专注于岩土工程，如果说前者所走的是“博、广、通”的路线，那么 PLAXIS 走的则是一条“专、精、深”的路线。PLAXIS 拥有更全面丰富的专业岩土本构模型和专门针对岩土工程分析特点设计的易于使用的操作界面。与此同时，它的计算内核稳定而高效，其计算结果可靠性在国际岩土工程界受到广泛认可。近些年，PLAXIS 3D 在国内大型岩土工程项目应用中已充分展示了它的专业性和高品质。

PLAXIS 软件是由荷兰公共事业与水利管理委员会提议，于 1987 年由荷兰 Delft 工业大学开始研发，最初目的是为了解决荷兰特有低地软土的岩土模拟分析问题。1993 年，PLAXIS 公司正式成立，并于 1998 年发布第一版 Windows 系统的 PLAXIS 软件。同时，着手三维计算内核的研发，并在 2001 年、2004 年逐步推出 PLAXIS 三维隧道分析程序（3DT）、三维基础程序（3DF）。随着技术的不断累积，2010 年，PLAXIS 公司又推出了新一代 PLAXIS 软件 PLAXIS 2D 和 PLAXIS 3D（现已发展到 2D AE 和 3D 2013）。

至今，PLAXIS 软件已广泛应用于各种岩土工程项目，如：基坑、挡墙、边坡、抗滑桩、隧道、桩（筏）基础、码头工程等，并得到世界各地岩土工程师的认可，成为其日常工作中不可或缺的数值分析工具。截至 2012 年初，世界范围内 PLAXIS 用户多达 16000 多家；其中国内用户已有百余家，涵盖了铁路、电力、石化、建筑、航务等行业。

为了便于广大工程师和学者能够尽快熟悉和使用 PLAXIS 3D 软件，本书系统而详细地讲解了 PLAXIS 3D 各项功能和常见工程项目中的应用方法。全书分为两个部分：功能特性和应用示例。第一部分功能介绍共分 10 章，第 1、2 章介绍了程序的概况和一般规定；第 3 至 6 章讲述了输入程序中的土层、结构等建模功能和材料属性设置等前处理功能；第 7 章讲述了网格划分和计算设置；第 8 至 10 章讲述了输出程序的界面、输出结果及生成曲线等后处理功能。第二部分（11 ~ 18 章）以 8 个典型岩土工程为例，深入讲述了利用 PLAXIS 3D 进行实际岩土工程计算分析的方法流程，包括模型构建、参数取值、计算条件设定及计算结果输出与分析的全过程。另外，在附录中给出了程序的安装说明及相关问题解决方法。

本书的编写由刘志祥与张海清完成。PLAXIS 3D 软件的界面中文本地化工作主要是由刘志祥负责，因此，本书的内容与软件的中文界面更加兼容。

在书稿完成之际，首先感谢清华大学宋二祥教授的指导并拨冗为本书作序；还应感谢中国建筑标准设计研究院北京金土木信息技术有限公司各位领导对本书的重视与大力支持；感谢同事卢萍珍在早些年所做的工作；最后要感谢广大的 PLAXIS 3D 用户，你们对 PLAXIS 3D 中文教程的需求正是我们编写本书的动力源泉。

由于编者水平和时间的限制，书中难免存在一些错误，敬请广大读者批评指正。也请您在发现错误后反馈给我们，以便再版时进行更新与修正！再次感谢广大读者。

编　者

目 录

第一部分 功能特性

PLAXIS 系列软件自 1987 年开始研发，1993 年 PLAXIS 公司成立，发展至今已有二十余年。国际上有超过 30 家公司加入了 PLAXIS 发展共同体（Plaxis Development Community，PDC），为 PLAXIS 研发提供资金支持，并对研发成果的性能和品质进行测试和检验。这样就将程序研发与工程实践结合起来，使得 PLAXIS 程序在互动中不断更新、反馈、再更新，功能愈加强大、成熟、完善。

PLAXIS 3D 作为一套专业的三维岩土有限元软件，具备了优秀岩土有限元软件应有的基本特性：

（1）计算功能强大，适用范围广　PLAXIS 3D 共包括三个模块，主模块之外还包括渗流、动力两个模块，可进行塑性、安全性、固结、渗流、流固耦合、动力等多种类型的分析。可对常规岩土工程问题（变形、强度）如地基、基础、开挖、支护、加载等进行塑性分析，可对涉及超孔压增长与消散的问题进行固结分析，可对涉及水位变化的问题进行渗流（稳态、瞬态）计算以及完全流固耦合分析，可对涉及动力荷载、地震作用的问题进行动力分析，可对涉及稳定性（安全系数）的问题进行安全性分析。从工程类型角度来看，可对基坑、边坡、隧道、桩基、水库坝体等工程进行分析。另外，PLAXIS 3D 还有专门的子程序用于模拟常规土工试验并可进行模型参数优化（土工试验室程序）。

（2）运算稳定，结果可靠　PLAXIS 公司加入了 NAFEMS（一个旨在促进各类工程问题的有限元方法应用的非盈利性组织），PLAXIS 研发团队始终与世界各地的岩土力学与数值方法研究人员保持密切联系，以使 PLAXIS 程序能够采用最先进的专业理论与技术，在业界保持高技术标准。众所周知，本构模型是一个岩土有限元软件的灵魂，PLAXIS 程序率先引入了土体硬化模型（HS）和小应变土体硬化模型（HSS）这两个高级本构模型，能够考虑土体刚度随应力状态的变化，其典型应用如基坑开挖支护模拟，对于坑底回弹和地表沉降槽以及支护结构的变形和内力等的计算结果，经过与众多工程实例监测数据的对比，已经得到

世界范围内的广泛认可，成为开挖类有限元计算的首选本构，使得广大工程师摆脱了使用莫尔—库仑（PLAXIS 软件中为“摩尔-库伦”）等初级本构难以考虑土体变刚度特性、甚至得到基坑连同地表整体上抬的计算结果的困扰。

（3）界面友好，操作便捷　PLAXIS 3D“输入”程序界面下包括土层、结构、网格、水位、分步施工五个标签，整个建模计算过程按此分析流程依次进行即可。PLAXIS 3D 程序具有交互式图形界面，其土层数据、结构、施工阶段、荷载和边界条件等都是在方便的 CAD 绘图环境中输入，支持 DXF、DWG、3DS 及地形图的导入，有曲线生成器可建立曲线，有多种工具可以进行交叉、合并、平移、分类框选、旋转、阵列等操作以建立复杂几何模型。PLAXIS 3D 可以自动生成非结构化有限元网格，其中土体采用 10 节点四面体单元模拟。模型中可使用的结构单元包括板、梁、锚杆、土工格栅以及 PLAXIS 特有的 Embedded 桩单元，既可直接在模型中像绘制 CAD 图形一样画出，也可在命令行通过输入命令建立。土与结构相互作用采用界面单元模拟，比如板单元与土体之间的相互作用，建立板之后，可通过右键菜单一键生成接触界面。再比如渗流边界条件，可指定常水头、时间相关变化水头，既可在模型中直接绘制水位面，也可通过数据表格、水头变化函数等指定渗流边界条件。

本书第一部分共 10 章，对 PLAXIS 3D 程序的主要功能特性及相应的各级菜单进行全面介绍，详细讲解从输入土层、设置结构、指定材料参数、施加荷载、设定（塑性、渗流、动力）边界条件、划分网格，到设置计算阶段、设置计算控制参数、执行计算和输出计算结果等整个分析过程中涉及到的各项操作细节。

通过第一部分的学习，读者可了解到 PLAXIS 3D 程序如何模拟土层、各类结构、对其功能特性以及参数设置有较全面的了解。本部分内容也可作为 PLAXIS 3D 程序的实用手册，可供读者在使用程序过程中查阅程序相关功能特性信息。

第1章 PLAXIS 3D简介

PLAXIS 软件是20世纪70年代后期在荷兰公共事业与水利管理委员会的倡议下，由Delft 工业大学研究团队主导研发，并于1987年推出第一个版本（V1.0），最初目的是为了对荷兰的低地软土上的河堤进行计算分析研发一款方便易用的二维有限元程序。经过持续不断的发展，PLAXIS 的分析功能逐渐扩展到其他的岩土工程领域。1993年，PLAXIS 公司（PLAXIS BV）正式成立，并于1998年发布第一版 Windows 系统下运行的 PLAXIS 软件，同时，着手三维计算内核的研发。在2001年和2004年分别推出 PLAXIS 三维隧道分析程序（3D Tunnel）和三维基础分析程序（3D Foundation）。随着技术的不断积累，PLAXIS 公司于2010年推出了新一代真三维软件 PLAXIS 3D 2010，并在分析功能与操作方式上不断更新完善，目前3D最新版本为 PLAXIS 3D 2013（2D 最新版为2014年初发布的20周年纪念版 PLAXIS 2D AE）。

PLAXIS 3D 采用便捷的图形化用户界面，操作流程简明清晰，具备强大的建模、分析功能，内嵌多种经典及高级土体本构模型，能模拟复杂岩土结构和施工过程，能模拟稳（瞬）态渗流、流固耦合等复杂水力条件变化情况，能考虑土与结构之间相互作用及动力荷载的影响，适于广大岩土工程师和研究工作者使用。

至今，PLAXIS 软件已广泛应用于各种岩土工程项目，如：基坑、挡墙、边坡、抗滑桩、隧道、桩（筏）基础、码头工程等，并得到世界各地岩土工程师的认可，日渐成为其日常工作中不可或缺的数值分析工具。截至2012年初，世界范围内 PLAXIS 用户多达16000多家；其中国内用户已有百余家，分别是：铁路、电力、石化、建筑、航务等行业设计院及部分高校和科研院所。

PLAXIS 3D 用户需熟悉 Windows 操作环境，如有使用 PLAXIS 2D 的经验则更易于上手。如要快速掌握 PLAXIS 3D 的主要功能，可参照本书第二部分的算例进行上机操作来熟悉相关知识。

PLAXIS 3D 用户界面上包含两个子程序（“输入”和“输出”程序）。

“输入”程序（PLAXIS 3D Input，蓝色图标“3D”）是一个前处理器，用于定义问题的几何模型、创建有限元网格和定义计算阶段并执行计算。

“输出”程序（PLAXIS 3D Output，橙色图标“3D”）是一个后处理器，可输出各种计算结果的三维视图、剖面以及监测点数值变化曲线等。

第2章 一般说明

在介绍 PLAXIS 3D 用户界面各个部分的具体功能之前，本章首先介绍一些通用特性。

2.1 单位和符号规定

2.1.1 单位系统

对于任何一个分析项目，其各项输入信息应采用一致的单位系统。在输入分析项目的几何信息之前，需要先从标准单位系统里选择一组合适的基本单位。基本单位由长度、力和时间组成，在“输入”程序的“文件”菜单下选择“项目属性”选项，然后在弹出的“项目属性”窗口中的“模型”选项卡中可定义这些基本单位。PLAXIS 3D 程序默认基本单位为长度［m］、力［kN］、时间［day］。表 2-1 列出了 PLAXIS 3D 中所有的可用单位、默认设置和折算到默认单位的换算系数。PLAXIS 3D 分析项目的输入数据和输出数据，都和这里选定的单位系统相一致。PLAXIS 3D 程序会根据用户设置的基本单位系统在参数输入框的右侧列出其对应的输入单位；当以表格形式输入数据时，会在输入列的上方显示对应的单位。本书中的全部算例均采用程序的默认单位系统。

表 2-1　PLAXIS 3D 可用单位和折算到默认单位的换算系数

长　度	换算系数	力	换算系数	时　间	换算系数
mm	=0.001m	N	=0.001kN	s（sec）	=1/86400
cm	=0.01m	kN	=1kN	min	=1/1440
m	=1m	MN	=1000kN	h	=1/24
km	=1000m	1bf（pounds force）	=0.0044482kN	d（day）	=1
in（inch）	=0.0254m	kip（kilo pound）	=4.4482kN		
ft（feet）	=0.3048m				
yd（yard）	=0.9144m				

为方便起见，表 2-2 列出了经常使用的两套单位系统：

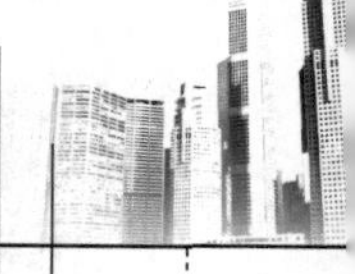

表 2-2 常用的两套单位系统

类 型	量	国际单位（SI）	英制单位
基本单位	长度	[m]	[in]
	力	[kN]	[lbf]
	时间	[d]	[sec]
几何图形	坐标	[m]	[in]
	位移	[m]	[in]
材料属性	弹性模量	[kN/m^2] = [kPa]	[psi] = [lbf/in^2]
	黏（PLAXIS 软件中为“粘”）聚力	[kN/m^2]	[psi]
	摩擦角	[deg.]	[deg.]
	剪胀角	[deg.]	[deg.]
	重度	[kN/m^3]	[lbf/cu in]
	渗透系数	[m/day]	[in/sec]
力和应力	集中荷载	[kN]	[lbf]
	线荷载	[kN/m]	[lbf/in]
	分布荷载	[kN/m^2]	[psi]
	应力	[kN/m^2]	[psi]

在建立 PLAXIS 3D 分析项目时，如果中途回到“项目属性”窗口更改基本单位设置，程序会将已输入值自动换算为新单位系统下的值。这种自动换算适用于输入程序里的材料数据组和其他材料属性相关参数；但对于和几何图形有关的输入值（比如几何数据、荷载、指定位移或地下水位）并不适用，也不适用于在输入程序之外的输入的参数。如果要在一个已有项目里使用不同的单位系统，需要人为修改所有几何图形数据，并重新执行所有计算。建议读者在建立模型之前设置好基本单位，尽量避免中途更改基本单位系统。PLAXIS 3D 中的三维有限元模型是基于几何模型建立的，几何模型由实体、面、线和点组成。可通过定义多个竖直的钻孔来指定模型范围内不同位置处的土层分布。相邻钻孔之间的土层会自动插值，土层和地表面均可以是非水平的。

2.1.2 符号规定

PLAXIS 3D 中应力计算基于图 2-1 所示的笛卡儿坐标系（Cartesian coordinate system）。在所有输出数据中，压应力、压力以及孔隙水压力都规定为“负”，拉应力和拉力规定为“正”，图 2-1 所示均为正应力方向。

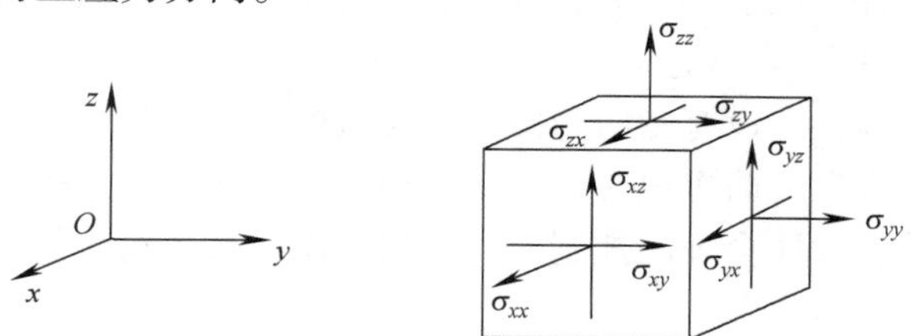

图 2-1 坐标系和正应力分量的表示

2.2 文件管理

PLAXIS 3D 文件管理由经过修改的普通 Windows 文件管理器（见图 2-2）完成。可使用文件管理器查询单机或网络环境下任意（PLAXIS 软件中为“容许”）目录下的文件。对于一个 PLAXIS 3D 项目，使用一个主文件和一个与主文件同名但扩展名不同的子文件夹来存储项目信息，保存 PLAXIS 3D 项目时会自动生成这个主文件和对应的子文件夹。PLAXIS 3D 项目的主文件命名为 <project>. P3D，其中 <project> 为项目名称；对应的同名子文件夹 <project>. P3DAT 用于存储该项目的其他数据（该子文件夹下的内容是不能够直接读取的，用户一般无需进入该文件夹）。不难理解，要打开一个已有的 PLAXIS 3D 项目时，应确保该项目的主文件及其对应的子文件夹在同一个存储目录下。

图 2-2　PLAXIS 3D 文件管理器

2.3 帮助工具

PLAXIS 3D 的“帮助”菜单下提供了程序手册电子版的链接，以便于用户了解程序功能和特性。同时还提供程序中使用的命令的参考文件。另外，通过“帮助”菜单还可创建包含软件许可信息（存储于安全锁中）的文件，用于许可更新和延期。关于“输入”程序和“输出”程序的“帮助”菜单的具体介绍，分别详见本书 3. 3. 11 和 8. 2. 11。

许多程序功能在工具栏上设有专门的按钮。当鼠标指针在某一个按钮上停留一秒钟以上时，会弹出功能描述信息框，简短说明该按钮的功能。程序对用户操作的响应会在命令行区域给出。对于某些参数，程序会弹出控制面板来帮助用户选择输入值。

第3章 输入程序概述

使用PLAXIS 3D程序进行有限元分析，需要先建立由点、线、面、体等构成的几何模型，并为其指定相应的材料属性和边界条件。这些定义在“输入”程序的前两个标签“土 结构”（可合称为“几何”模式）下完成。然后基于几何模型生成有限元网格、定义计算阶段并执行计算，这些操作在“输入”程序的后三个标签“网格 水位 分步施工”（可合称为“计算”模式）下完成。

3.1 启动输入程序

蓝色图标“3D”代表“输入”程序，启动“输入”程序后，会弹出“快速选择”窗口，可选择“启动新项目”或“打开已有项目”（见图3-1），如近期曾经运行过PLAXIS 3D项目，还可以选择打开一个“近期项目”。

图3-1 “快速选择”窗口（首次运行）

3.1.1 新建项目

单击“启动新项目”按钮，将弹出一个“项目属性”窗口，可定义新项目的基本模型参数。“项目属性”窗口包含“项目”和“模型”两个标签。“项目”选项卡（见图3-2）

下可输入项目名称和项目描述，还可设置公司 logo。“模型”选项卡（见图 3-3）下可设置长度、力和时间的基本单位，重力加速度方向和大小，水的重度，以及模型的初始平面尺寸。在输入当前值后如果选择“设为默认值”并单击“确认”按钮，即可将当前值设为默认。项目属性窗口下各选项详细说明见表 3-1。

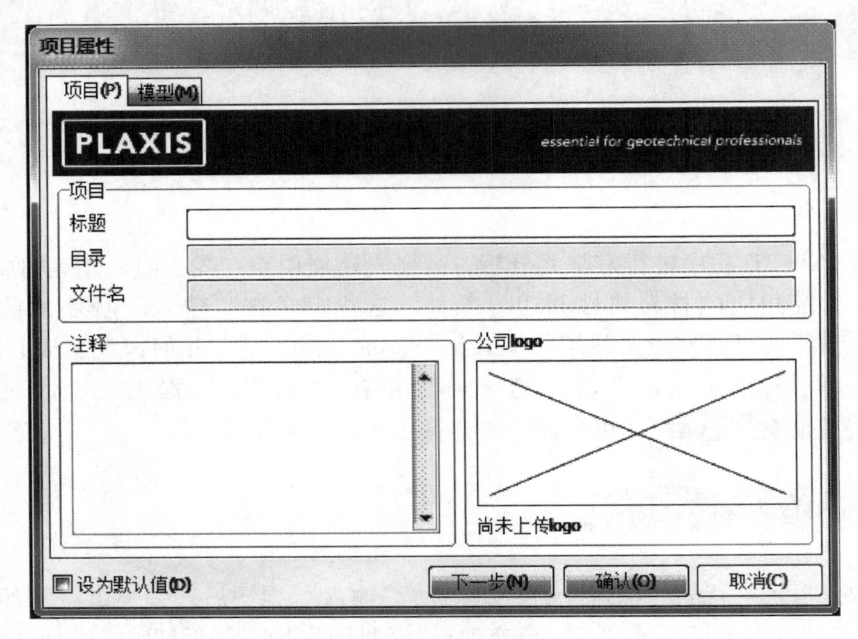

图 3-2 “项目属性”选项卡（一）

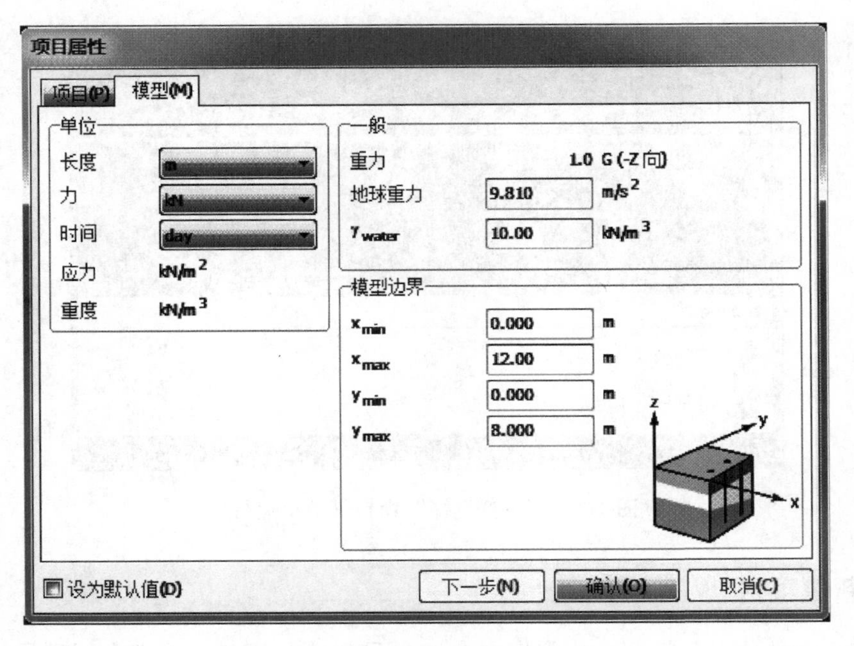

图 3-3 “项目属性”选项卡（二）

表 3-1 "项目属性"选项卡各选项功能说明

选项卡	选项		说明
项目	项目	标题	在此输入项目标题，保存项目时，该项目标题将作为项目文件的默认名称
		目录	显示项目文件的保存路径，对于新建项目此处显示为空
		文件名	显示项目文件名，对于新建项目显示为空
	注释		可在此输入项目的相关说明信息
	公司 logo		在该图框中单击，弹出文件管理器，可选择公司标志图形文件，该标志可包含在输出图形中
模型	单位	长度	程序采用的默认长度单位是"m"，力的单位是"kN"，时间单位是"day"，用户也可通过下拉列表选择其他单位。与之相应的应力和重度的单位由程序自动换算，列于上述基本单位的下方，无需用户选择 项目内所有输入值的单位应当一致。某输入值的合适单位一般根据基本单位确定，并直接显示在文本框后面
		力	
		时间	
		应力	
		重度	
	一般	重力	程序默认设定 1 个重力加速度，沿 z 轴负方向，无需用户输入
		地球重力	默认长度单位为"m"时，重力加速度"g"的默认值为 9.810m/s^2，沿 z 轴负方向。重力隐含于用户给出的重度中
		γ_{water}	在包含孔压的项目中，需要输入水的重度以确定有效应力和孔压。使用默认基本单位"kN"和"m"时，水的重度为 10.00 kN/m^3
	模型边界	x_{min}，x_{max}，y_{min} 和 y_{max}	新建项目时，需要指定模型的几何边界。x_{min}、x_{max}、y_{min} 和 y_{max} 的初始值确定了几何模型的水平外边界。绘图区初始视图内模型完全可见。选择"土体"模型后，可在绘图区中修改模型的几何边界

3.1.2 已有项目

当启动"输入"程序时，"快速选择"窗口中会显示近期项目列表。如果需要选择的项目不在该列表中，可选择"打开已有项目"选项。这时会弹出文件管理器（见图 2-2），可通过浏览目录选择要打开的 PLAXIS 3D 项目文件（*.P3D）。选定一个已有工程项目后，主窗口内会显示相应的几何图形。

另外还可以通过在"文件"菜单中选择"打开项目"选项来读取已有的 PLAXIS 3D 项目，打开项目时可识别的文件类型默认为"PLAXIS 3D 文件（*.P3D）"。

3.1.3 打包项目

已创建的项目可以使用"输入"程序中"文件"菜单下的"项目打包（ ）"功能来进行打包压缩（见图 3-4）。这个功能也可以直接从 PLAXIS 3D 安装文件夹中双击相应的图标（PackProject.exe）来执行，还可以为其创建独立快捷方式。"项目打包"窗口下各选项功能见表 3-2。

图 3-4　“项目打包”窗口

表 3-2　“项目打包”窗口下的各选项说明

功能框	选项	子项	说明
一般	项目	浏览	单击“浏览”按钮，选择要打包的项目
	存档	浏览	单击“浏览”按钮，指定打包项目的存档路径
目标	备份		选择该项后，压缩包中将包括项目中的所有文件以及网格信息、阶段定义和计算结果。项目文件的扩展名、创建程序、以及存档日期都包括在存档名中
	支持		选择该项后，压缩包中将包括为当前项目给予支持所需的全部信息。注意，该功能仅 VIP 用户可用
	自定义		选择该项后，用户可以自定义压缩文件包含的信息
	存档选项“ ”		单击该按钮后，弹出“存档选项”窗口（见图 3-5），可从中定义压缩类型和文档大小
目录	网格		选择该项后，压缩包中将包含与几何模型相关的信息
	阶段	灵活的	当选中列表中某一阶段，程序自动选择其所继承的阶段，以保持连续性
		所有	选择该项，将选中所有阶段
		手动	用户可自主选择压缩包中要包含的阶段
	结果	所有步	压缩包中将包含所有计算步的结果
		仅最后一步	压缩包中仅包含每个计算阶段的最后一个计算步的结果
		手动	用户可自主选择压缩包中要包含的计算步结果

提示： 当在“目标”框下选择“备份”或者“支持”选项后，程序会自动选择“目录”框内的选项。

图 3-5 “存档选项”窗口

3.2 “输入”程序的界面

新建项目时，PLAXIS 3D“输入”程序的界面如图 3-6 所示。“输入”程序界面所包含内容及相关说明见表 3-3。

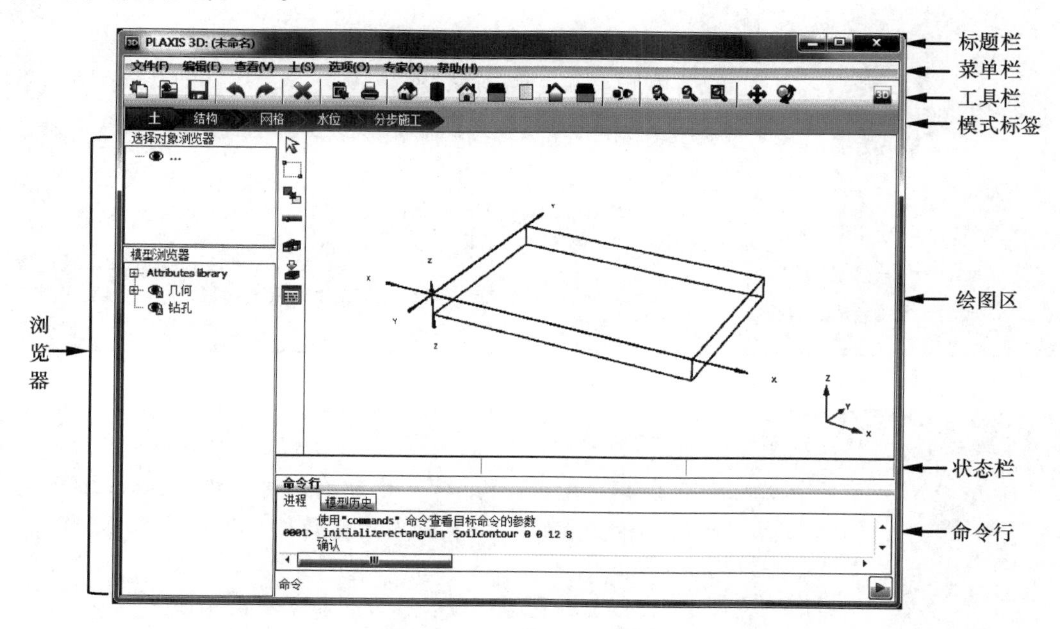

图 3-6 “输入”程序界面

表 3-3 "输入"程序界面的选项

功能区		说明
标题栏		显示程序的名称和项目的标题。项目中未保存的修改在项目名称中使用"*"表示
菜单栏		包括了"输入"程序中所有可用选项的下拉菜单
工具栏		包括常用操作按钮，如存盘、打印、模型显示，还包括激活"输出"子程序的按钮
模式标签	土	在该模式下定义模型包含的土层
	结构	在该模式下定义模型中包含的结构
	网格	在该模式下定义网格属性，对几何模型进行离散化，生成有限元模型
	水位	在该模式下定义模型中的水位
	分步施工	在该模式下定义计算相关设置，并执行计算
绘图区		在绘图区中创建和修改几何模型，使用鼠标以及侧边工具栏中的按钮来完成。侧边工具栏中的按钮根据激活模式的不同而变化
侧边工具栏		此处列出当前激活模式下可用的按钮，鼠标指针在按钮上停留数秒后会显示该按钮的功能提示。包括在绘图区中选择单个或多个对象的选项
状态栏		显示光标在绘图区中的位置信息、所处位置的模型对象，在选择绘图工具后还会显示捕捉栅格点提示
命令行		PLAXIS 3D 中可通过键盘在命令行输入相应命令来执行操作。另一方面，所有鼠标操作也会被转换为相应命令。单击"模型历史"标签，会显示项目中执行的所有命令。不过，当单击"进程"标签后，将只显示在激活会话中执行的命令以及程序的响应 选择"帮助"菜单下的"命令参考"选项，可查看程序中有效命令的相关信息
浏览器	选择对象浏览器	显示选中几何对象的属性及其指定特性，并可对其进行显示或隐藏、激活或冻结等操作
	模型浏览器	显示模型中所有几何对象的属性及其指定特性，并可对其进行显示或隐藏、激活或冻结等操作
	阶段浏览器	显示计算阶段列表，可添加、插入、删除或修改计算阶段，并可指定所有计算阶段的从属关系

提示： 1）将鼠标光标移到工具栏的某个按钮上，会显示相应按钮的功能提示。

2）前两个模式（"土体"和"结构"）可称为"几何"模式，后三个模式（"网格"、"水位"和"分步施工"）可称为"计算"模式。这几种模式的更详细介绍见 3.4 节。

3）"选择浏览器"和"模型浏览器"可合称为"对象浏览器"。

3.3 菜单栏中的菜单

“输入”程序的菜单栏中包含的菜单大体上涵盖了文件处理、数据传输、图形查看、几何建模、有限元网格生成和数据输入等各个方面。菜单的可用性取决于当前激活的模式。“输入”程序中可用的菜单介绍如下。

3.3.1 文件菜单

“文件（File）”菜单下的可用选项见表3-4。

表3-4 “文件”菜单下的可用选项及其说明

菜单	选项	说明
文件	新建项目	新建一个项目，会自动弹出“项目属性”窗口
	打开项目	单击“打开”，会弹出文件管理器，可选择一个已有项目
	近期项目	快速打开一个最近编辑过的项目
	保存项目	用当前文件名保存当前项目；如果尚未命名，会弹出文件管理器，可输入项目名称
	项目另存为	用新文件名保存当前项目，会弹出文件管理器，可输入更改后的项目名称
	打包项目	将当前项目数据打包压缩
	关闭项目	关闭当前项目
	项目属性	激活“项目属性”窗口进行相应设置
	打印	通过指定的打印机来打印几何模型
	退出	退出“输入”程序

3.3.2 编辑菜单

“编辑（Edit）”菜单下的可用选项见表3-5。

表3-5 “编辑”菜单下的可用选项及其说明

菜单	选项	说明
编辑	撤销	可恢复至前一个几何模型状态
	恢复（重做）	重做上一步撤销的操作
	全屏复制	把模型图像复制到 Windows 剪贴板
	删除	删除对象
	选择所有	在当前模式下选中所有可选对象
	反选所有	对已选中的模型对象全部取消选择

3.3.3 查看菜单

“查看（View）”菜单下的可用选项见表3-6。

表 3-6　“查看”菜单下的可用选项及其说明

菜　单	选　项	说　明
查　看	平移	平移绘图区内视图。注意，模型本身的位置并未改变
	旋转	旋转绘图区内视图。注意，模型本身并未旋转
	放大	放大一个矩形区域进行详细观察。选择该项后，需在要放大显示的位置单击，或用鼠标选定要放大显示的区域。具体方法是，在拟放大区域的一角按下鼠标左键，拖动到该区域的对角位置，然后放开鼠标左键，程序放大显示选定的区域。“放大”选项可以重复使用。另外，还可使用鼠标滚轮来进行视图缩放
	缩小	把视图恢复到最近一次放大操作之前
	重置缩放	恢复显示整个绘图区默认视图
	默认视图	将模型视图设为程序默认视图，提供了多种预设的默认视图
	分离显示	将模型的几何组成部分进行虚拟分离显示。该选项仅在“计算”模式下可用
	聚合显示	将模型的几何组成部分聚合显示。该选项仅在“计算”模式下可用。建议将分离显示的模型重新恢复至默认聚合显示时使用

3.3.4　土层菜单

“土（Soil）”菜单下的可用选项见表 3-7，该菜单仅在“土”模式下可用。

表 3-7　“土”菜单下的可用选项及其说明

菜　单	选　项	说　明
土	修改土层	利用“钻孔”功能修改模型中的土层
	选择	选择模型中的钻孔和实体
	选择多个对象	选择指定区域内的多个钻孔和实体，该区域通过“选择”工具划定
	移动对象	将模型中的钻孔移到新的位置
	调整模型边界	修改模型边界
	创建钻孔	创建一个新钻孔
	导入土层	导入预定义的土体。该选项为 VIP 用户专属功能
	显示材料	打开材料数据库，显示相应的材料数据组

3.3.5　结构菜单

“结构（Structures）”菜单下的可用选项见表 3-8，该菜单仅在“结构”模式下可用。

表 3-8　“结构”菜单下的可用选项及其说明

菜　单	选　项	说　明
结　构	显示动力乘子	打开“动力乘子”窗口。该选项为动力模块的功能
	选择	选择模型对象
	选择多个对象	选择指定区域内的多个对象，该区域通过“选择”工具划定
	移动对象	重新指定模型中的结构对象的位置

（续）

菜　单	选　项	说　明
结　构	旋转对象	以指定点为旋转中心，绕全局坐标轴方向旋转选中对象
	拉伸对象	拉伸选中对象
	创建阵列	为选中对象创建多个副本
	创建点	在模型中创建点
	创建线	在模型中创建线
	创建多段线	在模型中创建一条连续曲线，由多段直线和圆弧组成
	创建面	在模型中创建一个面
	创建荷载	在模型中创建荷载
	创建指定位移	在模型中创建指定位移
	创建结构	在模型中创建结构
	创建水力条件	在模型中创建水力条件
	导入结构	导入预定义的结构，由实体和面组成的。该选项为 VIP 用户专属功能
	显示材料	打开材料数据库，显示相应的材料数据组

3.3.6　网格菜单

“网格（Mesh）”菜单下的可用选项见表3-9，该菜单仅在“网格”模式下可用。

表3-9　“网格”菜单下的可用选项及其说明

菜　单	选　项	说　明
网　格	选择	选择模型对象
	选择多个对象	选择指定区域内的多个对象，该区域通过“选择”工具划定
	优化网格	局部加密网格
	粗化网格	局部粗化网格
	重置局部疏密度	将局部网格加密系数重置为程序默认值
	生成网格	为定义的几何模型生成网格
	查看网格	显示生成的网格
	选择点生成曲线	选择点，其监测值可用于绘制曲线

3.3.7　水位菜单

“水位（Water levels）”菜单下的可用选项见表3-10，该菜单仅在“水位”模式下可用。

表3-10　“水位”菜单下的可用选项及其说明

菜　单	选　项	说　明
水　位	选择	选择模型对象
	选择多个对象	选择指定区域内的多个对象，该区域通过“选择”工具划定
	移动对象	重新指定模型中的用户水位的位置
	创建水位	在模型中创建一个水位
	预览阶段	预览“阶段”浏览器中选中的阶段

3.3.8 阶段菜单

“阶段（Phases）”菜单下的可用选项见表3-11，该菜单仅在“水位”模式和“分步施工”模式下可用。

表3-11 “阶段”菜单下的可用选项及其说明

菜单	选项	说明
阶段	编辑阶段	打开“阶段”对话窗口
	显示材料	打开材料数据库，显示相应的材料数据组
	显示动力乘子	打开“动力乘子”窗口。该选项为动力模块的功能
	显示渗流函数	打开“渗流函数”窗口

3.3.9 选项菜单

“选项（Options）”菜单下的可用选项见表3-12。

表3-12 “选项”菜单下的可用选项及其说明

菜单	选项	说明
选项	捕捉网点	开关栅格点捕捉
	显示网格和标尺	显示或隐藏栅格点和标尺
	显示鼠标位置	显示或隐藏光标在绘图区中的位置
	显示局部坐标轴	显示或隐藏局部坐标系。注意，不同颜色用以区分不同的局部坐标轴，红、绿、蓝分别表示局部坐标轴1、局部坐标轴2和局部坐标轴3
	可视化设置	修改可视化设置。在“可视化设置”窗口中可修改程序的可视化设置

3.3.10 专家菜单

“专家（Expert）”菜单下的可用选项见表3-13，该选项为VIP用户专属功能。

表3-13 “专家”菜单下的可用选项及其说明

菜单	选项	说明
专家	检查命令	显示当前项目中运行的命令，可对其进行检查
	运行命令	运行记录文件中的命令
	宏命令库	修改和运行宏。在“宏命令库”窗口中可对宏进行定义和索引，并可在子菜单中选择相应选项后显示宏。单击子菜单中的相应选项，可运行宏
	配置远程脚本服务器	指定并打开可用通道，连接本地或远程客户端
	查看文件	显示当前项目中使用的文件（二进制）的内容

3.3.11 帮助菜单

“帮助（Help）”菜单下的可用选项见表3-14。

表 3-14 “帮助”菜单下的可用选项及其说明

菜单	选项	说明
帮助	手册	显示用户手册
	参考命令	显示程序命令的相关信息
	教学视频	连接 PLAXIS TV 网站，可观看教学视频
	请求支持	发送支持请求
	更新许可	通过 e-mail 更新 PLAXIS 3D 许可
	http：//www. plaxis. nl/	连接 PLAXIS 官方网站
	免责声明	显示完整的免责声明内容
	关于	显示程序版本和许可的相关信息

3.4 输入程序的结构——两类模式

在 PLAXIS 3D 中一个项目的模拟过程通过五个模式来完成。“模式”标签显示在模式工具栏上，分为“几何”和“计算”模式两类。

3.4.1 几何模式

PLAXIS 3D 项目的几何模型在“几何”模式中定义，“几何”模式的标签在“输入”程序中显示为蓝色。几何模型的所有改变（如对象的创建、重置、修改或删除）只能在“几何”模式下进行。

“几何（Geometry）”模式包括以下两个模式：

1）“土（Soil）”模式。在“土”模式下可定义土层分布、一般水位和初始条件，还可定义土体材料。土层模拟详细介绍见第 4 章。注意，模型边界和土层分布只能在该模式下进行编辑。

2）“结构（Structures）”模式。在“结构”模式下可定义几何实体、结构单元和力。注意，结构（如板、梁）、界面或荷载等特性只能在“结构”模式下指定给相应几何对象。

3.4.2 计算模式

计算过程在“计算”模式下定义，“计算”模式的标签在“输入”程序中显示为绿色。在这些模式下不能创建几何对象，也不能把新特性指定给已有几何对象。不过，已定义的特性（材料数据组、荷载值）的属性可在“计算”模式下修改。

“计算（Calculation）”模式包括以下三个模式：

1）“网格（Mesh）”模式。在“网格”模式下几何模型被离散化并转换为有限元网格。在该模式下不能修改几何模型，一旦修改了几何模型，就应重新生成网格。

2）“水位（Water levels）”模式。除了根据“土”模式下定义的水位条件生成的水位之外，用户可在该模式下定义和修改用户水位。

3）“分步施工（Staged construction）”模式。在该模式下可激活或冻结几何模型的某个（某些）部分，也可改变几何对象的属性。PLAXIS 3D 项目在“分步施工”模式下进行计算。

3.5 绘图区中的模型

在程序的绘图区中显示当前创建的几何模型，并随几何模型的改变自动更新显示。绘图区左侧的侧边工具栏（Side toolbar）上的按钮可用于创建和修改模型。当前可用的工具取决于当前处于激活状态的模式，在后续章节中会根据其功能介绍这些工具。

3.5.1 模型视图——缩放

滚动鼠标滚轮，可以光标的位置为中心缩放视图。“视图”菜单和工具栏中还有其他缩放视图的选项，见表3-15。

表3-15 视图缩放选项

图　标	选　项	说　明
	放大	单击“放大（Zoom in）”按钮，然后从想要放大区域的一个角点单击鼠标左键并按住，拖动鼠标至放大区域对角线的另一个角点，释放鼠标左键，则该区域被放大显示。该选项可多次重复使用
	缩小	单击“缩小（Zoom out）”按钮或从“视图”菜单下选择该选项，可将视图恢复至最近一次缩放操作（相当于撤销上一步缩放操作）
	重置缩放	单击“重置缩放（Reset zoom）”按钮或从“视图”菜单下选择该选项，可将视图恢复至初始视图

3.5.2 选择几何构件

若要一次选择单个或多个几何对象，可用“选择”和“选择多个对象”两个选项，见表3-16。

表3-16 选择几何对象选项

图　标	选　项	说　明
	选择	单击“选择（Selection）”按钮后，单击几何对象的某一组成部分，即可将其选中。按住 < Ctrl > 键进行单击，可逐次选择多个对象
	选择多个对象	除了使用上述“选择”按钮依次单击选择几何模型构件，还可使用“选择多个对象（Select multiple objects）”按钮一次性选择多个几何构件。单击该按钮后，按住鼠标左键，在绘图区中从一个角点拖动至另一个对角角点划出一个矩形区域，释放鼠标左键，则所有位于该矩形区域内的可见的几何构件都被选中 拖划矩形区域两个角点的顺序会影响选择的类型。如果从左上角点拖划至右下角点，则只有完全处于矩形区域中的几何对象被选中。如果从右下角点拖划至左上角点，则只要几何对象的某部分在矩形区域内，则该对象被选中 另外，单击“选择多个对象”按钮，然后从弹出的子菜单中选择相应的子工具，还可以一次性选择同一类型的多个几何对象（如点、线、面）或同一类型的多个结构单元（如点对点锚杆、梁、板）

提示：单击鼠标右键也可用于选择模型对象。在程序的绘图区或浏览器中选择单个对象或多个对象后，在选中对象上右击，弹出快捷菜单，根据选中的对象显示选择名称和不同选项。在菜单中单击对象名称将其复制到剪切板，复制的名称可用于命令流中。

3.5.3 模型视图——可视化设置

视图的一般设置可在"可视化设置（Visualization settings）"窗口下进行管理，该窗口下包含两个选项卡，可定义视图选项和默认可视化设置。

提示：在"选项"菜单下单击相应选项，即可弹出"可视化设置"窗口。

1）视图选项卡。视图中辅助工具（如符号、栅格、全局坐标系等）的显示及其在绘图区中出现与否在"可视化设置"窗口下的"视图"选项卡中定义（见图3-7）。"视图"选项卡下可定义的内容见表3-17。

表3-17 "视图"选项卡下的定义内容

标签	选项组		说明
视图	符号尺寸		可定义符号的大小，默认值如图3-7所示。这些值可作为得到较好显示效果的参考值
	网格		可设置栅格（Grid）间距和间隔数。要显示栅格点和标尺，需在"选项"菜单下选择对应选项。选择一个绘图工具后，光标处显示标尺中的栅格点
	全局坐标系		定义绘图区中全局坐标系（Global axes）的有效性、显示和原点
	三维视图	最适用	只有当选择默认视图下的透视图相应选项时才显示模型的透视图（Perspective view），选择其他的默认视图选项时显示的是模型的实物图（Objective view）
		总显示透视图	不论选择默认视图下的哪个选项都显示模型的透视图。透视图能模拟真实的视图效果，如离观看者近的对象比远的对象看起来更大
		总显示实物图	模型中两个大小相同的对象总显示为一样大，而不管它们之间的距离有多远或者其离相机有多远

2）默认可视化。模型对象的默认可视化设置在"可见度（Visibility）"选项卡下定义（见图3-8）。"可见度"选项卡下可定义的内容见表3-18。

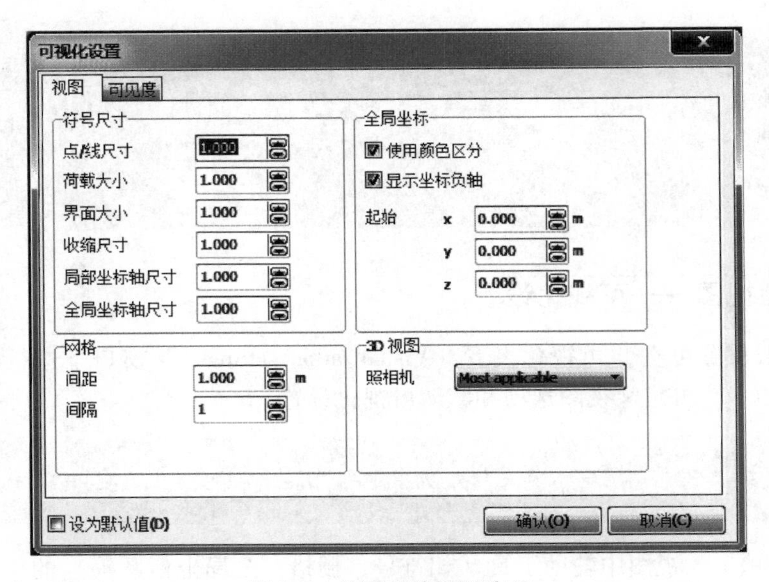

图 3-7　绘图区的视图选项

表 3-18　“可见度”选项卡下的定义内容

标　签	图　标	选　项	说　明
可见度		不透明的	对象显示完全不透明（Opaque）。对于模型中的单个对象，可右击该对象然后单击“显示”
		70%不透明	对象显示70%不透明（30%透明）。对于模型中的单个对象，可右击该对象，单击“自定义”然后选择“显示70%”
		30%不透明	对象显示30%不透明（70%透明）。对于模型中的单个对象，可右击该对象，单击“自定义”然后选择“显示30%”
		线框	对象以线框（Wire frame）显示。对模型中的单个对象，可右击该对象，单击“自定义”然后选择“显示为线框”
		不可见	对象完全不可见（隐藏，Invisible）。对模型中的单个对象，可右击该对象，然后单击“隐藏”

模型中某个对象（或一组对象）的可见性由模型浏览器中的字母“A”表示。图3-7和图3-8所示为默认可视化设置。

绘图区中的模型对象默认按可视化设置中的定义来显示。在绘图区或“对象浏览器”中右击对象，可更改其可视化设置。单击相应选项，可将对象设为可见或隐藏。快捷菜单中的“自定义”选项下有更多其他视图选项。

3.5.4　模型视图——视角

通过默认视图选项或平移、旋转视图，可以改变模型视图的方向以达到更好的显示效果。

1）默认视图选项。在“视图”菜单或常用工具栏上可选择默认视图选项，如图3-9所

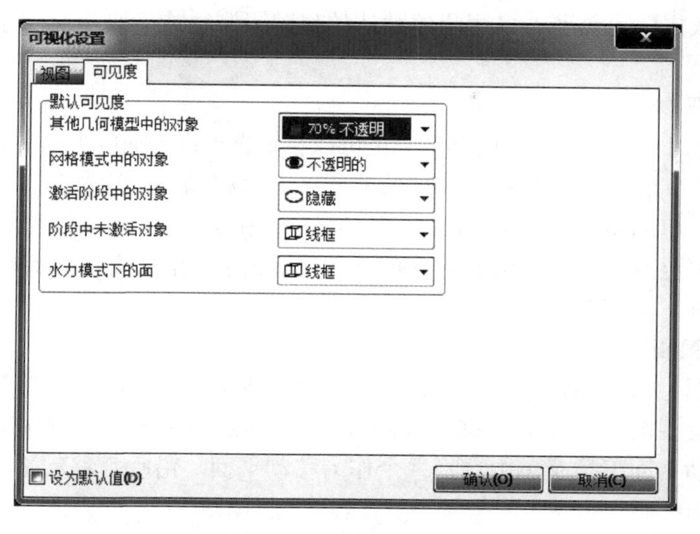

图 3-8　对象可视化设置

示，从左到右依次为透视图、俯视图、前视图、右视图、仰视图、后视图和左视图。选择其中一个默认视图选项后（第一个“透视图”选项除外），会弹出“移动限制”窗口，能够简化三维几何模型的定义。单击“透视图”按钮，可取消移动限制。

图 3-9　“默认视图”选项

2）非默认视图。绘图区中的模型可通过鼠标左键和滚轮进行平移和旋转。在常用工具栏和“视图”菜单下有平移和旋转选项，见表 3-19。

表 3-19　非默认视图选项

图　标	选　项	说　明
	平移相机	单击“平移相机（Pan camera）”按钮，按住鼠标左键拖动可平移模型视图，同时再按住 <Ctrl> 键拖动鼠标可旋转视图
	旋转相机	单击“旋转相机（Rotate camera）”按钮，按住鼠标左键拖动可旋转模型视图，同时再按住 <Ctrl> 键拖动鼠标可平移视图

3.5.5　三维绘图

通过鼠标输入建立三维几何模型是一项比较困难的工作，因为沿垂直屏幕方向上的位置难以精确定义。本部分内容介绍 PLAXIS 3D 中使用的三维绘图工具，并给出一个三维建模的例子来说明绘图过程。

“几何”模式下侧边工具栏中的绘图工具可用于创建几何模型。选择其中一个绘图工具后，鼠标光标在绘图区中的位置坐标会显示在状态栏中。

为便于三维建模，程序会将当前操作限制在某个平面内，从而使得当前操作从三维简化为二维。用户可根据建模需要，采用程序默认的移动限制，或者自定义移动限制，来简化三维建模。

1. 默认移动限制

定义几何模型时，可以在平面内移动，也可以在垂直于该平面的方向上移动。创建一个新的几何对象时，程序默认鼠标可在 $z=0$ 处的 x- y 平面内移动。可注意到，此时移动鼠标的话“光标位置指示框（Cursorlocation indicator）”中仅 x- 和 y- 坐标发生变化。按住 <Shift> 键同时移动鼠标，可更改工作平面沿 z- 方向的位置。此时，“光标位置指示框”中 x- 和 y- 坐标保持不变，而仅有 z- 坐标变化。

2. 定义移动限制

建立 3D 几何模型时可使用“默认视图”选项辅助建模。选择一个默认视图后，模型视图按所选选项重置视图，并弹出“移动限制（Movement limitation）”窗口。在“移动限制”窗口中，可从移动平面下拉菜单中选择一个作为移动平面。沿垂直移动平面的方向移动有两个选项，见表 3-20。

表 3-20　移动平面设置的两个辅助选项

选　项	子　项	说　明
移动平面	(x/y/z) 坐标固定	需在“移动限制”窗口下的“移动平面”组框中指定该平面在其法线方向坐标轴上的位置（即定义其在沿平面外方向坐标轴上的坐标）。定义该位置后，在绘图区中移动鼠标时该方向的坐标固定不变。该位置坐标会添加到“可用”下拉菜单中。可沿该平面外垂直轴方向定义多个位置
	按住 <Shift> 键沿 x/y/z 方向移动	在绘图区中移动鼠标时按住 <Shift> 键，将只能在垂直于该工作平面的方向上移动鼠标

在“移动限制”窗口中单击“自由移动（默认）”按钮或在常用工具栏中单击“透视图”按钮，可将移动限制重置为默认设置。

下面给出一个在 PLAXIS 3D 中绘制三维折线的操作示例，步骤如下：

1）新建一个项目。

2）在“模式”菜单中单击“结构”标签，进入“结构”模式。

3）单击侧边工具栏中的“创建线”按钮“”。

4）在绘图区中（0，0，0）处左键单击，定义第一个点。

5）在绘图区中移动鼠标，注意到光标位置指示器中只有 x- 和 y- 坐标在变化，在（0，10，0）处再次单击，定义第二个点。

6）单击常用工具栏中的“后视图”按钮“”，重置模型视图，显示模型的后面一侧。同时弹出“移动限制”窗口（见图 3-10），注意 y 坐标固定在 10 的位置。

图 3-10　“后视图”的“移动限制”窗口

7）在（0，10，4）处单击，定义第三个点。

8）单击常用工具栏中的“左视图”按钮“ ”，重置模型视图，显示模型左侧。同时弹出“移动限制”窗口，选择“按住 <Shift> 键在 x 方向移动”选项。按住 <Shift> 键，同时在绘图区中移动鼠标，可见 y-、z-坐标没有变化。

9）当移动到 $x=12$ 时，释放 <Shift> 键，在（12，0，4）处单击。

10）单击常用工具栏中的“透视图”按钮“ ”，“移动限制”窗口自动关闭。

11）在命令行输入框中单击，应注意到此时当前线段的第一个点已经定义好了，在命令行中输入 0 0 0，定义线段的最后一点，按 <Enter> 键。

12）单击鼠标右键，结束建模过程。上述操作建立的模型如图 3-11 所示。

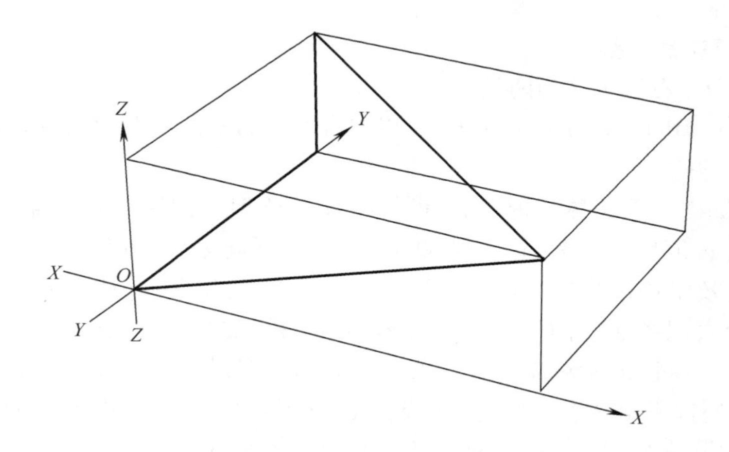

图 3-11　创建的几何模型

提示： 选择默认视图中的“透视图”，可自动关闭“移动限制”窗口。

3.6 命令行一般信息

在 PLAXIS 3D 输入程序界面的底部，有一个命令行面板。命令行提供了另一种执行操作的方式，可在此输入文本命令执行操作。实际上，在输入程序中执行的所有操作都会自动生成对应的文本命令，被发送到一个编译器进行处理。

响应面板位于命令行面板之上，在这里显示执行的命令以及相应的响应信息。运行成功的命令返回绿色的响应信息，包括新生成的几何模型或单元的详细信息。错误的命令返回红色的响应信息，包括错误报告。

文本命令由命令名及其后面跟随的参数组成，它们共同构成命令的用法（Signature）。参数的个数及类型取决于具体命令，可以不跟随参数，或跟随多个参数。

1. PLAXIS 3D 命令

PLAXIS 3D 命令可分为两类：

1）全局命令（Global commands）。对不必在命令中命名的全局对象（如项目或几何模型）进行操作，可能有参数也可能没有参数。例如，“undo” 命令就是一个全局命令。

2）目标命令（Target commands）。对特定名称的（目标）对象（比如几何对象或材料）进行操作。例如“set” 命令。

命令名由简单字符串组成。很多命令除了标准的、详细的全名之外，还有一个缩写名（例如“point” 的缩写名为“pt”）。每个命令名前面都可加下划线前缀，以将其与有同名的模型对象区分开来（命令“undo” 和“_undo” 是相同的）。PLAXIS 3D 程序自动生成的命令前面通常会加下划线前缀。手写代码时可以省略命令前缀的，还有的命令前面有两个下划线前缀，这主要是用于调试、排错或高级自动化控制等目的，这种情况下下划线不可省略。

2. PLAXIS 3D 命令参数

PLAXIS 3D 命令参数可分为两类：

1）引用对象（References to objects）。以包含对象名称的字符串表示，这些对象名称不能以下划线“_” 开头。

2）值（Value）。命令参数值可以是多种数据类型，如字符串、整数、浮点数和枚举。字符值参数必须用单引号（′）或双引号（″）括起来，可以一个、两个或三个引号开始和结束。有效字符值参数举例：″hello″，″hello′world′!″，″Yong′s″modulus″″。浮点数必须始终使用十进制数记数法，即便在以逗号作为分隔符的系统中也是如此。枚举类型可用一个字符串值，或由该值所对应的整数索引来表示。在需要定义参数值的地方，通常也可以用相应类型的属性来定义。例如，当设置某点的 x 坐标时，可用命令″set point_ 1. x 5. 2″（将点1 的 x 坐标设为5. 2）或″set point_ 1. x point_ 2. x″（将点 2 的 x 坐标赋值给点 1 的 x 坐标）。

某些情况下，可以将参数放在圆括号中。例如，生成某个点可用命令“point 1 2 3” 或“point (1 2 3)”。圆括号为可选项，多是用于增强可读性，但有些情况下是必要的，用于区分对某一给定方法的不同类型的调用。

3. PLAXIS 3D 命令的用法

在 PLAXIS 3D 中，有一个显示可执行命令信息的全局命令“cms”。该命令可列出 PLAXIS 3D 中所有的有效命令的用法。

例如，“delete” 命令的用法如下：

```
delete(del)
Material'
 <1,... : Feature'>'
 <1,... : Point'|Line'|StructuralSurface'|Volume'|Polycurve'>'
 <1,... : Borehole>'
Soillayer
```

第一行为命令名及其缩写。下面的每一行都为该命令可用的不同参数组。本例中“delete” 命令有五种不同用法。“delete” 命令可用于删除一种材料（通过其名称引用）、一组特性、一组几何单元、一组钻孔，或一个土层。注意，该命令用法不允许调用一次“delete” 命令后同时删除特性、几何单元和钻孔。

下面为“delete” 命令的几种应用举例：

1）delete SoilMat_1

2）delete Volume_1 Volume_2

3）delete (Volume_1 Volume_2)

再例如，“cylinder”命令的用法如下：

cylinder(cyl)

Number' Number'

Number' Number' Integer'

Number' Number' Integer' <Coords: Number' Number' Number'>'

Number' Number' Integer' <Coords: Number' Number' Number'>' <Coords: Number' Number' Number'>'

仔细观察最后一行，该用法由两个数字、一个整数值和两组坐标组成。前两个参数分别表示半径和高，之后的整数值表示圆柱的精度，随后是圆柱的位置和表明其方向的向量。

下面是“cylinder”命令的应用举例：

1）cylinder 3 12 8 (0 0 0) (0 0 1)

2）cylinder 3 12 8 (point_1. x point_1. y point_1. z) (0 0 1)

通过PLAXIS 3D“输入”程序界面下的“帮助”菜单，可以查看所有可用命令的详细介绍。

4. 命令索引

命令行中可使用数组索引语法。在对象名后使用方括号，后跟整数或字符串，然后括号封闭。整数索引从零开始，可用于任意可列表对象，即能够应用过滤或表格化命令的任意对象。正数和负数都可用于索引。正数索引自列表顶部开始，其中0为表中第一项；而负数索引自列表底部开始向上引用。举例如下：

```
>line (1 2 0)(5 1 0)(5 3 0)(4 7 0) # 根据括号内坐标创建4个点,并创建连接4个点的线
>tabulate Points "x y z"           # 列出创建的4个点及其相应坐标
Object x y z
Point_1 1 2 0
Point_2 5 1 0
Point_3 5 3 0
Point_4 4 7 0
>move points[0] -1 -2 0            # 将点point_1移至(0 0 0)处
>move points[-1] -1 -2 0           # 将最后一个点,即点point_4移至(3 5 0)处
>move points[-4] 1 2 0             # 将倒数第4个点,即点point_1移至(1 2 0)处
```

注意：索引根据几何对象生成的顺序进行排序。对于土体、结构单元、荷载或指定位移等特性，索引排序与其指定给几何对象的顺序无关，而是与其所指定的几何对象的生成顺序有关。

3.7 浏览器

PLAXIS 3D程序通过“浏览器（Explorers）”来显示物理模型、计算阶段及其配置等相

关信息，共分三个浏览器，见表 3-21。

表 3-21 PLAXIS 3D 中的浏览器

浏 览 器	说 明
模型浏览器	模型浏览器（Model explorer）给出物理模型中所有对象的相关信息
选择浏览器	选择浏览器（Selection explorer）给出在绘图区中选中的对象（或对象组）的相关信息。对于选中的对象组，仅显示对该组中所有对象都有效的信息
阶段浏览器	阶段浏览器（Phases explorer）给出项目中定义的计算阶段列表。“阶段浏览器”仅在“计算”模式下可用。不过，由于计算阶段只能在“阶段定义”模式下定义，所以在“网格”模式下显示为灰色

提示：“模型浏览器”和“选择浏览器”又可称为“对象浏览器”。

3.7.1 模型浏览器

“模型浏览器（Model explorer）”中显示组成模型的物理对象的相关信息，并随模型的变动而自动更新（见图 3-12）。

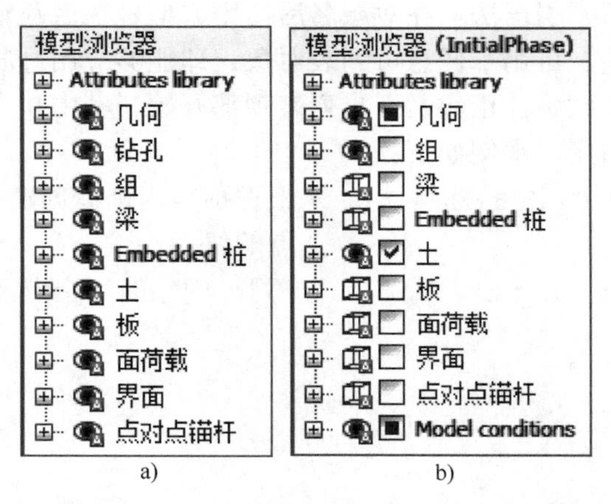

图 3-12 “模型浏览器”在不同模式下的布局

a）“结构”模式 b）“分步施工”模式

“对象浏览器（Object explorers）”中显示的信息随当前激活模式的不同而变化。与几何相关的信息，如位置坐标，在所有模式中都会给出，但只能在“几何”模式下修改。

模型各构件的可见性可在所有模式下的“对象浏览器”中查看和修改，但仅在“分步施工”模式下才可以激活或冻结。

“对象浏览器”中显示的信息取决于当前的激活模式，基于不同类别分组排列。

1）属性库（Attributes library）。“属性库”包含已经定义的全局属性和那些已经（可以）指定给单个对象的属性。例如，属性库中一个包含属性信息的材料数据组就是这样一个属性。其他类型的属性有描述时间相关条件的函数，如“动力乘子”或“渗流函数”，这些函数可分别指定给动力荷载和水力边界条件，用于描述其随时间的变化。另外，“属性库”中还包含根据钻孔信息、土体类组和用户自定义水位等创建的水位条件组。

属性库内的属性是“全局”性质的，其任何改变都将影响整个模型。如果只想对某一计算阶段中的某些属性进行更改，建议先通过右键菜单复制该属性，然后在复制出的副本中进行修改。“属性库”内包含的属性说明见表3-22。

表3-22 “属性库”目录下的属性

<table>
<tr><th>目 录</th><th>属 性</th><th colspan="2">说 明</th></tr>
<tr><td rowspan="6">属性库</td><td>动力乘子</td><td colspan="2">项目中定义的所有位移和荷载动力乘子都列于“动力乘子（Dynamic multipliers）”目录下</td></tr>
<tr><td>渗流函数</td><td colspan="2">项目中定义的所有渗流函数都列于“渗流函数（Flow functions）”目录下</td></tr>
<tr><td>材料</td><td colspan="2">模型中指定给模型对象的所有材料组都列于“材料（Materials）”目录下，并显示材料组相应的名称和颜色</td></tr>
<tr><td rowspan="3">水位</td><td colspan="2">列出模型中创建的所有水位。注意，“水位（Water levels）”子目录树仅在“计算”模式下可用</td></tr>
<tr><td>钻孔水位（Borehole water levels）</td><td>列出根据钻孔中的水头条件生成的水位</td></tr>
<tr><td>用户水位（User water levels）</td><td>列出在“水位”模式下创建的水位</td></tr>
</table>

2）几何（Geometry）。模型中创建的所有几何对象都列于“几何”目录下。注意，创建一个几何对象时，程序会自动创建其子对象。例如，当创建一条线时，会自动创建其两端的端点。当分解一个几何对象时，也会自动创建新的几何对象。“几何”目录下包含的子组见表3-23。

表3-23 “几何”目录下的子组

目 录	属 性	说 明
几何	点	列出模型中创建的点（Points）。对每个点，会给出其位置坐标、指定的特性（Feature）和属性（Property）。可指定给点的特性有点荷载、指定点位移和锚定杆等
	线	列出模型中创建的线（Lines）。对每条线，会给出其两端点的位置坐标、指定的特性和属性。可指定给线的特性有梁、Embeded桩、线荷载、线指定位移和点对点锚杆等
	面	列出模型中创建的面（Surfaces）。对每个面，会给出其参考点位置坐标、局部坐标轴、指定的特性和属性。使用“创建面”工具生成的面或通过分解实体/面生成的面都作为多边形列出。导入的面作为面列出。可指定给面的特性有板、面荷载和指定面位移等
	实体	列出模型中创建的实体（Volumes）和在“结构”模式下导入的实体。对每个实体，列出其参考点位置坐标和指定的材料数据组。注意，“导入结构实体”选项仅对PLAXIS VIP用户可用
	土体	列出根据钻孔中土层生成的土体（Soil volumes）和在“土”模式下导入的土体以及为其指定的材料数据组。注意，“导入土体”选项仅对PLAXIS VIP用户可用
	多段线	列出模型中创建的多段线（Poly curves）。对每条多段线，列出其组成各线段、各段的属性以及多段线“方向轴矢量”的分量

提示： 1）在“几何”模式下，表示几何对象位置的坐标在“模型浏览器”中给出，更改这些坐标可以改变点的位置。注意，在“计算”模式下是不能更改的，因为这里不允许几何模型的变动。

2）在“计算”模式下，会给出几何对象的“加密因子”，表明其局部网格加密的程度。更改这个“加密因子”，可以局部加密或粗化部分网格。

3）钻孔（Boreholes）。模型中创建的所有钻孔都列于“钻孔”目录下。对每个钻孔，会给出其 x、y 坐标及其水头高度。钻孔信息仅在“几何”模式下的“模型浏览器”中可用，此时可在相应单元格中修改钻孔位置坐标值和水头高度值。

4）连接（Connections）。“连接”目录下列出用户在“分步施工”模式下显式创建的所有连接，该选项仅在“阶段定义”模式下的“模型浏览器”中可用。

5）梁（Beams）。“梁”目录下列出模型中创建的所有梁，并列出每根梁指定的材料信息。

6）Embedded 桩（Embedded piles）。“Embedded 桩”目录下列出模型中创建的所有Embedded 桩，并列出每根 Embedded 桩指定的材料和连接类型等信息。

7）土体（Soils）。“土体”目录下列出模型中创建的所有土体，并列出每层土指定的材料、体积应变和水力条件。

8）板（Plates）。“板”目录下列出模型中创建的所有板，并列出每块板指定的材料信息。

9）土工格栅（Geogrids）。“土工格栅”目录下列出模型中创建的所有土工格栅，并列出其指定的材料信息。

10）面荷载（Surface loads）。“面荷载”目录下列出模型中创建的所有面荷载，可定义其荷载分布和荷载分量的值。

11）收缩（Contractions）。“收缩”目录下列出模型中创建的所有收缩，可定义其分布和收缩值的大小。

12）指定面位移（Surface prescribed displacement）。“指定面位移”目录下列出模型中创建的所有指定面位移，可定义其分布和指定位移分量的值。

13）线荷载（Line loads）。“线荷载”目录下列出模型中创建的所有线荷载，可定义其分布和荷载分量的大小。

14）指定线位移（Line prescribed displacement）。“指定线位移”目录下列出模型中创建的所有指定线位移，可定义其分布和指定位移分量的大小。

15）点荷载（Point loads）。“点荷载”目录下列出模型中创建的所有点荷载，可定义荷载分量的大小。

16）指定点位移（Point prescribed displacement）。“指定点位移”目录下列出模型中创建的所有指定点位移，可定义指定位移分量的大小。

17）界面（Interfaces）。“界面”目录下列出项目中创建的所有正向和负向界面，可为其指定相邻土材料或专门建立的材料组，并可指定渗透条件。

18）点对点锚杆（Node-to-node anchors）。“点对点锚杆”目录下列出模型中创建的所

有点对点锚杆，给出每根点对点锚杆指定的材料信息。

19）锚定杆（Fixed-end anchors）。“锚定杆”目录下列出模型中创建的所有锚定杆信息，给出每根锚定杆指定的材料信息，还可为每根锚定杆定义分量和等效长度。

20）排水面（Surface drains）。“排水面”目录下列出模型中创建的所有排水面，可为每个排水面定义水头。

21）地下水渗流面边界条件（Surface groundwater flow boundary conditions）。“地下水渗流面边界条件”目录下列出模型中创建的所有地下水渗流面边界条件，给出每个边界条件指定的行为，如渗透（Seepage）、关闭（Closed）、水头（Head）。通过“行为（Behaviour）”下拉菜单可更改指定的行为。

22）井（Wells）。“井”目录下列出模型中创建的所有井，可定义每口井的行为（Behaviour），如抽取（Extraction）、回灌（Infiltration）、流量（$|q_{well}|$）和最小水头（h_{min}）。

23）排水线（Line drains）。“排水线”目录下列出模型中创建的所有排水线，可定义其水头。

24）模型条件（Model conditions）。对每个计算阶段都适用的一般边界条件可在“模型浏览器”下的“模型条件”中指定，包括模型边界上的条件。借此可快速选择一般边界条件整体施加在模型上。“模型条件”子目录树在“输入”程序中的“计算”模式下可用。“模型条件”子目录树下的信息仅在“水位”模式和“分步施工”模式下才可修改。注意，在模型边界中的任何改动都只适用于“阶段”浏览器中选择的阶段。“模型条件”目录下可用选项见表3-24。

表3-24 “模型条件”目录下的可用选项

目录	子目录	说明
模型条件	变形（Deformations）	对选中的计算阶段，程序会自动在几何模型边界上施加一般约束条件［即该选项默认设为“是（True）”］。当相应选项设为“否（False）”时，可移除默认的一般约束，此时需要用户手动设置适当的边界条件
	动力（Dynamics）	可为动力分析定义模型边界上的条件。可用选项为“无（None）”和“黏性（Viscous）”。除了边界条件外，还可为每个计算阶段定义松弛系数（C_1 和 C_2）
	地下水渗流（Groundwater flow）	可为地下水渗流计算、固结分析和完全流固耦合分析定义模型边界上的条件。可用选项为“打开（Open）”和“关闭（Closed）”
	降雨（Precipitation）	可用于为表示地表的所有模型边界指定由于天气条件引起的一般竖向回灌（Recharge）或渗入（Infiltration）。其他类型的渗流边界条件可在“结构”模式下定义
	水位（Water）	可在“模型浏览器”中“模型条件”下的“水位”子目录中为选中的计算阶段定义全局水位

3.7.2 选择浏览器

在绘图区中选中的对象的相关信息显示在“选择浏览器（Selection explorer）”中。若选中了多个对象，则显示其共有信息。“选择浏览器”的结构与“模型浏览器”相同。

3.7.3 阶段浏览器

“阶段浏览器（Phases explorer）”（见图3-13），在“输入”程序的“计算”模式下可用。在“阶段浏览器”中会列出计算阶段的执行顺序及每个阶段的相关信息（如计算状态、计算类型、荷载类型等）。“阶段浏览器”中的信息仅在“水位”模式和“分步施工”模式下才可修改。

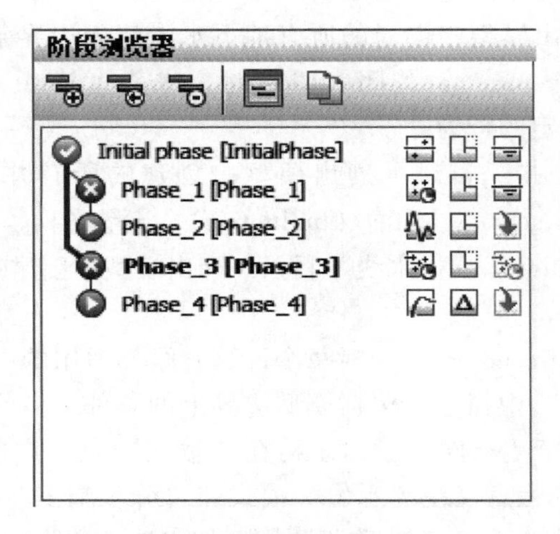

图3-13 “阶段浏览器”

第4章 地层模拟——土模式

进行岩土工程有限元建模首先就要创建土层，PLAXIS 3D 中是在“土（Soil）”模式下使用“钻孔”功能来定义土层。新建项目后，在程序的绘图区中会显示“项目属性”中定义的模型边界（见图4-1）。

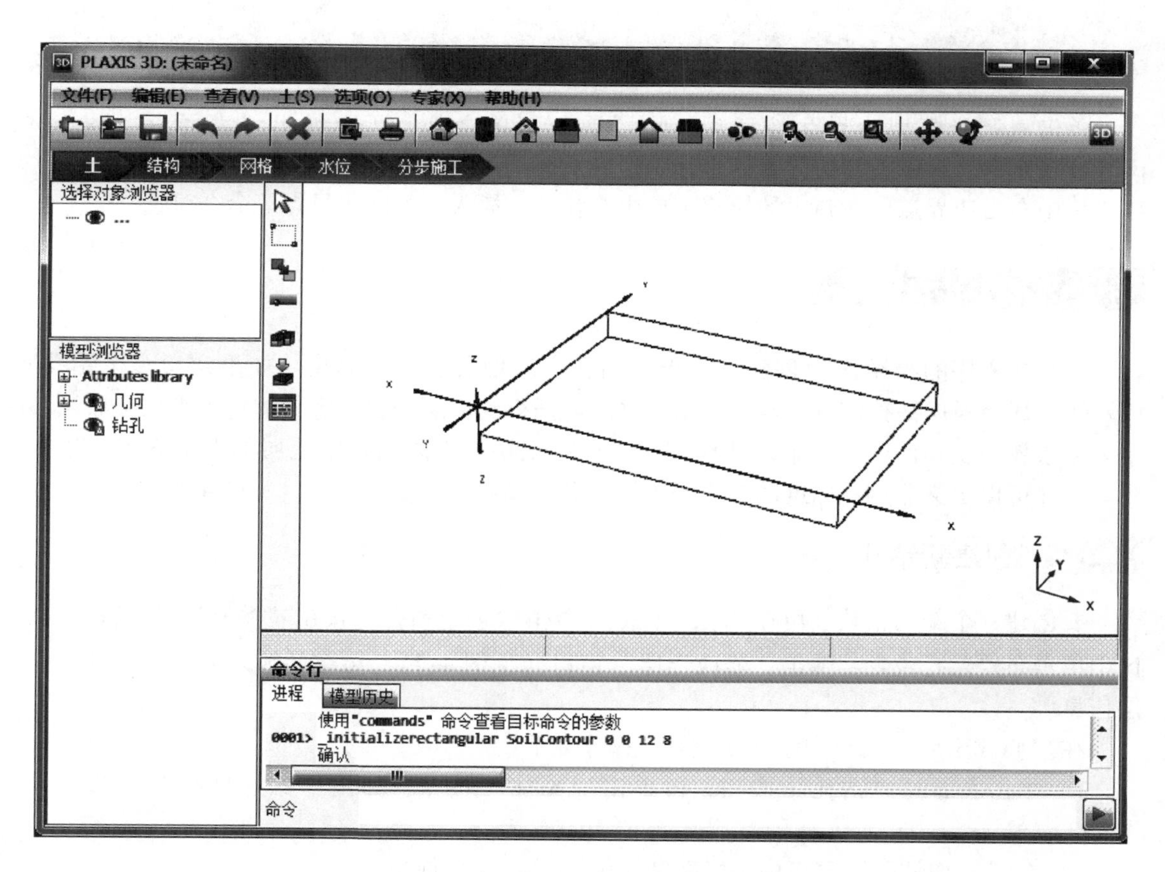

图4-1 “土”模式下的新建项目视图

4.1 调整模型边界

在“土”模式下可通过侧边工具栏上的选项来调整模型的边界。单击侧边工具栏上的“调整模型边界”按钮“”，弹出展开菜单包含三个按钮（见表4-1），可用于修改模型边界。

表 4-1 “调整模型边界”选项展开菜单中的按钮

选　项	子项图标	子项名称	说　明
调整模型边界 “”		移动边界点/线	单击“移动边界点/线”按钮，可将边界上的点或线拖动到新位置
		插入边界点	单击“插入边界点”按钮，可在将要插入一个新点的边界处单击，将其拖动到新点的期望位置，模型边界相应调整
		删除边界点	单击“删除边界点”按钮，然后单击要删除的边界点可将其删除

单击“调整模型边界”按钮后，除了展开菜单之外，还会弹出“表面点（Surface points）”窗口，显示模型边界点的坐标。边界点可通过在表格中输入新坐标值更改其位置。在表格中右击边界点，在弹出的快捷菜单中有移动、插入和删除边界点等命令可选。

4.2 创建钻孔

钻孔在程序的绘图区中创建，可指定钻孔土层信息和水头高度。如果定义多个钻孔，PLAXIS 3D 会根据钻孔信息，自动在钻孔之间内插得到土层分布。定义的每个土层会布满整个模型边界。换句话说，每个钻孔中都包含所有土层。不同钻孔中土层的上下界限可以变化，这样可以定义非均一厚度的非水平土层，甚至局部零厚度的土层（见图4-5）。

4.2.1 创建新钻孔

要创建一个新的钻孔，可在“土”模式下单击“创建钻孔”按钮“”，然后在绘图区中单击布置钻孔位置，弹出“修改土层”窗口（见图4-2），可在此输入或修改钻孔和土层信息。

在“修改土层”窗口中添加新钻孔，操作如下：

1）单击底部的“钻孔”按钮，再单击“添加”按钮，弹出“添加钻孔”窗口（见图4-3）。

2）在“添加钻孔”窗口中定义新钻孔位置（x、y 坐标）。

3）定义用以从中复制初始土层界限的源钻孔。默认相邻最近的钻孔为源钻孔。

提示：当多个钻孔位于同一位置时，“修改土层”窗口将弹出警告信息。

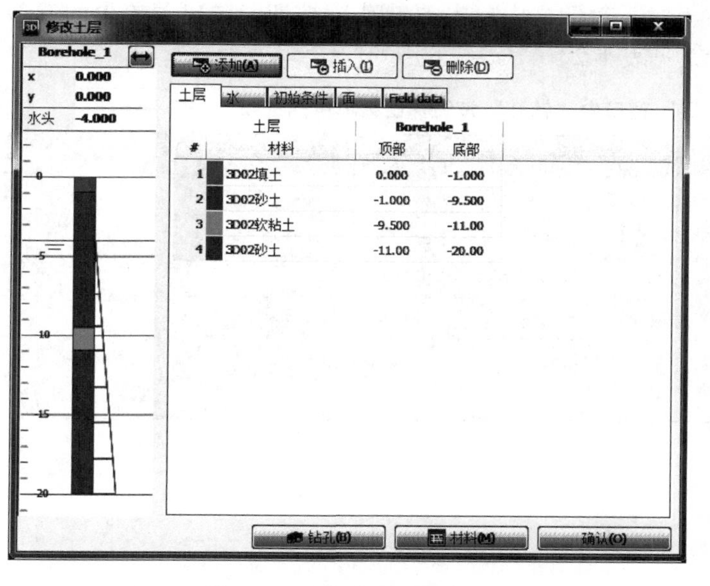

图 4-2 “修改土层”窗口

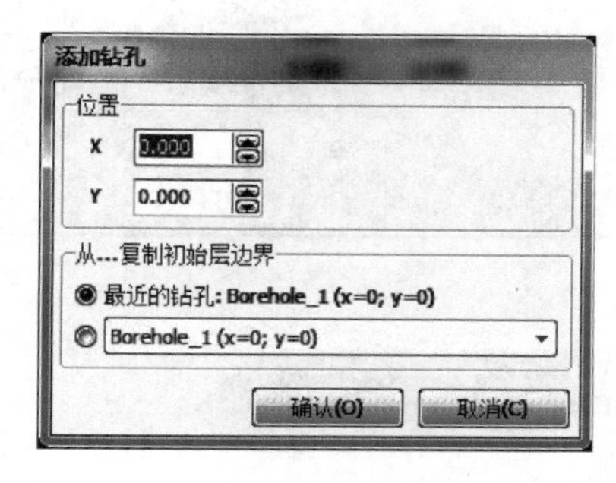

图 4-3 “添加钻孔”窗口

4.2.2 创建多个钻孔

要创建现有钻孔创建矩形分布的多个副本，可按如下操作：

1）在“修改土层”窗口底部单击“钻孔”按钮，选择“添加阵列（Add array）”选项，弹出“添加钻孔阵列（Add borehole array）”对话框（见图4-4）。

2）在“添加钻孔组”窗口中选择要复制的钻孔，勾选其前面的复选框，新生成钻孔的土层厚度与源钻孔相同。

3）在“形状”下拉菜单中选择钻孔分布形式，并定义复制钻孔分布的行数和列数以及间距。然后单击“确认”按钮，即可为选中的源钻孔生成多个副本。

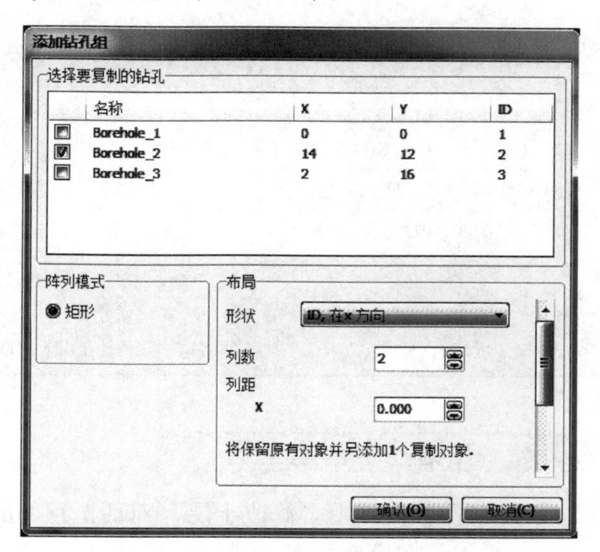

图 4-4 “添加钻孔组”对话框

4.2.3 编辑钻孔

PLAXIS 3D 会根据用户创建钻孔的先后顺序为其进行连续编号，可在“模型浏览器”和“修改土层”对话框的柱状图中对其进行重命名。钻孔名称应以字母开头，由字母或数字组成，不能使用除了“_”以外的任何特殊符号。钻孔位置可以更改，在“修改土层”对话框的柱状图中可指定其新位置坐标。

要在程序的“绘图区”中重新指定钻孔位置，首先单击侧边工具栏中的“移动钻孔”按钮“”，然后在绘图区中选中钻孔，将其拖放到新的位置。土层的上下界限将根据钻孔的新位置自动进行内插。在“修改土层”对话框中单击“钻孔”按钮，弹出菜单中的选项可用于管理此对话框中钻孔的显示，见表4-2。

表4-2 “修改土层”窗口中“钻孔”按钮弹出菜单中的选项

按 钮	菜单选项	说 明
钻孔	选择	选择在“修改土层”对话框中显示的钻孔
	显示所有	在“修改土层”对话框中显示全部钻孔
	隐藏所有	在“修改土层”对话框中隐藏全部钻孔
	切换可视性	在“修改土层”对话框中显示已选或未选钻孔
	分类	“修改土层”对话框中钻孔的显示顺序可根据钻孔的创建顺序、名称和 X 坐标进行排序

4.3 土层

在新建项目中创建的第一个钻孔不包含土层，需在“修改土层”对话框中定义钻孔内的土层。“修改土层”对话框（见图4-2）下包含的内容见表4-3。

表4-3 “修改土层”对话框下包含的内容

窗 口	包含内容	说 明
修改土层	土层柱状图	在“修改土层”对话框左侧显示全部钻孔的土层柱状图（Soil column），包括钻孔位置坐标、水头、土层界限和土体材料
	上方按钮	“修改土层”对话框上方有添加、插入、删除土层按钮
	“土层”选项卡	显示土层界限和土体材料列表
	“水”选项卡	显示每层的水力条件，每个土层界限处每个钻孔的上下水压力值
	“初始条件”选项卡	显示所有土层的名称、材料模型、初始应力条件参数、OCR、POP、K_{0x}、K_{0y}
	“面”选项卡	可导入预定义土层的上下面
	“现场数据”选项卡	可导入CPT（静力触探）测试数据
	底部按钮	“修改土层”对话框底部有三个按钮。“钻孔”按钮用于管理钻孔的添加、选择、可视化和分类；“材料”按钮用于打开材料数据库并定义土层材料；单击“确认”按钮则确认前面的定义并关闭“修改土层”对话框

4.3.1 在钻孔中创建土层

创建钻孔后，可用“修改土层”对话框顶部的三个按钮定义钻孔土层，即：

1）添加。在模型最下土层的下面添加新土层。

2）插入。在选中土层的上面插入新土层。

3）删除。删除选中的土层。

1. 增加与删除土层

新增土层的厚度默认为0。顶部土层厚度可通过调整其顶、底边界来修改。下方土层的

顶边界由其上覆土层的底边界定义。所以，改变此土层的厚度，必须更改其底边界。

如果需在钻孔中加入当前不包括的土层，可用“添加”或“插入”按钮添加该新增土层。原则上，该操作在所有已定义钻孔中新建一个0厚度土层，对已有土层分布没有影响。在当前钻孔中可根据前述方法修改该土层厚度。

要删除一个已有土层，在“土”选项卡或“钻孔柱状图”中右击该土层，在弹出菜单中选择“删除”。应注意，这样将会删掉本项目中所有钻孔里的该土层。如果选中某土层并单击“删除”按钮，将弹出“删除土层”对话框（见图4-5）。

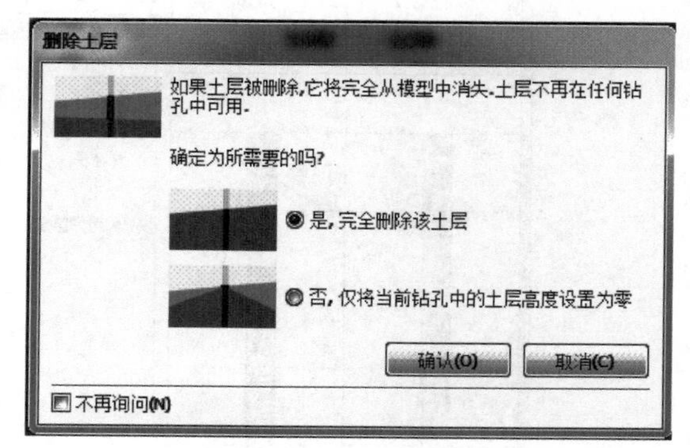

图4-5 “删除土层”对话框

如果当前钻孔中不包含某特定土层，但其他钻孔中包括，那么只需在当前钻孔柱状图中将该层底边界设为与顶边界相等，即在当前钻孔中将该层厚度设为0。

2. 指定土层属性

不同土层具有不同的属性，土层属性可在材料数据组中定义。材料数据组包含在材料数据库中，在“修改土层”对话框中为土层指定材料属性有以下几种方法：

1）单击“材料”按钮，弹出“材料组”窗口，可将其中的材料数据拖放到土层选项卡或土层柱状图中的相应土层上。

2）在“土”选项卡或“初始条件”选项卡中单击材料栏下土层对应的单元格，从已定义材料组下拉菜单中选择土层材料。

3）在“土”选项卡或“初始条件”选项卡中的某个土层上右击，从右键展开菜单中单击“设置材料”，选择要指定的材料。

几何图中土层的颜色代表其设定的材料。重复上述操作，为每个土层指定适当材料组。所有土层的名称和材料组颜色列于“土”选项卡中。如果修改了某个钻孔中的一个土层，则所有其他钻孔中的对应土层也将一同修改。

除了以上方法之外，还可以在“土”模式下的绘图区中为土层指定材料，首先单击侧边工具栏中的“显示材料”按钮“”，弹出“材料组”对话框，然后可将该窗口中的材料拖放到相应土层上。

4.3.2 定义水力条件

地下水和孔压在土体行为中起重要作用。PLAXIS是基于有效应力原理，总应力由有效应力（土粒骨架承受）和孔压（土中孔隙承受）组成。这需要正确定义水力条件。很多情况下，可忽略地下水渗流，地层中（稳态）孔压分布大致可从现场勘察数据中获得。这种情况下，水力条件可在创建钻孔时方便地定义，直接生成孔压。如果发生地下水渗流，则难以事先明确孔压分布，可能需要进行地下水渗流计算从而在土体中生成孔压。关于地下水渗流计算和水力边界条件定义的更详细介绍见本书5.7节。本节主要介绍在钻孔中定义水力条件直接生成孔压的方法。

在“修改土层”对话框中的“水”选项卡（见图4-6）下，可从土层栏内的水力条件下拉列表中选择相应选项，为钻孔中土层定义水力条件。此时每个钻孔将显示两栏，分别给出每个土层上（p_{top}）、下（p_{bottom}）界限的孔压分布值。注意孔压为负值。水力条件的下拉列表选项见表4-4。

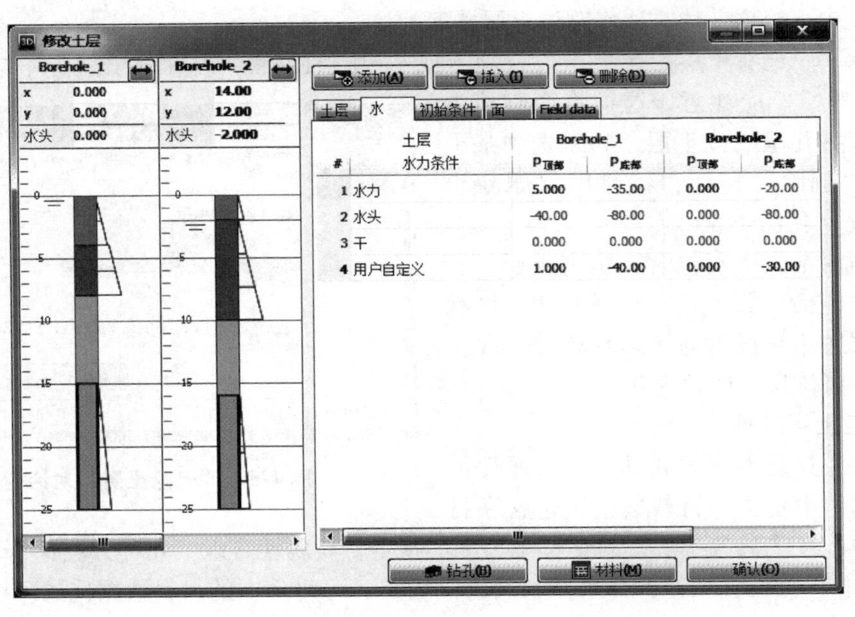

图4-6 “修改土层”对话框中的“水”选项卡

表4-4 “水力条件”下拉列表中包含的选项

属　性	下拉选项	说　明
水力条件	水头	孔压根据钻孔中指定水头（潜水位或水位）生成。生成的孔压分布可在钻孔柱状图中查看。如果水头低于土层上界限，则在顶部（p_{pop}）显示正值（吸力）。否则，不显示正孔压
	静水压力	定义土层上界限的孔压值。程序根据水的重度计算土层中孔压分布
	插值	根据上下土层中的孔压分布进行竖直线性插值，得到中间土层孔压分布
	干	移除土层中孔压分布。土层上（p_{top}）、下（p_{bottom}）界限处孔压为0，且土层中不生成孔压
	用户自定义	可为土层上下界限指定正值或负值，程序据此给定值在土层中进行线性插值生成孔压。不过，在钻孔中只有负值孔压可见。注意，PLAXIS可以在计算中处理正值孔压（吸力）。在土层上界限指定正值孔压，在下界限指定负值孔压，这意味着该土层中存在潜水面

程序会根据“水”选项卡指定的信息生成水位。水位可以是外部水位也可以是土中潜水位。根据钻孔中水头生成的水位在计算阶段中自动视为“全局水位”。

默认情况下，忽略在潜水位上方非饱和区内的正值孔压（吸力）。不过PLAXIS在计算中是可以考虑吸力的。这需要在材料数据组中指定适当的土水特征曲线，还需在计算中允许产生吸力。

4.3.3 土体初始条件

土体初始应力受到土体重度、水力条件和构造历史的影响。可使用“K_0 过程”或“重力加载”两种方法生成初始应力状态。

如果使用“K_0 过程”，需对所有土层指定 K_0 值，即初始水平有效应力和竖直有效应力的比。可指定 x 方向和 y 方向的两个 K_0 值。

如果为超固结土，还需指定超固结比（OCR），至少在使用高级土模型的时候需要指定。特定初始应力状态还可指定预加载比。这些参数可在定义材料数据组时定义。

“修改土层”对话框中的“初始条件”选项卡提供了表格用以显示土模型和上述参数(见图4-7)。在“初始条件”选项卡中双击一个值，打开相应材料数据组。关于初始应力状态的生成方法详见7.3.1节。

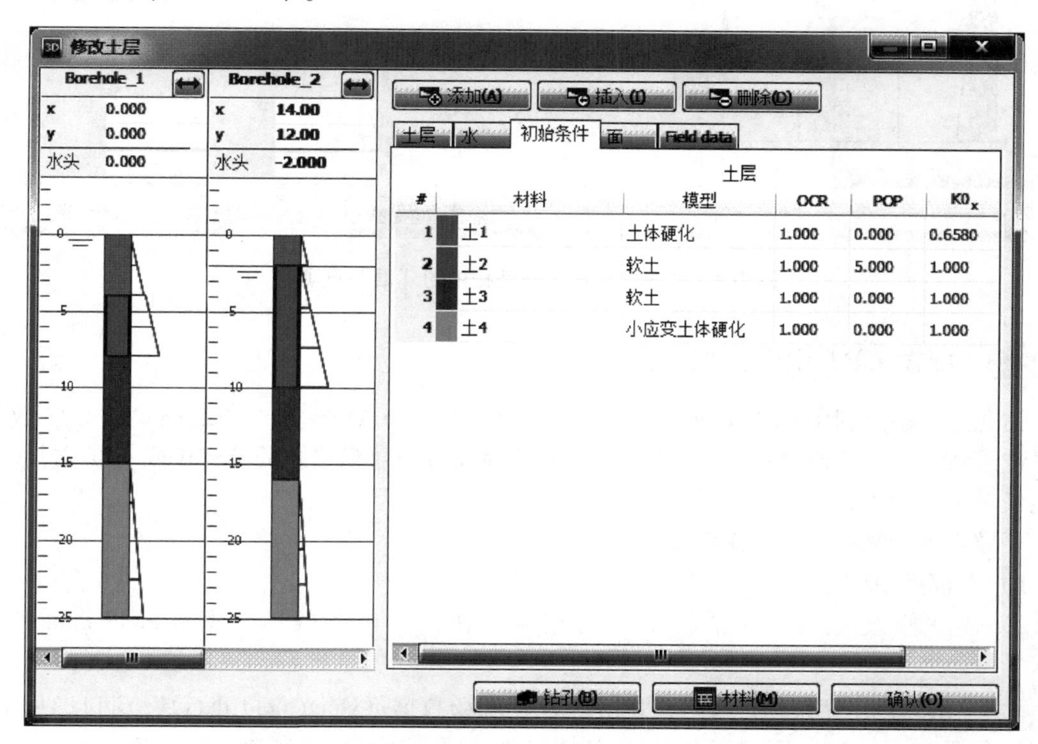

图4-7 “修改土层”对话框中的“初始条件”选项卡

4.3.4 面

程序默认采用钻孔中指定的信息建立地表面和底部土层面，正如“面”选项卡中的“从钻孔”选项（见图4-8）所示。相邻两钻孔间的土层界限面会进行线性插值。此外，还可利用预先定义的面来定义土层的上下界限面。在“修改土层”对话框中的“面”选项卡中选择“自定义”选项，可使用预先定义的面。单击“导入”按钮，弹出“导入（上/下）土层面”窗口，可从中选择要导入的面。

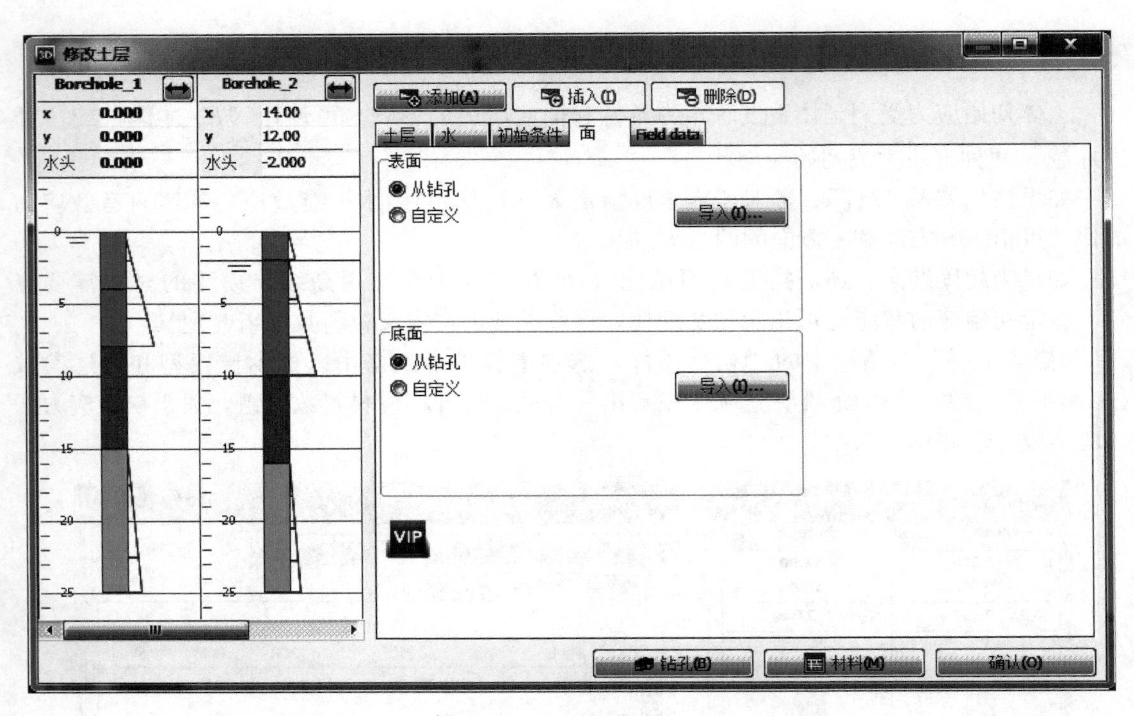

图 4-8 “修改土层”对话框中的“面”选项卡

4.3.5 根据 CPT 记录生成土层

钻孔土层还可利用 CPT（静力触探）记录来生成。PLAXIS 支持 GEF 格式的 CPT 数据。如果记录数据不是 GEF 格式的，也可以导入处理成适当数据格式的 ASCII 或 CPT 文件。本功能仅对 VIP 用户开放。

要导入现场测试数据，操作如下：

1）在模型中创建一个或多个钻孔。

2）在“修改土层”对话框中单击相应按钮，进入“现场数据（Field data）”选项卡。

3）单击绿色十字按钮“✚”，弹出“打开现场数据（Open field data）”窗口，从中选择现场数据文件，添加现场数据。可用的现场测试记录列于“现场数据”选项卡下。

4）单击钻孔名称旁边的展开按钮“⟷”，从显示出的“现场数据（Field data）”下拉菜单中选择本钻孔对应的现场数据。

5）选择“解译（Interpretation）”方法（目前仅可选“CUR 3 layers”选项），并在“最小厚度（Minimal thickness）”栏中输入最小层厚，以免生成土层时出现过多薄层。展开的“修改土层”对话框如图 4-9 所示。

6）单击“应用土层（Apply layers）”，将土类组分配给钻孔中的土层。

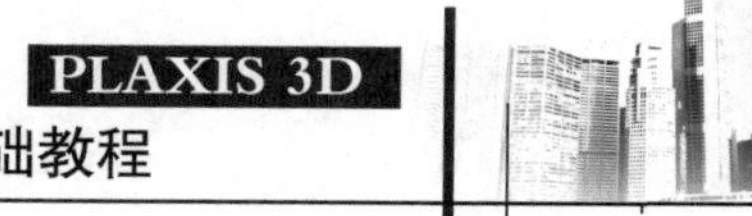

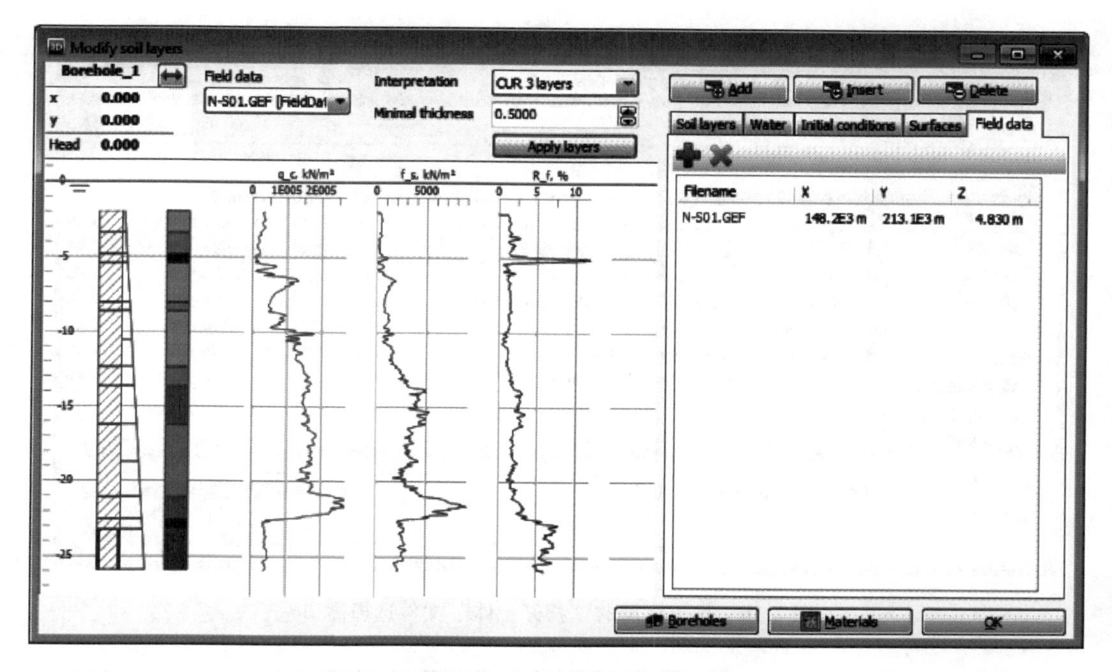

图 4-9 “修改土层”对话框下的 CPT 数据

提示： 1）当利用 CPT 记录数据生成土层时，生成的土层会用于整个模型。此时钻孔可用来调整其所在位置的土层厚度。

2）一个项目中只可使用一组 CPT 记录。利用新 CPT 记录生成的土层将覆盖已有土层。

4.4 导入土层

在 PLAXIS 3D 中除了可使用“钻孔”工具创建土层以外，还可以使用“导入土层”工具来导入预定义文件，建立土层的几何模型。在“土”模式下单击侧边工具栏中的“导入土层”按钮“”，弹出“打开土体”文件选择窗口（见图 4-10），选择要导入的文件并单击“打开”按钮后该文件选择窗口自动关闭，然后自动弹出“导入土体”窗口（见图 4-11），进行适当设置后单击“确认”按钮，导入土层。注意，此时不会导入土层材料。关于几何图形如何导入详见 5.9 节。

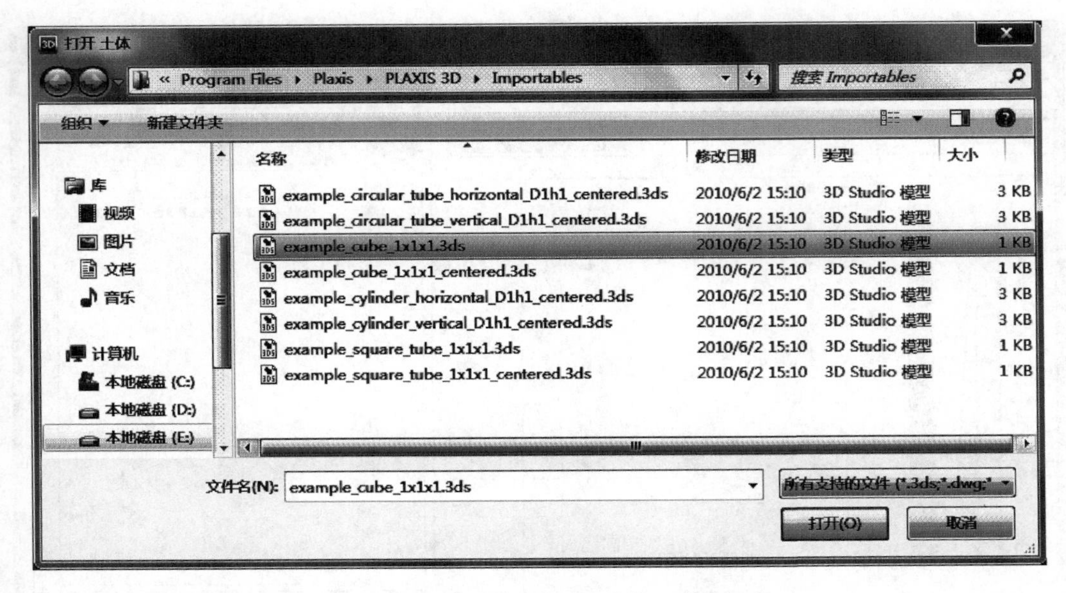

图 4-10　导入土层的“打开土体”文件选择窗口

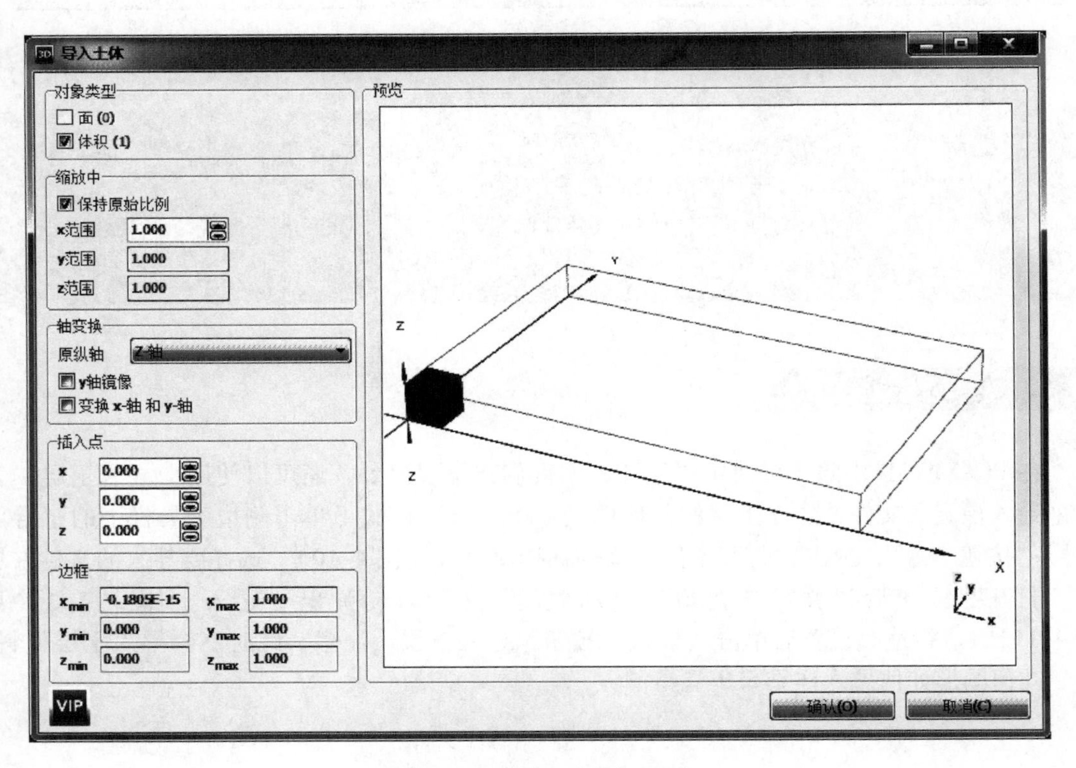

图 4-11　“导入土体”窗口

第5章 荷载和结构——结构模式

上一章介绍了在“土”模式下定义土层的相关内容，本章将介绍“结构（Structures）”模式，以及如何在该模式下定义几何对象、结构单元和边界条件。单击“土”模式选项卡右侧的“结构”标签，进入“结构”模式。在“结构”模式的绘图区中会显示前面在“土”模式下定义的土层，土层的可视化设置默认采用“选项”主菜单下“可视化设置”选项中的设置，即此时土层显示为部分透明。注意，在“结构”模式下不能修改钻孔。

5.1 辅助工具

PLAXIS 3D 程序的“结构”模式下提供了一些辅助工具，可用于调整几何模型，可修改模型中对象的位置或方向，还可将几何对象提高维度（如从线拉伸成面或从面拉伸成体）。

5.1.1 移动对象

要移动某个模型对象，可按如下操作：首先选中要移动的模型对象，然后单击“移动对象”按钮“”，再将选中对象拖放到新的位置。

5.1.2 旋转对象

选中模型对象，可以将其绕通过某点的全局坐标轴方向旋转。只有当选中单个或多个对象后，“旋转对象”按钮才会激活。要旋转某模型对象，可按如下步骤操作：

1）单击“旋转对象”按钮“”，弹出“旋转对象”对话框，如图5-1所示。注意，弹窗的名称会随选中对象的不同而变化。

2）定义旋转参考点的坐标。默认旋转点为选中对象的参考点。在绘图区中可拖动旋转点改变其位置。如果旋转中心点不可见，可以在“旋转对象”对话框中单击“拖动点”按钮“”，在绘图区中拖动旋转点。

3）定义旋转角度。逆时针方向旋转角为正。另外，还可以通过拖动某圆上一点来旋转（见图5-2）。在绘图区中，绕 X 轴、Y 轴、Z 轴方向旋转的圆分别为红色、绿色和蓝色。

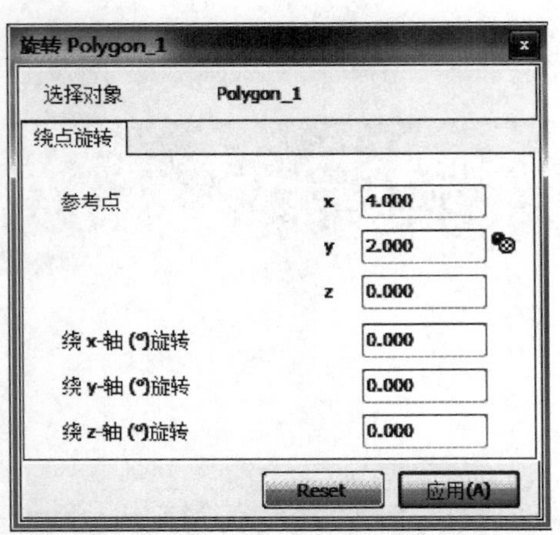

图 5-1 “旋转对象”对话框

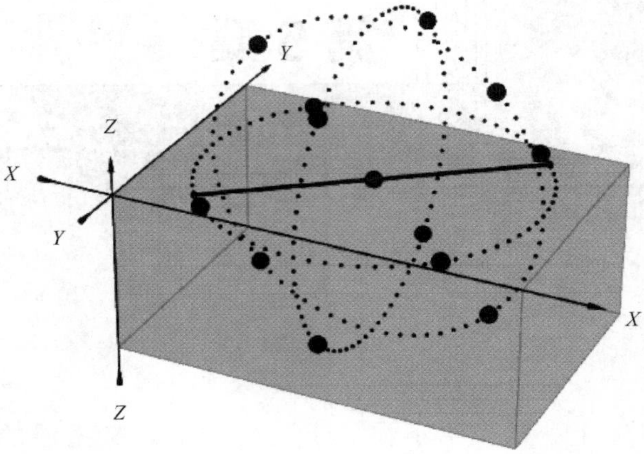

图 5-2 对选中线的旋转点和旋转轴

提示： 旋转或平移相机并不改变模型对象的方向，而只是更改其视图。

5.1.3 拉伸对象

点、线、面可分别拉伸成线、面、体。选中一个或多个几何对象后，才可激活“拉伸对象”按钮。此外，还可通过拖动几何对象来对其进行拉伸。定义拉伸方向的坐标及其大小随其在绘图区中拖动而变化。注意，选中对象只能在其法线方向拖动。按住 <Shift> 键，可在水平方向移动鼠标。对于多个选中对象的拖动方向，由拖动前单击的几何对象的法线方向决定。

1. 拉伸

拉伸点、线、面可在“拉伸对象”窗口的“拉伸”选项卡中定义。下面讲述如何将一个点拉伸成一条线：

1）在绘图区中选择一个点。

2）单击“拉伸对象”按钮“ ”，弹出“拉伸”选项卡（见图 5-3）。

3）定义拉伸矢量的分量，程序自动计算拉伸矢量长度。如果重新指定拉伸矢量长度，程序会根据原有值和新指定长度自动计算其分量。

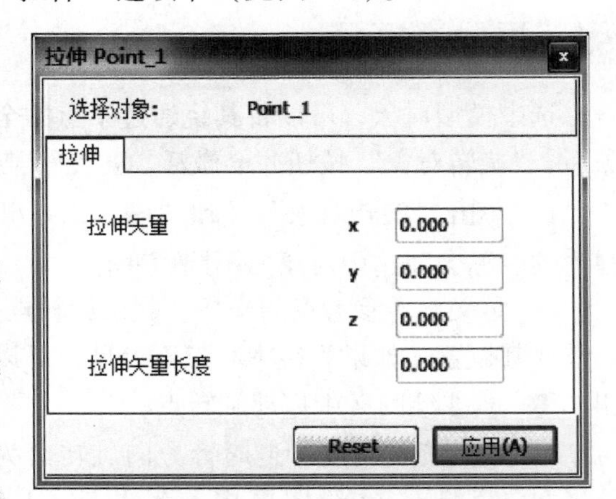

图 5-3 对选中点的“拉伸”选项卡

2. 拉伸面——倾斜

实体可通过拉伸面来生成。除了沿法向拉伸，还可通过“拉伸对象”窗口中的“倾斜”选项卡沿非法线方向拉伸。注意，“倾斜”选项卡仅在拉伸线和面时可用（见图 5-4）。

通过该功能，可定义局部 1、2 轴方向的倾斜分量以及局部 3 轴方向的拉伸高度（见图 5-5）。

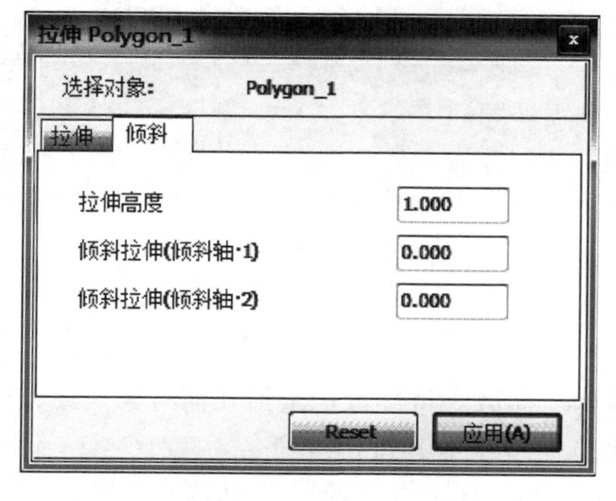

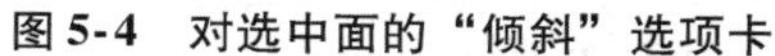
图 5-4　对选中面的“倾斜”选项卡

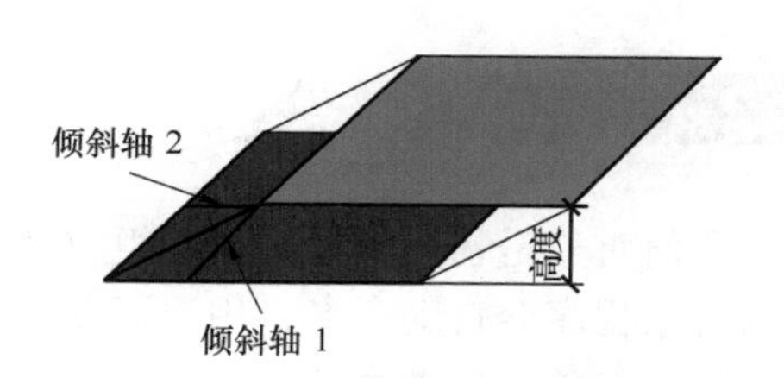

图 5-5　倾斜分量

3. 沿预定义路径拉伸

PLAXIS 3D 中多段线和多边形可沿非线性路径进行拉伸。非线性路径可用“多段线”工具来定义。多边形需是非自相交的、平面的才可沿非线性路径拉伸。

沿非线性路径拉伸多段线或多边形，操作如下。

1）选择要拉伸的多段线或多边形。

2）按住 <Ctrl> 键，选择代表拉伸路径的多段线。

3）单击鼠标右键，在弹出的快捷菜单中选择“拉伸”命令，在模型中建立拉伸几何对象。同时保留原始几何对象。

5.1.4 复制对象——阵列

在“结构”模式下，可将选中对象一次复制出矩形排列的多个副本，操作如下：

1）选中源对象，可以是一个也可以是多个。

2）单击“创建阵列”按钮“⁙”，弹出“创建阵列”对话框（见图 5-6）。注意，只有当选中模型对象后“创建阵列”按钮才可用。

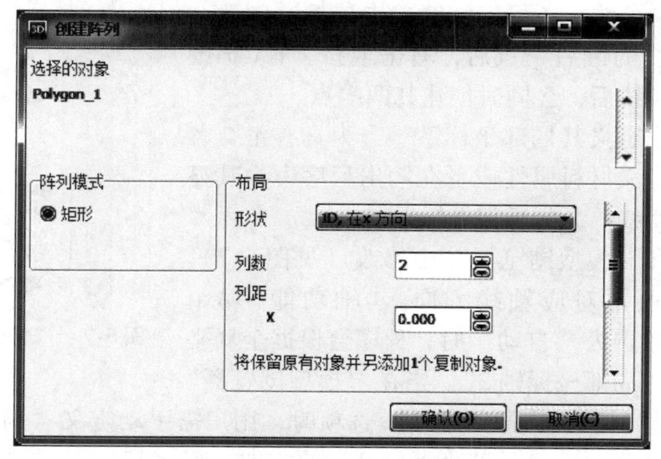

图 5-6　“创建阵列”对话框

3）在“形状”下拉菜单中选择适当选项，并输入要复制的行、列总数和间距。

提示：“阵列”用于创建对象的副本，除了几何对象本身之外，其指定特性也同时复制。

5.2 几何对象

几何对象是物理模型的基本组成部分。结构、荷载等特性可指定给几何对象。模型中创建的对象程序会自动命名，用户可在“对象浏览器”中对其进行重命名。

几何对象在模型中的位置可以改变，先用工具栏中的“选择”工具选中，然后将其拖放到新位置即可。另外，还可以在“对象浏览器”中更改几何对象的位置坐标。

删除模型对象有两种方法。要删除几何对象及其指定特性，可在其上右击，然后从弹出的快捷菜单中选择“删除”命令。如果只删除指定特性，则在右击后从弹出的快捷菜单中选择特性，再单击“删除”。

提示：使用 <Delete> 键，将删除几何对象及其所有指定特性。

5.2.1 点

创建几何模型的一个基本输入就是点。单击侧边工具栏中的“创建点”按钮“●”，然后在绘图区中单击，可创建一个点。点荷载、指定点位移和锚定杆等特性可以指定给一个点。

5.2.2 线

创建几何模型的另一个基本输入是线。单击侧边工具栏中的“创建线”按钮“↘”，然后在绘图区中先后单击线的两端点，创建一条线。还可以继续单击鼠标，创建一系列线段。创建好线的最后一点后，右击或按 <Esc> 键结束绘制。创建一条线后，会同时创建其两端点。

程序会自动为线定义其局部坐标系。当为具有正交各向异性的结构单元定义材料属性或者在输出程序中为其显示内力时，需要使用线单元的局部坐标系。

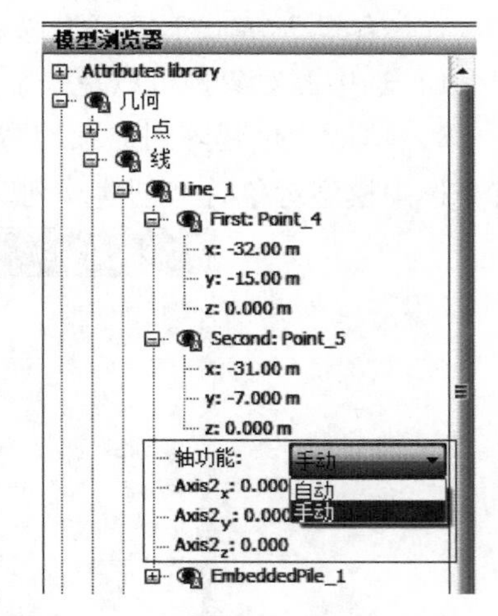

图 5-7 “模型浏览器”中的线

局部坐标系可在“模型浏览器”中修改（见图 5-7）。“局部坐标轴 1”通常对应轴线方向。“轴功能（Axis Function）”下拉菜单选为“自动”时，程序会根据全局坐标系自动定义线的“局部坐标轴 2”。当在“模型浏览器”中的“轴功能”下拉列表中选择“手动”选项时，用户需手动定义“局部坐标轴 2”的方向。不论是手动还自动设置“局部坐标轴 2”的方向，程序都会根据“局部坐标轴 1”和

“局部坐标轴2”的方向依右手螺旋定则来自动定义“局部坐标轴3”。

梁、Embedded 桩、线荷载、指定线位移、点对点锚杆、井、排水线等特性可指定给一条线。

提示： 点对点锚杆和 Embedded 桩不能指定给已指定其他特性的线。

5.2.3 多段线

多段线（Polycurve）是由多条直线和圆弧组成的连续曲线。组成多段线的每条直线或圆弧都定义为一个线段（Segment）。每个新线段的起始点为上一线段的结束点。

创建多段线的操作为：首先单击侧边工具栏中的“创建多段线”按钮“”，然后在绘图区中要插入多段线的位置单击，弹出“形状设计器”窗口（见图5-8），在此定义多段线。

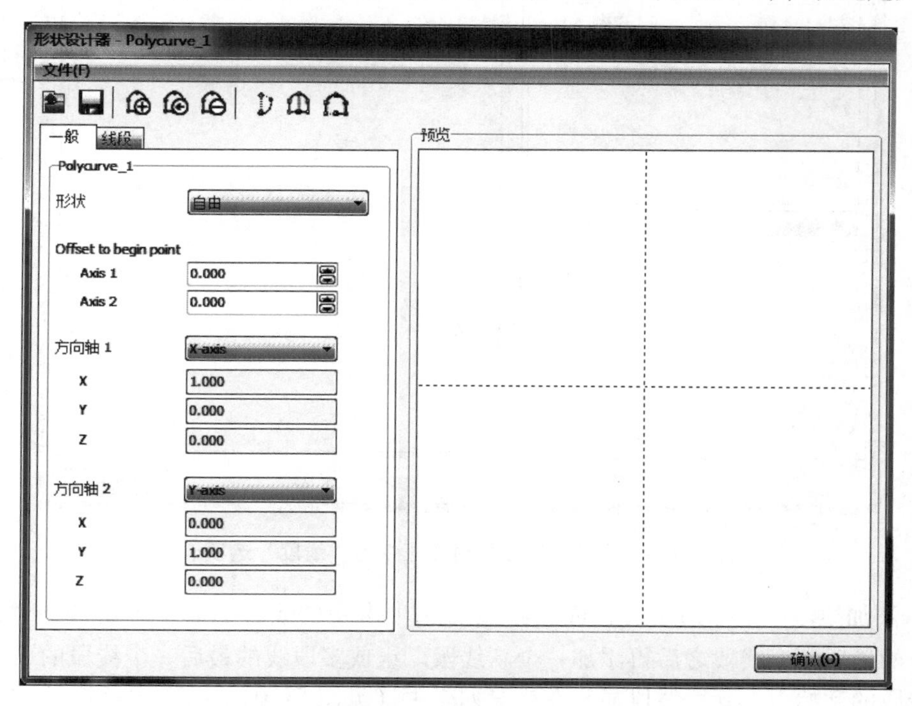

图5-8 “形状设计器”对话框中的“一般”选项卡

“形状设计器”窗口由一个工具栏和两个选项卡组成，用于定义多段线的属性，此外还有一个用于显示已创建的多段线的预览区。

1. 定义多段线的形状

在“形状设计器”窗口中的“一般”选项卡下可定义多段线的一般形状设置。“形状”下拉列表中可选“自由”和“圆形”。选择“自由”形状后，可创建由直线和圆弧组成的多段线。选择“圆形”形状后，可创建封闭的圆形多段线。

多段线的一般属性也是使用“一般”选项卡下的选项来定义。

1）多段线在模型中的插入点坐标在“对象浏览器”中定义，默认显示为“形状设计器”弹出之前在绘图区中单击的位置的坐标。改变该坐标，多段线的位置也将改变。

2）“方向轴1”和“方向轴2”用以定义绘制多段线的平面。

3）默认插入点为多段线第一个线段的起始点。当插入点（方向轴原点）和多段线第一线段的起始点不一致时，“偏离起始点（Offset to begin point）”组框可用于指定偏离方向轴的距离。

2. 定义多段线的组成部分

在“形状设计器”对话框下的“线段（Segment）”[⊖]选项卡中可定义组成多段线的各个线段（见图5-9）。

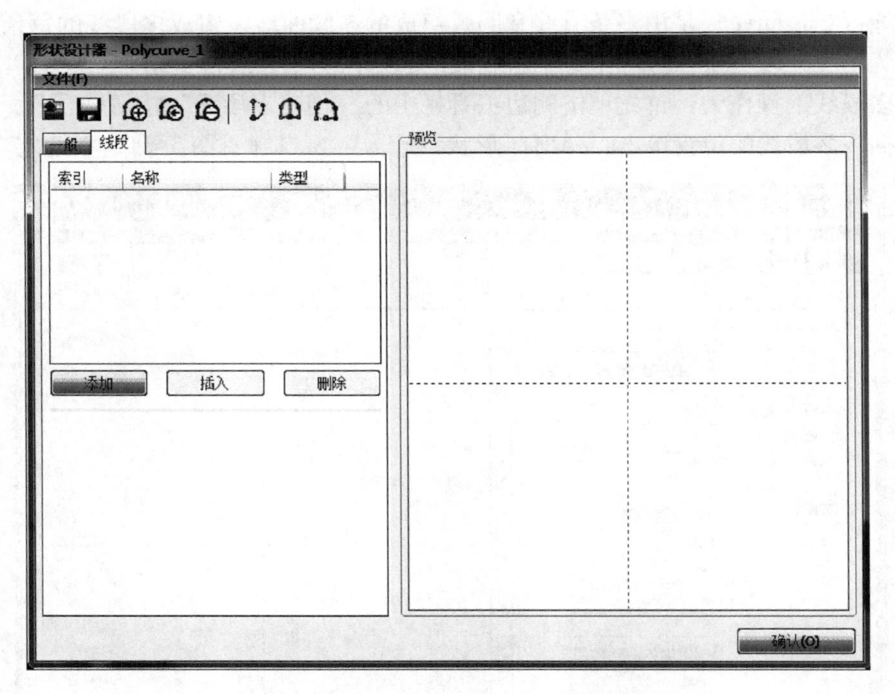

图5-9 “形状设计器”对话框中的“线段”选项卡

（1）添加线段　在侧边工具栏或“线段”选项卡中的线段列表下单击按钮“ ”，可在多段线的最后一个线段之后再添加一个新线段。组成多段线的最后一个线段的最后一点成为新增线段的起始点。新增线段显示在线段列表中（见图5-10）。

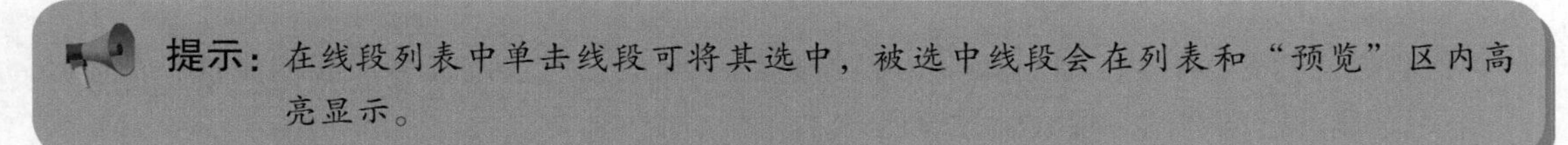
提示： 在线段列表中单击线段可将其选中，被选中线段会在列表和“预览”区内高亮显示。

（2）插入线段　单击按钮“ ”，可在选中线段前插入一个新线段。新插入线段的结束

⊖ PLAXIS 3D中多段线是由多个直线段和/或弧线段组成，该选项用于定义组成多段线的各个直线段和/或弧线段的长度、转角等内容，即此处“线段”泛指组成多段线的某一分段，既可以是直线也可以是圆弧。

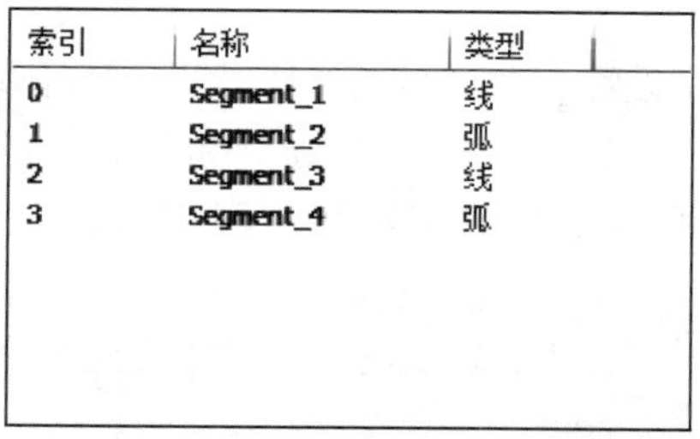

索引	名称	类型
0	Segment_1	线
1	Segment_2	弧
2	Segment_3	线
3	Segment_4	弧

图 5-10 “线段列表”显示组成多段线的各个线段

点成为先前选中线段的起始点。线段的编号根据其在列表中的位置自动更新。

（3）删除线段 单击按钮“”，可删除已选中的线段。线段的编号根据其在列表中的位置自动更新。

（4）延伸多段线至其对称轴1轴 单击“形状设计器”对话框中的相应按钮“”，在多段线最后将新增一个线段，连接多段线结束点与对称轴，这样多段线就延伸至对称轴。

（5）关于1轴对称形成封闭多段线 在“形状设计器”对话框的工具栏中单击按钮“”，通过镜像已有线段，使多段线闭合。仅当与对称轴对应的一半多段线完成时可用。

（6）闭合多段线 单击“形状设计器”对话框工具栏中的相应按钮“”，创建一个新增线段连接多段线的起始点和最后一点，闭合多段线。

（7）“线段（Segment）”的一般属性：

1）类型：用于定义线段的类型，可选择“直线”和“圆弧”。对于“直线”，需指定其长度。对于“圆弧”，需指定其半径（Radius）、转角（Segment angle）和离散角（Discretization angle），如图5-11所示。

如果为“圆弧”指定的半径为负值，则圆弧将以其切线方向为轴进行镜像。注意，当“一般”选项卡下“形状”选项选为“圆形”时，创建的多段线将只由一个转角为360°的单个圆弧组成，即选择该项后，只能创建出一个圆。一段圆弧离散化为多个直线线段，沿离散化圆弧的每一段弦（Chord）对应的圆心角称为“离散角（Discretization angle）”。

2）相对起始角（Relative start angle）。相对起始角用于定义下一线段的起始切线和上一线段的结束切线之间的夹角（见图5-12）。

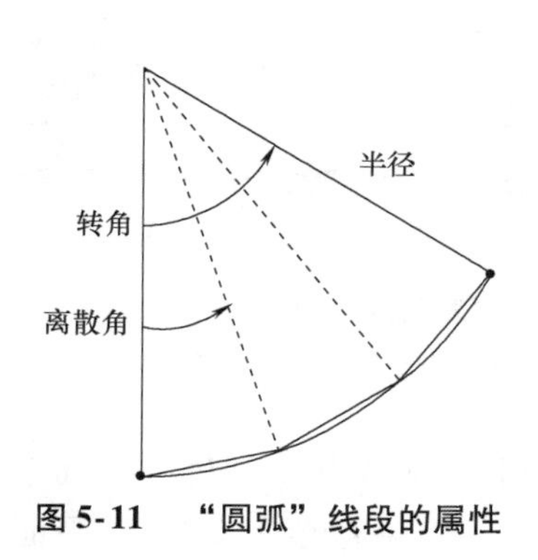

图 5-11 “圆弧”线段的属性

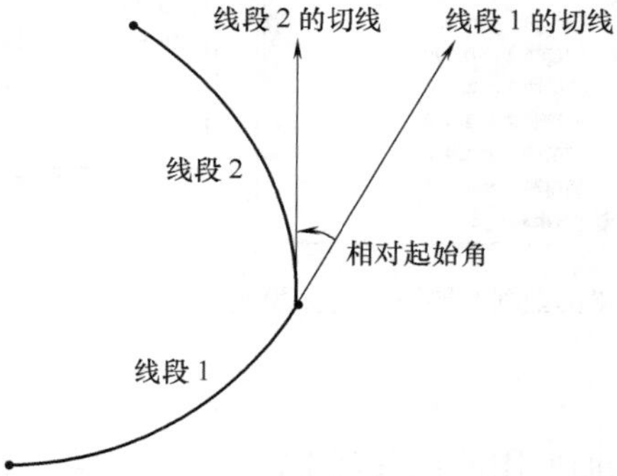

线段2的切线
线段1的切线
线段2
相对起始角
线段1

图 5-12 相对起始角

3. 修改多段线

关闭“形状设计器”对话框后，在“模型浏览器”中可修改多段线（见图5-13）。在绘图区中或“对象浏览器”中某条多段线上右击鼠标，显示的可用于多段线的菜单有：添加线段，延伸至对称轴，对称闭合，闭合多段线，创建面。

提示： 复杂几何形状可通过对多段线或多边形沿预定义路径拉伸来创建。

5.2.4 面

创建几何模型的第三个基本输入是面。单击“创建面”按钮“”，然后单击定义面所需的点。

定义面的第一个点为该面的参考点。创建第一个点后，输入第二个点创建一条线，然后输入第三个点，此时弹出“表面点（Surface points）”窗口（见图5-14）。

提示： 1）定义第三个点后，绘图区中就会显示创建的多边形所在的平面，此后通过单击鼠标创建的新的点都将位于该平面内。

2）要在平面外添加新的点，在“面上点”窗口中某点上右击鼠标，从弹出的快捷菜单中选择“插入点”或“添加点”命令。

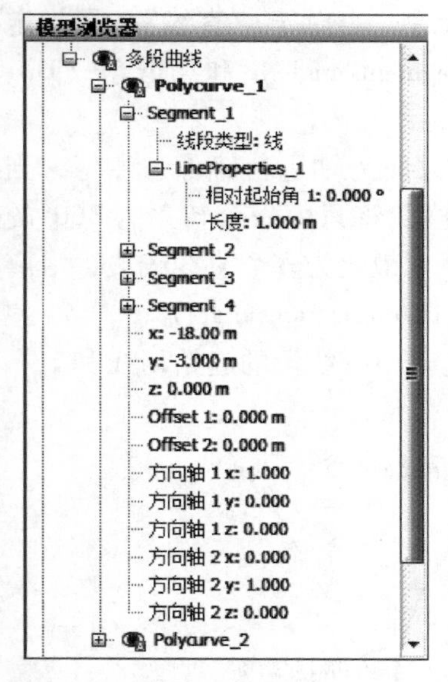

图5-13 “模型浏览器”中的多段线

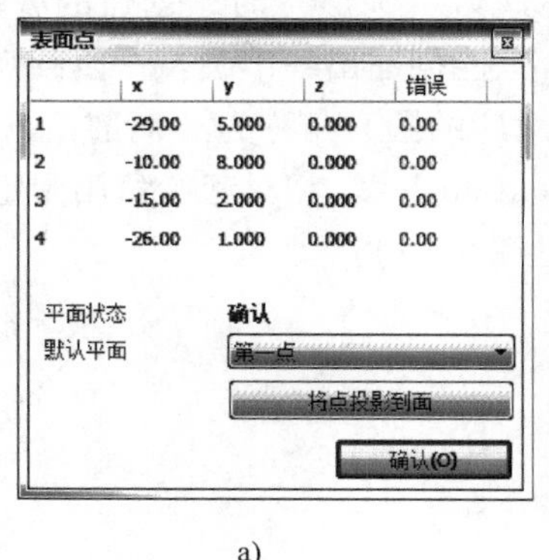

	x	y	z	错误
1	-29.00	5.000	0.000	0.00
2	-10.00	8.000	0.000	0.00
3	-15.00	2.000	0.000	0.00
4	-26.00	1.000	0.000	0.00

a)

	x	y	z	错误
1	7.000	11.00	5.151	0.00
2	12.00	13.00	5.151	0.00
3	12.00	6.000	5.151	0.00
4	8.000	4.000	5.151	0.00
5	10.00	8.000	5.151	0.00
6	7.000	7.000	5.151	0.00
7	10.00	6.000	5.151	0.00

b)

图5-14 “表面点”对话框

a）面上无交叉线 b）面上存在交叉线

定义面所用的点及其坐标在“面上点”对话框中列出。“平面状态（Plane state）”一栏中提示创建面时定义的表面点连成的线中是否存在交叉线。如果存在交叉线，“平面状态”

栏中会给出红色字体提示“交叉线（Crossing lines）”㊀（见图5-14b），意味着无法创建面。如果没有交叉线，则“平面状态”一栏显示为绿色字体“确认”（见图5-14a），则可创建面。定义面时有以下两个选项：

1）前三点（First points）㊁：在“面上点”对话框中的前三个点决定该面所在的平面，面上点列表中的误差列（Error column）中的值表示创建的面与该平面偏离的大小。

2）最合适（Best fit）：生成的面最大程度上与定义的点相符。误差列不可用。

定义面所用的点可通过单击“面上点”对话框中的“将点投影到面”按钮将其投影到面所在的平面上。在侧边工具栏中单击选择工具，完成面的创建。

提示： 注意，定义面用到的点和线并不显示在“模型浏览器”中（见图5-15）。如果想将它们加入到模型中，可在选中定义的面后，从快捷菜单里选择“分解为轮廓线”。

1. 修改面

在“表面点”对话框中右击点的编号，利用快捷菜单中的选项可修改定义面的点，例如添加点、插入点和删除点。在“面上点”对话框中改变点坐标单元格内的值，可以更改面上点的位置。

注意，修改定义面的点的选项在“创建面”子菜单中（见图5-16），需先双击之前定义的面，这些选项才可用。

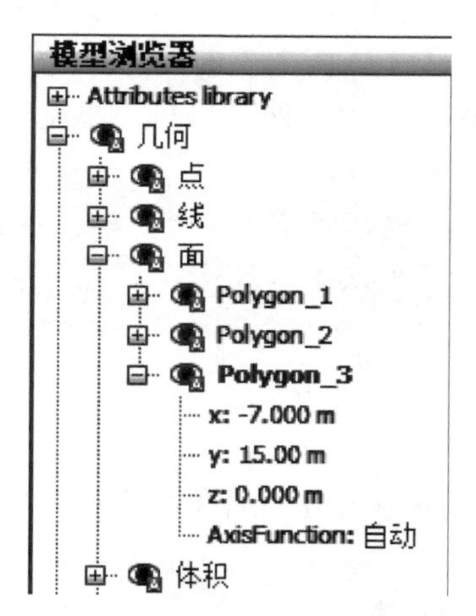

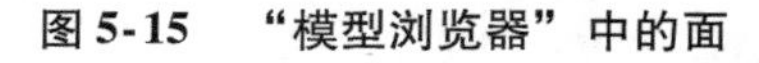

图5-15 “模型浏览器”中的面

图5-16 “创建面”子菜单

2. 局部坐标系

程序会自动定义面的局部坐标系。对于具有正交各向异性的结构单元材料行为以及在

㊀ 此处程序汉化有误，该提示应为“交叉线（Crossing lines）”，而非“剖面线”，表示在创建面时定义的表面点连成的线存在交叉，无法创建面。

㊁ 此处程序汉化有误，“First points”应为“前三点”，而非“第一点”，表示由前三个表面点确定该面所在的平面。

“输出程序”中显示其内力时需定义面单元局部坐标系。“局部坐标轴1”位于面内，“局部坐标轴2”垂直于面。“模型浏览器”中“Axis function”下拉菜单选项选为“自动”时，程序会自动根据全局坐标系来指定“局部坐标轴1”。如果此处选择“手动”选项，则用户可自定义“局部坐标轴1”的方向。例如，对于直线隧道，将“局部坐标轴1”定义为隧道轴线方向会比较方便，程序会根据“局部坐标轴1”和“局部坐标轴3”的方向及右手法则自动定义“局部坐标轴2”的方向。

板、土工格栅、界面、面荷载、指定面位移、收缩、渗流面边界和排水面等可指定给面（对创建的面或导入的面均可）。

3. 导入面

在“结构”模式下可导入预先定义的面。导入面的几何图形在分解为轮廓线后可以修改。

> **提示：** 沿预定义路径拉伸多边形可生成体。

5.2.5 实体

在 PLAXIS 3D 中可通过拉伸面来创建体，还可以利用“导入实体”功能导入预先定义的实体。注意，根据“修改土层”窗口中定义的土层生成的土体和在“土”模式下导入的实体都会列于“模型浏览器”的“几何”目录下的“土体（Soil volumes）”子目录中。通过拉伸面生成的实体以及在“结构”模式下导入的实体则会列于“几何”目录下的“实体（Volumes）”子目录中。

“土和界面”材料数据组以及“体积应变”和“水力条件”等可以指定给实体。

> **提示：** 在“结构”模式下创建或导入的实体，可通过右键快捷菜单里的“分解为面”或“分解为轮廓线”命令将其分解为面或线添加到模型中。

5.2.6 几何模型高级选项

选中模型对象后右击鼠标，弹出的快捷菜单里有修改几何对象的高级选项。

> **提示：** 按住 <Ctrl> 键单击对象，可选择多个对象。

1. 为几何对象指定特性

在模型中建立几何对象后，可为其指定特性（例如指定为板）而不必为创建板单元而重建几何面，可避免模型过于庞大复杂。为几何对象指定特性，操作步骤如下：

1）在“对象浏览器”或“绘图区”中右击几何对象。

2）在快捷菜单中选择要指定的特性。可给几何对象指定的特性见表 5-1 和表 5-2 所列内容。

提示： 1）体积应变只能在“分步施工”模式下指定给土体类组。
2）如果已给一条线指定了 Embedded 桩或点对点锚杆，则不能再给其指定其他特性。

表 5-1 可为几何对象指定的荷载

几何对象	点	线	面	体
可指定的荷载	荷载	荷载	荷载	体积应变
	指定位移	指定位移	指定位移	

表 5-2 可为几何对象指定的结构和边界

几何对象	点	线	面	体
可指定的结构和边界	锚定杆	梁	土工格栅	
		点对点锚杆	板	
		Embedded 桩	正向界面	
		井	负向界面	
		排水线	收缩	
			排水面	
			地下水渗流面边界条件	

2. 反转法向

面可以通过右键菜单中的选项来反转法向（Invert normal）。注意，为面指定的相关界面的位置取决于界面的类型（正向或负向）以及面的法向。如果反转面的法向，指定界面会自动用于面的另一侧。

3. 合并重复几何对象

创建特性通常使用三种方法：

1）使用侧边工具栏按钮直接创建特性。

2）为已有几何对象指定特性。

3）使用命令行创建特性。

假设某几何对象（如一条线）已经存在于模型中。如果在相同几何位置创建一根点对点锚杆，会同时在锚杆位置创建一条线。这意味着，在同一位置将有两条线，其中一条具有“点对点锚杆”特性，另一条没有。此时 PLAXIS 允许合并相同的对象从而删除掉不必要的对象。生效方法取决于利用哪种方法创建点对点锚杆。

如果使用上述方法 2），则不会生成新增的线，而是直接给已有的线指定“点对点锚杆”特性。

如果使用方法 1）和方法 3），会生成新增的线，与已有线共同存在于“结构”模式下。当进入“计算”模式时，相同的线的几何对象会自动合并成一条带有“点对点锚杆”特性的线。

对于后一种情况，我们更希望在“结构”模式下就将重复的对象合并（从而手动删除模型中的多余对象）。这可通过如下途径完成：在“模型浏览器”中右击“几何——点、线或面”，在右键菜单中选择“合并重复的几何对象”；或者在命令行中输入相应的命令，例如：“merge equivalents geometry”（合并相同的几何对象）。

命令“merge equivalents geometry objects”还可用于合并那些并非精确位于同一位置但相距非常近的几何对象。默认的距离误差为0.001个长度单位，与标准捕捉间距相同（见下），但用户可以在命令中指定距离误差，例如：“merge equivalents geometry 0.2”。当同类几何对象不在完全相同的位置但距离不超过0.2个长度单位时，通过该命令可使之合并为单个对象。为其中某源对象指定的任何特性都会指定给剩下的单个对象。

提示： 1）钻孔不能合并。
2）对局部坐标系较敏感的特性在合并后需检查一下。
3）如果已经对某条线指定了Embedded桩或点对点锚杆特性，则不能将其与指定了其他特性的线合并。

4. 捕捉到

如果几何对象绘制不完整，例如部分未接触或部分重叠，可能导致交叉或网格划分困难。“捕捉到（Snap）”功能可以修正0.001个长度单位范围内的这种不完整。当使用命令执行“snap”操作时，可临时修改“snap”的距离默认值。

5. 分解

“分解（Decompose）”功能可以将选中的几何对象分解为更低级的几何对象。例如面可分解为轮廓线，体可分解为面。

6. 交叉和重组

选中多个几何对象后，在右键菜单中可选择“交叉和重组（Intersect and recluster）”命令对它们进行布尔运算，运算后的交集与差集部分全都保留。图5-17所示为两个面交叉前后的状况。

7. 合并

选中多个几何对象后，在右键菜单中选择“合并（Combine）”选项，可将它们进行合并为一个几何对象（并集运算）。图5-18所示（见书后彩色插页）为合并前后的两个体。将不同对象合并成一个对象后，原来的几何对象不复存在。

8. 组

将多个几何对象创建为一个“组（Group）”。生成的组列于“模型浏览器”中的“组”目录下。通过组操作可以对相同属性的多个对象同时修改。将多个对象放于一个组内之后，原对象仍然存在。

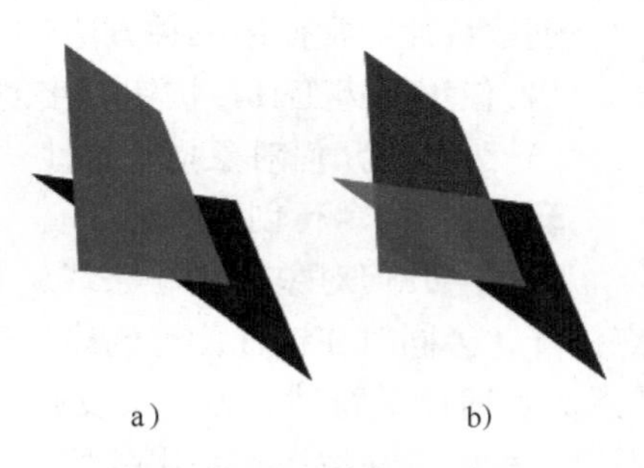

a） b）

图5-17 面交叉举例
a）交叉前 b）交叉后

5.3 荷载

可右击几何对象，在弹出的右键菜单中选择相应命令为其施加荷载。此外，还可使用“创建荷载”按钮。为几何对象施加荷载的操作为：单击“创建荷载”按钮“”，在展开菜单中选择对应的荷载按钮（见图5-19），将其拖放到几何对象上。侧边工具栏中“创建荷载”按钮的展开菜单可在创建几何对象的同时为其指定荷载，一步完成。该过程类似于创建几何对象的过程，不同的是荷载已经指定给了几何对象。

虽然荷载输入值在“结构”模式下指定，但一般在“分步施工”过程中考虑荷载的激活、冻结和更改。

如果对于几何体的某一部分既设置了约束又施加并激活了荷载，那么在计算中约束优先于荷载。因此，对已经设置了约束的几何对象再施加荷载是没有意义的。不过可以在自由方向上施加荷载。

“对象浏览器”中的“荷载”目录由两部分组成，即静力荷载和动力荷载，可将其分别定义。

1）静荷载。静荷载的分布及其分量在“荷载”目录的第一部分指定。注意，对于“点荷载”是没有“分布”选项的。

2）动力荷载。动力荷载的分布及其分量在“荷载”目录的第二部分指定。注意，对于“点荷载”是没有“分布”选项的。除了荷载的“分布”和分量之外，还可以为每个荷载分量指定单独的“乘子”。在“属性库（Attributes library）”中定义的乘子可从其下拉菜单中选择。“对象浏览器”中的动力荷载设置如图5-20所示。

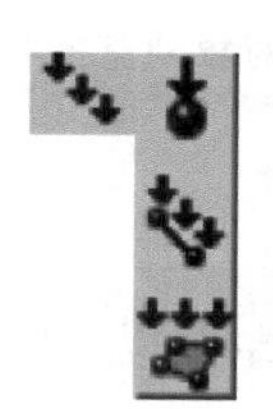

图5-19 “创建荷载”菜单

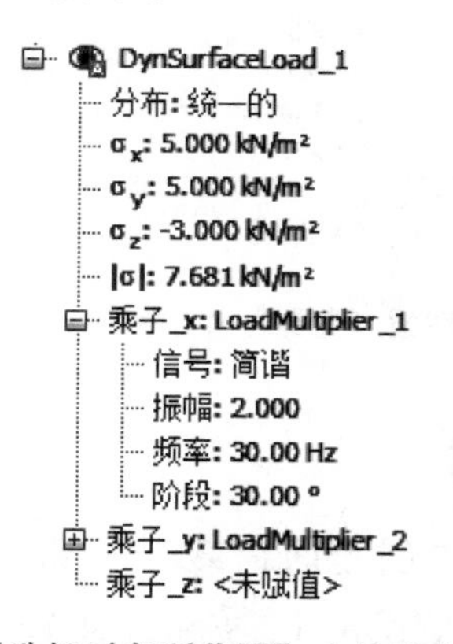

图5-20 “选择对象浏览器”中的动力荷载设置

5.3.1 点荷载

点荷载可用“创建点荷载”按钮“”来建立，点荷载输入值的单位为“力”（如kN），默认值为沿 z 轴负方向的单位力，即 -1kN。点荷载的 x-，y-，z-分量可在“对象浏览器”中修改（见图5-21）。如果修改荷载的绝对值，则程序根据荷载初始方向自动计算各个分量。即如果只修改绝对值，则不会改变荷载的方向。

5.3.2 线荷载

线荷载可通过“创建线荷载”按钮“ ”建立，线荷载输入值的单位为“力/单位长度”（如 kN/m），默认方向为 z 轴负方向。如果直接修改荷载绝对值大小，则程序自动根据荷载初始方向计算各方向分量（见图 5-22）。

线荷载的分布选项有：①统一的：创建均布线荷载；②线性：通过定义分量和起始、结束点的荷载值来定义线性变化的荷载。

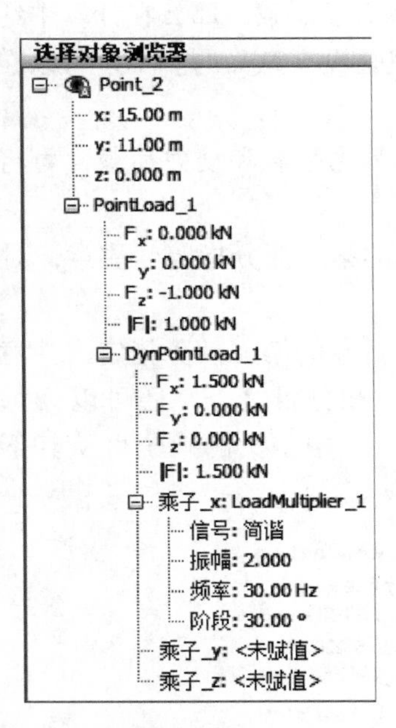

图 5-21 “选择对象浏览器”中的点荷载

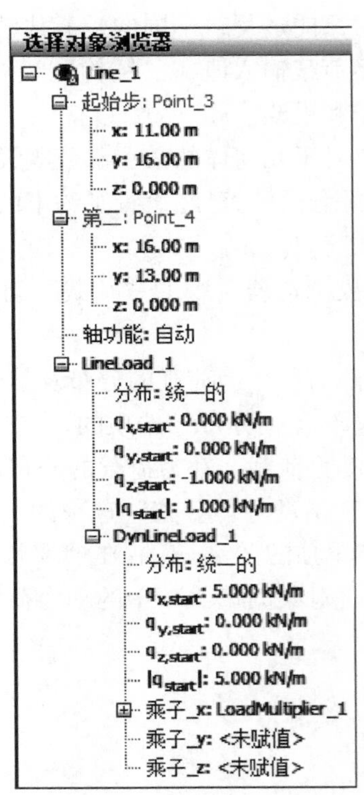

图 5-22 “选择对象浏览器”中的线荷载

5.3.3 面荷载

面荷载可用“创建面荷载”按钮“ ”建立，输入值的单位为“力/单位面积”（如 kN/m^2）。面荷载由 x、y 和（或）z 分量组成，程序自动计算总的大小。如果改变荷载绝对值，程序自动计算各方向分量（见图 5-23）。面荷载的分布可通过以下选项来定义：

1）统一的[㊀]：创建均布面荷载。

2）沿 x 轴递增。创建沿 x 方向线性变化的面荷载。

㊀ 该选项英文为“uniform”，译为“均布”似乎更准确，但为了与程序中文界面保持一致以满足读者使用习惯，故本书中仍称之为“统一的”。同样，对于“线荷载”、“指定线位移”、“指定面位移”中的相应选项也是如此。

3）沿 y 轴递增。创建沿 y 方向线性变化的面荷载。

4）沿 z 轴递增。创建沿 z 方向线性变化的面荷载。

5）沿向量递增。创建沿某指定方向线性变化的荷载。

6）自由增大。创建沿各方向都有变化的荷载。

7）垂直。创建垂直于面的均布荷载。

8）垂直，沿竖向增大[⊖]。通过定义参考点荷载分量、荷载值及其沿 z 方向的增量来创建垂直于表面且大小沿 z 方向变化的荷载。

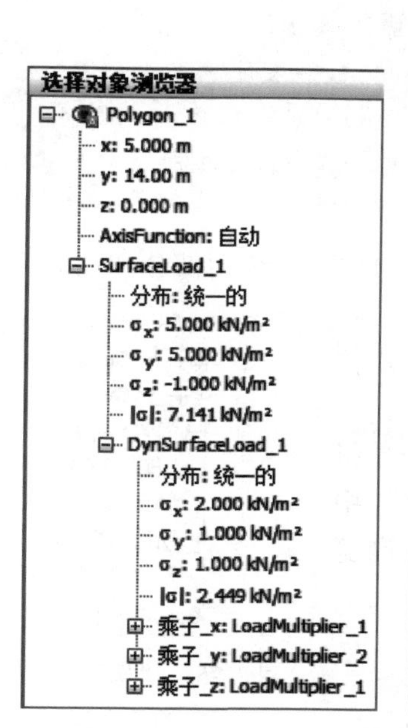

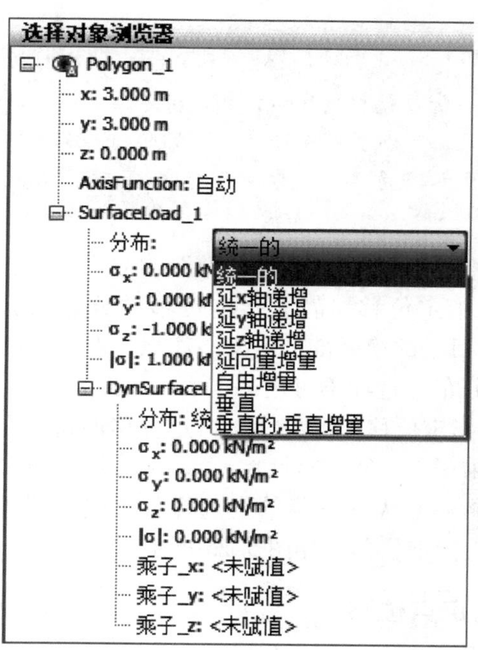

图 5-23 “选择对象浏览器”中的面荷载

5.4 指定位移

指定位移是一种特殊的边界条件，控制模型某一部分的位移。可通过右键菜单对几何对象指定位移，也可通过“创建指定位移”展开菜单来指定。为几何对象创建指定位移的操作为：首先单击“创建指定位移”按钮“⇊”，在展开菜单选择相应选项（见图5-24），然后将工具拖放到几何对象上。

创建指定位移类似于创建几何对象。单击侧边工具栏中的“创建指定位移”按钮，在展开菜单中提供了快速定义指定位移的选项（见图5-24）。不必先创建几何对象再为其指定

⊖ 此处程序汉化有误，该选项英文为“Perpendicular, vertical increment”，是指荷载垂直于面且大小沿竖向（z 轴方向）变化，若按程序中文界面选项“垂直的，垂直增量”则不易理解，故本书中将该选项称为“垂直，沿竖向增大”。同样，对于“指定面位移”中的相应选项亦是如此。

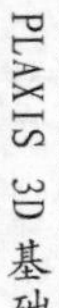

位移，而是一步完成。虽然指定位移的输入值在“结构”模式下指定，但其激活、冻结和更改一般在“分步施工”过程中考虑。

对于一个几何对象如果同时定义并激活了指定位移和荷载，则在计算过程中指定位移优先于荷载。如果对某条线同时施加了指定位移和固定约束，那么计算中将是固定约束发挥作用。不过，如果并不是所有方向的位移都固定，则在自由方向施加荷载是可以起作用的。

图 5-24 “创建指定位移”菜单

提示：“指定位移”应视为计算阶段结束时的总位移（Total displacements）而非增量阶段位移（Incremental phase displacements）。如果计算阶段中没有设置指定位移增量，那么指定位移的值将与前一阶段相同。如果将指定位移值设为 0，意味着是在相反方向施加位移增量，从而在计算阶段结束时位移为 0。

“对象浏览器”中的“指定位移”目录由两部分组成，即静力部分和动力部分。

1）静力指定位移。静力指定位移的分布及分量在“指定位移”目录的第一部分定义。注意，对“指定点位移”来说“分布”选项不可用。

2）动力指定位移。可为静力指定位移的每个分量指定各自的“乘子”。在“属性库（Attributes library）”中定义的动力乘子可从下拉菜单中选择。“选择对象浏览器”中的动力指定位移，如图 5-25 所示。

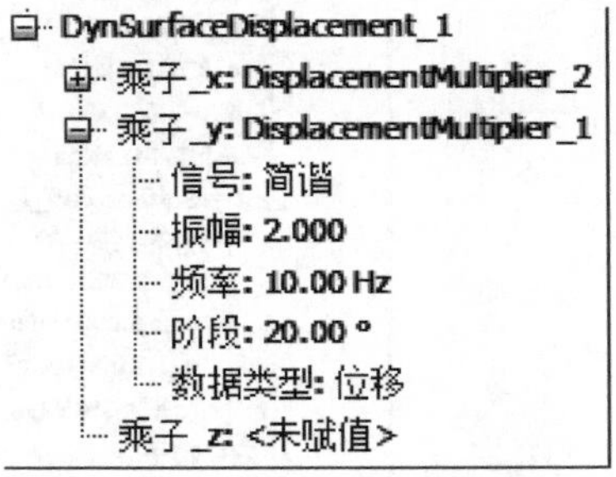

图 5-25 “选择对象浏览器”中的动力指定位移

5.4.1 指定点位移

指定点位移可用“创建指定点位移”按钮“”创建，与创建点类似。指定点位移默认在 x、y 方向自由，z 方向默认值为 -1。指定点位移分量的选项有“自由、固定和指定”三个。在“对象浏览器”中选择“指定”选项，可选择这些选项并定义位移值。

5.4.2 指定线位移

要创建指定线位移，可先单击“创建指定位移”按钮，然后从展开菜单中选择“创建指定线位移”选项“”来创建。指定线位移默认在 x、y 方向自由，z 方向默认值为 -1。指定线位移分量的选项有“自由、固定、指定”，可在“模型浏览器”中选择。可为某条线指定均布或线性变化位移。当在“分布”下拉菜单中选择“线性”选项时，可以定义沿该线起始点和结束点的位移值。

5.4.3 指定面位移

要创建指定面位移，可先单击“创建指定位移”按钮“”，然后从展开菜单中选择“创建指定面位移”选项“”来创建。指定面位移的分布可用如下选项来定义：

1）统一的。创建均布面位移。

2）沿 x 轴递增。创建沿 x 方向线性变化的面位移。

3）沿 y 轴递增。创建沿 y 方向线性变化的面位移。

4）沿 z 轴递增。创建沿 z 方向线性变化的面位移。

5）沿向量递增。创建沿某指定方向线性变化的位移。

6）自由增大。创建沿各方向都有变化的位移。

7）垂直。创建垂直于表面的均布位移。

8）垂直，沿竖向增大。通过定义参考点位移分量、位移值及其沿 z 方向的增量来创建垂直于表面且大小沿 z 方向变化的位移。

5.4.4 收缩

“收缩”可用于模拟面收缩或模拟隧道衬砌周围土体损失。收缩指定为应变，没有单位。要创建面收缩，可先单击“创建指定位移”按钮，然后从展开菜单中选择“创建面收缩”选项“”来创建。面收缩的分布可定义为：

1）均布。整个面上定义的面收缩的大小相同。收缩施加于局部坐标轴2的方向。

2）轴向增大。收缩沿局部坐标轴1的方向线性变化。收缩施加于局部坐标轴2的方向。

提示：当利用“收缩”模拟TBM隧道周围的土体损失时，注意施加的面收缩的值应为隧道体积损失百分比的一半。

5.5 动力荷载

在PLAXIS 3D中，动力冲击荷载通过输入值和乘子来指定。每个时间步的真实动力值等于输入值乘上乘子。动力乘子可指定给荷载的动力分量或指定位移。模型中施加的动力乘子可在“模型浏览器”中“属性库”目录下的“动力乘子”子目录中定义。

5.5.1 乘子定义

在“模型浏览器”中“属性库”目录下的“动力乘子”子目录上单击鼠标右键，在弹出的菜单中选择“编辑”，弹出“乘子”对话框，在此定义乘子（见图5-26）。乘子窗口有两个选项卡组成，即“位移乘子”和“荷载乘子”选项卡，分别用于给指定位移乘子和荷载定义乘子（见图5-27）。

在选项卡下的按钮可用于添加新乘子或删除列表中被选中的乘子。添加新乘子后，其定义选项有：

1）名称。定义乘子的名称。

2）信号。可选择信号的形式，从下拉列表中可选“简谐”和“表格”。

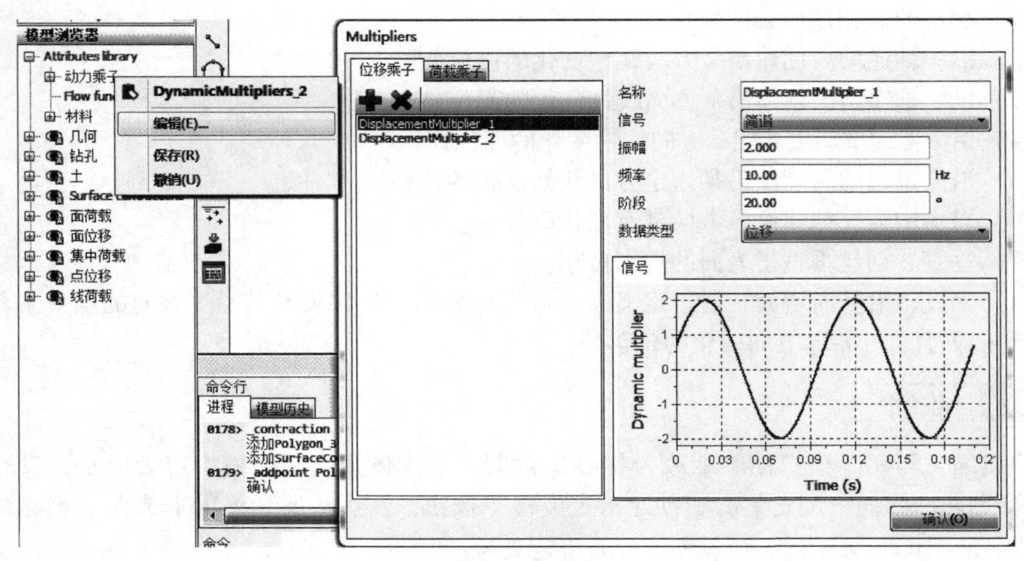

图 5-26 “模型浏览器”中的“动力乘子”

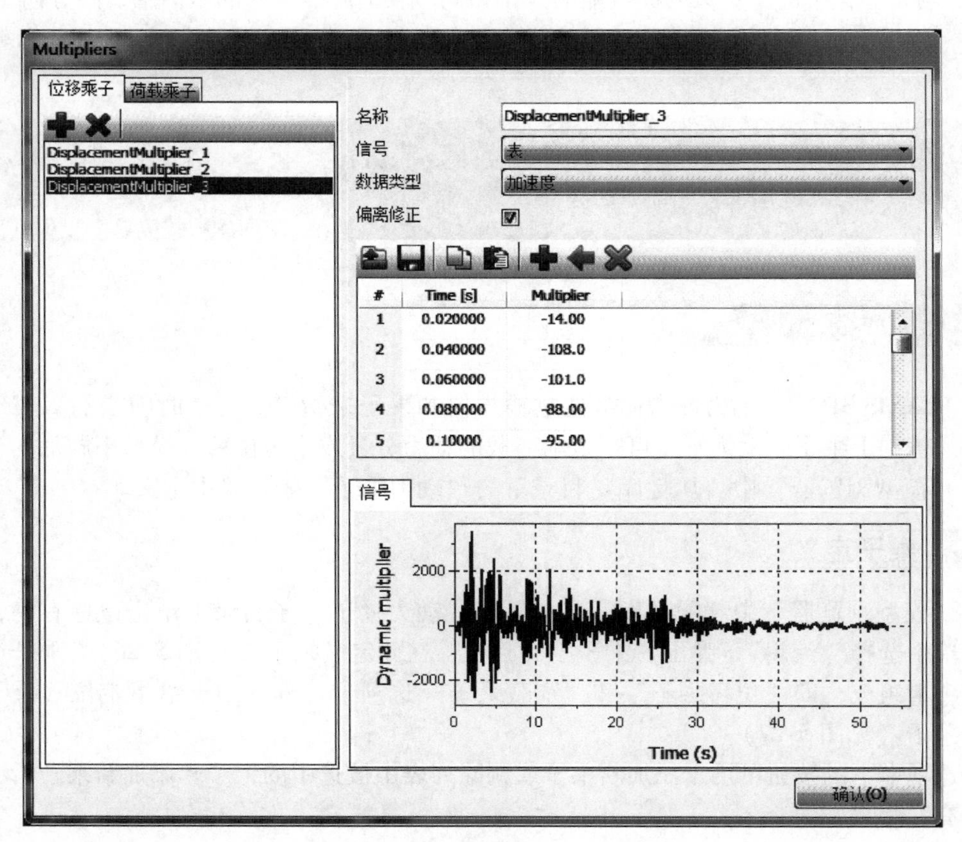

图 5-27 “位移乘子”选项卡

3）数据类型。可从下拉列表中选择“位移”、“速度”或“加速度”。注意，“数据类型”下拉列表仅对“位移乘子”可用。对“荷载乘子”无需指定数据类型。

4）偏离修正（Drift correction）。由于对加速度和速度的积分，位移可能发生偏离。选择该项后，在计算开始时程序会施加一个低频运动并相应修正加速度。

5.5.2 简谐信号

在 PLAXIS 中，简谐荷载的定义如下

$$F = \hat{M}\hat{F}\sin\ (\omega t + \varphi_0) \tag{5-1}$$

式中 $\hat{M}$——放大乘子；

$\hat{F}$——荷载输入值，$\omega = 2\pi f$（f 为频率，单位 Hz）；

φ_0——初始相位角（单位为度）。

提示： 动力荷载也可瞬时施加于单个时间步或子步（块荷载）。对于“简谐荷载乘子”，可通过如下方法模拟块荷载：将“放大乘子”设为等于块荷载的大小、频率设为 0Hz、初始相位角设为 90°，从而有 $F = MF$。

图 5-28 所示为用于定义和显示“简谐”信号的“动力乘子”窗口。

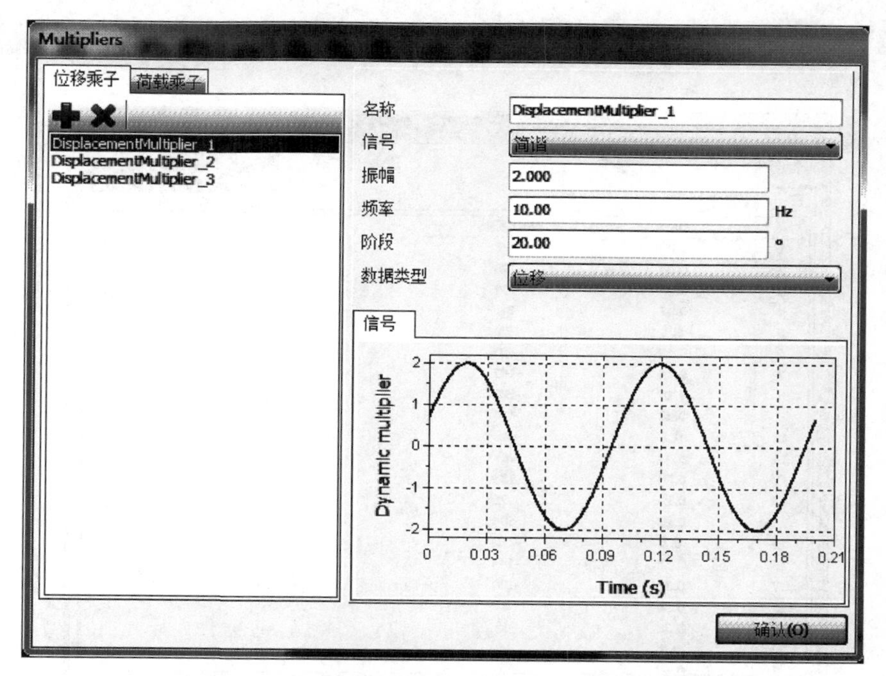

图 5-28 信号的定义和显示“简谐”“动力乘子”窗口

5.5.3 表格信号

除了简谐信号，还可通过数据表格定义信号，可在“信号”下拉列表中选择“表格”选项。数据表格由“时间”和“乘子”两列组成，其中“时间”数据与“动力时间”相关。数据表格顶部工具栏中的按钮用于对表格进行修改，见表 5-3。

表 5-3　动力乘子窗口中的数据表格相关按钮

功能类别	按钮图标	按钮名称	说　明
表格修改		添加行	可在表格中添加一行
		插入	可在表格内已选中的行前插入一行
		删除	可删掉在表格内选中的行
数据导入与保存		打开	除了可在表格中直接输入数据，还可以利用工具栏中的“打开”按钮从数字化荷载数据文件中读取数据。PLAXIS 可以从纯 ASCII 或 SMC 格式文件中读取数据
		保存	不论是利用表格定义的信号还是从数据文件中读取并修改的信号，都可利用“保存”按钮来保存，从而可将其用于其他项目或使当前项目中的修改生效
表格编辑		复制	不论是利用表格定义的信号还是从数据文件中读取并修改的信号，都可利用“复制”按钮进行复制
		粘贴	从其他应用程序中复制的数据（使用 <Ctrl + C> 键）可利用“粘贴”按钮来导入。“导入数据”对话框如图 5-29 所示。导入数据的起始行可在“从行（From row）”一栏中定义，数据可按“纯文本文件”或“强震 CD-ROM 文件（SMC）”来分析。单击“确认”按钮，数据和图形显示在“动力乘子”窗口中

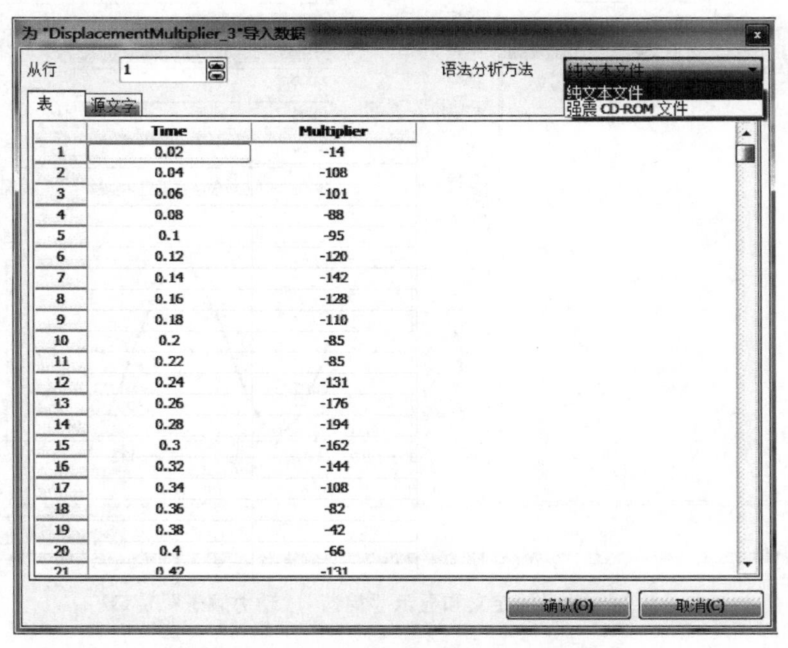

图 5-29　动力乘子的“导入数据”对话框

提示： 当导入动力荷载数据时，如果未在“动力荷载”对话框中指定导入数据所在的目录，PLAXIS 默认为数据文件位于当前项目文件夹中。

可导入的动力荷载数据文件主要有以下两种格式：

1）ASCII 文件。ASCII 文件可由用户通过文本编辑器创建。每行定义一对数值（“动力时间”和相应的“乘子”），两数值间至少隔一个空格。每行的时间应不断增加，不过并不必使用恒定不变的时间间隔。

如果动力分析中的时间步与文件给出的时间序列不一致，则某一给定“（动力）时间”点的乘子将根据文件中的数据进行线性内插。如果计算中的“动力时间”大于数据文件中最后一个时间值，则计算将采用文件中的最后一个乘子。

2）SMC 文件。PLAXIS 3D 还可以利用 SMC 格式的地震记录作为地震荷载输入。SMC（Strong Motion CD-ROM）格式现在被美国地质调查局国际强震程序（U. S. Geological Survey National Strong-motion Program）用于记录地震和其他强波的数据。该格式使用 ASCII 字符代码，并在数字时间序列坐标或相应数值后提供文档标题、整数标题、实数标题和注释。标题为用户提供了地震和记录设备信息。

大部分 SMC 文件包含加速度，但也可能包含波速或位移序列及反应谱。推荐使用校正后的地震波数据，即时间序列应为对最终偏离和非零最终速度进行修正之后的。SMC 文件应与几何模型底部指定边界位移联合使用。

提示：动力乘子中的时间值通常指所有计算阶段列表中的全局动力时间，而不是单个阶段的时间间隔。这意味着在一系列连续动力计算阶段中，每个阶段只是采用其动力乘子连续部分。

5.6 结构

结构单元的创建类似于相应几何对象的创建。为已有几何对象指定结构属性，操作为：首先单击“创建结构”按钮“■”，从展开菜单中选择相应的结构单元按钮（见图 5-30），然后将其拖放到对应的几何对象上。另外，也可以在绘图区或“对象浏览器”中右击几何对象，然后从右键菜单中选择相应选项来指定结构。

在计算阶段中可以激活、冻结结构，或修改已指定的材料数据组。

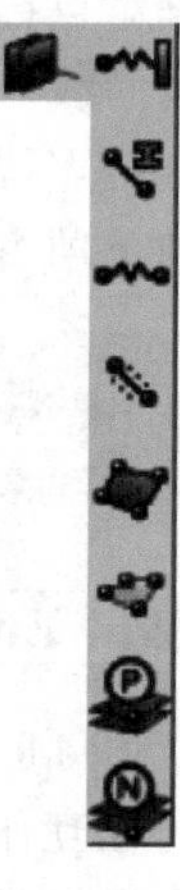

图 5-30 “创建结构”菜单

5.6.1 锚定杆

锚定杆（按钮为“■”）是一个点单元，一侧连接于结构单元，另一侧固定。锚定杆可用于简单模拟桩，即不考虑桩土相互作用。另外，锚定杆可用于模拟锚杆或挡墙支撑。锚杆杆单元的图形“T”的长度是任意的，没有任何物理意义。

创建锚定杆类似于创建一个几何点。锚定杆的方向定义为从锚定杆连接点沿锚定杆方向。默认方向为（0，0，－1），即向下。用户可通过指定 x、y、z 分量来设置锚定杆方向。由各分量确定的长度定义为锚定杆的等效长度。

锚定杆的“等效长度”参数定义为沿锚杆轴向从锚杆连接点到假定位移为零的点之间的距离。锚定杆的方向和等效长度可在“对象浏览器”中修改。更改其等效长度将在保持原方向不变的情况下自动更新各方向的分量。

锚定杆的材料属性包含在“锚杆”材料数据组中，可通过拖放、对象浏览器或绘图区右键菜单方便地指定给相应结构。

5.6.2 梁

梁单元（按钮为“”）用于模拟细长结构（一维），具有较大抗弯刚度和轴向刚度。创建梁单元与创建几何线的方法类似。

生成网格之后，梁单元由三节点线型单元（梁单元）组成，每个节点有六个自由度：三个平移自由度（u_x，u_y，u_z）和三个转动自由度（φ_x，φ_y，φ_z）。PLAXIS 3D 中的梁单元基于 Mindlin 梁理论（Bathe，1982 年），梁可由于剪切和弯曲发生挠度变形。另外，当受到轴向力时，该梁单元的长度也可能改变。注意，该梁单元不能抗扭。单元刚度矩阵基于在材料数据组中定义的材料属性，通过四个高斯积分点（即应力点）沿单元长度和单元剖面进行积分。这四个应力点在梁单元的局部坐标轴 3 方向上间距为$\frac{1}{6}\sqrt{3}d_{eq3}$，在局部坐标轴 2 方向上间距为$\frac{1}{6}\sqrt{3}d_{eq2}$，其中 $d_{eq3}=\sqrt{12\frac{I_3}{A}}$，$d_{eq2}=\sqrt{12\frac{I_2}{A}}$。

当梁单元与其他结构单元相连时，在相连节点处所有自由度均一致，即连接为刚接（刚性结合），除非重新定义“连接”（见 7.9.4 定义连接）。当梁的一端延伸至模型边界时，程序将在该处自动施加旋转约束（见 5.9 导入结构）。

梁单元的材料属性在“梁”材料数据组中定义，可通过拖放操作、对象浏览器或右键菜单指定给模型中的梁单元。

5.6.3 点对点锚杆

点对点锚杆（按钮为“”）可用于模拟两点间的一根弹簧，创建点对点锚杆类似于创建几何线。

点对点锚杆材料属性包含在“锚杆”材料数据组中，可通过拖放、对象浏览器或绘图区右键菜单方便地指定给相应结构。

提示：点对点锚杆不能指定给已经被指定了其他特性的线。

5.6.4 Embedded 桩

Embedded 桩（按钮为“”）单元由梁单元组成，在土层中可设置为任意方向，与桩周土的相互作用通过特殊界面单元来实现。桩土相互作用包括侧摩阻力和端阻力，侧摩擦和桩端力发挥的大小由桩土相对位移决定。虽然 Embedded 桩单元本身没有体积，但是桩周一定范围会被假定为弹性区，在该弹性区内不发生塑性行为。该弹性区的大小依赖于 Embedded 桩的材料数据组中桩的（等效）直径，这样使得 Embedded 桩像一个体积桩一样。但

Embedded 桩不能考虑打桩效应，模拟桩土相互作用发生在桩轴线上，而不是模拟桩周弹性区圆柱形侧面与周围土的相互作用。

提示： 由于不能考虑打桩效应，因此 Embedded 桩主要应用于模拟在打桩施工过程中对周围土体影响有限的桩，比如一些挖孔桩，但对于打入式桩或挤土桩则不太适合。

1. Embedded 桩的连接点

Embedded 桩的建立与几何线的创建类似。Embedded 桩与周围土体的连接点（Connection point）的位置及连接的类型可在“对象浏览器”中指定。

（1）当桩连接点与土体相连时，“连接”的行为有以下三种：

1）自由（Free）。桩的“连接点”相对周围土体可自由平移及转动，桩与土之间仅通过界面单元发生相互作用。

2）铰接（Hinged）。桩土连接点处桩的位移与该处土体单元的位移相耦合，即此处桩土位移完全相等，但是，桩与土的旋转可能不同。

3）刚接（Rigid）。桩土连接点处桩与该处土体单元的位移和旋转都相耦合（假如该实体单元有旋转自由度的话）。该选项仅用于桩连接点与其他结构单元如板、梁等相交时。

（2）当桩连接点与结构单元（该结构单元没有设置界面单元）相连时，“连接”的行为有以下三种：

1）自由。桩的“连接点”相对周围土体和结构单元可自由平移及转动，Embedded 桩与土和结构单元之间仅通过 Embedded 桩的特殊界面单元发生相互作用。注意，此处的结构单元相对周围土体并不能自由平移和转动。

2）铰接：桩的连接点处桩的位移与该处结构单元和（或）土体单元的位移相耦合，即此处它们的位移完全相等。

3）刚接：桩的连接点处桩与该处结构单元和（或）土体单元的位移和旋转都相耦合。

（3）当桩连接点与结构单元（该结构单元与土体之间设置了界面单元）相连时，“连接”的行为有如下三种：

1）自由：桩的“连接点”相对周围土体和结构单元可自由平移及转动，Embedded 桩与土和结构单元之间仅通过 Embedded 桩的特殊界面单元发生相互作用。同样的，结构单元与土体之间也通过其定义的界面单元发生相互作用。这是程序的默认选项。

2）铰接：桩的连接点处桩的位移与该处结构单元的位移相耦合，即此处它们的位移完全相等。注意，结构单元与土体之间通过其定义的界面单元发生相互作用。

3）刚接：桩的连接点处桩与该处结构单元的位移和旋转都相耦合。注意，结构单元与土体之间通过其定义的界面单元发生相互作用。

注意，当模型中有锚杆处于 Embedded 桩的连接点处时，锚杆会自动与桩的连接点相连，而不是与此处的土体单元相连。“对象浏览器”中 Embedded 桩的选项可用于将锚杆——桩连接设为与土连接。

提示： 当 Embedded 桩刺入线弹性材料中时，会忽略掉指定的侧摩阻力。原因是，此处的线弹性材料不会被认为是土体，而是会被视为结构的一部分。Embedded 桩与结构的连接被视为刚接，从而避免桩体穿过混凝土板。

2. Embedded 桩单元

Embedded 桩单元由梁单元和特殊界面单元组成，桩土相互作用通过该特殊界面单元实现。

划分网格之后，梁单元为 3 节点线单元，每个节点有 6 个自由度：三个平移自由度（u_x，u_y，u_z）和三个转动自由度（φ_x，φ_y，φ_z）。单元刚度矩阵通过四个高斯积分点（应力点）进行组合。Embedded 桩单元允许由于剪切和弯曲产生挠度。另外，在轴向力作用下，Embedded 桩还可能改变长度。

Embedded 桩单元上的特殊界面单元不同于沿墙体或体积桩设置的常规界面单元。因此，在梁单元的节点位置，会在土体单元中根据其单元形函数建立虚拟节点。该特殊界面单元会在梁单元节点和这些虚拟节点之间建立联系，从而与土体单元所有节点联系起来。

Embedded 桩单元的内力（结构内力）通过梁单元积分点进行计算，并外推到梁单元节点。这些内力可在"输出程序"中通过图形和表格的形式查看。

3. Embedded 桩单元属性

Embedded 桩单元的材料属性包含在"Embedded 桩"材料数据组中，可通过拖放、对象浏览器或绘图区右键菜单方便地指定给相应结构。

Embedded 桩单元的最低 z 坐标处视为桩底。对于水平的 Embedded 桩，其最大 x 坐标处视为桩底。如果 z 坐标和 x 坐标都相同，则其最大 y 坐标视为桩底。

5.6.5 板

板单元（按钮为"▣"）用于模拟地层中厚度较薄的二维结构物，有较大的抗弯刚度。板单元的创建与几何面的创建方法类似。

板单元生成网格后，由 6 节点三角形板单元组成，每个节点有 6 个自由度：三个平移自由度（u_x，u_y，u_z）和三个转动自由度（φ_x，φ_y，φ_z）。板单元基于 Mindlin 板理论（Bathe，1982 年），该理论中板可以在受弯、剪作用下产生挠度。另外，板单元在受轴向力作用下长度会发生改变。单元刚度矩阵基于材料数据组中定义的属性建立，通过三对高斯积分点（应力点）进行数值积分。每对积分点中，应力点位于板中心线上下各$\frac{1}{6}\sqrt{3}d$ 处。

板单元材料属性包含在"板"材料数据组中，可通过拖放操作、对象浏览器或绘图区鼠标右键菜单很方便地指定给相应板单元。

结构内力通过板单元积分点进行估算，并插值到单元节点上。在输出程序中可以图形和表格形式查看结构内力。

5.6.6 土工格栅

土工格栅（按钮为"▣"）为细长结构，具有轴向刚度，没有抗弯刚度，只能受拉不

能受压。一般用于模拟土体加固。在模型中建立土工格栅与创建几何面的方法类似。

生成网格之后，土工格栅由 6 节点三角形面单元组成，每个节点有三个平移自由度（u_x，u_y，u_z）。单元刚度矩阵基于材料数据组中定义的属性，通过三个高斯积分点（应力点）进行数值积分。施加拉力后单元长度可以改变。当土工格栅单元与其他结构单元相连时，在连接节点处具有相同的平移自由度。

土工格栅的基本材料属性为轴向刚度 EA，另外还可以设定拉力的限值以模拟拉破坏。结构轴力通过土工格栅单元积分点估算然后插值到单元节点上。这些内力可在输出程序中以图形、表格等方式查看。

5.6.7 界面

界面为添加到板或土工格栅用以恰当模拟土与结构相互作用的节理单元。例如，界面可用于模拟板与其周围土体之间的较薄的强受剪材料区域。界面可沿板单元或土工格栅单元创建，或在两个土类组之间创建。

界面（按钮为“ ”、“ ”）可通过单击侧边工具栏中的“创建结构”按钮并在其展开菜单中单击“创建界面”选项来创建，类似于创建几何面，此时将创建一个带有界面的几何面。如果几何对象（面）已存在于模型中，建议直接为其指定界面，而不重新创建面从而避免模型过于庞大和复杂。

界面分为正向界面（面的局部 z 方向一侧）和负向界面（面的局部 z 方向的相反方向一侧）。

提示： 界面的符号仅用于区分面两侧的界面，不影响其行为。

当“荷载输入”使用“分步施工”时可在计算阶段中激活或冻结界面。

1. 界面的属性

模型中创建的界面列于“模型浏览器”中的“界面”子目录下。可指定给界面的属性有材料模式、渗透条件和虚拟厚度因子等三项（见图 5-31）。例如，考虑界面的一种典型应用，即防渗墙与土之间的相互作用，介于光滑和完全粗糙之间，可在“对象浏览器”中“界面”子目录下来定义这三项内容，详见表 5-4。

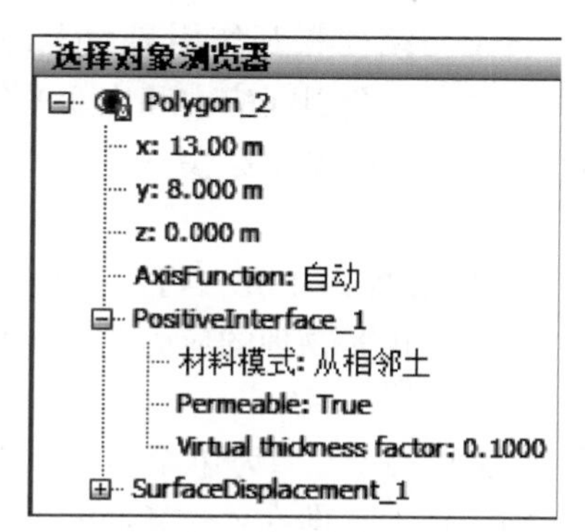

图 5-31 “选择对象浏览器”中的界面属性

表 5-4 界面的属性

属 性	选 项	说 明
材料模式	从相邻土	相互作用的粗糙度通过设置适当的强度折减系数（R_{inter}）来模拟，该折减系数在周围土体材料数据组的“界面”选项卡内设置。该系数将界面强度（墙体摩擦角和黏聚力）与土体强度（摩擦角与黏聚力）联系起来。注意，“材料模型”参数默认为“从相邻土”。
	自定义	选择“自定义”选项后，可直接给界面指定材料数据组。注意，该材料的强度折减系数默认设为 1。
渗透性	透水或不透水	“板”和“土工格栅”等结构单元默认为透水的。要引入不透水属性可以沿结构单元一侧设置界面。注意，对于界面单元来说在“对象浏览器”中有检查框可用以指定透水条件（完全透水或完全不透水）。在“单地下水渗流”计算中无需给几何对象指定结构单元，因为计算中不考虑变形，此时，只需用界面来阻隔渗流
界面虚拟厚度	输入虚拟厚度因子的值	每个界面都指定一个“虚拟厚度”作为定义界面材料属性的虚拟尺寸。虚拟厚度越大，产生的弹性变形越大。一般来说，假定界面单元产生的弹性变形较小，虚拟厚度比较小。另一方面，如果虚拟厚度过小，又容易出现数值病态。虚拟厚度通过“虚拟厚度因子”乘上全局单元尺寸得到。全局单元尺寸由生成网格时设置的全局疏密度决定。“虚拟厚度因子”默认值为 0.1，可在“对象浏览器”中修改，修改时要慎重。不过，如果界面单元承受很大的法向应力，则可能需要减小“虚拟厚度因子”的取值

2. 界面单元

划分网格后，界面由 12 节点界面单元组成。界面单元由节点对组成，与土体单元或板单元的 6 节点三角形边相容。在一些输出图形中，界面单元显示为具有一定的厚度，不过在有限元方程中，每个节点对的坐标值是相同的，即实际上界面单元是 0 厚度的。

三角形界面单元的刚度矩阵基于材料数据组中定义的属性，通过 6 个积分点进行高斯积分得到。积分点（或应力点）的位置选择需使得数值积分满足线性应力分布。

在界面的两端界面单元节点对“退化”为单个节点。同样当结构单元互相垂直连接时（如板与梁连接），界面单元节点对也会局部“退化”为单个节点，以免在两个结构单元间不连续。

3. 角点周围的界面

如图 5-32 和图 5-33 所示，对土与结构相互作用界面上的一些点可能要引起特别的注意。刚性结构的角点和边界条件的突变，会引起应力和应变的集中。实体单元无法表示这样的应力和应变集中，因此会出现应力的非物理振荡。要解决这个问题，可以通过使用如图 5-33 所示的界面单元来解决。

在土体里定义如图 5-33 所示的附加界面单元，可以避免出现应力振荡问题。这些附加单元能提高有限元网格的柔性，从而防止非物理的应力结果。但是也要注意，这些单元不应当在土体里导致不符合实际的弱化。

在界面的两端，界面单元节点对“退化”为单个节点。若仅在结构的一侧存在界面，则界面端部节点会归并到相应结构节点上，即在该位置将只有一个节点。如果结构两侧都有界面，两界面端点会归并为一个节点，不过，这时并不归并到相应的结构节点上，于是，在

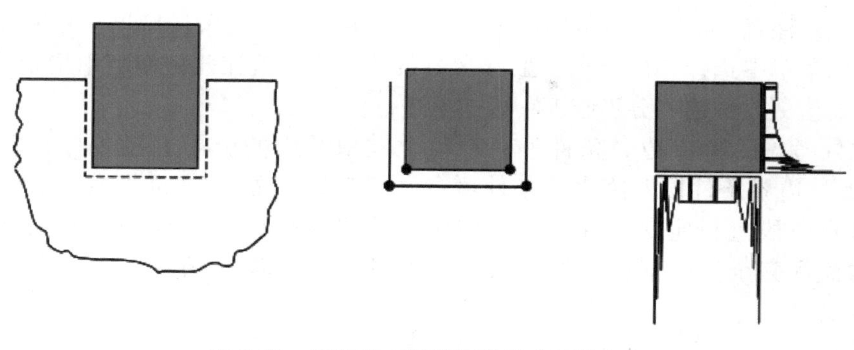

图 5-32 引起应力计算异常的非柔性角点

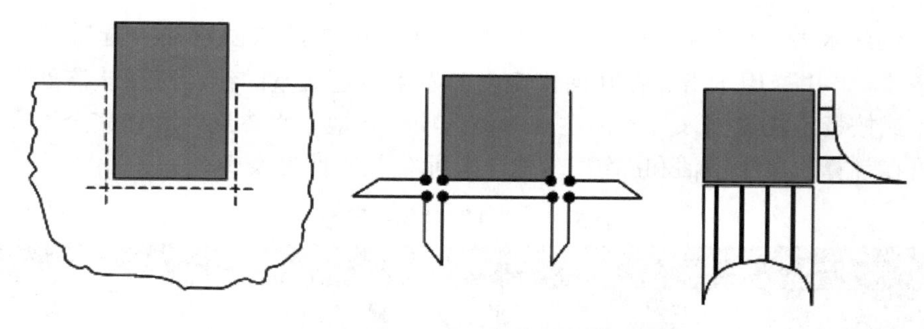

图 5-33 改善应力计算结果的柔性角点

该位置将有两个节点，即结构节点和两界面的共用节点。结构与周围土体在该点处的相互作用由两界面的组合效应控制。同样，当结构单元相互垂直连接时（如板与梁的连接），界面单元节点对会局部“退化”为单个节点，即刚性连接，以免梁结构单元之间出现不连续。

提示： 如果仅在结构的一侧定义界面，建议将界面延伸至超出板的底端，以免板底端被固定到土体上。但要注意这段超出的界面的属性不应导致不真实的土体强度弱化。

5.7 水力条件

除了可在钻孔和土体类组中根据水力条件直接生成孔压之外，还可通过地下水渗流计算或完全流固耦合分析来得到孔压分布。这就需要定义地下水渗流边界条件，即“水力条件”。“水力条件”还包括一些特殊条件，如在地下水渗流计算或完全流固耦合分析中控制模型中某一位置的孔压。

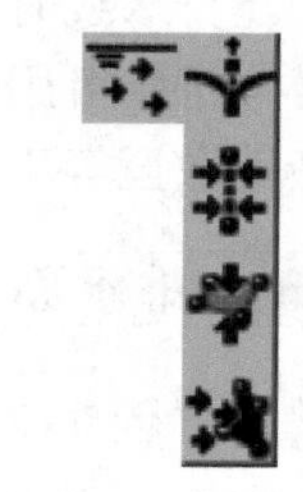

图 5-34 “创建水力条件”菜单

水力条件的创建类似于创建几何对象，单击侧边工具栏中的“创建水力条件”按钮，展开菜单提供了快速定义选项（见图 5-34）。从而不必先创建几何对象再为其指定水力条件，而是可以一步完成。为已有几何对象指定水力条件的操作如下：先单击“创建水力条件”按钮“”，在展开菜单中选择相应选项（见图 5-34），然后将其拖放到几何对象上。注意，指定水力条件还可通过在绘图区或“对象浏览器”中右击几何对象然后在弹出的菜单中选择相应选项。虽然水力条件的输入值在几何模型中指定，但是其激活、冻结或取值更改可在“分步施工”模式下进行。

除了此处考虑的特定边界条件外，对整个模型适用的全局边界条件，即所谓“打开”、“封闭”边界条件以及降水量条件可在“模型浏览器”中的“模型条件”子目录下对每个计算阶段进行定义。注意，特定水力边界条件优先于全局边界条件。对于瞬态地下水渗流和完全流固耦合分析，水力条件可通过“渗流函数”来定义与时间相关的函数。

5.7.1 井

单击“创建水力条件”按钮“”，在展开菜单中选择“创建井”选项“”，类似于定义一条线。“井”用于指定在几何模型内部发生特定流量的线，可以从该处土体按特定流量抽水，或按特定流量向该处土体注水。该选项仅在地下水渗流计算和完全流固耦合分析中可用，可在计算阶段中激活和冻结。“井”单元相关属性见表 5-5。

表 5-5 “井”的相关属性

属　性	说　明
行为	需指定井的行为（Behaviour），可选项有“抽水”（Extraction，从土中抽水）和“回灌”（Infiltration，向土中注水）
$\lvert Q_{well} \rvert$	输入井的流量
h_{min}	井中可能达到的最小水头。当地下水头低于 h_{min}，将不再继续抽水。习惯上将 h_{min} 设为等于地层中井的底部水位

提示： 当井穿过多个土层时，每层土的指定流量为其饱和渗透系数和相交深度的函数。注意，饱和渗透系数在材料数据组的“渗流参数”选项卡下指定。

5.7.2 排水线

单击“创建水力条件”按钮，在展开菜单中选择“创建排水线”选项“”，类似于创建几何线。排水线用于指定几何模型中的（超）孔压消散。

创建排水线时需输入地下水头（h）。该选项仅在固结分析、地下水渗流计算或完全流固耦合分析中可用，可在计算阶段中激活或冻结。在这些计算中，排水线上所有节点处的孔压逐渐消散至等于给定水头孔压。排水线不影响低于给定水头等效孔压的部分。

5.7.3 排水面

单击“创建水力条件”按钮，在展开菜单中选择“创建排水面”选项“”，类似于创建几何面。排水面用于指定几何模型中面上（超）孔压消散。

创建排水面时需输入地下水头（h）。该选项仅在固结分析、地下水渗流计算或完全流固耦合分析中可用，可在计算阶段中激活或冻结。在这些计算中，排水面上所有节点处的孔压逐渐消散至等于给定水头孔压。排水面不影响低于给定水头等效孔压的部分。

图 5-35　渗流面边界条件的“行为”选项

5.7.4　渗流面边界条件

单击“创建水力条件”按钮，在展开菜单中选择“创建渗流面边界条件”选项“”，类似于创建几何面。渗流面边界条件的行为可通过在“对象浏览器”中选择相应选项来指定，如图 5-35 所示，“行为”下拉菜单中的选项介绍如下。

提示： 1）模型的边界条件可通过“模型浏览器”中的“模型条件”子目录方便地指定。默认模型底部为“封闭”，防止渗流通过，其他边界默认为“打开（渗透）”。

2）在一个计算阶段中，利用“渗流面边界条件”定义的水力条件通常优先于“模型条件”。例如，在顶面设置渗流面边界条件，同时在“模型条件”中设置降水量，则计算中将只考虑渗流面边界条件，而忽略降水量。

1）泄漏（Seepage）。“泄漏”边界条件是一个既可自由流入又可自由流出的边界条件（即透水边界），常用于潜水位以上或最终水位以上的地表面。如果渗流面边界条件设为“泄漏”，并完全位于（外部）水位之上，则渗透条件施加于该边界上，这意味着模型中的水可自由流出此边界。如果渗流面边界条件设为“泄漏”，并完全位于（外部）水位之下，则自由边界条件自动转换为地下水头条件。该情况下，在每个边界节点上的地下水头由边界节点与水位之间的竖直距离决定。

（外部）水位与几何边界面相交的地方孔压为0。过渡线以上的几何面部分视为水位以上边界，过渡线以下的几何面部分视为水位以下边界。可对该几何边界面施加不同的边界条件，因为一般来说，几何面由很多节点组成，计算程序使用的边界条件的真实信息包含在边界节点上而不是在几何面上。

提示： 当指定降水量时，显式设为“泄漏”的边界不会自动转换为“回灌”边界。

2）关闭（Closed）。当边界指定为“关闭”时，将不会有通过该边界的渗流发生（即不透水边界）。此时，渗流指地下水渗流（在地下水渗流计算和完全流固耦合分析中）和超孔压消散（在固结计算中）。

3）水头（Head）。除了根据“模型条件”中的一般水位自动设置水力条件以外，还可以手动为“渗流面边界条件”指定地下水头。如果地下水头指定在几何外边界上，将为该边界生成外部水压。变形分析程序将外部水压视为牵引荷载，并与土重和孔压同时考虑。图 5-36 所示为“对象浏览器”中定义“水头”的可用选项，详见表 5-6。

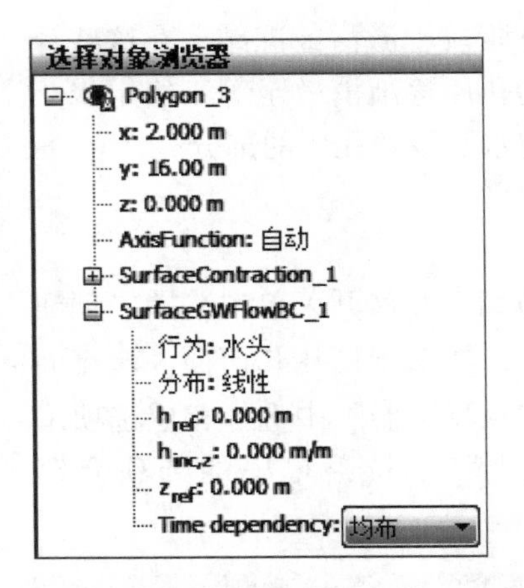

图 5-36 “对象浏览器”中的“水头”定义

表 5-6 “水头”行为定义的相关选项

属 性	选 项	说 明
分布	常量	沿边界指定常量水头（h_{ref}）
	线性	沿边界指定线性变化水头，所需参数为： ① h_{ref}，指定参考标高处的参考水头； ② $h_{inc,z}$，指定水头随深度变化的增量； ③ z_{ref}，指定参考水头的参考标高。如果该值低于顶边界，则该标高以下的水头值按下式变化（$h = h_{ref} + z_{ref} - z \times h_{inc,z}$）。
时间相关性	常量	边界上水头不随时间变化
	时间相关	边界上水头随时间变化。该选项仅对瞬态渗流和完全流固耦合分析可用。可从下拉菜单中选择表示时间相关的渗流函数

4）流入（Inflow）。选择“对象浏览器”中“行为”下拉菜单中的对应选项，可指定通过模型边界向模型内部的“流入”，见图 5-37。“流入”定义的可用选项见表 5-7。

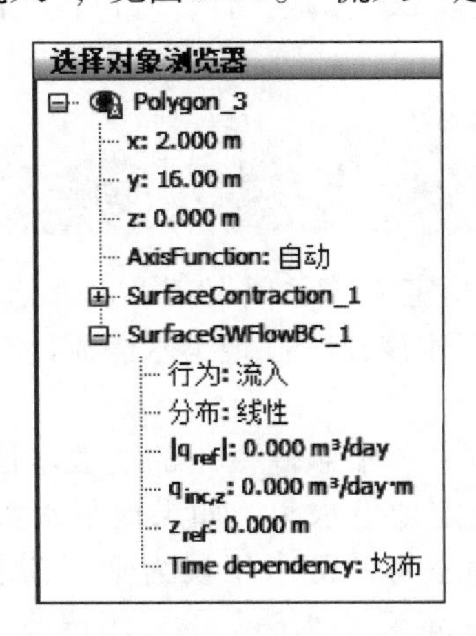

图 5-37 “对象浏览器”中的“流入”定义

表 5-7 “流入”行为定义的相关选项

属　性	选　项	说　明
分布	常量	沿边界定义恒定的流量值，该值指定给参数 $\lvert q_{ref} \rvert$
	线性	沿边界指定线性变化水头，所需参数为：
		① $\lvert q_{ref} \rvert$指定参考标高处的参考流量值；
		② $\lvert q_{inc,z} \rvert$指定流量沿单位边界长度变化的增量；
		③ z_{ref}指定参考流量的参考标高。如果该值低于顶边界，则该标高以下的流量值根据$\lvert q_{inc,z} \rvert$变化
时间相关性	常量	边界上流量不随时间变化
	时间相关	边界上流量随时间变化。该选项仅对瞬态渗流和完全流固耦合分析可用。可从下拉菜单中选择表示时间相关的渗流函数

5）渗出（Outflow）。选择“对象浏览器”中“行为”下拉菜单中的对应选项，可指定通过模型边界从模型内部向外的“渗出”，见图 5-38。“渗出”定义的可用选项见表 5-8。

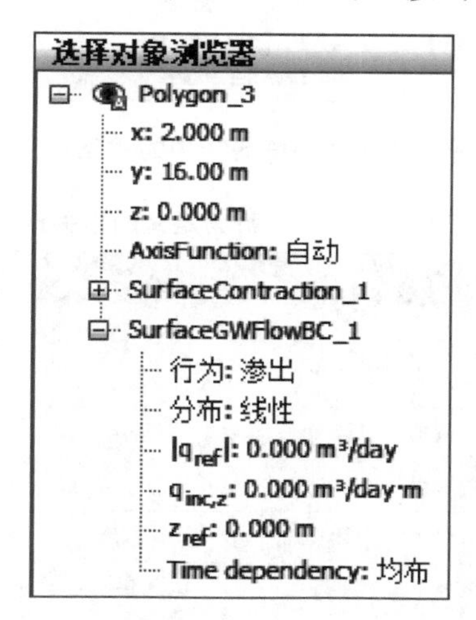

图 5-38 “对象浏览器”中的“渗出”定义

表 5-8 “渗出”行为定义的相关选项

属　性	选　项	说　明
分布	常量	沿边界定义恒定的流量值，该值指定给参数 $\lvert q_{ref} \rvert$
	线性	沿边界指定线性变化水头，所需参数为：
		① $\lvert q_{ref} \rvert$，指定参考标高处的参考流量值；
		② $\lvert q_{inc,z} \rvert$，指定流量沿单位边界长度变化的增量；
		③ z_{ref}，指定参考流量的参考标高。如果该值低于顶边界，则该标高以下的流量值根据$\lvert q_{inc,z} \rvert$变化
时间相关性	常量	边界上流量不随时间变化
	时间相关	边界上流量随时间变化。该选项仅对瞬态渗流和完全流固耦合分析可用。可从下拉菜单中选择表示时间相关的渗流函数。

6）回灌（Infiltration，入渗）。除了根据降水量会自动生成入渗边界条件之外，还可手动为水位以上的几何边界指定入渗边界条件，图5-39所示为“对象浏览器”中“回灌（入渗）”边界条件的属性，相关参数见表5-9。

提示： 回灌（入渗）量为负值时表示“蒸发”。

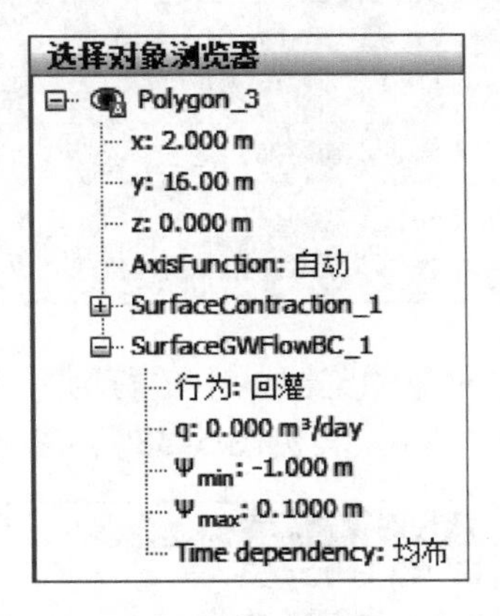

图5-39 “对象浏览器”中的“回灌”定义

表5-9 “回灌”行为定义的相关选项

属　性	选　项	说　明
分布	q	指定回灌量，单位为：单位长度/单位时间。负值用于模拟蒸发蒸腾作用（蒸发+蒸腾）
	ψ_{max}	指定最大孔压水头，与边界标高有关，单位为长度（默认0.1个长度单位）
	ψ_{min}	指定最小孔压水头，与边界标高有关，单位为长度（默认0.1个长度单位）
时间相关性	常量	边界上流量不随时间变化
	时间相关	边界上流量随时间变化。该选项仅对瞬态渗流和完全流固耦合分析可用。可从下拉菜单中选择表示时间相关的渗流函数

5.8 渗流函数

渗流函数（Flow functions）用于定义“水头（Head）”和“流量（Discharge）”等随时间的变化关系，在“模型浏览器”的“属性库（Attributes library）”目录下的对应子目录中定义（见图5-40）。

渗流函数可指定给“水位”或“渗流面边界条件”。注意，时间相关条件可指定给除“泄漏（Seepage）”和“关闭（Closed）”之外的所有水力边界条件行为。

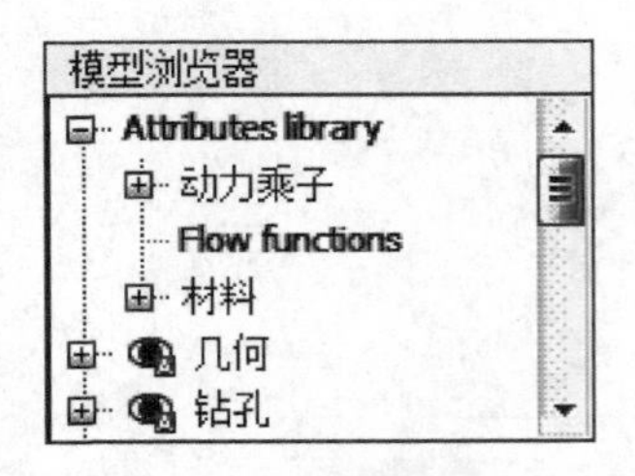

图5-40 “模型浏览器”中的渗流函数子目录

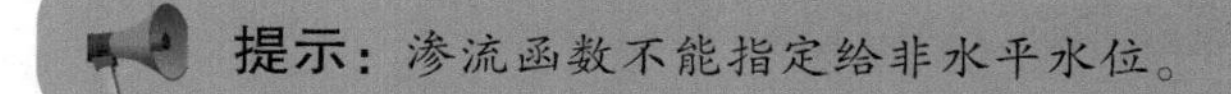

提示：渗流函数不能指定给非水平水位。

在“模型浏览器”中“属性库（Attributes library）”目录下的“渗流函数（Flow functions）”子目录上单击鼠标右键，在弹出的菜单中选择“编辑”选项，会弹出“渗流函数（Flow functions）”对话框，在该对话框中可定义渗流函数。该对话框由两个选项卡组成，即“水头函数（Head functions）”和“流量函数（Discharge functions）”，如图5-41所示。

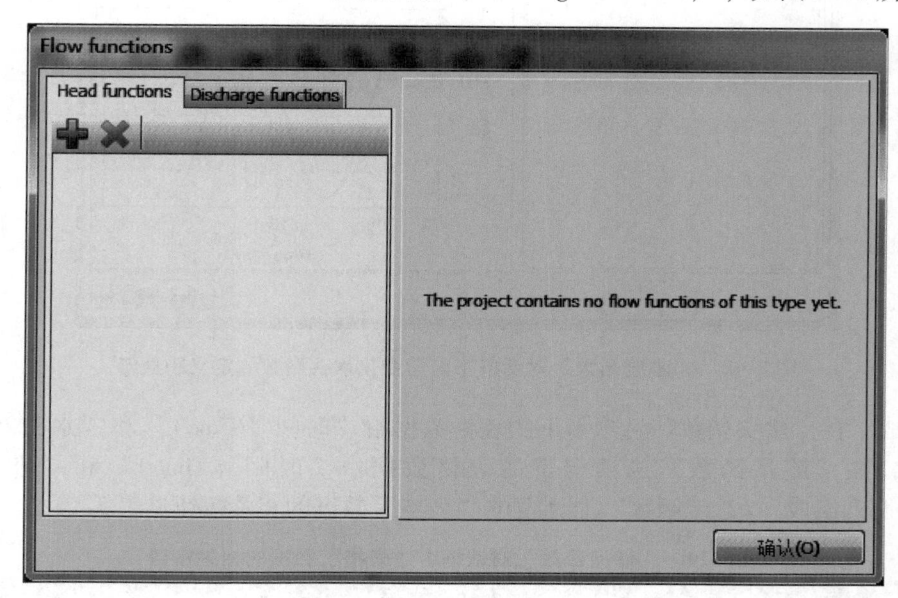

图5-41 “渗流函数”对话框

选项卡名称下方的两个按钮用于添加新的渗流函数或删除选中的渗流函数。单击按钮“+”，添加一个新的渗流函数，会显示其定义选项：

1）名称。定义渗流函数名称。

2）信号。可指定信号类型，可选项为“线性”、“简谐”和“表格”。

“信号”下拉列表框中的可选项见以下介绍。

5.8.1 简谐

“信号”下拉菜单中的“简谐”选项用于定义随时间简谐变化的渗流边界条件。水位简谐变化通常定义如下：$y(t)=y_0+A\sin(\omega_0 t+\varphi_0)$，其中，$\omega_0=2\pi/T$，$A$为振幅（单位为长度），$T$为波的周期（单位为时间），$\varphi_0$为初始相位角。$y_0$为简谐变化的中心，不一定等于上一阶段结束时的水位（y_0'），实际上后者等于：$y_0'=y_0+A\sin(\omega_0)$。在“渗流函数”对话框下可定义和显示简谐变化的水力边界条件，如图5-42所示。

5.8.2 表格

“信号”下拉列表框中除了可选“简谐”之外，还可选择“表格”选项。“表格”数据

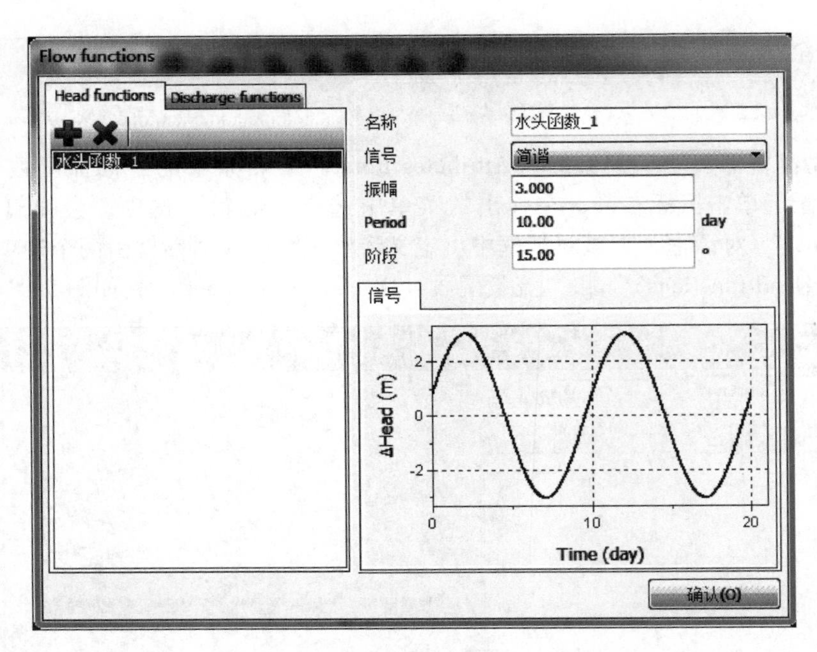

图 5-42 “渗流函数”对话框下简谐变化水头函数的定义和显示

由两列组成，在“水头函数”选项卡下的表格数据由“时间（Time）”和“水头（Head）”两列组成，在“流量函数”选项卡下的表格数据由“时间（Time）”和“流量（Discharge）”两列组成。“渗流函数”对话框中“表格”数据的相关按钮见表 5-10。

表 5-10 “渗流函数”对话框中“表格”数据的相关按钮

功能类别	按钮图标	按钮名称	说明
表格修改		添加	可在表格中添加一行。单击表中的单元格可输入数值
		插入	可在表格内已选中的行前插入一行
		删除	可删掉在表格内选中的行
数据导入与保存		打开	除了可在表格中直接输入数据，还可以利用工具栏中的“打开”按钮从数字化的数据文件中读取数据。如果没有指定数据文件所在的目录，则 PLAXIS 默认为数据文件存放在当前项目的目录下
		保存	不论是利用表格定义的信号还是从数据文件中读取并修改的信号，都可利用“保存”按钮来保存，从而可将其用于其他项目或使当前项目中的修改生效
表格编辑		复制	不论是利用表格定义的信号还是从数据文件中读取并修改的信号，都可利用“复制”按钮进行复制
		粘贴	从其他应用程序中复制的数据（使用 <Ctrl + C> 键）可利用“粘贴”按钮来导入。“导入”数据对话框如图 5-43 所示。导入数据的起始行可在“从行（From row）”一栏中定义。单击“确认”按钮，数据和图形显示在“渗流函数”对话框中

图5-43所示为“渗流函数”导入数据窗口，导入的渗流边界条件数据文件必须为ASCII格式，可用任一文本编辑器创建。每行需定义一对数值（真实时间和对应的水位值或流量值），两数值之间至少用一个空格隔开。注意，PLAXIS只支持十进制数英文点记号。导入数据的图形在数据表格下方显示。

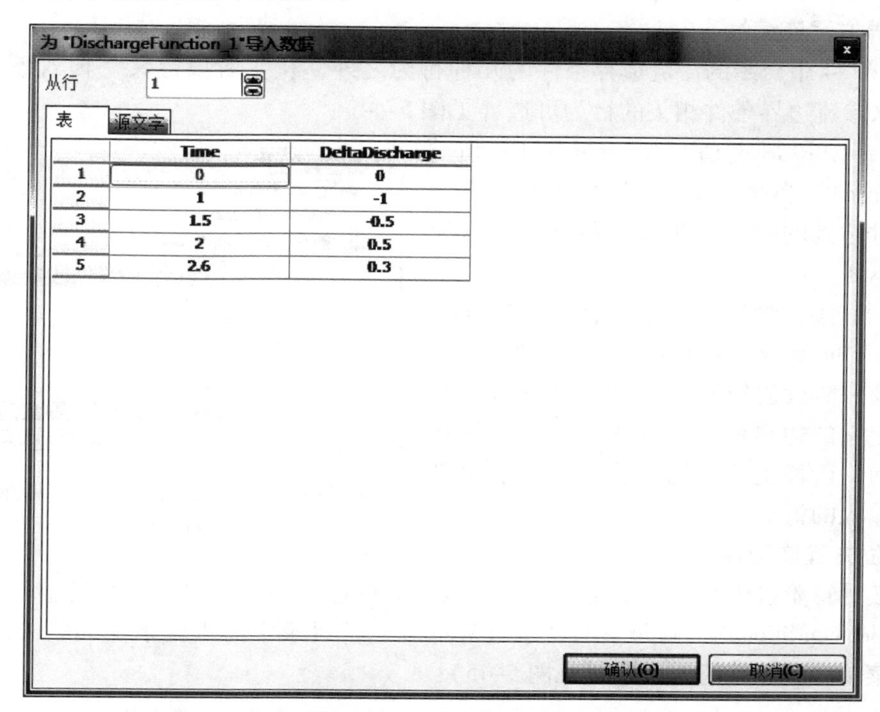

图5-43　用于“渗流函数”定义的导入数据对话框

5.8.3　线性

“信号”下拉列表框中除了“简谐”和“表格”之外，还有“线性”选项，用以定义随时间线性增加或减小的渗流边界条件。

对于线性变化的地下水头，需要定义的参数有：

1）$\Delta Head$：表示当前计算阶段的时间间隔内水位的增加或减小，单位为长度的单位。该参数与时间间隔共同决定了水位增加或减小的变化率。

2）时间（t）：表示当前计算阶段的时间间隔，单位为时间的单位。注意，定义渗流函数所用的时间间隔不影响“阶段”窗口中定义的计算阶段的持续时间。

对于线性变化的回灌（入渗）、流入或流出的流量，需定义的参数为Δq，单位为“体积/单位时间”，表示在当前计算阶段的时间间隔内特定流量的增加或减小。

提示： 渗流函数中的时间通常指整个计算阶段列表中的全局时间，而不是单个阶段的时间间隔。这意味着在一系列连续的渗流计算中，每个阶段仅使用渗流函数中对应本阶段的部分。

5.8.4 连续渗流函数

渗流函数可作为指定给“渗流面边界条件”或“水位”的属性。当在“阶段定义”模式下选择了相应选项后，PLAXIS 会确保在连续阶段计算中渗流函数的连续性。

1. 边界方程连续性

除了 5.7.4 中介绍的渗流边界条件的几种行为之外，在“阶段定义”模式下还有另外两种地下水渗流边界条件相关的行为可选（见图 5-44）：

1）前一阶段恒定值（Constant value from previous phase）。当前阶段中的边界条件是前一阶段结束时达到的状态的延续，在当前计算阶段中保持不变。

2）保持前一阶段的渗流函数（Maintain function from the previous phase）。当前阶段边界条件等于前一阶段达到的状态。PLAXIS 可根据前一阶段定义的边界渗流函数来保持边界状态连续性，前一阶段的累计时间作为对当前阶段渗流函数输入的抵消。

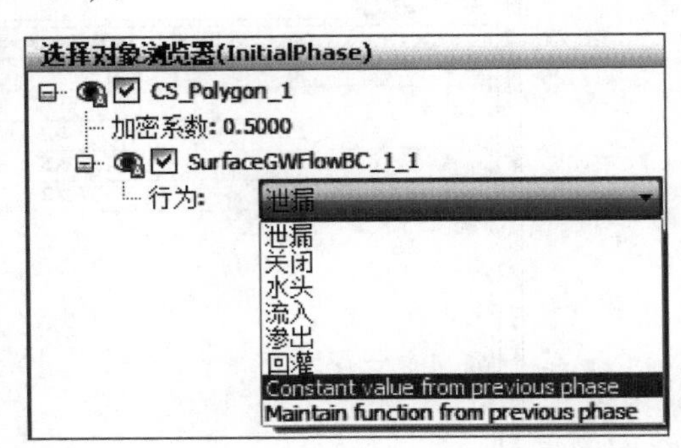

图 5-44 “阶段定义”模式下渗流边界条件行为的可选项

2. 水位方程连续性

在连续计算阶段中为水位指定的渗流函数可保持连续性，在“模型浏览器”中“模型条件（Model conditions）”目录下的“水（Water）”子目录中的水位条件上单击鼠标右键，在弹出的菜单中有如下两个命令（见图 5-45）：

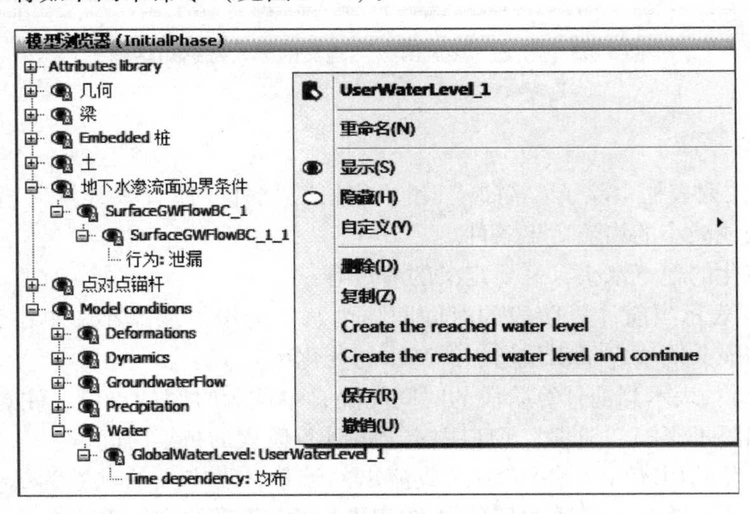

图 5-45 水位渗流函数连续性选项

1）创建达到的水位（Create the reached water level）。选择该命令后，在前一计算阶段结束时水位到达的位置创建新水位，并在当前阶段中保持水位不变。

2）创建达到的水位并继续（Create the reached water level and continue）。选择该命令后，在前一计算阶段结束时水位到达的位置创建新水位，并根据前一阶段中对初始水位指定的渗流函数继续进行变化。PLAXIS 会确保渗流函数的连续性，前一阶段的累计时间用以抵消当前阶段渗流函数的输入。

5.9 导入结构

PLAXIS 3D 中可以通过“土”模式下的“导入土体”按钮，或“修改土层”窗口中“面”选项卡下的“导入体”或导入土层上下分界面等功能来导入几何体。

在“结构”模式下，单击侧边工具栏中的“导入结构”按钮“”，可以导入几何体。注意，PLAXIS 3D 只能导入面和体，当导入几何文件时，会弹出文件请求窗口，列出可识别的扩展名，可从中选择想导入的面或体。最常用的导入文件类型为：

1）AutoCAD 文件（*.DWG）及其交换文件（*.DXF）。对于 DWG 文件和 DXF 文件，只能导入其中的 3DFACE 对象（即由三角形或四边形围成的面或体的边界），其他类型对象会被忽略掉。

2）3D Studio 文件（*.3DS）。需定义有效的面或体。

提示： PLAXIS 3D 程序安装包中提供了一些预定义好的几何对象，对应的文件位于 PLAXIS 3D 程序安装目录下的“Importables”文件夹中。

选择好要导入的文件后，弹出“导入结构”对话框（见图 5-46），可在该窗口中对几何体进行调整。在“导入结构”窗口中可只选中面或体对应的复选框，即可只导入几何文件中的面或体。

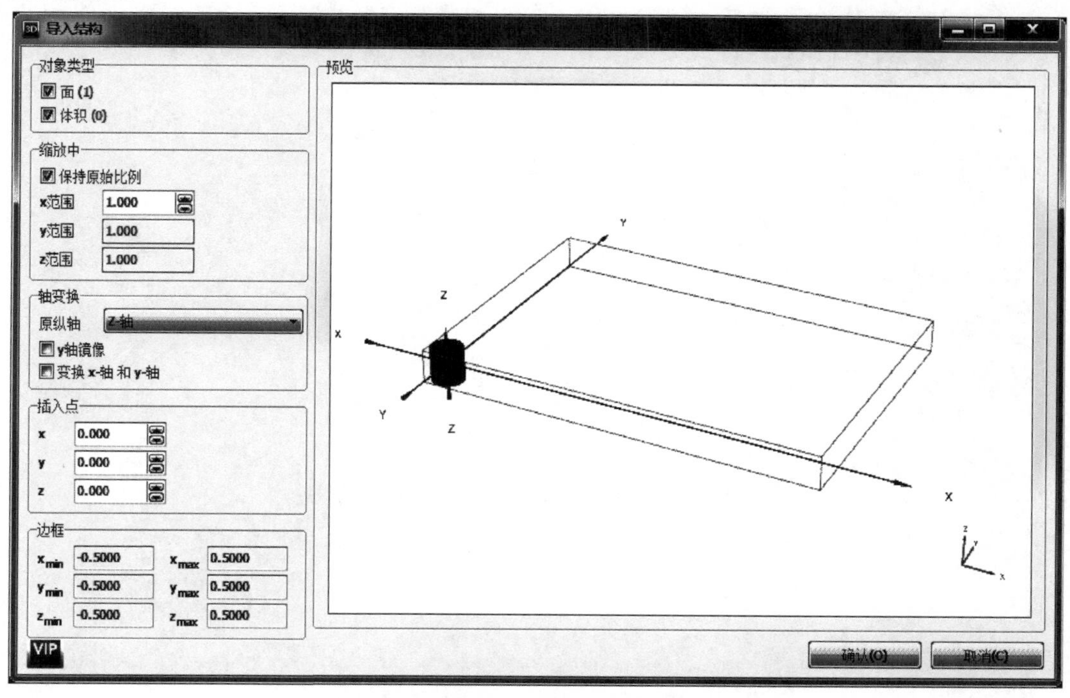

图 5-46 “导入结构”对话框

（1）缩放　导入几何体时可通过为每个全局方向定义缩放系数来对导入的几何体进行缩放。"保持初始方向比率（Keep original aspect ratio）"选项可为所有方向指定相同的缩放系数。这种情况下，仅有 x 方向的比率值可以修改。

（2）坐标轴转换　导入几何体的方向有时需要更改，主要通过以下三个选项来完成。

1）原纵轴。重新指定导入几何体的方向，使得导入几何体的竖向坐标轴与程序的竖向坐标轴一致。通过原竖向坐标轴根据右手螺旋法则进行坐标轴转换。注意，PLAXIS 3D 中竖向坐标轴为 z 轴。

2）y 轴镜像。将几何体沿 xz 平面镜像，即使得原来的 y 坐标变为 $-y$。

3）变换 x 轴和 y 轴。x 坐标和 y 坐标相互交换。

（3）插入点　导入几何对象后，其参考点位于模型的（0，0，0）处。重新指定插入点，即可重新指定参考点的位置。

（4）边框　显示包围导入几何体的边框坐标。

提示：导入几何体时不会导入体或面的材料属性，需要在材料数据库中创建。

第6章 材料属性和材料数据库

一个岩土工程数值计算模型中可能包括岩土体材料以及桩、挡墙、锚杆等结构，在进行计算之前，需要为这些岩土材料和结构单元指定材料属性及相应参数，即要指定其力学行为特性是弹性的还是塑性的，相应行为特性下的力学参数又包括哪些，取值如何。本章将介绍PLAXIS 3D程序中为各类单元提供的材料类型及其相应参数。

在PLAXIS 3D程序中，岩土和结构的材料属性参数可通过六类"材料数据组（Material sets）"来输入，即：土和界面、梁、Embedded桩、板、土工格栅和锚杆。这些材料数据组存储在材料数据库（Material database）中，可指定给几何模型中的岩土类组或结构对象。

要设置PLAXIS 3D材料属性及参数，首先应打开材料数据库，然后根据需要从中选择材料组类型，如"土和界面"或"Embedded桩"，再在该材料组类型下创建材料组并输入对应参数的值。在一种材料组类型下可创建多个材料组。

激活材料数据库有两种方法：一是，在"土"模式下的"土"菜单中，或"结构"模式下的"结构"菜单中单击"显示材料组"选项；二是，在"土"、"结构"或"分步施工"模式下单击"显示材料"按钮"▦"。激活材料数据库时会弹出"材料数据组"对话框，显示当前PLAXIS 3D项目中材料数据库的内容。新建项目的材料数据库默认为空，里面不包含材料组。

PLAXIS 3D中使用的材料数据库可分为两类。第一类可称之为项目材料库，用于存储当前PLAXIS 3D项目中创建的各个材料组；另一类可称之为全局材料库，用于存储全局文件夹下的材料组，这些材料组可供不同的PLAXIS 3D项目使用，能在PLAXIS 3D项目之间进行材料组数据交换。单击"材料数据组"对话框上方的"显示全局"按钮，在该对话框右侧会扩展出另一半窗口以显示全局材料库中的材料组，如图6-1所示。

在展开后的"材料数据组"对话框的左右两侧（"项目材料库"和"全局材料库"）各有两个下拉列表和一个树状视图。在左侧的"材料组类型"下拉列表中可以选择在树状视图里显示哪一种材料数据组（可选的材料组类型有：土和界面、梁、Embedded桩、板、土工格栅或锚杆）。树状视图里的各个材料组通过用户定义的名称加以区别。对于"土和界面"材料组，可以在"组序"下拉列表里选择材料模型、材料类型或数据组名称来作为排序的依据。如果在"组序"下拉列表中选择"无（None）"选项，则材料数据组按程序默认排序显示。

在左右两个树状视图之间有三个按钮，可用于将项目数据库与全局数据库中的材料组分别复制到对方的数据库中。三个按钮的功能如下：

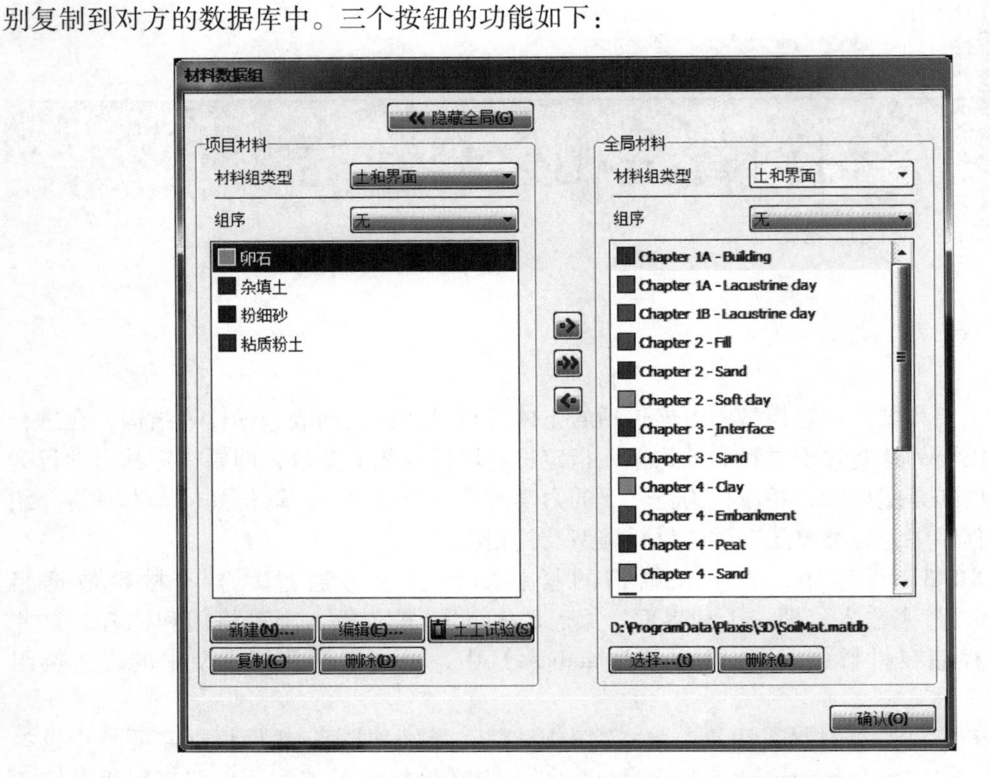

图 6-1 “材料数据组”对话框显示项目和全局数据库

1）“■>”。用于将选中的项目材料组复制到全局数据库中。

2）“■>>”。用于将项目数据库中某一材料组类型下的所有材料组复制到全局数据库中。

3）“<■”用于将选中的全局材料组复制到项目数据库中。

在全局数据库的树状视图下方会显示选中的全局数据库的存储路径，该路径下方有两个按钮功能如下：

1）“选择”。选择一个现有的全局数据库。

2）“删除”。从全局数据库中删除选中的材料数据组。

默认情况下，PLAXIS 3D 程序的全局材料数据库会包括用户手册中所有示例教程中的全部“土和界面”材料组，存储在“Soil Mat. matdb”文件中。该文件与其他 PLAXIS 3D 土和界面数据库文件相互兼容，存放在 PLAXIS 3D 的安装文件夹下。结构单元的材料组分别存储在独立的文件中。类似地，板、土工格栅、梁、Embedded 桩、锚杆的全局数据库，分别存储在“Plate Mat 3D. matdb”、“Geogrid Mat. matdb”、“Beam Mat. matdb”、“Embedded Pile Mat. matdb”和“Anchor Mat 3D. matdb”文件中。注意，除了全局材料文件（*. matdb）之外，还可选择项目材料文件（*. plxmat）和旧版程序的项目材料文件（*. mat）作为全局数据库。

提示： 单击“选择”按钮，输入新建全局数据库的名称然后单击“打开”按钮，可以创建一个新的全局数据库。

当前项目的材料数据库可通过树状视图下方的按钮进行管理，各按钮功能见表6-1。

表6-1 当前项目的材料数据库的管理按钮

按 钮	说 明
新建	为当前项目新建一个材料数据组。单击该按钮将弹出新窗口，用来输入材料属性或模型参数。要输入的第一项内容一般为用户定义的材料组名称。材料数据组建好之后将出现在树状视图里，以用户所定义的名称表示
编辑	可对当前项目的材料数据库中所选择的材料组进行修改
土工试验	可执行标准的室内土工试验。单击该按钮将弹出一个对话框，可用以模拟几种基本的土工试验并检查给定材料参数下所选的土体材料模型的力学行为特性
复制	在当前项目的材料数据库中选择材料组，可将选中的数据组复制到新的材料数据组
删除	在当前项目的材料数据库中选择材料组，可将选中的数据组删除

提示： 在“材料数据组”对话框中，可以通过箭头和（或）<Enter>键遍历各个选项。当遍历到“材料模型”或“排水类型”时，可以通过按下<Space>键激活下拉菜单。箭头和（或）字母可用于作出选择，按<Enter>键确定。

6.1 土和界面模拟

如前所述，在激活材料数据库时会打开“材料数据组”对话框（见图6-1），此时“项目材料”的“材料组类型”默认为“土和界面”，单击该对话框左下角的“新建”按钮，则会弹出如图6-2所示的对话框，可在该对话框下指定土体类组的材料属性并输入相应的模型参数。土体材料组的属性可在“土体”对话框的五个选项卡下输入，即一般、参数、渗流参数、界面和初始条件。

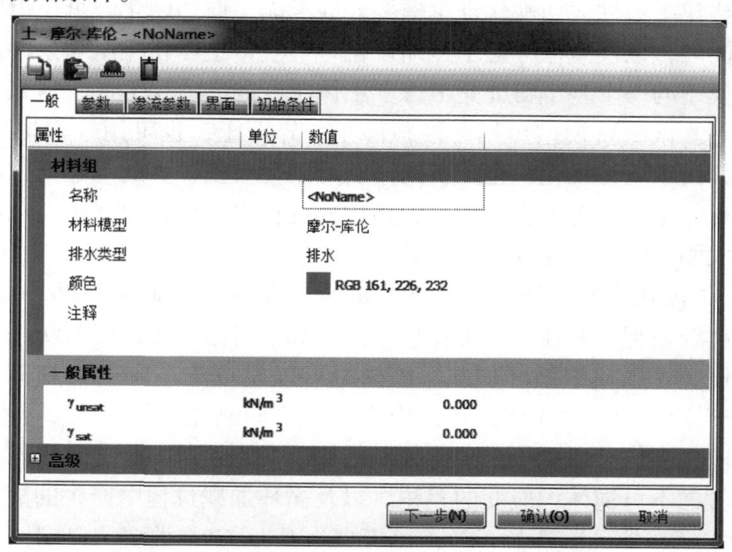

图6-2 “土体”对话框中的“一般”选项卡

6.1.1 “一般”选项卡

在“一般”选项卡下可定义土体的材料模型（本构模型）、排水类型和一般属性，例如重度。针对不同的土层可以定义不同的材料数据组。在该选项卡下可对材料组进行命名，由于树状视图中的材料组是以其名称列表显示，因此建议数据组的名称要有意义。

不同的材料数据组还可以指定不同的颜色以便于识别，该颜色也将显示在树状视图中。用户创建材料组时 PLAXIS 3D 会为每个材料组默认分配一种颜色，用户可以更改该颜色。单击“一般”选项卡中的“颜色”框即可修改材料组的颜色。

1. 材料模型

岩土体材料在荷载作用下将表现出明显的非线性行为，这些非线性应力应变行为可以通过不同复杂程度的数学模型（本构模型）进行描述。当然，本构模型越复杂，所需的参数就会越多。PLAXIS 3D 提供了十种常用的土体本构模型和一个自定义本构接口，用于模拟土及其他连续介质的行为。关于这些本构模型及其参数的详细介绍可参见 PLAXIS 3D 用户手册中的材料模型手册（Material Models Manual），以下只做简单介绍。

1）线弹性模型（Linear elastic model，LE）。该模型可用于描述遵循各向同性线弹性的胡克定律（Hooke' s law）的材料行为。由于岩土材料的力学行为具有非线性和塑性，因此用线弹性模型来模拟岩土材料的性状是有很大局限性的。一般情况下，对于土体内部的刚性结构，如板、桩等结构单元以及混凝土材料、硬岩层等可考虑使用线弹性模型进行简化模拟。

2）莫尔-库仑模型（Mohr-Coulomb model，MC）。该模型属于一阶模型，可在一定程度上描述岩土材料的特性，由于参数易于获取，且一般情况下可以较好地描述土的破坏应力状态，在岩土工程中有着广泛应用。由于针对同一土层使用一个常刚度参数，因此可以相对快速地预估变形结果。但其不能考虑土体的刚度与应力、应力路径相关的特性，也不能考虑土体刚度的各向异性，所以一般用于岩土性状的初步近似。

3）土体硬化模型（Hardening Soil model，HS）。该模型为二阶高级本构模型，属于双曲线弹塑性模型，构建于塑性剪切硬化理论框架，即考虑了剪切硬化，可模拟主偏量加载引起的不可逆应变。同时，该模型还考虑了压缩硬化，可模拟土体在主压缩条件下的不可逆压缩变形。土体硬化模型的一个基本特征是考虑了土体刚度的应力相关性，这是该模型比 MC 模型先进的地方之一。该二阶模型可用于模拟砂土、碎石土，也可用于模拟黏土和淤泥等软土。其局限性是，由于土体硬化模型是各向同性的硬化模型，因此不能模拟滞回特性或者反复循环加载的情况，也不能考虑土的剪胀和结构性变化引起的软化特点，也不能区分小应变情况下具有的较大刚度和工程应变水平下减小的刚度。

4）小应变土体硬化模型（Hardening Soil model with small-strain stiffness，HS small）。该模型为弹塑性双曲线模型，其在土体硬化模型的基础上考虑了土的受荷历史和刚度的应变相关性，在一定程度上可以模拟循环加载。该模型可以模拟从小应变（如低于 10^{-5} 的应变）到大应变（如高于 10^{-3} 的工程应变）范围内土体的不同响应。但该模型不能考虑循环加载过程中的软化效应，不能考虑由于土的剪胀和结构性变化引起的软化效应。另外，小应变土体硬化模型不能考虑不可逆体积应变的累积，以及循环加载过程中产生的液化行为。

5）软土模型（Soft Soil model，SS）。该模型为 Cam-Clay 类型的模型，可用来模拟正常固结黏土和泥炭等软土的力学行为，主要适于模拟主压缩的情形，但对于开挖类问题则不大合适，不推荐使用。实际上，软土模型可以被土体硬化模型所取代，但考虑到有的用户可能比较习惯于使用该模型，故程序中仍保留了这个模型。

6）软土蠕变模型（Soft Soil Creep model，SSC）。该模型为基于黏塑性理论框架的二阶模型，可用于模拟正常固结黏土和泥炭等软土的时间相关特性。该模型包含对数主压缩和次压缩。

7）节理岩体模型（Jointed Rock model，JR）。节理岩体模型是一个各向异性的弹塑性模型，其中塑性剪切只能在有限的几个剪切方向上发生。该模型可用于模拟成层或节理岩体性状。

8）修正剑桥黏土模型（Modified Cam-Clay model，MCC）。这是一个著名的临界状态模型，可以用来模拟正常固结软土的性状。该模型假设在体积应变和平均有效应力之间存在对数关系。

9）NGI-ADP 模型（NGI-ADP model，NGI-ADP）。NGI-ADP 模型可考虑黏土的不排水加载，进行承载力、变形及土-结构相互作用分析，对于不同的应力路径可以定义不同的各向异性应力强度。

10）霍克-布朗模型（Hoek-Brown model，HB）。这是一个著名的理想弹塑性模型，用于模拟岩石各向同性行为。该模型中对岩体采用常刚度参数，对剪切破坏和拉伸破坏用非线性应力曲线来描述。

11）自定义土体本构模型（User-defined soil models，UDSM）。用户除了可以使用 PLAXIS 3D 中内置的标准的本构模型以外，还可以引入自定义的本构模型。关于 PLAXIS 3D 自定义本构的详细介绍可参见 PLAXIS 3D 用户手册之材料模型手册。感兴趣的用户可以通过 PLAXIS 官方网站（www.plaxis.nl）查看已有的用户自定义土体模型。

2. 排水类型

原则上，PLAXIS 3D 中所有模型参数都是用来描述土体的有效响应，即和土体骨架有关的应力-应变关系。岩土体的一个重要特点就是存在孔隙水，孔压（与时间相关）对土体响应有显著影响。PLAXIS 3D 提供了多种选项，能够在土体响应中考虑水与土体骨架的相互作用，最高级的选项为“完全流固耦合分析”。很多情况下在分析长期效应（排水）或短期效应（不排水）时可以不考虑孔压随时间的变化。在不排水分析中，应力的改变（加载或卸载）可能产生超孔压，超孔压随时间的消散过程可采用“固结”计算进行分析。

在“塑性”计算、“安全性”分析或“动力”分析中可通过定义“排水类型”参数来简化考虑水与土体骨架的相互作用。PLAXIS 3D 中有多种排水类型可供选择：

（1）排水行为　使用该选项不会产生超孔压，适用于干土、强渗透性的砂土或低速率加载的情况。如果需要模拟土体的长期行为，且不考虑不排水加载及固结的精确历史，也可以使用该选项。

（2）不排水行为　该选项适用于孔隙水不能自由通过土骨架的饱和土。有时由于（黏性土的）低渗透性或快速加载可忽略孔隙水的流动。所有定义为不排水行为的类组将表现为不排水属性，即使整个类组或其某一部分位于潜水位以上也是如此。

模拟土体的不排水行为有三种方法：

1）方法 A 是使用有效刚度参数和有效强度参数进行不排水有效应力分析，该方法可以预测孔压，随后也可以进行固结分析。此时不排水剪切强度（s_u）为模型的计算结果而不是输入的参数，建议用户使用已知数据核查计算结果。使用该方法需要在“排水类型”下拉列表中选择“不排水（A）”。

2）方法 B 是使用有效刚度参数和不排水强度参数进行不排水有效应力分析，此时不排水剪切强度（s_u）为输入参数，该方法可以预测孔压。当下一个计算阶段为固结分析时，不排水剪切强度（s_u）由于是输入参数，所以不参与更新。考虑采用该方法进行分析时，需要在“排水类型”下拉列表中选择“不排水（B）”选项。

3）方法 C 是使用不排水参数进行不排水总应力分析。该方法不会给出孔压情况，因此执行固结分析是没有意义的。此时不排水剪切强度（s_u）为输入参数。考虑采用该方法进行分析时，需要在“排水类型”下拉列表中选择“不排水（C）”选项。

（3）非多孔行为　对于“非多孔”类型的类组，不论是初始孔压还是超孔压，都不予考虑。非多孔行为通常和线弹性模型联合使用，一般应用于混凝土或其他结构物的模拟。对非多孔材料或完整岩石输入饱和重度没有意义。

在固结分析或完全流固耦合分析中，土层的排水能力由“渗流”选项卡中的渗流参数决定，而不是由其排水类型决定。但排水类型对固结分析或完全流固耦合分析中水的可压缩性有影响。

提示：“排水类型”只在“塑性”计算、“安全性”分析或“动力”分析中考虑。在“固结分析”或“完全流固耦合分析”中会忽略“排水类型”，土体响应将由材料的“渗透系数”决定。

3. 饱和重度与非饱和重度（γ_{sat}和γ_{unsat}）

饱和重度与非饱和重度（单位为“力/单位体积”，如 kN/m^3）是指包括孔隙内液体在内的土骨架的总重度。非饱和重度γ_{unsat}用于潜水位以上的土体，饱和重度γ_{sat}用于潜水位以下的土体。潜水位处稳态孔压为 0（$p_{steady}=0$）。只有在完全流固耦合分析中，潜水位才定义为当前孔压为 0（$p_{water}=0$）处的水位。这意味着在完全流固耦合分析中潜水位的位置会发生变化，从而土体的重度也会随之变化。

非多孔材料的重度只与其非饱和重度有关，大小就等于总重度。对于有孔隙的土，其非饱和重度明显小于饱和重度。比如，砂土的饱和重度一般为 $20kN/m^3$ 左右，而砂土的非饱和重度可能要小得多，其大小取决于饱和度。

提示：实际情况中的土体不可能处于完全干燥的状态，因此建议不要给γ_{unsat}输入土的干重度。比如，潜水位以上的黏土，可能因为毛细作用接近完全饱和，而水位以上其他区域可能部分饱和。PLAXIS 3D 可以处理潜水位以上的部分饱和土的行为，此时土的重度通常直接由γ_{unsat}定义，不考虑饱和度。

土体的重力通过“计算”模式中的“重力加载”或“K_0过程”激活，这通常作为第一个计算阶段（初始阶段）。

4. 高级一般属性

单击“一般”选项卡下的“高级”子目录，可以定义高级模拟功能的相关属性（见

图 6-3)。

1）孔隙比（e_{init}，e_{min}，e_{max}）。孔隙比 e 与孔隙率 n 有关，$e=n/(1-n)$，在一些特殊的选项中需要用到该数值。e_{init}为初始孔隙比，在每个计算步中将根据初始孔隙比和体积应变 $\Delta\varepsilon_v$ 计算实际孔隙比。在"渗流参数"选项卡下给定 c_k 值，这些参数将用于计算渗透系数的变化。除了 e_{init}，还可以输入 e_{min}和 e_{max}，这些参数与土的最大和最小密度有关。当使用土体硬化模型或小应变土体硬化模型且剪胀角大于0，则在达到最大孔隙率时，动剪胀角会被设置为0（此即为剪胀截断)，使用其他本构模型时该选项不可用。如果想避免在使用土体硬化模型或小应变土体硬化模型时出现剪胀截断，需要在"高级一般属性"子目录中取消勾选相应的选项。

2）瑞利（Rayleigh）α 和 β。动力计算中的材料阻尼由土体黏滞特性、摩擦和不可逆应变的发展引起。PLAXIS 中所有塑性模型都可以产生不可逆（塑性）应变，因此可以引起材料阻尼。但是该阻尼一般并不足以模拟真实土体的阻尼特性。例如，根据大多数土体模型，土体在卸载及重加载时表现出纯弹性行为，这时是没有阻尼的。PLAXIS 中有一个模型包含了黏滞行为，即软土蠕变模型（SSC)。在动力计算中使用该模型可引起黏滞阻尼，但软土蠕变模型同样很难体现出加载和再加载循环中的蠕变应变。PLAXIS 中还有一个模型包含加载与再加载循环中的滞后行为，即小应变土体硬化模型（HSS)。使用该模型时，累积阻尼量依赖于应变圈的幅值。在小幅振动情况下，即使采用小应变土体硬化模型也不能体现材料阻尼，而实际土体中仍会表现出一定大小的黏滞阻尼。因此，在动力计算中需要借助附加阻尼模拟土体的实际阻尼特性，这可以通过瑞利阻尼实现。

瑞利阻尼是一种数值特性，其阻尼矩阵 C 由质量矩阵 M 和刚度矩阵 K 组成

$$C=\alpha M+\beta K \tag{6-1}$$

式中　α、β——瑞利系数，可在"土体"对话框下"一般"选项卡中对应的单元格内指定（见图 6-3)。

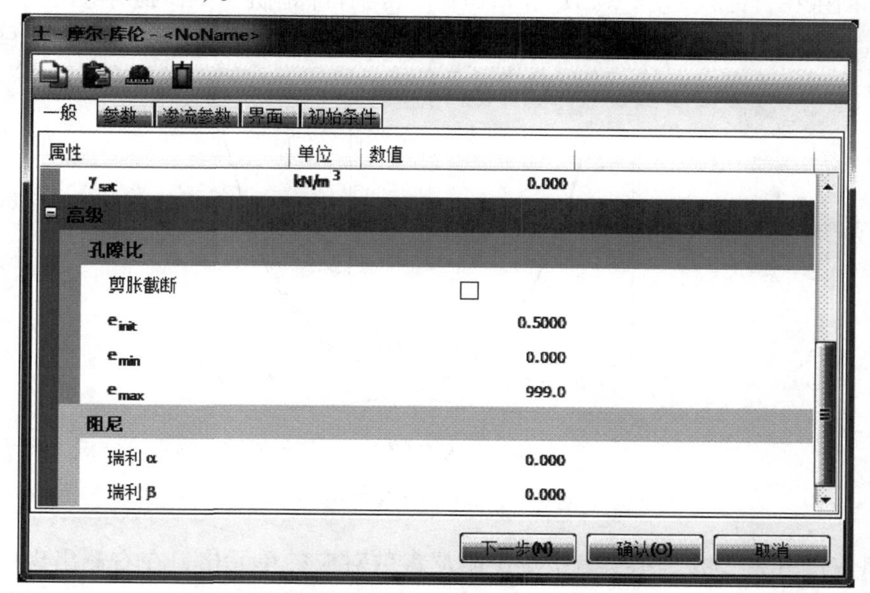

图 6-3　"一般"选项卡下的阻尼参数

α 决定质量对系统阻尼的影响，α 越大，低频振动的阻尼越大；β 决定刚度对系统阻尼的影响，β 越大，高频振动的阻尼越大。在 PLAXIS 3D 中，可以为每一种土体、界面或板的材料数据组指定上述参数，这样即可为有限元模型中每一种材料单独赋予（黏滞）阻尼特性。

就阻尼参数的辨识而言，尽管已有大量相关研究，但至今尚未有公认的方法。在工程应用中多是采用几个参数来考虑材料阻尼，一个常用的工程参数是阻尼比 ξ。对于临界阻尼，定义为 $\xi=1$，即给单自由度体系一个初始激励 u_0，该阻尼大小可以使其不发生反弹而能平稳地停下来，如图 6-4 所示。

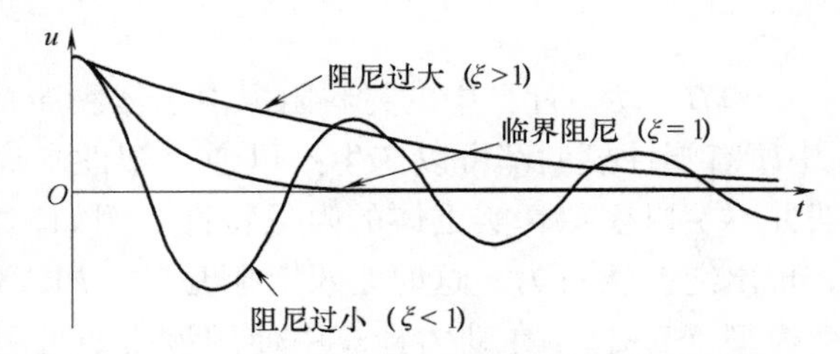

图 6-4　阻尼比 ξ 对单自由度体系自由振动的影响

对于瑞利阻尼，阻尼比 ξ 和瑞利阻尼参数 α 和 β 可建立如下关系式

$$\alpha+\beta\omega^2=2\omega\xi \tag{6-2}$$

式中　ω——$\omega=2\pi f$，为角频率（rad/s）；

f——频率（Hz）。

解上述方程，可得瑞利阻尼系数如下

$$\alpha=2\omega_1\omega_2\frac{\omega_1\xi_2-\omega_2\xi_1}{\omega_1^2-\omega_2^2},\beta=2\frac{\omega_1\xi_1-\omega_2\xi_2}{\omega_1^2-\omega_2^2} \tag{6-3}$$

例如，期望在目标频率 $f=1.5$Hz 和 8.0Hz 时得到目标阻尼 8%，则对应的瑞利阻尼比为 $\alpha=1.2698$，$\beta=0.002681$。从图 6-5 可看出，在目标频率范围内，阻尼曲线位于目标阻尼的下方；在目标频率范围之外时，阻尼曲线位于目标阻尼的上方。

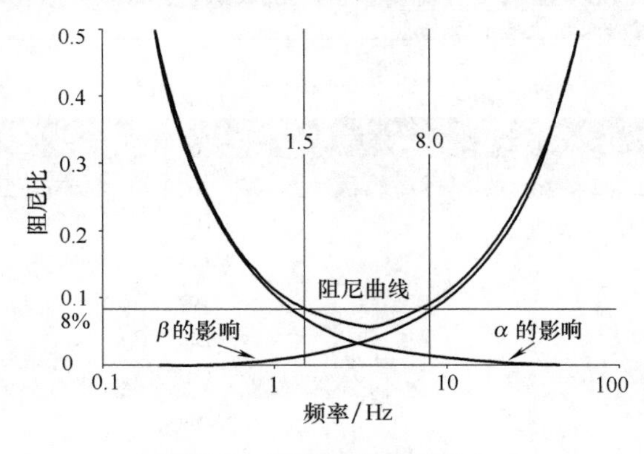

图 6-5　瑞利阻尼参数影响

在材料数据组“一般”选项卡中单击阻尼参数对应的单元格，在右侧出现的面板中指定目标阻尼比（ξ）和目标频率（f），程序会自动计算阻尼参数（α 和 β），并给出阻尼比与

频率的函数关系曲线，如图6-6所示。

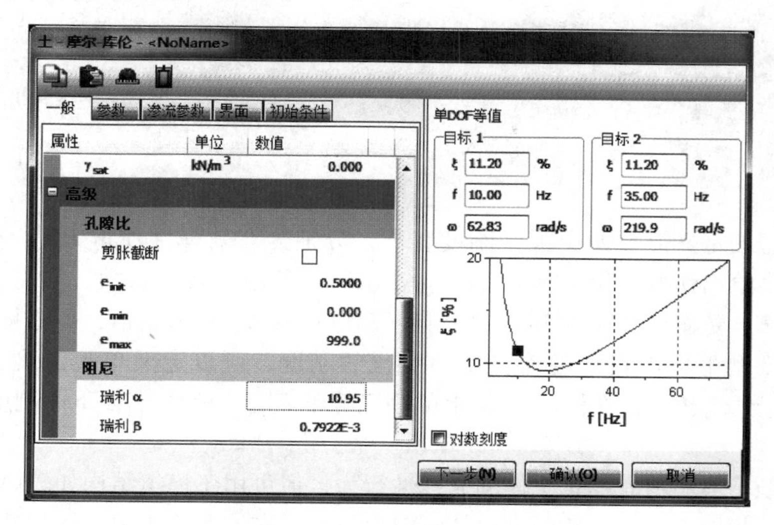

图6-6　ξ 和 f 的输入

6.1.2 “参数”选项卡

在土体材料数据组的“参数”选项卡下可为选择的土体本构模型定义刚度和强度参数，具体参数与所选择的本构模型及排水类型有关。

1. 线弹性模型（LE）

线弹性模型（排水）的“参数”选项卡如图6-7所示。

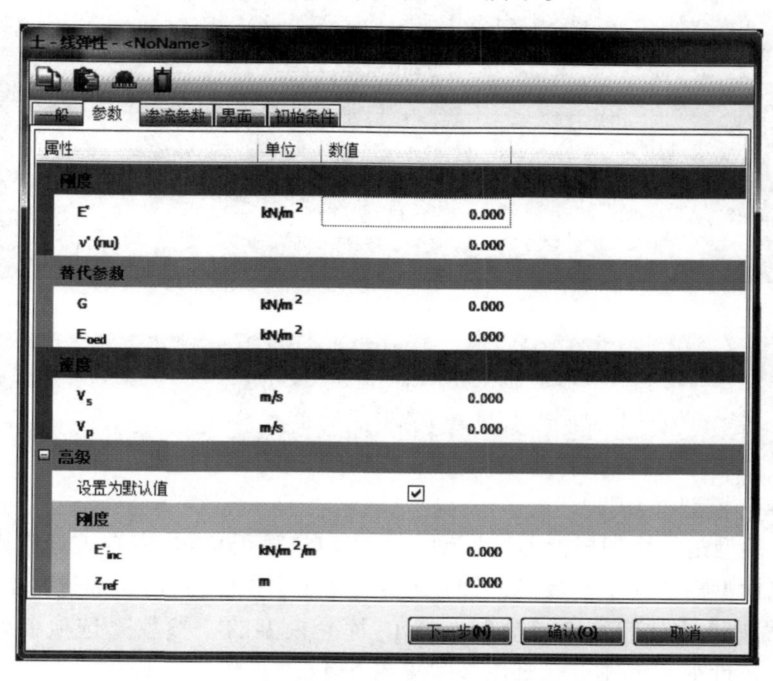

图6-7　线弹性模型（排水）的“参数”选项卡

提示： 使用线弹性模型时可选的排水类型包括："排水"，"不排水（A）"，"不排水（C）"和"非多孔"。排水类型选择"不排水（A）"或"非多孔"时，所用参数与排水行为一样。排水类型选择"不排水（C）"时，将使用不排水弹性模量（E_u）和不排水泊松比（ν_u）。

线弹性模型的定义需要两个弹性刚度参数，分别为有效弹性模量 E' 和有效泊松比 ν'。此外，程序还会给出切变模量 G 和压缩模量 E_{oed} 作为备用的替代参数，详见表 6-2。注意，替代参数 G 和 E_{oed} 受输入参数 E' 和 ν' 的影响，若为 G 或 E_{oed} 输入某值，E' 亦将随之改变。

在线弹性模型中可以指定随深度线性变化的刚度，可以定义单位深度下的刚度增量 E'_{inc}。E'_{inc} 与参数 z_{ref} 相关，在标高 z_{ref} 以上的刚度等于 E'_{ref}，标高 z_{ref} 以下的刚度按下式变化：

$$E'(z) = E' + (z_{ref} - z)E'_{inc}, z < z_{ref} \tag{6-4}$$

线弹性模型一般不适宜模拟土体的非线性行为，但可用于模拟结构如较厚的混凝土墙或板的力学行为，相对土体而言其强度属性一般比较高。在这些应用中，线弹性模型通常与非多孔材料一起使用，以避免在结构单元中生成孔压。

在"动力模块"可用的情况下，除了可输入与土体强度和刚度相关的参数以外，还可以输入土的波速参数，见表 6-2。

表 6-2　线弹性模型的参数

类　别	符　号	说　明	单　位
常用刚度参数	E'	有效弹性模量	kN/m²
	ν'	有效泊松比	—
替代刚度参数	G	切变模量，其中 $G = \frac{E'}{1(1+\nu')}$	kN/m²
	E_{oed}	压缩模量，其中 $E_{oed} = \frac{E'(1-\nu')}{(1+\nu')(1-2\nu')}$	kN/m²
动力参数	V_s	剪切波速，其中 $V_s = \sqrt{G/\rho}, \rho = \gamma/g$	m/s
	V_p	压缩波速，其中 $V_p = \sqrt{E_{oed}/\rho}, \rho = \gamma/g$	m/s

提示： 土的波速与输入的 E' 和 ν' 有关，输入某个特定的波速将引起弹性模量的改变。只有对刚度应力无关的模型才能定义土的波速。

2. 莫尔-库仑模型（MC）

莫尔-库仑模型是一个理想弹塑性模型，破坏判定采用莫尔-库仑破坏准则（简称莫尔-库仑模型），该模型需要 5 个参数（2 个刚度参数和 3 个强度参数），通过基本土工试验即可获得，岩土工程师大多比较熟悉该模型。莫尔-库仑模型的"参数"选项卡如图 6-8 所示，莫尔-库仑模型（排水）的刚度、强度参数见表 6-3。

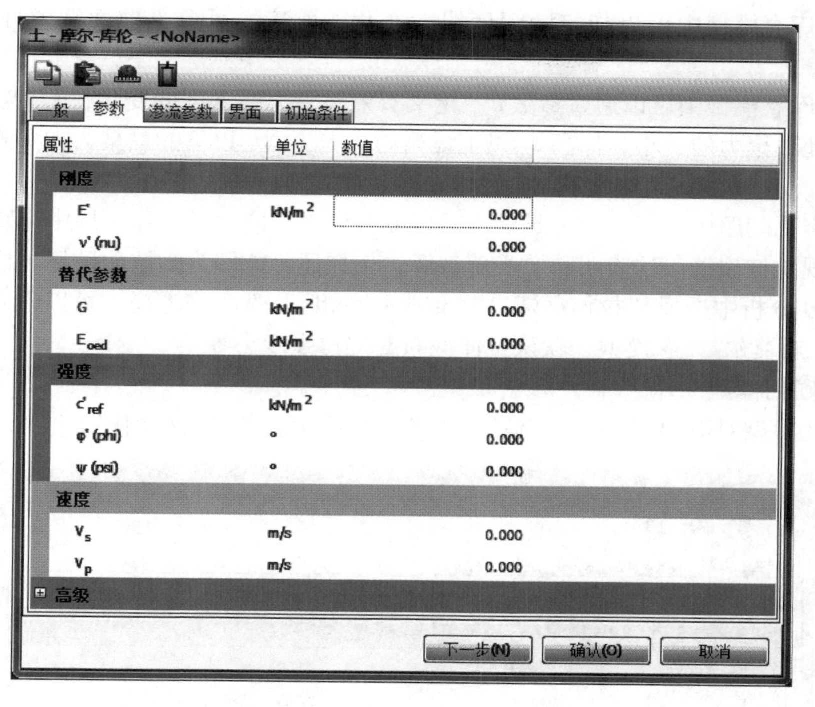

图 6-8　莫尔-库仑模型（排水）的“参数”标签页

表 6-3　莫尔-库仑模型的参数

类　别	符　号	说　明	单　位
常用刚度参数	E'	有效弹性模量	kN/m²
	ν'	有效泊松比	—
替代刚度参数	G	剪切模量，其中 $G=\dfrac{E'}{1(1+\nu)'}$	kN/m²
	E_{oed}	压缩模量，其中 $E_{oed}=\dfrac{E'(1-\nu')}{(1+\nu')(1-2\nu')}$	kN/m²
强度参数	c'_{ref}	有效黏聚力	kN/m²
	φ'	有效摩擦角	(°)
	ψ	剪胀角	(°)

提示：使用莫尔-库仑模型时可选的排水类型包括“排水”，“不排水（A）”，“不排水（B）”，“不排水（C）”和“非多孔”。

1）排水类型选择“不排水（A）”或“非多孔”时，所用参数与排水行为一样。

2）排水类型选择“不排水（B）”时，$\varphi=\varphi_u=0$，$\psi=0$，使用不排水剪切强度 s_u（替代有效黏聚力 c'）。

3）排水类型选择“不排水（C）”时，所有参数都为不排水的，将使用不排水弹性模量 E_u、不排水泊松比 ν_u 和不排水剪切强度 s_u，且 $\varphi=\psi=0$。

在莫尔-库仑模型中可以指定随深度线性变化的刚度，可参见前面线弹性模型的相关内容。

在莫尔-库仑模型中可以通过参数$c'_{\rm inc}$定义有效黏聚力随深度的变化，$c'_{\rm inc}$与参数$z_{\rm ref}$共同决定某深度处黏聚力的大小，标高$z_{\rm ref}$以上黏聚力为$c'_{\rm ref}$，$z_{\rm ref}$以下的黏聚力如下式所示：

$$c'(z) = c'_{\rm ref} + (z_{\rm ref} - z)c'_{\rm inc}, z < z_{\rm ref} \tag{6-5}$$

在一些实际问题中，当切应力足够小时可能会出现拉应力区。黏土层中沟堑附近的土层表面有时出现拉伸裂缝，这表明除了受剪破坏，土体还可能因为受拉而破坏。这种情况可以在 PLAXIS 3D 分析中选择“拉伸截断（Tension cut-off）”选项来考虑，可以输入容许抗拉强度（$\sigma_{\rm t,soil}$）。对莫尔-库仑模型，默认拉伸截断的抗拉强度为零。

3. 土体硬化模型（HS）

土体硬化模型对应的“参数”选项卡如图 6-9 所示，各参数的简略说明见表 6-4。

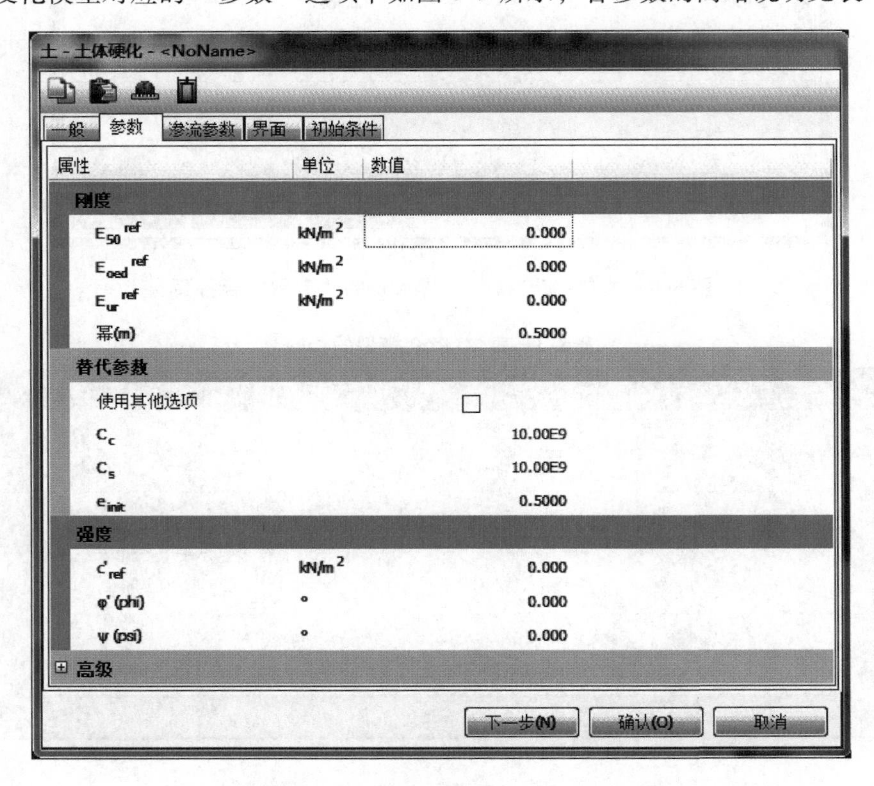

图 6-9　土体硬化模型（排水）的“参数”选项卡

提示： 使用土体硬化模型时可选的排水类型包括：“排水”，“不排水（A）”和“不排水（B）”。

1）排水类型选择“不排水（A）”时，所用参数与排水行为一样。

2）排水类型选择“不排水（B）”时，$\varphi = \varphi_{\rm u} = 0$，$\psi = 0$，使用不排水剪切强度$s_{\rm u}$（替代有效黏聚力$c'$）。

表 6-4 土体硬化模型的参数

类　别	符　号	说　明	单　位
常用刚度参数	E_{50}^{ref}	标准三轴排水试验割线刚度	kN/m^2
	E_{oed}^{ref}	侧限压缩试验切线刚度	kN/m^2
	E_{ur}^{ref}	卸载/重加载刚度（默认 $E_{ur}^{ref}=3E_{50}^{ref}$）	kN/m^2
	m	刚度的应力相关幂指数	—
替代刚度参数	C_c	压缩指数	—
	C_s	膨胀指数或重加载指数	—
	e_{init}	初始孔隙比	—
高级刚度参数	ν_{ur}	卸载-重加载泊松比（默认 $\nu=0.2$）	—
	p^{ref}	刚度参考应力（默认 $p^{ref}=100$kN/m^2）	kN/m^2
	K_0^{nc}	正常固结 K_0 值（默认 $K_0^{nc}=1-\sin\varphi$）	—
强度参数	c'_{ref}	有效黏聚力	kN/m^2
	φ'	有效摩擦角	(°)
	ψ	剪胀角	(°)
高级强度参数	c'_{inc}	与莫尔-库仑模型同，默认为0	kN/m^3
	z_{ref}	参考标高	m
	R_f	破坏比 q_f/q_a（默认为0.9）	—
	拉伸截断	考虑拉伸截断时勾选该项	—
	抗拉强度	容许抗拉强度 $\sigma_{tension}$，默认为零	kN/m^2

4. 小应变土体硬化模型（HSS）

与标准的土体硬化（HS）模型相比，小应变土体硬化模型还需要输入另外两个参数 $\gamma_{0.7}$ 和 G_0^{ref}。小应变土体模型的“参数”选项卡如图6-10所示，各参数的简略说明见表6-5。

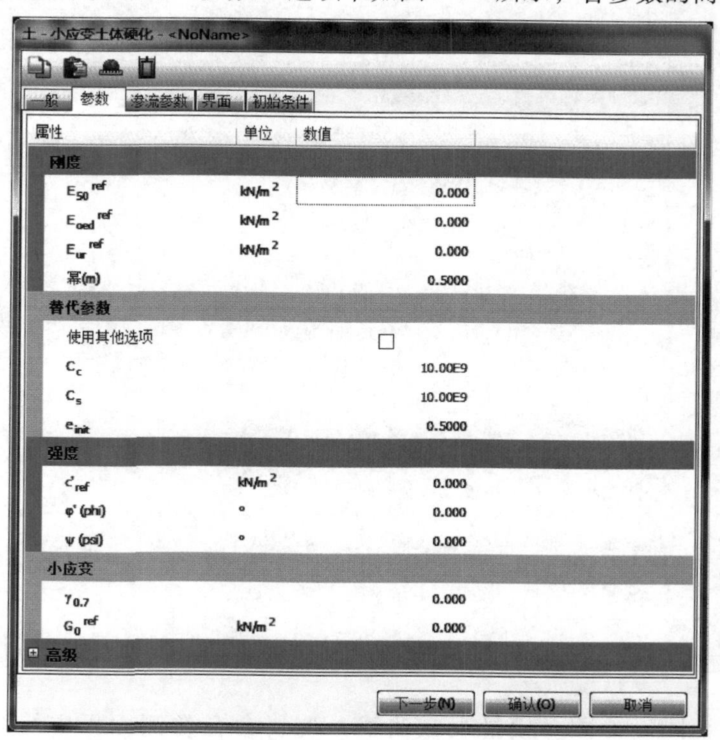

图6-10 小应变土体硬化模型（排水行为）的“参数”选项卡

提示： 使用小应变土体硬化模型时可选的排水类型包括："排水"，"不排水（A）"和"不排水（B）"。

1）排水类型选择"不排水（A）"时，所用参数与排水行为一样。

2）排水类型选择"不排水（B）"时，$\varphi=\varphi_u=0$，$\psi=0$，使用不排水剪切强度 s_u（替代有效黏聚力 c'）。

表 6-5　小应变土体硬化模型的参数

类　别	符　号	说　明	单　位
常用刚度参数	E_{50}^{ref}	标准三轴排水试验割线刚度	kN/m^2
	E_{oed}^{ref}	侧限压缩试验切线刚度	kN/m^2
	E_{ur}^{ref}	工程应变（$\varepsilon\approx10^{-3}$ 到 10^{-2}）范围内卸载/重加载刚度（默认 $E_{ur}^{ref}=3E_{50}^{ref}$）	kN/m^2
	m	刚度的应力相关幂指数	—
替代刚度参数	C_c	压缩指数	—
	C_s	膨胀指数或重加载指数	—
	e_{init}	初始孔隙比	—
高级刚度参数	ν_{ur}	卸载-重加载泊松比（默认 $\nu=0.2$）	—
	p^{ref}	刚度参考应力（默认 $p^{ref}=100kN/m^2$）	kN/m^2
	K_0^{nc}	正常固结 K_0 值（默认 $K_0^{nc}=1-\sin\varphi$）	—
强度参数	c'_{ref}	有效黏聚力	kN/m^2
	φ'	有效摩擦角	(°)
	ψ	剪胀角	(°)
高级强度参数	c'_{inc}	与莫尔-库仑模型同（默认为0）	kN/m^2
	z_{ref}	参考标高	m
	R_f	破坏比 q_f/q_a（默认为 0.9）	—
	拉伸截断	考虑拉伸截断时勾选该项	—
	抗拉强度	允许抗拉强度 $\sigma_{tension}$，默认为零	kN/m^2
小应变刚度参数	$\gamma_{0.7}$	$G_s=0.722G_0$ 时的剪切应变	—
	G_0^{ref}	小应变参考剪切模量（$\varepsilon<10^{-6}$）	kN/m^2

当指定小应变刚度参数（模量衰减曲线）时，会在右侧面板中绘制弹性模量比与剪应变的函数关系曲线（见图 6-11）。当循环受剪时，HSS 模型表现出典型的滞后行

为，在动力计算中这将引起迟滞阻尼（Hysteretic damping）。阻尼比是循环剪应变 γ_c 的函数。

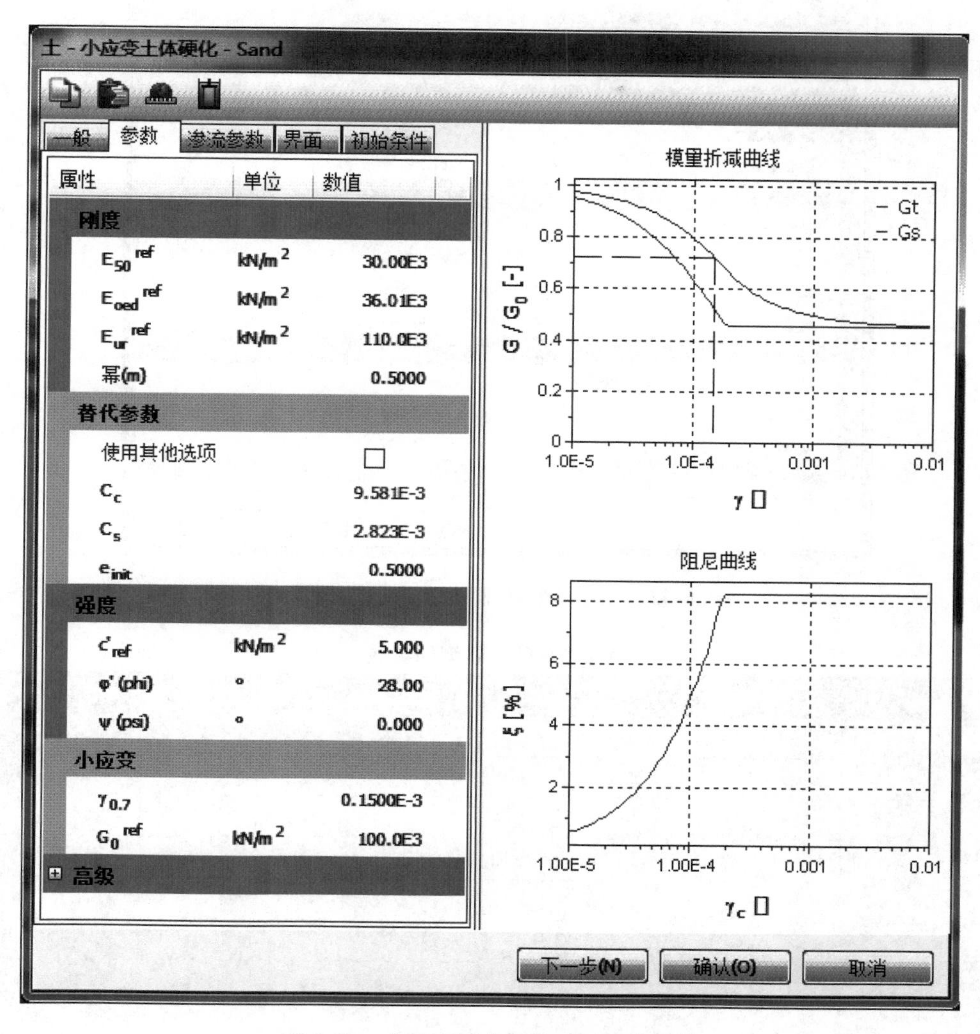

图 6-11 小应变刚度参数对阻尼的影响

提示：“模量衰减曲线”和“阻尼曲线”都是基于完全弹性行为。硬化或局部破坏引起的塑性应变可能导致显著的低刚度和高阻尼。

5. 软土模型（SS）

软土模型的“参数”选项卡如图 6-12 所示，相关参数说明见表 6-6。

提示：使用软土模型时可选的排水类型包括：“排水”和“不排水（A）”。排水类型选择“不排水（A）”时，所用参数与排水行为一样。

PLAXIS 3D 基础教程

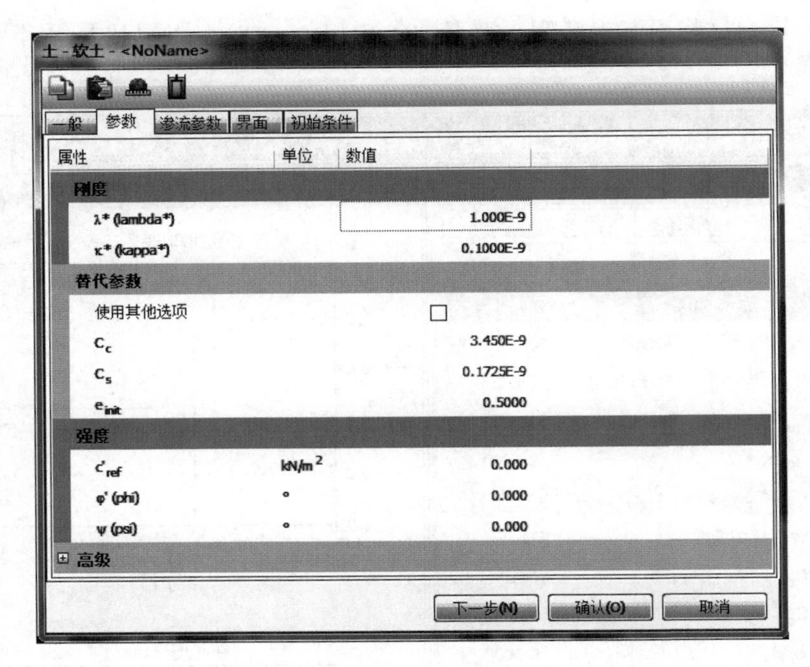

图 6-12　软土模型（排水）“参数”选项卡

表 6-6　软土模型的参数

类　别	符　号	说　明	单　位
常用刚度参数	λ^*	修正压缩指数	—
	κ^*	修正回弹（膨胀）指数	—
替代刚度参数	C_c	压缩指数	—
	C_s	膨胀指数或重加载指数	—
	e_{init}	初始孔隙比	—
强度参数	c'_{ref}	有效黏聚力	kN/m^2
	φ'	有效摩擦角	(°)
	ψ	剪胀角	(°)
高级参数	ν_{ur}	卸载-重加载泊松比（默认 $\nu=0.15$）	—
	K_0^{nc}	正常固结 K_0 值（默认 $K_0^{nc}=1-\sin\varphi$）	—
	M	K_0^{nc} 相关参数	—
	拉伸截断	考虑拉伸截断时勾选该项	—
	抗拉强度	允许抗拉强度 $\sigma_{tension}$，默认为零	kN/m^2

6. 软土蠕变模型（SSC）

软土蠕变模型的“参数”选项卡如图 6-13 所示，相关参数说明见表 6-7。

提示：使用软土蠕变模型时可选的排水类型包括：“排水”和“不排水（A）”。排水类型选择“不排水（A）”时，所用参数与排水行为一样。

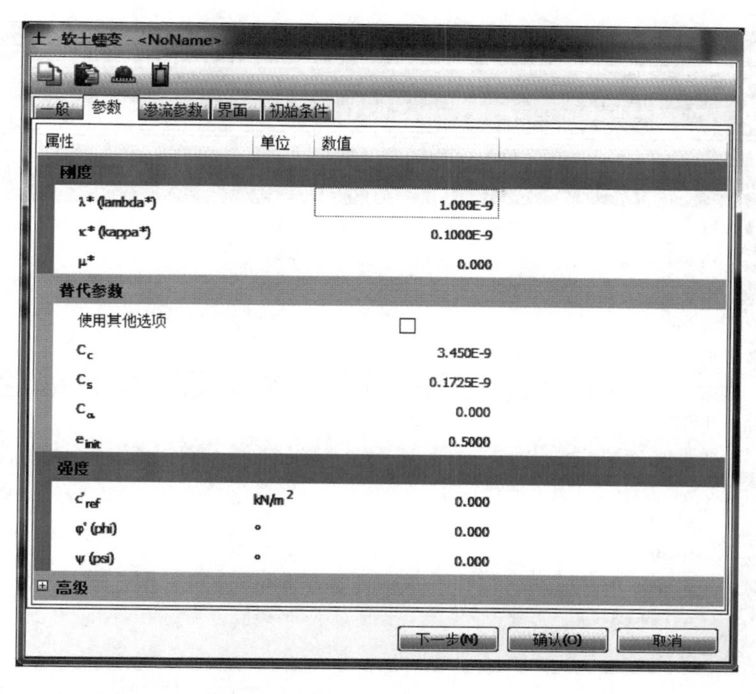

图 6-13　软土蠕变模型（排水类型）“参数”选项卡

表 6-7　软土蠕变模型的参数

类　别	符　号	说　明	单　位
常用刚度参数	λ^*	修正压缩指数	—
	κ^*	修正回弹（膨胀）指数	—
时间效应参数	μ^*	修正蠕变指数	—
替代刚度参数	C_c	压缩指数	—
	C_s	膨胀指数或重加载指数	—
	C_a	次压缩指数	—
	e_{init}	初始孔隙比	—
强度参数	c'_{ref}	有效黏聚力	kN/m^2
	φ'	有效摩擦角	(°)
	ψ	剪胀角	(°)
高级参数	ν_{ur}	卸载-重加载泊松比（默认 $\nu=0.15$）	—
	K_0^{nc}	正常固结 K_0 值（默认 $K_0^{nc}=1-\sin\varphi$）	—
	M	K_0^{nc} 相关参数	—
	拉伸截断	考虑拉伸截断时勾选该项	—
	抗拉强度	允许抗拉强度 σ_t，默认为零	kN/m^2

7. 节理岩体模型（JR）

节理岩体模型的“参数”选项卡如图 6-14 所示，相关参数见表 6-8。

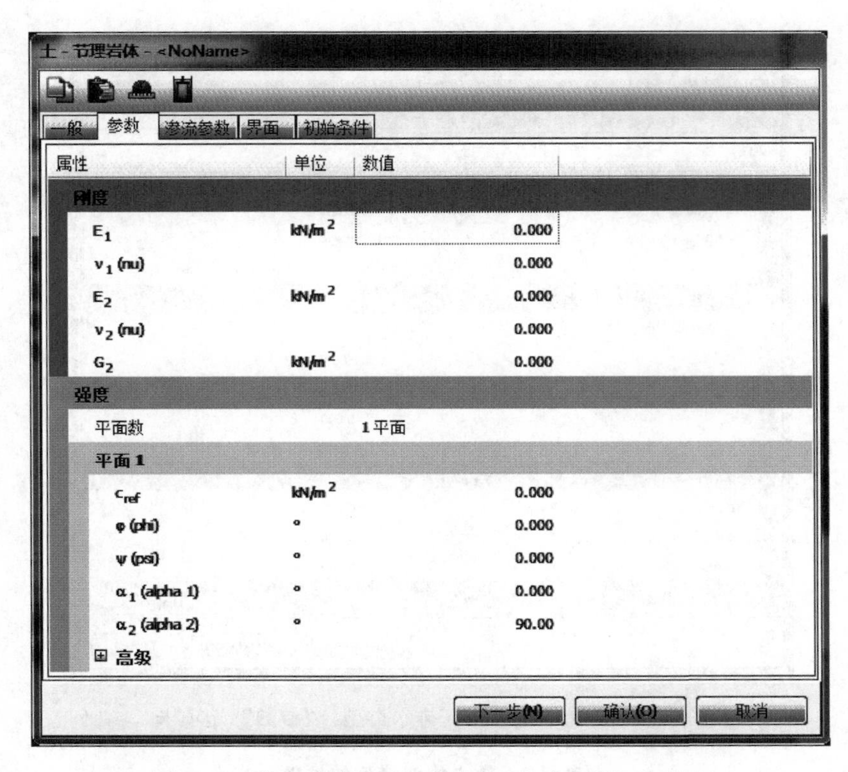

图 6-14　节理岩体模型（排水行为）“参数”选项卡

表 6-8　节理岩体模型的参数

类别		符号	说明	单位
刚度参数		E_1	连续岩石弹性模量	kN/m^2
		ν_1	连续岩石泊松比	—
“平面 1”方向上的各向异性弹性参数（如层理方向）		E_2	“平面 1”方向上的弹性模量	kN/m^2
		G_2	“平面 1”方向上的剪切模量	kN/m^2
		ν_2	“平面 1”方向上的泊松比	—
强度参数	沿节理方向的强度参数（平面 i=1，2，3）	c_i	黏聚力	kN/m^2
		φ_i	摩擦角	(°)
		ψ_i	剪胀角	(°)
		$\sigma_{t,i}$	抗拉强度	kN/m^2
	节理方向的定义（平面 i=1，2，3）	n	节理方向数量（$1\leqslant n\leqslant 3$）	—
		$\alpha_{1,i}$	倾角	(°)
		$\alpha_{2,i}$	倾向	(°)

提示： 使用节理岩体模型时可选的排水类型包括“排水”和“非多孔”。排水类型选择“非多孔”时，所用参数与排水行为一样。

8. 修正剑桥黏土模型（MCC）

修正剑桥黏土模型是一个临界状态模型，可用来模拟正常固结软土的性状。该模型假设体积应变和平均有效应力为对数关系。修正剑桥黏土模型的“参数”选项卡如图6-15所示，相关参数见表6-9。

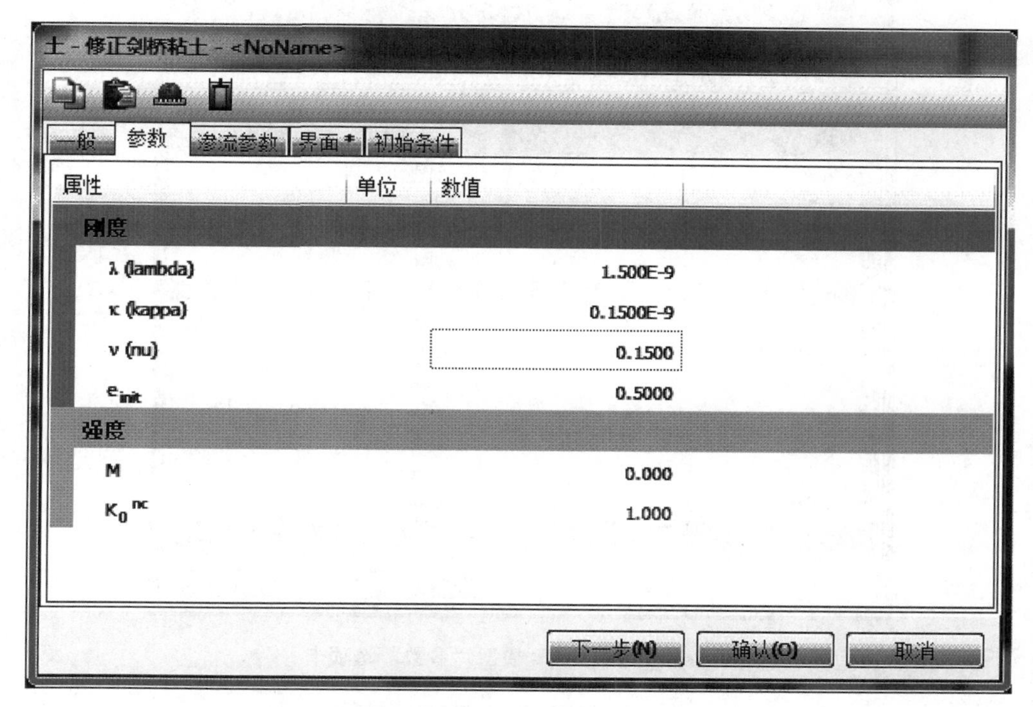

图6-15　修正剑桥模型（排水行为）“参数”选项卡

表6-9　修正剑桥模型的参数

类　别	符　号	说　明	单　位
刚度参数	λ	Cam-Clay 压缩指数	—
	κ	Cam-Clay 膨胀指数	—
	ν	泊松比	—
	e_{init}	加载/卸载初始孔隙比	—
强度参数	M	临界状态线切线斜率	—
	K_0^{nc}	根据 M 得到的正常固结水平应力系数。 $M=3\sqrt{\frac{(1-K_0^{\text{nc}})^2}{(1+2K_0^{\text{nc}})^2}+\frac{(1-K_0^{\text{nc}})(1-2\nu_{\text{ur}})(\lambda^*/k^*-1)}{(1+2K_0^{\text{nc}})(1-2\nu_{\text{ur}})\lambda^*/k^*-(1-K_0^{\text{nc}})(1+\nu_{\text{ur}})}}$	

提示： 使用软土蠕变模型时可选的排水类型包括：“排水”和“不排水（A）”。排水类型选择“不排水（A）”时，所用参数与排水行为一样。

9. NGI-ADP 模型（NGI-ADP）

NGI-ADP 模型可用于黏土不排水加载时的承载力、变形和土工结构相互作用分析。NGI-ADP 模型的“参数”选项卡如图 6-16 所示，相关参数说明见表 6-10。

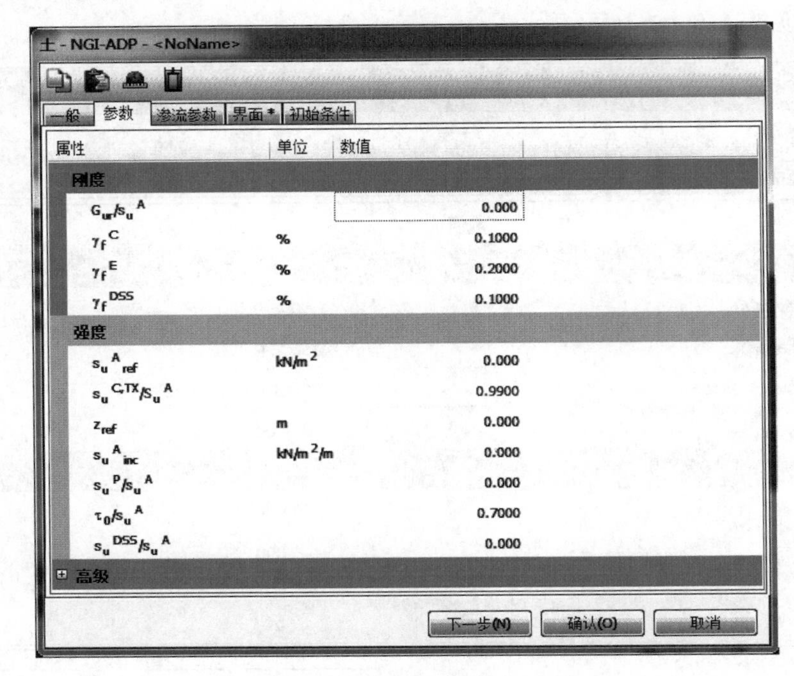

图 6-16　NGI-ADP 模型“参数”选项卡

表 6-10　NGI-ADP 模型的参数

类　别	符　号	说　明	单　位
刚度参数	G_{ur}/s_u^A	卸载/重加载剪切模量与（平面应变）主动剪切强度比值	—
	γ_f^C	三轴压缩剪切应变($\lvert \gamma_f^C = 3/2\varepsilon_1^C \rvert$)	(%)
	γ_f^E	三轴拉伸试验剪切应变	(%)
	γ_f^{DSS}	直剪试验剪切应变	(%)
强度参数	$s_u^{A,ref}$	参考（平面应变）主动剪切强度	kN/m²/m
	$s_u^{C,TX}/s_u^A$	三轴压缩试验剪切强度与（平面应变）主动剪切强度的比值（默认为 0.99）	—
	y_{ref}	参考深度	(m)
	$s_{u,inc}^A$	剪切强度随深度增量	kN/m²/m
	s_u^P/s_u^A	（平面应变）被动剪切强度与（平面应变）主动剪切强度之比	—
	τ_0/s_u^A	初始剪应力与主动剪切强度之比（默认 0.7）	—
	s_u^{DSS}/s_u^A	直剪强度与（平面应变）主动剪切强度的比值	—
高级参数	ν'	有效泊松比	—
	ν_u	不排水泊松比	—

提示： 使用NGI-ADP模型时可选的排水类型包括："排水"、"不排水（B）和"不排水（C）"。排水类型选择"不排水（B）"时，所用参数与排水行为相同。

10. 霍克-布朗模型（HB）

霍克-布朗模型的"参数"如图6-17所示，相关参数见表6-11。

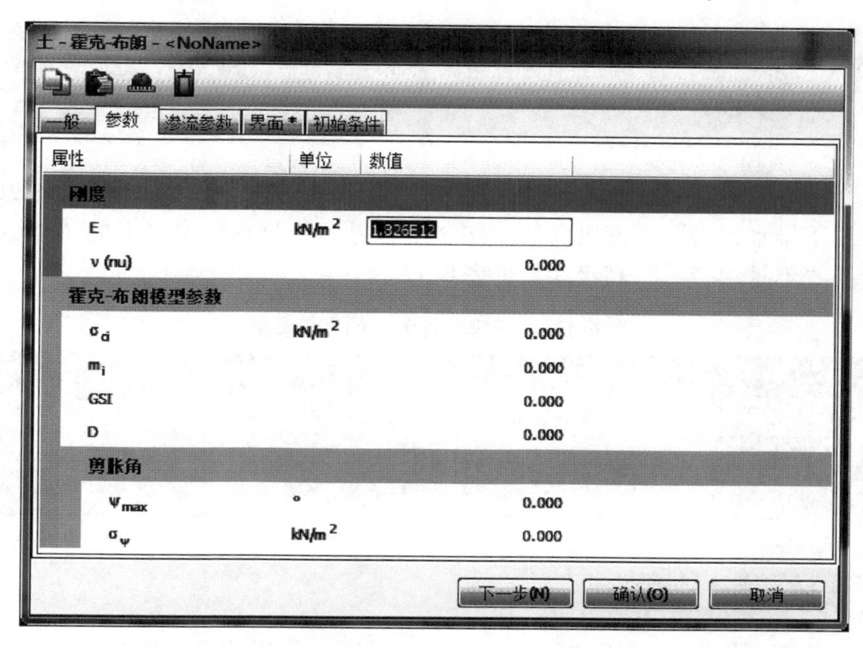

图6-17　霍克-布朗模型（排水行为）"参数"选项卡

表6-11　霍克-布朗模型的参数

类　别	符　号	说　明	单　位
刚度参数	E	弹性模量	kN/m^2
	ν	泊松比	—
霍克-布朗参数	σ_{ci}	单轴抗压强度	kN/m^2
	m_i	完整岩石材料常数	—
	GSI	地质强度指数	—
	D	扰动因子，取决于岩体受扰动程度	—
	ψ_{max}	剪胀角（$\sigma'_3=0$时）	(°)
	σ_ψ	$\psi=0°$时围压σ'_3的绝对值	kN/m^2

提示： 使用霍克-布朗模型时可选的排水类型包括："排水"和"非多孔"。排水类型选择"非多孔"时，所用参数与排水行为相同。

11. 用户自定义土体模型（UDSM）

用户自定义土体模型时，“参数”选项卡显示两个下拉菜单，上部组合框列出了包含有效用户自定义土体模型的所有 DLL 文件；下面的对话框则显示所选的 DLL 文件中定义的土体模型。每个用户自定义模型都有自己的参数组，在 DLL 文件中定义。当选择了一个可用的本构模型后，PLAXIS 将自动从 DLL 文件中读取该模型的参数名称和单位，然后填充对应的参数表格。

提示： 选用用户自定义模型时，可用的排水类型包括“排水”、“不排水（A）”和“非多孔”。

以上所介绍的是与选用的土体本构模型及排水类型相关的参数，接下来介绍几个可用于模拟土体的“不排水行为”的高级参数。在“土和界面”材料组窗口下的“参数”选项卡中可以设置的“不排水行为”高级参数见表 6-12。

表 6-12 “不排水行为”的高级参数

参　数	说　明	单　位
Skempton-B	决定孔隙水对平均应力改变的影响	—
ν_u	不排水泊松比	—
$K_{w,ref}/n$	孔隙流体的参考体积刚度	kN/m^2

6.1.3 “渗流参数”选项卡

当采用“地下水渗流”、“固结”或“完全流固耦合”等计算类型求解饱和土或非饱和土中孔隙水流动的问题时，需要用到渗流参数。当考虑完全饱和土层的稳态地下水渗流或固结时，只有土体（饱和）的渗透系数有用。当考虑自由流动、渗漏、瞬态渗流（时间相关）或完全流固耦合分析时，部分饱和土体的行为将成为需要详细描述的重点问题。这就需要除常规设置之外，还要选取合适的土-水特征曲线来描述非饱和区土的吸力（正值孔压）与饱和度之间的关系。

PLAXIS 3D 内置了一些描述非饱和区渗流行为的函数，其中包括著名的 Mualem-Van Genuchten 函数。为了便于选用非饱和渗流参数，程序提供了常用土体类型数据组。这些数据组可以基于标准土体分类体系进行选择。

提示： 1）虽然程序为了用户方便提供了一些土的预定义数据组，但用户还是要自己判断选用的模型及参数是否合适，另外这些预定义数据组精确度有限。

2）此处提到的土体分类体系与我国相关规范中的土体分类体系并不相同，不可仅凭土类名称对号入座。

1. 水力数据组及模型

程序提供了不同的数据组和模型来模拟土体饱和区域中的渗流。程序中可用的数据组

包括：

1）标准（Standard）。在该选项下可选择常用的土体类型（包括粗、中等、中等密、细、很细、有机的），这些类型是基于 Hypres 表土分类体系建立的。选择某种土体类型后，程序会自动定义其颗粒组成，土体类型显示在土质三角图中（见图 6-18）。颗粒组成也可以通过点击三角图中相应位置或直接输入数值来定义。

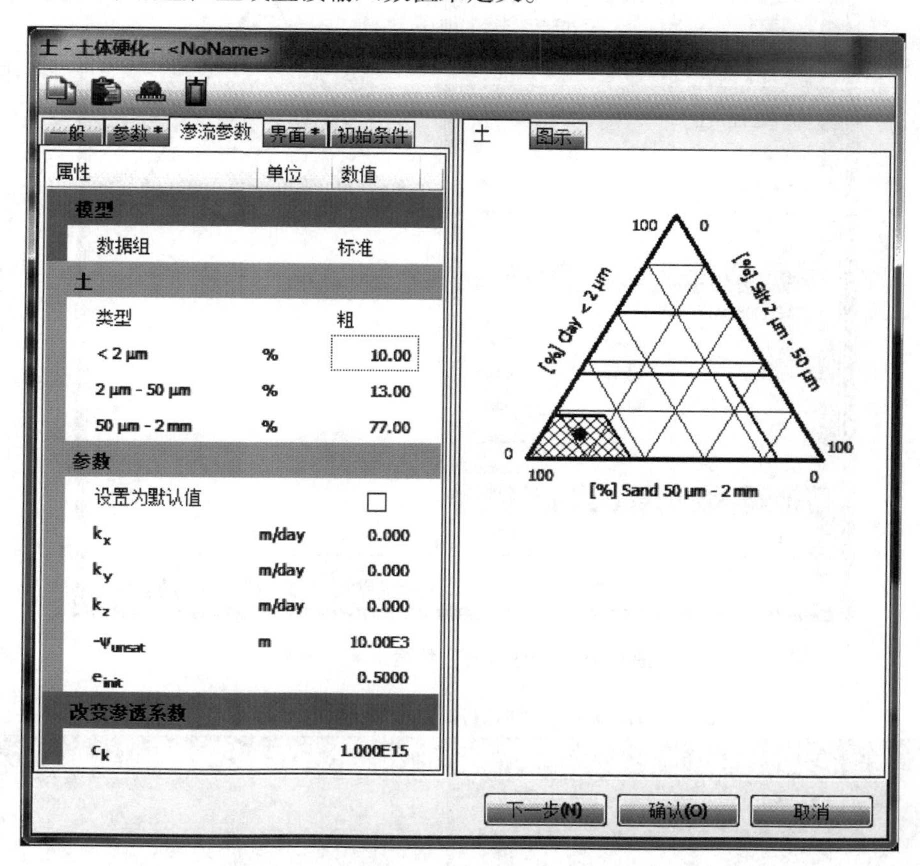

图 6-18 “标准”数据组中的渗流参数

2）Hypres。Hypres 系列为国际土体分类体系。Hypres 数据组可用的水力模型包括 Van Genuchten 模型和近似 Van Genuchten 模型。土可分为上层土（Topsoil）和下层土（Subsoil），通常所说的土可认为是下层土。Hypres 数据组的“类型”下拉菜单中包括粗、中等、中等密、细、很细和有机的。

提示： 只有当土层位于地表以下 1 m 以内时才将其视为上层土。

用户选择的土类和级配（颗粒组分）会在土质三角图中显示。反过来，用户也可以通过单击三角图中某个部分或手动输入颗粒组分的数值来选择土的类型（见图 6-19）。

Van Genuchten 模型和近似 Van Genuchten 模型相应的参数分别见表 6-13 和表 6-14。

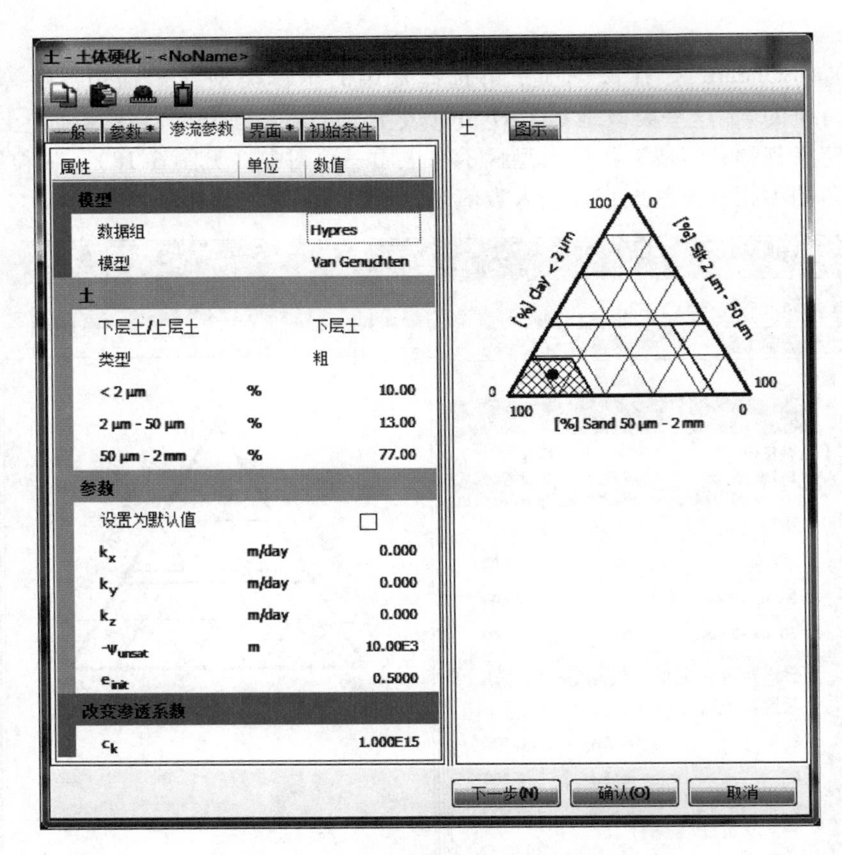

图 6-19 “Hypres”数据组渗流参数

表 6-13 Hypres 系列中选用 Van Genuchten 模型参数

	土的类型	θ_r	θ_s	K_{sat}/(m/day)	g_a/m^{-1}	g_l	g_n
上层土	粗	0.025	0.403	0.600	3.83	1.2500	1.3774
	中等	0.010	0.439	0.121	3.14	-2.3421	1.1804
	中等密	0.010	0.430	0.0227	0.83	-0.5884	1.2539
	细	0.010	0.520	0.248	3.67	-1.9772	1.1012
	很细	0.010	0.614	0.150	2.65	2.5000	1.1033
下层土	粗	0.010	0.366	0.700	4.30	1.2500	1.5206
	中等	0.010	0.392	0.108	2.49	-0.7437	1.1689
	中等密	0.010	0.412	0.0400	0.82	0.5000	1.2179
	细	0.010	0.481	0.0850	1.98	-3.7124	1.0861
	很细	0.010	0.538	0.0823	1.68	0.0001	1.0730
	有机的	0.010	0.766	0.0800	1.30	0.4000	1.2039

表 6-14 Hypres 系列中选用近似 Van Genuchten 模型参数

	土的类型	ψ_s/m	ψ_k/m
上层土	粗	-2.37	-1.06
	中等	-4.66	-0.50
	中等密	-8.98	-1.20
	细	-7.12	-0.50
	很细	-8.31	-0.73
下层土	粗	-1.82	-1.00
	中等	-5.60	-0.50
	中等密	-10.15	-1.73
	细	-11.66	-0.50
	很细	-15.06	-0.50
	有机的	-7.35	-0.97

3）USDA。USDA 系列是另一套国际土体分类体系。针对 USDA 数据组，可用的水力模型包括 Van Genuchten 模型和近似 Van Genuchten 模型。

选择 USDA 数据组后，“类型”下拉菜单中可选择：砂（Sand）、壤质砂土（Loamy sand）、砂质肥土（Sandy loam）、沃土（Loam）、淤泥（Silt）、砂壤土（Silt loam）、砂质黏性肥土（Sandy clay loam）、黏质壤土（Clay loam）、淤泥质黏壤土（Silty clay loam）、砂质黏土（Sandy clay）、粉砂黏土（Silty clay）和黏土（Clay）。所选土的类型和级配（颗粒组分）与 Hypres 数据组不同，该点可以从土质三角图中看出来。反过来，用户也可以通过单击三角图中某个部分或手动输入颗粒组分的数值来选择土的类型（如图 6-20 所示）。

与 Van Genuchten 模型和近似 Van Genuchten 模型相应的参数分别见表 6-15 和表 6-16。

表 6-15 USDA 系列中选用 Van Genuchten 模型参数（所有数据组中 $g_l=0.5$）

土的类型	θ_r	θ_s	K_{sat}/(m/day)	g_a/m^{-1}	g_n
砂	0.045	0.430	7.13	14.5	2.68
壤质砂土	0.057	0.410	3.50	12.4	2.28
砂质肥土	0.065	0.410	1.06	7.5	1.89
沃土	0.078	0.520	0.250	3.6	1.56
淤泥	0.034	0.614	0.600	1.6	1.37
粉砂壤土	0.067	—	0.108	2.0	1.41
砂质黏性肥土	0.100	0.366	0.314	5.9	1.48
黏质壤土	0.095	0.392	0.624	1.9	1.31
淤泥质黏壤土	0.089	0.430	0.168	1.0	1.23
砂质黏土	0.100	0.380	0.288	2.7	1.23
粉砂黏土	0.070	0.360	0.00475	0.5	1.09
黏土	0.068	0.380	0.0475	0.8	1.09

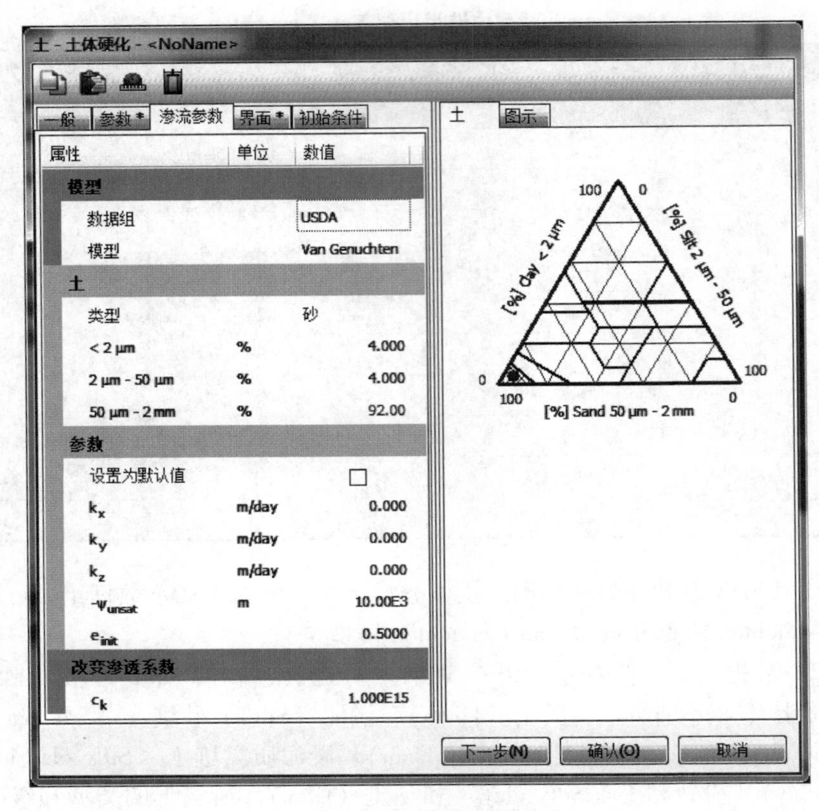

图 6-20　USDA 数据组渗流参数

表 6-16　USDA 系列中选用近似 Van Genuchten 模型参数

土的类型	ψ_s/m	ψ_k/m
砂	-1.01	-0.50
壤质砂土	-1.04	-0.50
砂质肥土	-1.20	-0.50
沃土	-1.87	-0.60
淤泥	-4.00	-1.22
粉砂壤土	-3.18	-1.02
砂质黏性肥壤土	-1.72	-0.50
黏质壤土	-4.05	-0.95
淤泥质黏壤土	-8.23	-1.48
砂质黏土	-4.14	-0.55
粉砂黏土	-31.95	-0.95
黏土	-21.42	-0.60

4）Staring。Staring 系列土体分类体系在荷兰应用比较广泛。Staring 数据组中可用的水力模型有 Van Genuchten 模型和近似 Van Genuchten 模型。

土可分为上层土（Topsoil）和下层土（Subsoil），通常所说的土可认为是下层土。选择该数据组后，“类型”下拉菜单中（见图6-21）包括的下层土有：非壤质砂土（Non-loamy sand，O1）、壤质砂土（Loamy sand，O2）、超肥砂土（Very loamy sand，O3）、极其肥沃的砂土（Extremely loamy sand，O4）、粗砂（Coarse sand，O5）、砾泥（Boulder clay，O6）、滩涂肥土（River loam，O7）、砂质肥土（Sandy loam，O8）、粉砂壤土（Silt loam，O9）、亚黏土（Clayey loam，O10）、轻黏土（Light clay，O11）、重黏土（Heavy clay，O12）、超重黏土（Very heavy clay，O13）、沃土（Loam，O14）、重肥黏土（Heavy loam，O15）、低滋育泥炭（Oligotrophic peat，O16）、滋育泥炭（Eutrophic peat，O17）、泥炭层（Peaty layer，O18）；上层土包括：非壤质砂土（Non-loamy sand，B1）、壤质砂土（Loamy sand，B2）、超肥砂土（Very loamy sand，B3）、极其肥沃的砂土（Extremely loamy sand，B4）、粗砂（Coarse sand，B5）、砾泥（Boulder clay，B6）、砂质肥土（Sandy loam，B7）、粉砂壤土（Silt loam，B8）、亚黏土（Clayey loam，B9）、轻黏土（Light clay，B10）、重黏土（Heavy clay，B11）、超重黏土（Very heavy clay，B12）、沃土（Loam，B13）、重肥黏土（Heavy loam，B14）、泥炭砂（Peaty sand，B15）、砂质泥炭（Sandy peat，B16）、泥炭黏土（Peaty clay，B17）、黏性泥炭（Clayey peat，B18）。所选土的类型和颗粒组分与Hypres及USDA数据组不同，所选土体水力模型显示在“渗流参数”选项卡右侧的“土”选项卡下方。

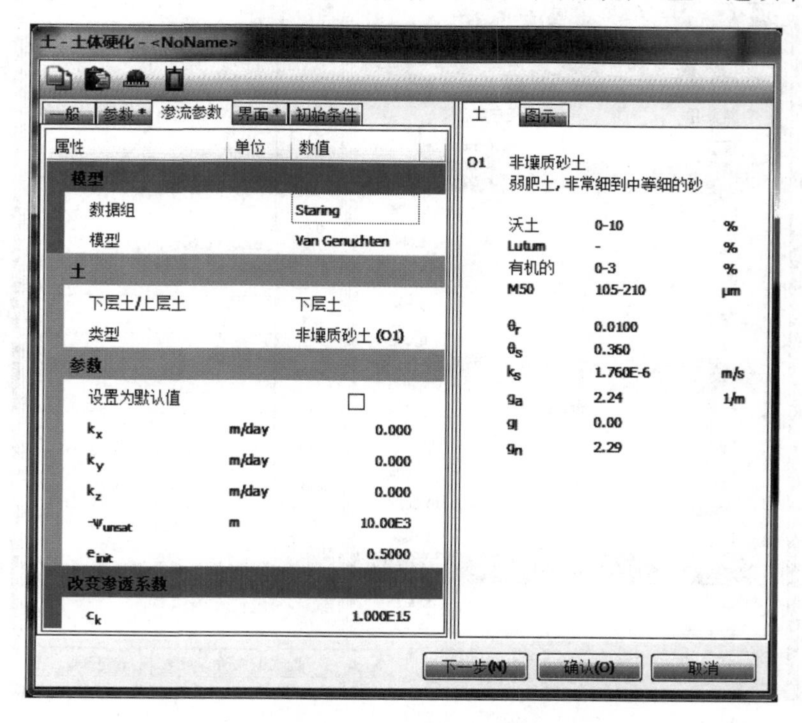

图6-21　Staring数据组渗流参数

提示：只有当土层位于地表以下1 m以内时才将其视为上层土。

5）用户自定义。通过“用户自定义”选项（见图6-22）用户可手动定义饱和属性和非饱和属性。注意，该选项需要用户对非饱和地下水渗流模拟有足够的经验，可用的水力模型见表6-17。

表6-17　用户自定义水力数据组可用的水力模型

类　型	说　明
Van Genuchten	该模型需要直接输入剩余饱和度 S_{res}，$p=0$ 时的饱和度 S_{sat} 及三个调和参数 g_n、g_a、g_l
样条曲线	“样条曲线”函数需要直接输入毛细高度 ψ（长度单位）、相对渗透性 K_r 及饱和度 S_r。点击“表格”标签即可输入样条曲线函数数据。计算过程中，渗流计算内核将根据样条曲线函数，在相对渗透性和毛细高度之间，以及相对饱和度和毛细高度之间进行“平滑”处理
饱和的	选择“饱和的”选项后，不需要再输入其他数据。在计算过程中，PLAXIS 将对指定为“饱和的”数据组的土层持续使用饱和渗透参数

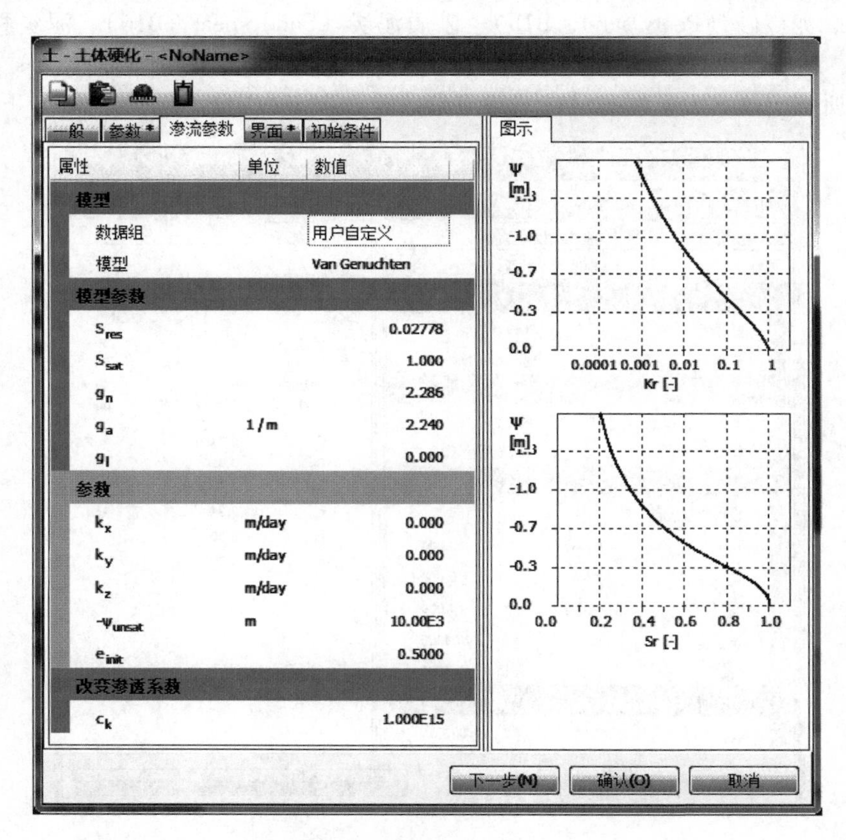

图6-22　“用户自定义”数据组渗流参数

2. 渗透系数（k_x，k_y 和 k_z）

渗透系数（水力传导系数）具有与速度相同的量纲。在固结分析和地下水渗流计算中需要为所有排水或不排水类组定义渗透系数，包括被认为几乎不可渗透的土层，只有完全无渗透性的非多孔排水类型才无需指定渗透系数。在 PLAXIS 3D 中可以为土体分别定义沿 x、

y、z 轴方向的各向异性渗透系数。注意，当排水类型选择非多孔时，渗透系数输入区域将成为灰色（即不可输入）。

上述渗透系数在计算过程中保持为常量，如果需要考虑渗透性在固结分析过程中的变化，可在“土”窗口中“一般”选项卡下输入适当的渗透性变化参数 c_k 和孔隙比 e_{init}、e_{min}、e_{max}。

当使用标准、Hypres、USDA 或 Staring 数据组时，如果勾选“设置为默认值”选项即可根据所选的土类自动设置渗透系数。如果不勾选“设置为默认值”，用户可手动输入渗透系数值。

3. 非饱和区域（ψ_{unsat}）

ψ_{unsat}（相对静水位的高度，单位为长度）设置了最大压力水头，在该范围内用 Mualem-Van Genuchten 函数计算相对渗透性和饱和度，负号表示吸力。在 ψ_{unsat} 设置的水头以上，K_r 和 S 保持为常数，这样可以保证满足最小饱和度 S_{min}（见图 6-23）。该数值用来限制高度非饱和区域中的相对渗透性 K_r 和饱和度。

默认 $\psi_{unsat}=10^4$，该默认值取的很大，主要是为了表明默认情况下非饱和区不受限制。

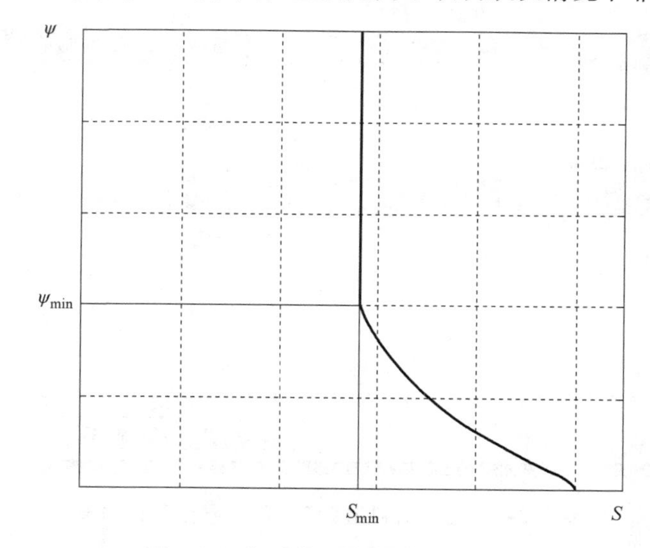

图 6-23 相对渗透性与饱和度曲线

渗透系数变化（c_k）：若要在固结分析中考虑渗透系数的变化，需输入适当的 c_k 参数和孔隙比。输入实际数值后，渗透性将根据下述公式变化：

$$\log\left(\frac{k}{k_0}\right)=\frac{\Delta e}{c_k} \tag{6-6}$$

式中 Δe——孔隙比改变值；

k——计算过程中的渗透系数；

k_0——在材料数据组中输入的渗透系数值（即沿三个坐标轴方向分别取 k_x、k_y 和 k_z 的输入值），注意要在“一般”选项卡下输入适当的初始孔隙比 e_{init}。建议该参数只与土体硬化模型、小应变土体硬化模型、软土模型或软土蠕变模型一起使用，此时 c_k 值通常与压缩系数 C_c 为同一数量级。当使用其他本构模型时，c_k 应保持默认值 10^{15}。

6.1.4 “界面”选项卡

界面单元的属性与周围土体的模型参数相关，界面属性参数在“土”窗口中的“界面”选项卡下输入，这些参数依赖于周围土体所选用的材料模型。如果土体的“材料模型”选为线弹性模型、莫尔-库仑模型、土体硬化模型、小应变土体硬化模型、软土模型、软土蠕变模型、节理岩体模型、或者霍克布朗模型，则强度折减系数 R_{inter} 为主要的界面参数（见图6-24）。如果土体选用修正剑桥模型，所需界面参数为有效黏聚力 c'_{ref}、有效摩擦角 φ' 及剪胀角 ψ'。如果土体选用用户自定义土体模型，界面参数包括压缩模量 E_{oed}^{ref}、有效黏聚力 c'_{ref}、有效摩擦角 φ'、剪胀角 ψ'、UD-指数和 UD $-p^{ref}$。

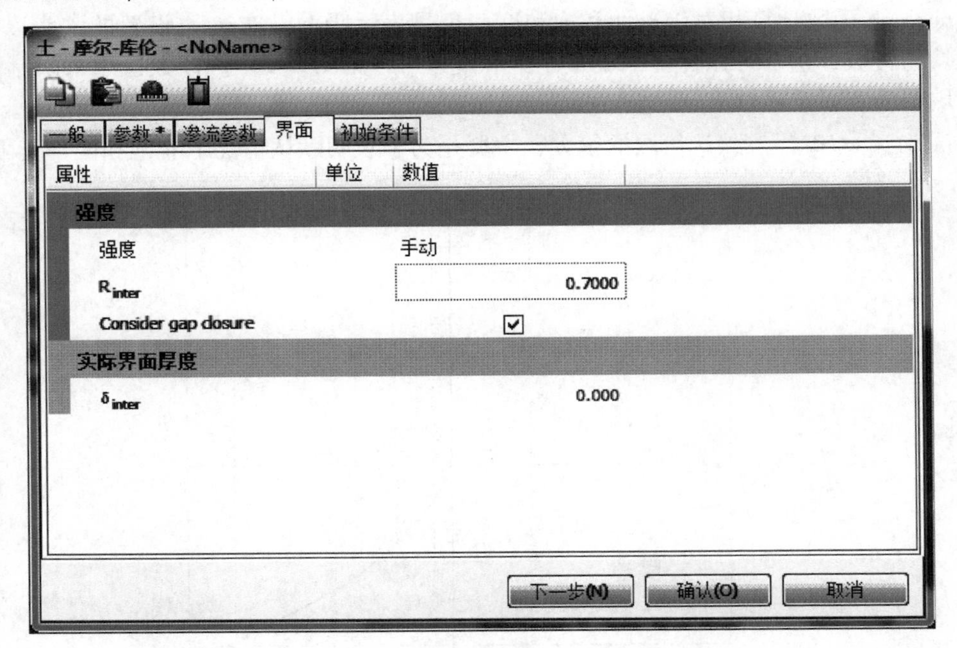

图6-24 “土”材料组窗口中的“界面”选项卡

1. 界面强度

当土体行为选用线弹性模型、莫尔-库仑模型、土体硬化模型、小应变土体硬化模型、软土模型、软土蠕变模型、节理岩体模型或霍克布朗模型来模拟时，界面强度用参数 R_{inter} 定义，可用选项如下：

1）刚性（Rigid）。当界面强度与周边土体强度相当时使用该选项，例如结构对象角部外延的界面由于不是用来体现土-结构相互作用的，不应该折减其强度，因此应该将此类界面属性指定为“刚性”（对应的 $R_{inter}=1.0$）。此时包括剪胀角 ψ_i 在内的界面属性与材料数据组中土的属性相同，只有泊松比 ν_i 除外。

2）手动（Manual）。如果界面强度设为“手动”，用户可以手动输入 R_{inter} 的值。一般情况下由于土-结构相互作用界面比相邻土层的强度低，柔性大，也就是说，界面的 R_{inter} 应小于1。如果没有详细资料可以假设 R_{inter} 为2/3，一般不会采用大于1的 R_{inter} 值。

如果界面是弹性的，那么不但可能发生滑动（平行于界面的相对运动），还可能发生张

开或重叠（比如垂直于界面的相对位移）。此类位移的大小为

$$\left.\begin{aligned}弹性张开位移 &= \frac{\sigma}{K_N} = \frac{\sigma t_i}{E_{oed,i}} \\ 弹性滑移位移 &= \frac{\tau}{K_S} = \frac{\tau t_i}{G_i}\end{aligned}\right\} \tag{6-7}$$

式中 G_i——界面的剪切模量；

$E_{oed,i}$——界面的一维压缩模量；

t_i——在几何模型里输入界面时生成的界面虚拟厚度；

K_N——弹性界面的轴向刚度；

K_S——弹性界面的剪切刚度。

剪切模量和压缩模量的关系由下式表示

$$\left.\begin{aligned}&E_{oed,i} = 2G_i\frac{1-\nu_i}{1-2\nu_i} \\ &G_i = R_{inter}^2 G_{soil} \leqslant G_{soil} \\ &\nu_i = 0.45\end{aligned}\right\} \tag{6-8}$$

提示： 折减系数 R_{inter} 不仅折减界面强度，还折减界面的刚度。

由以上公式可知，如果弹性参数取值较小，计算所得的弹性位移有可能过大。反过来，如果弹性参数取值太大，则有可能造成数值病态。影响界面刚度大小的关键因素是界面的虚拟厚度，程序会自动确定虚拟厚度以保证界面具有足够的刚度。

3）手动设置残余强度（Manual with residual strength）。当界面强度达到由 R_{inter} 确定的界面强度极限值时，界面强度可以软化至由 $R_{inter,residual}$ 确定的一个降低值。如果在界面强度设置时选择"手动设置残余强度"选项，就可以定义 $R_{inter,residual}$。

4）界面强度（Interface strength，R_{inter}）：使用弹塑性模型描述界面行为以模拟土-结构相互作用，采用库仑准则区分界面的弹性行为（即在界面内可以出现小位移）和塑性行为（即可能出现永久滑移）。

当剪应力 τ 满足下式时界面将保持为弹性

$$|\tau| < -\sigma_n \tan\varphi_i + c_i \tag{6-9}$$

式中 σ_n——有效正应力。

当剪应力 τ 满足下式时界面将表现出塑性行为

$$|\tau| = -\sigma_n \tan\varphi_i + c_i \tag{6-10}$$

式中，φ_i 和 c_i 分别为界面的摩擦角和黏聚力。界面的强度属性与岩土层的强度属性有关，每个材料数据组中都包含一个对应的强度折减因子 R_{inter}。界面的强度属性会根据其相关材料组的土体强度属性和强度折减因子 R_{inter} 按如下规则计算得出：

$$\left.\begin{aligned}&c_i = R_{inter} c_{soil} \\ &\tan\varphi_i = R_{inter}\tan\varphi_{soil} \leqslant \tan\varphi_{soil} \\ &R_{inter} < 1 \text{ 时 } \psi_i = 0°；否则\ \psi_i = \psi_{soil}\end{aligned}\right\} \tag{6-11}$$

除库仑剪应力准则之外，前述拉伸截断准则也适用于界面（如果“拉伸截断”选项没有被勾除的话）

$$\sigma_n < \sigma_{t,i} = R_{inter}\sigma_{t,soil} \tag{6-12}$$

其中 $\sigma_{t,soil}$ 为土体的抗拉强度。

5）界面残余强度（Residual interface strength，$R_{inter,residual}$）。如果在设置界面强度时选择“手动设置残余强度”选项，就可以定义 $R_{inter,residual}$。一旦达到界面强度限值，界面强度会软化至由 $R_{inter,residual}$ 和土体强度属性确定的一个降低值。

提示： 1）在“设计方法（Design approaches）”中，对界面强度 R_{inter} 和残余界面强度 $R_{inter,residual}$ 将使用同样的分项系数。

2）不建议在“安全性”计算中使用降低的残余强度。

6）考虑裂隙闭合（Consider gap closure）。当达到界面抗拉强度时，结构与土体之间可能出现裂隙（即张开），此后反向加载时，需在结构与土体之间恢复接触之后才可继续产生压应力，这一过程可通过在“土体”窗口的“界面”选项卡下选择“考虑裂隙闭合”选项来实现。如果没有勾选该项，则反向加载时会立即产生接触应力，这可能不符合实际。

7）界面使用霍克-布朗模型（Interfaces using the Hoek-Brown model）。当使用霍克-布朗模型描述岩石行为时，界面等效强度属性 φ_i、c_i 和 $\sigma_{t,i}$ 根据该模型获得，此时应使用一般剪切强度准则和抗拉强度准则，即

$$\left.\begin{aligned}|\tau| &= -\sigma_n\tan\varphi_i + c_i\\ \sigma_n &\leqslant \sigma_{t,i}\end{aligned}\right\} \tag{6-13}$$

界面强度属性基于相邻连续单元中的最小有效主应力 σ_3' 进行计算，在霍克-布朗曲线上过侧限应力（围压）为 σ_3' 的点作切线并以 c 和 φ 表达

$$\left.\begin{aligned}\sin\varphi &= \frac{\bar{f}'}{2+\bar{f}'}\\ c &= \frac{1-\sin\varphi}{2\cos\varphi}\left(\bar{f}+\frac{2\sigma_3'\sin\varphi}{1-\sin\varphi}\right)\end{aligned}\right\} \tag{6-14}$$

式中 $\bar{f}$——$\bar{f}=\sigma_{ci}\left(m_b\dfrac{-\sigma_3'}{\sigma_{ci}}+c\right)^a$；

$\bar{f}'$——$\bar{f}'=am_b\left(m_b\dfrac{-\sigma_3'}{\sigma_{ci}}+s\right)^{a-1}$。

a、m_b、s 和 c_i 为霍克-布朗模型参数，在对应的材料数据组中输入。界面摩擦角 φ_i' 和黏聚力 c_i' 以及界面抗拉强度 $\sigma_{t,i}$ 将根据界面强度折减因子 R_{inter} 计算得到

$$\left.\begin{aligned}\tan\varphi_i &= R_{inter}c\\ c_i &= R_{inter}c\\ \sigma_{t,i} &= R_{inter}\sigma_t = R_{inter}\frac{s\sigma_{ci}}{m_b}\end{aligned}\right\} \tag{6-15}$$

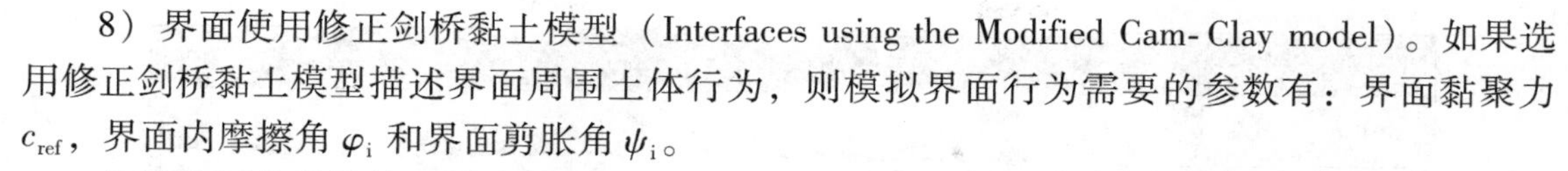

8）界面使用修正剑桥黏土模型（Interfaces using the Modified Cam-Clay model）。如果选用修正剑桥黏土模型描述界面周围土体行为，则模拟界面行为需要的参数有：界面黏聚力 c_{ref}，界面内摩擦角 φ_i 和界面剪胀角 ψ_i。

如果界面是弹性的，则可能发生沿界面滑动（平行于界面的相对运动）、界面张开或重叠（比如垂直于界面的相对位移），位移大小可由式（6-7）求得。剪切模量和压缩模量符合如下关系式

$$\left.\begin{aligned} E_{oed,i} &= \frac{3}{\lambda}\frac{(1-\nu_i)}{(1+\nu_i)}\frac{\sigma_n}{(1+e_0)} \\ G_i &= \frac{3(1-2\nu_i)}{2(1+\nu_i)}\frac{\sigma_n}{\lambda(1+e_0)} \\ \nu_i &= 0.45 \end{aligned}\right\} \tag{6-16}$$

2. 实际界面厚度（δ_{inter}）

实际界面厚度 δ_{inter} 代表的是介于结构和土之间的剪切区的实际厚度，只有当界面与 HS 模型共同使用时 δ_{inter} 的取值才比较重要。实际界面厚度通常是平均粒径尺寸的几倍。当采用“剪胀截断”选项时 δ_{inter} 用于计算界面孔隙比的变化，界面的剪胀截断对于准确计算抗拔桩承载力很重要。

3. 位于结构角部下方或周围的界面

当沿结构单元建立界面时，有时会将界面延伸至结构转角部位的下方或周围以避免应力振荡，这部分延伸出来的界面并不是用来模拟土-结构相互作用的，而只是为了保证界面具有足够的柔性。当这部分界面单元的 R_{inter} 取值小于 1 时就会不真实的降低其周围土层的强度，从而导致这部分土体性状不符合实际甚至引起土体破坏。因此，建议用户新建一个单独的材料数据组取其 R_{inter} 值为 1 并将其指定给这部分特殊的界面单元，操作方法是：在这部分特殊的界面单元上点击鼠标右键，从右键菜单的“设置材料”选项中选择新建的那个 R_{inter} 等于 1 的数据组。

6.1.5 “初始条件”选项卡

通过“K_0 过程”生成初始应力所需的相关参数在土体材料数据组的“初始条件”选项卡中进行设置（见图 6-25）。

K_0 值可由程序根据土体类组的内摩擦角自动计算，也可由用户人为指定。如在“K_0 的确定”下拉菜单中选择“自动”选项，程序会自动计算 K_0；如选择“手动”选项则可人工输入 K_0。

1. K_0 数值

一般可指定两个 K_0 值，一个沿 x 方向，一个沿 y 方向；如两个方向 K_0 值相同，也可以勾选复选框设置 $K_{0,x}=K_{0,y}$。

$$K_{0,x}=\sigma'_{xx}/\sigma'_{zz}, K_{0,z}=\sigma'_{yy}/\sigma'_{zz} \tag{6-17}$$

K_0 的默认数值是由程序根据 Jaky 公式自动计算获得

$$K_0 = 1-\sin\varphi \tag{6-18}$$

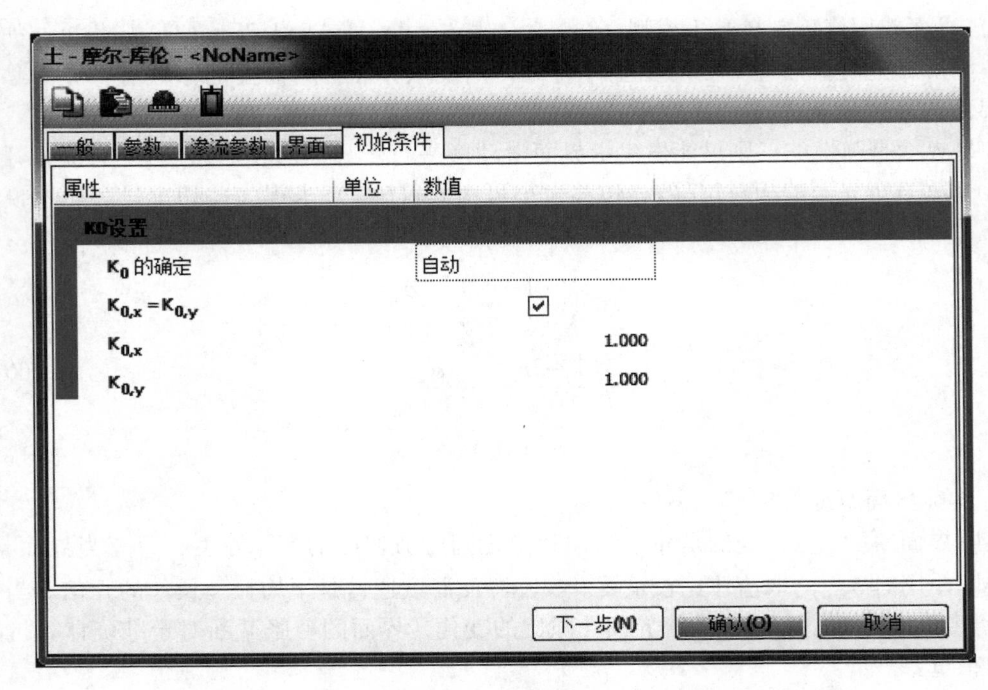

图 6-25 “土”窗口莫尔-库仑模型“初始条件”选项卡

对于高级土体模型（土体硬化模型、小应变土体硬化模型、软土模型、软土蠕变模型、修正剑桥黏土模型），程序会基于 K_0^{nc} 以及 OCR 和 POP 的数值按下式自动计算 K_0

$$K_{0,x}=K_{0,y}=K_0^{nc}OCR-\frac{\nu_{ur}}{1-\nu_{ur}}(OCR-1)+\frac{K_0^{nc}POP-\frac{\nu_{ur}}{1-\nu_{ur}}POP}{|\sigma_{zz}^0|} \tag{6-19}$$

上式中的 POP 使得土层中的 K_0 值与应力相关。

需要注意 K_0 值过大或过小时得到的初始应力可能处于破坏状态。对于无黏性材料，当 K_0 满足下式时可避免破坏

$$\frac{1-\sin\varphi}{1+\sin\varphi}<K_0<\frac{1+\sin\varphi}{1-\sin\varphi} \tag{6-20}$$

2. *OCR* 和 *POP*

当使用高级土体模型（土体硬化模型、小应变土体硬化模型、软土模型、软土蠕变模型、修正剑桥模型），需要确定初始前期固结应力。工程应用中通常使用竖向前期固结应力 σ_p，但 PLAXIS 3D 需要一个等效各向同性前期固结应力 p_p^{eq} 来确定帽盖型屈服面的初始位置。如果是超固结材料，还需要指定超固结比 OCR，即先前达到的最大有效竖向应力 σ_p 与当前原位有效竖向应力 σ'^0_{zz} 的比值，表达式为

$$OCR=\frac{\sigma_p}{\sigma'^0_{zz}} \tag{6-21}$$

除了超固结比 OCR 以外，还可以使用预超载压力（Pre- Overburden Pressure，POP）确定初始应力状态，预超载压力定义为

$$POP=|\sigma_p-\sigma'^0_{zz}| \tag{6-22}$$

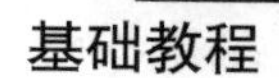

上述两种指定竖向前期固结应力的方法示意如图 6-26 所示。

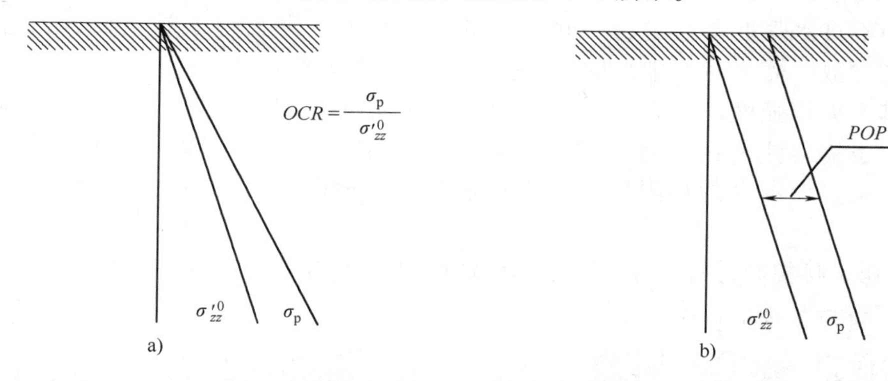

图 6-26　竖向前期固结应力与原位竖向有效应力关系示意图

a）使用 *OCR*　b）使用 *POP*

前期固结应力 σ_p 用于计算 p_p^{eq}，p_p^{eq} 决定着高级土体模型中帽盖型屈服面的初始位置，p_p^{ep} 基于土体应力状态进行计算，即

$$\sigma'_1=\sigma_p,\sigma'_2=\sigma'_3=K_0^{nc}\sigma_p \tag{6-23}$$

其中 K_0^{nc} 为正常固结条件下的 K_0 值，默认基于 Jaky 公式计算 $K_0^{nc}\approx 1-\sin\varphi$，对于高级土体模型也可直接输入 K_0^{nc} 的值。

6.2　不排水行为模拟

在不排水条件下，不会产生水的流动，因此加载后会产生超孔压。在某些情况下适合进行不排水分析，例如：土体材料渗透性很低，或加载速度很快；必须评价短期行为。

在 PLAXIS 3D“塑性”计算、“安全性”分析或“动力”分析中可以用多种方式模拟不排水土体行为，具体模拟方法取决于用户选取的“排水类型”参数，下面将简要介绍几种不排水模拟方法。

（1）用有效刚度参数进行不排水有效应力分析　在塑性计算阶段，不排水材料中总应力的改变将导致超孔压的产生。PLAXIS 3D 将孔压分为稳态压力和超孔压，超孔压一般由于塑性计算中发生体积应变而产生，在此假定孔隙水压缩性很小（但不为零）。这样可在不排水塑性计算中确定有效应力，也可允许使用有效刚度参数进行不排水计算。这种基于有效刚度参数模拟不排水材料行为的选项，在 PLAXIS 3D 的所有材料模型中都可以用。不排水计算可以使用有效刚度参数进行，显式区分有效应力和（超）孔压。

（2）用有效强度参数进行不排水有效应力分析　不排水有效应力分析可以与有效强度参数 c' 和 φ' 组合来模拟材料的不排水剪切强度。在这种情况下，孔压的发展对提供正确的有效应力路径起到重要作用，正确的有效应力路径将使得破坏在不排水剪切强度（c_u 或 s_u）真实值处发生。但值得注意的是，大多数土体模型在不排水加载过程中不能提供正确的有效应力路径，如果是基于有效强度参数指定材料强度，得到的不排水强度是不正确的。另一个问题是，对于不排水材料有效强度参数通常难以通过勘察数据获取。

在不排水加载条件下使用有效强度参数的优点是，固结之后剪切强度将会有所增长，当然该增量从数值上而言可能是错误的，原因同上所述。

（3）用不排水强度参数进行不排水有效应力分析　尤其对于软土而言，通常得不到有效强度参数，需要对不排水试验中获得的不排水剪切强度（c_u或s_u）进行处理，但是根据不排水剪切强度确定有效强度参数c'和φ'并不容易。此外，即使有适当的有效强度参数，也需要注意这些有效强度参数在分析中能否提供正确的不排水剪切强度。由于所用本构模型本身的局限性，在不排水分析中遵循的有效应力路径可能与实际有偏差。

为了能够直接控制材料的剪切强度，PLAXIS 3D 允许用户直接输入不排水剪切强度［不排水（B）］进行不排水有效应力分析。

提示： 1）“排水类型”设置仅在“塑性”计算、“安全性”分析或“动力”分析中考虑。当进行“固结”分析或“完全流固耦合”分析时，“排水类型”会被忽略，土体响应将由在材料数据库的“渗流参数”标签页下指定的材料饱和渗透参数来决定。

2）不排水土体行为的模拟要比排水行为的模拟复杂得多，读者在进行相关分析时应多加注意。

6.2.1 不排水（A）

排水类型“不排水（A）”可以使用有效刚度参数和有效强度参数模拟不排水行为。“不排水（A）”的特点如下：

1）不排水计算按有效应力分析进行，使用有效刚度和有效强度参数。

2）能生成孔压，但可能不准确，取决于所选用的模型和参数。

3）不排水剪切强度s_u不是输入参数，而是本构模型的输出结果，需要根据已知数据核实所得剪切强度的准确性。

4）不排水计算后可进行固结分析，这将影响剪切强度。

以下模型可选用“不排水（A）”：线弹性模型、莫尔-库仑模型、土体硬化模型、小应变土体硬化模型、软土模型、软土蠕变模型、修正剑桥模型和用户自定义模型。

6.2.2 不排水（B）

排水类型“不排水（B）”可以使用有效刚度和不排水强度参数模拟不排水行为。“不排水（B）”的特点如下：

1）不排水计算按有效应力分析执行。

2）使用有效刚度参数和不排水强度参数。

3）能生成孔压，但可能非常不准确。

4）不排水剪切强度s_u为输入参数。

5）不排水计算后不能执行固结分析。如果一定要执行固结分析，需要更新s_u。

“不排水（B）”类型可用于下述模型：莫尔-库仑模型、土体硬化模型、小应变土体硬化模型。注意，在土体硬化模型或小应变土体硬化模型中使用“不排水（B）”时，模型中的刚度模量不再是应力相关，且模型不再具有压缩硬化特性。

6.2.3 不排水（C）

排水类型“不排水（C）”可以使用不排水参数进行总应力分析，模拟不排水行为。这种情况下，使用不排水弹性模量 E_u 和不排水泊松比 ν_u 模拟刚度，用不排水剪切强度 c_u (s_u) 和 $\varphi = \varphi_u = 0°$ 模拟强度。不排水泊松比选用了接近 0.5 的数值（一般取 0.495 ~ 0.499），但泊松比不能等于 0.5 以免引起刚度矩阵奇异。该方法的缺点是没有区分有效应力和孔压，因此所有有效应力相关的输出结果应该理解为总应力，且所有孔压等于 0。注意，直接输入不排水剪切强度，剪切强度不会随着固结而自动增大。“不排水（C）”的特点如下：

1）不排水计算按总应力分析执行。

2）使用不排水刚度参数和不排水强度参数。

3）不会产生孔压。

4）不排水剪切强度 s_u 为输入参数。

5）执行固结分析不会产生相应效果，因此不应执行固结分析；如果必须进行固结分析，需更新 s_u。

“不排水（C）”可用于线弹性模型和莫尔-库仑模型。

> **提示：** 对于“不排水（B）”和“不排水（C）”，可使用高级参数 $s_{u,inc}$ 模拟剪切强度随深度的增加。

6.3 土工试验模拟

PLAXIS 3D 中的“土工试验”工具是基于单质点算法来模拟基本土工试验的一个快捷程序，无需建立完整的有限元模型。利用“土工试验室”可对土体本构模型描述的土体行为与现场勘察得到的土工试验数据描述的土体行为进行比较，并且可以对模型参数进行优化，从而使模型结果最大限度地接近勘察试验数据。“土工试验室”功能可用于任意土体模型，包括程序内置的标准土体模型和用户自定义模型。

“土工试验”可以在“材料组”窗口里启动（见图 6-27），也可以在“土体”参数定义窗口下启动。

单击相应按钮启动“土工试验”，程序界面如图 6-28 所示，现对各项组成部分介绍如下：

1. 主菜单

菜单栏包括以下内容：

1）“文件”菜单。可打开、保存或关闭试验数据文件（*.vlt）。

2）“试验”菜单。可选择将要模拟的试验类型，包括三轴试验、固结试验、CRS 试验、DSS 试验和常规三轴试验。

3）“结果”菜单。可选择要显示的图表。

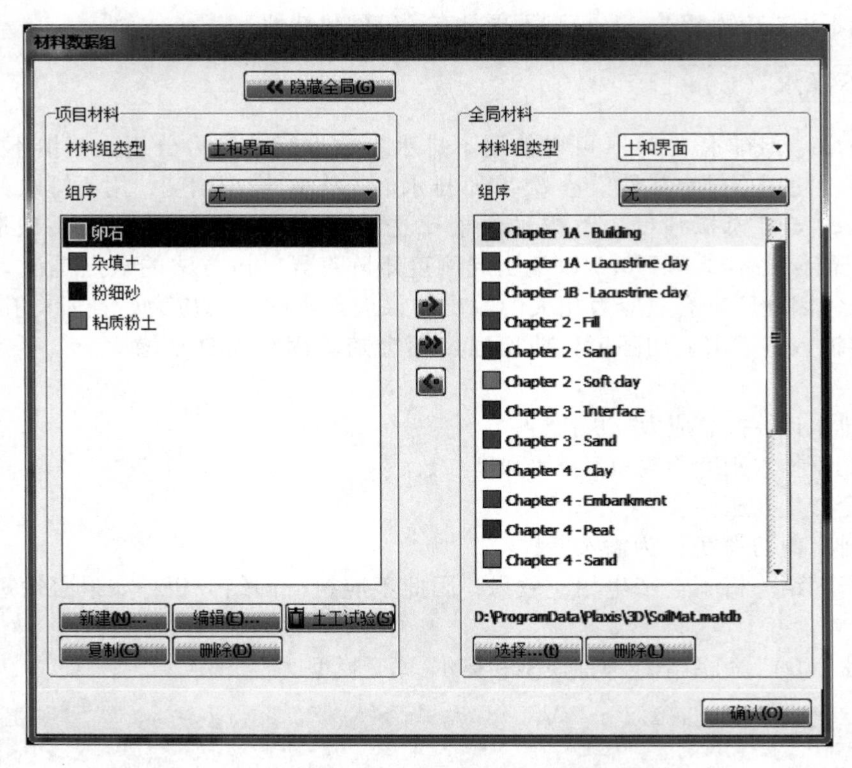

图 6-27 “材料数据组”窗口显示项目和全局数据库

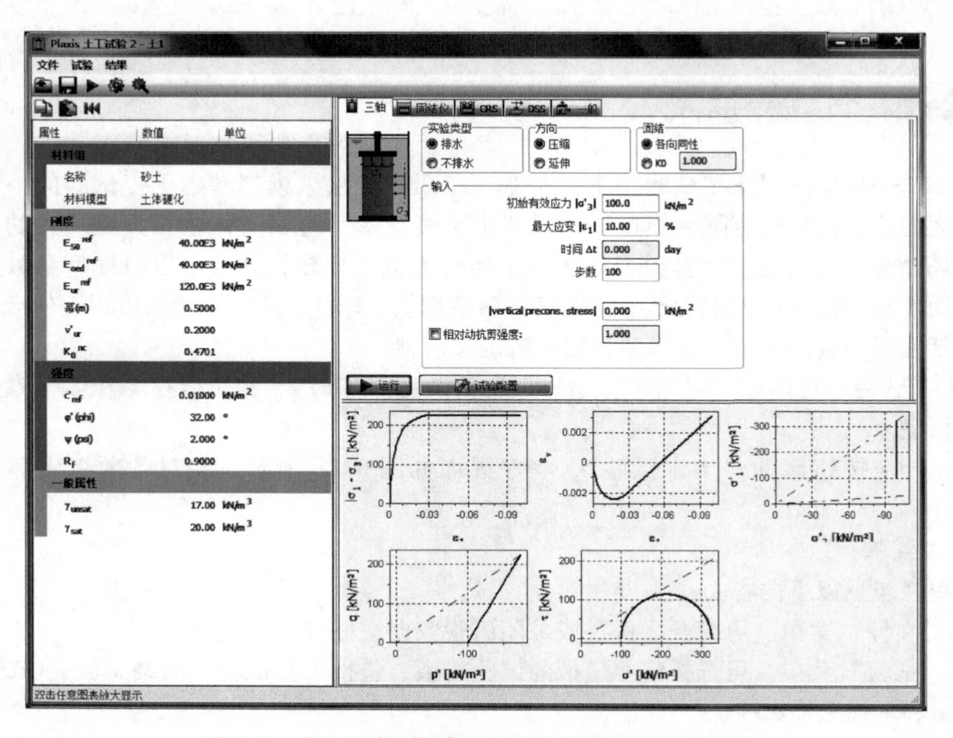

图 6-28 “土工试验”窗口中排水三轴试验输入界面

2. 工具栏

工具栏中的按钮可用于载入、保存或运行土工试验结果，可以打开“土工试验室”的“设置”窗口对结果进行配置，还包括参数优化功能。

3. 材料属性

“材料属性”框显示当前试验材料的名称、材料模型和参数。可以在此调整参数以得到与实际试验一致的结果，可以将修改后的参数组复制到材料数据库中，操作方法如下：

1）在“材料属性”框中单击“复制材料”按钮“ ”。

2）在程序中打开“材料数据组”窗口，选择相应的材料数据组或“新建”材料组。

3）在“土体”窗口中单击“粘贴材料”按钮“ ”，将调整好的参数复制到材料数据组中。反过来，也可以用同样的方式将材料数据从材料数据库复制到“土工试验”。

4. 试验区域

在试验区域中定义试验类型和试验条件，试验类型包括：三轴、固结、CRS、DSS 和一般试验类型，单击相应标签后即可定义相应试验类型的试验条件。详细描述见下节内容。

5. 运行

单击“运行”按钮开始执行当前所选的试验。计算结束后，“结果”窗口中将显示试验结果。

6. 试验配置

“试验配置”按钮可用来添加、管理不同的土工试验配置。“试验配置”包括试验类型和输入参数等信息。单击“试验配置”按钮会弹出相应菜单，可选择“保存”或“管理”，选择“保存”后可保存试验配置；“管理”选项用来管理可用的试验配置，选择“管理”后，将弹出“管理配置”窗口。注意，窗口标题表明了配置所属试验类型（见图6-29）。配置文件的名称和存放位置分别显示在管理配置窗口下部的文件名和路径处。

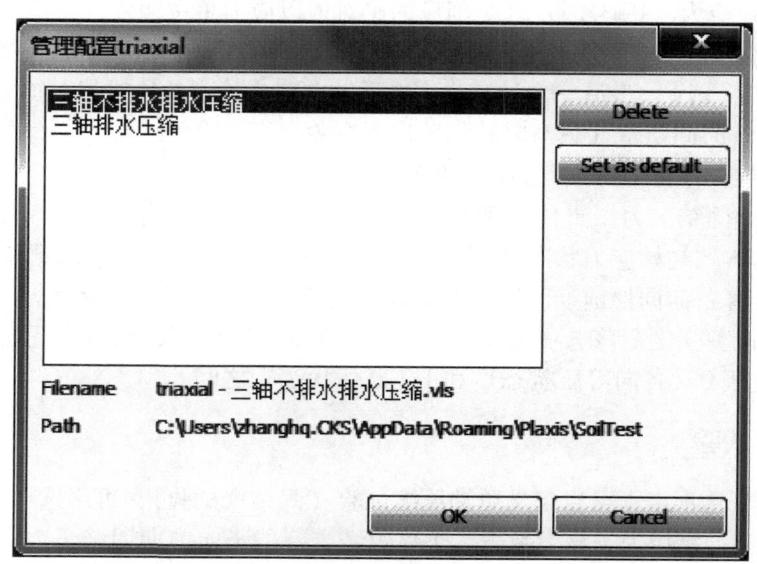

图 6-29 三轴试验的“管理配置”窗口

7. 默认设置

单击“默认设置”按钮可将当前输入参数保存为默认参数。当再次打开“土工试验”窗口时，这些参数将作为初始参数。

8. 载入试验

从“文件”菜单下可打开先前保存过且与当前所选类型相同的试验，在相应试验类型选项卡下的右侧会显示“载入试验”窗口并列出载入的所有试验。所有载入的试验结果将和当前试验结果一起显示出来。“载入试验”窗口中的“删除”按钮可以用来删除载入试验列表中的试验，但不会删除硬盘中的土工试验文件（*. vlt）。

9. 结果

土工试验的执行结果将根据程序预定义的图表显示在窗口下方的结果区域中。

6.3.1 三轴试验

在“三轴”选项卡下可以定义不同条件的三轴试验。在指定试验条件之前需先选择三轴试验类型。

1. 三轴试验选项

1）排水、不排水三轴试验。后者假定不排水土体条件和零排水［类似于“排水类型”设置为“不排水（A）”或“不排水（B）”］，与材料数据组中设置的排水类型无关。

2）三轴压缩、三轴拉伸试验。前者轴向荷载是增加的，后者轴向荷载是减小的。

3）各向同性固结、K_0 固结试验。后者得到的 K_0 值（即水平应力与轴向应力的比）可用于设置初始应力状态。

2. 三轴试验条件

三轴试验可以定义下述试验条件：

1）初始有效应力（围压）$|\sigma'_3|$。围压的绝对值以应力单位输入，这是设置的初始应力状态。在 K_0 固结试验中，该值代表初始水平应力 σ_3；初始垂直应力为 σ_1 定义为 σ_3/K_0。

2）最大应变 $|\varepsilon_1|$。最后一个计算步完成后轴向应变达到的绝对值。

3）时间 Δt。时间增量（只与时间相关模型有关，不考虑固结）。

4）计算步数。计算中将执行的计算步数。

5）竖向前期固结应力。土体受到的竖向前期固结应力。如果土体处于正常固结状态，该值应该设置为等效初始应力状态（围压）或保持为 0。程序基于 K_0^{nc} 加载路径根据竖向前期固结应力来计算各向同性前期固结应力。该选项仅适用于高级土体模型。

6）相对动抗剪强度。该选项仅适用于 HS 模型和 HSS 模型，用以设置初始剪切硬化界限，该值必须介于 0（各向等压状态）和 1（破坏状态）之间。

6.3.2 固结试验

“固结试验”选项卡下可以定义单轴压缩试验（固结仪试验），可用选项有：

1）竖向前期固结应力。该参数表示土体曾经受到的竖向前期固结压力。如果土是正常固结的，该值应该等于初始应力状态，即为零。程序基于 K_0^{nc} 加载路径根据竖向前期固结应力来计算各向同性前期固结应力。该选项仅可用于高级土体模型。

2）相对动抗剪强度。该选项仅适用于 HS 模型和 HSS 模型，用以设置初始剪切硬化界限。该值必须介于0（各向等压状态）和1（破坏状态）之间。

3）阶段。此处列出固结试验的不同阶段，可为每一个阶段定义“持续时间”、竖向“应力增量”和“计算步数”。初始应力状态假设为无应力状态，给定的应力增量将在执行完指定的计算步数时达到。负应力增量表示压缩，正应力增量表示卸载或者拉伸。如果需要施加一段时间的恒载，将该阶段应力增量设置为零即可。

4）添加。在所有阶段后面增加一个新的阶段。

5）插入。在当前选中的阶段前面插入一个阶段。

6）删除。删除当前选中的阶段。

6.3.3 等应变率压缩试验（CRS）

“CRS”选项卡下可以定义一个恒定应变率的压缩试验，可用选项有：

1）竖向前期固结应力。该参数表示土体曾经受到的竖向前期固结应力。如果土是正常固结的，该值应该等于初始应力状态，即为零。程序基于K_0^{nc}加载路径根据竖向前期固结应力来计算各向同性前期固结应力。该选项仅适用于高级土体模型。

2）相对动抗剪强度。该选项仅适用于HS模型和HSS模型，用以设置初始剪切硬化界限。该值必须介于0（各向等压状态）和1（破坏状态）之间。

3）阶段。此处列出CRS试验的各个阶段，可为每一个阶段定义一个“持续时间”、竖向“应变增量”和“计算步数”。初始状态假设为无应力状态。给定的应变增量将在执行完指定的计算步数时达到。负应变增量表示压缩，正应变增量表示卸载或者拉伸。如果某段时间无应变，可将该阶段应变增量输入设置为零即可。

4）增加。在所有阶段后面增加一个新的阶段。

5）插入。在当前选中的阶段前面插入一个阶段。

6）删除。删除当前选中的阶段。

6.3.4 简单直接剪切试验（DSS）

“DSS”选项卡下可以定义直剪试验，先选择试验选项，然后指定试验条件。

1. DSS选项

1）排水、不排水DSS试验。后者假设为不排水土体条件或零排水［类似于“排水类型”设置为“不排水（A）”或“不排水（B）”］，与材料数据组中设置的材料排水类型无关。

2）各向同性固结/K_0固结试验：后者的K_0值（水平应力与轴向应力的比）可用于设置初始应力状态。

2. DSS-条件

可以定义如下试验条件：

1）竖向前期固结应力。该参数表示土体曾经受到的竖向前期固结应力。如果土是正常固结的，该值应该等于初始应力状态，即为零。程序基于K_0^{nc}加载路径根据竖向前期固结应力来计算各向同性前期固结应力。该选项仅适用于高级土体模型。

2）相对动抗剪强度。该选项仅适用于HS模型和HSS模型，用以设置初始剪切硬化界限。该值必须介于0（各向等压状态）和1（破坏状态）之间。

3）初始应力$|\sigma_{zz}|$。初始竖向应力的绝对值，以应力为单位。在各向同性固结试验中，

初始水平应力等于初始竖向应力。在 K_0 固结试验中，初始水平应力等于 $K_0\sigma_{zz}$。

4）时间 Δt。时间增量（仅与时间相关模型有关，不考虑固结）。

5）计算步数。计算中将执行的计算步数。

6）最大剪应变 $|\gamma_{xy}|$：设定的最大剪应变值（以%输入）将在最后一个计算步完成时达到。

6.3.5 一般

“一般”选项卡下可以定义任意应力和应变条件，可用选项如下：

1）试验类型。“排水”或“不排水”。

2）竖向前期固结应力。该参数表示土体曾经受到的竖向前期固结应力。如果土是正常固结的，该值应该等于初始应力状态，即为零。程序基于 K_0^{nc} 加载路径根据竖向前期固结应力来计算各向同性前期固结应力。该选项仅适用于高级土体模型。

3）相对动抗剪强度。该选项仅适用于 HS 模型和 HSS 模型，可以设置初始剪切硬化的界限。该值必须介于 0（各向应力状态）和 1（失效状态）之间。

4）阶段。此处列出初始应力条件和后续阶段的应力、应变条件。初始阶段中必须定义清楚每个方向的应力或者应变的增量（施加到所有阶段中）。每一个阶段定义一个持续时间和一个含有应力增量或者应变增量的计算步数。给定的应变增量或者应力增量将在运算完给定的计算步数时达到。负应变增量或者负应力增量表示压缩，而正应变增量或正应力增量表示卸载或者拉伸。

5）增加。在所有阶段后面增加一个新的阶段。

6）插入。在当前选中的阶段前面插入一个阶段。

7）删除。删除当前选中的阶段。

6.3.6 结果

土工试验计算完成后，试验设置区下方的“结果”窗口会给出若干程序预定义的图表来显示当前试验的典型结果。双击图表会弹出独立窗口放大显示该曲线图（见图 6-30）。在这个图表窗口中会放大显示所选曲线以及曲线的数据点表格，在曲线上单击还会自动绘制该点处的切线和割线并给出相应数值。单击“复制”按钮，在下拉菜单选择相应选项，可以将曲线图或曲线点数据复制到剪切板。

利用鼠标左键可以局部缩放视图。在曲线图中按住并拖动鼠标左键能够将拖动范围内的曲线进行局部放大或缩小。从左上角向右下角拖动鼠标可以局部放大曲线；反之，如果从右下角拖动到左上角则可以缩小视图。单击工具栏上的缩小按钮“”可以重置视图。滚动鼠标滚轮也可以缩放视图，按住鼠标滚轮并拖动鼠标可以平移视图。

在曲线上某点单击鼠标左键，将会以虚线显示通过该点的切线和割线，对应的切线和割线值列于曲线数据点列表之下，例如可据此从应力-应变曲线反算出刚度参数。

提示： 如图 6-30 所示，曲线图中默认以虚线表示破坏线。在考虑偏应力 q 的曲线中，破坏线通常对应压缩点。

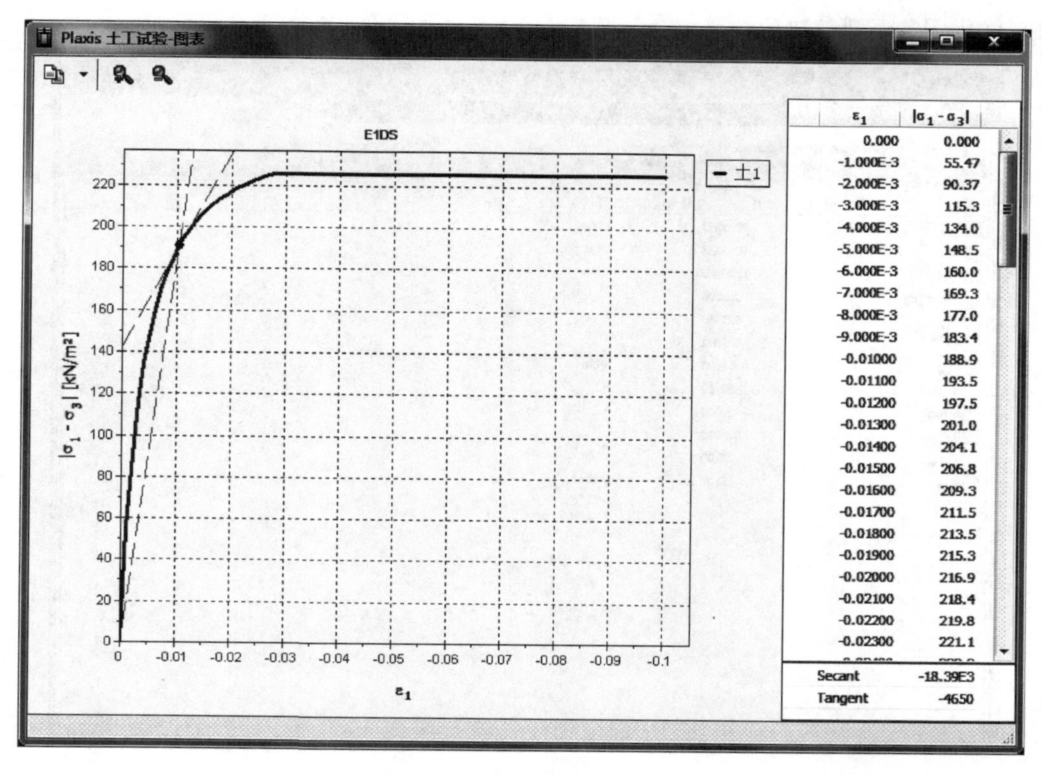

图 6-30　结果图表大窗口

6.3.7 参数优化

PLAXIS 3D 的“土工试验”工具除了可以模拟上述常规土工试验之外，还可用于优化模型参数以使得模型结果与实际土工试验结果最大程度上相符。单击“土工试验”窗口工具栏中的“参数优化”按钮“”，弹出“参数优化”窗口，窗口顶部列出与参数优化过程的各个步骤相对应的各个标签（见图 6-31）。默认激活第一个标签“选择参数”。

1. 选择参数

“选择参数”选项卡下会列出选择的材料数据组中可参与优化过程的参数，可选中待优化参数前面的复选框（见图 6-32）。选中的参数越多，优化过程所需时间就越长。要对选中的参数指定最大值与最小值，优化算法会在该范围内搜索最优值。如果最终得到的最优值恰好等于设定的最大值或最小值，则实际的最优值有可能在指定范围之外。

注意，选择的参数可能只影响试验的某一部分。例如，当考虑三轴试验时，试验曲线的初始部分由刚度参数（如 E_{50}）控制，而曲线的最后部分由强度参数（如 φ'）控制。为得到最佳拟合结果，应分别对两参数单独进行优化，即使用曲线起始段进行刚度参数优化，使用末尾段进行强度参数优化，同时固定之前优化得到的刚度参数值。

2. 选择曲线

“选择曲线”选项卡下可以选择和上载实际土工试验数据并及其相应试验条件。另外，拟合试验数据也可用于其他 PLAXIS 土工试验结果中。例如，可用该方法根据 HS 模型试验

结果来优化 MC 模型参数。

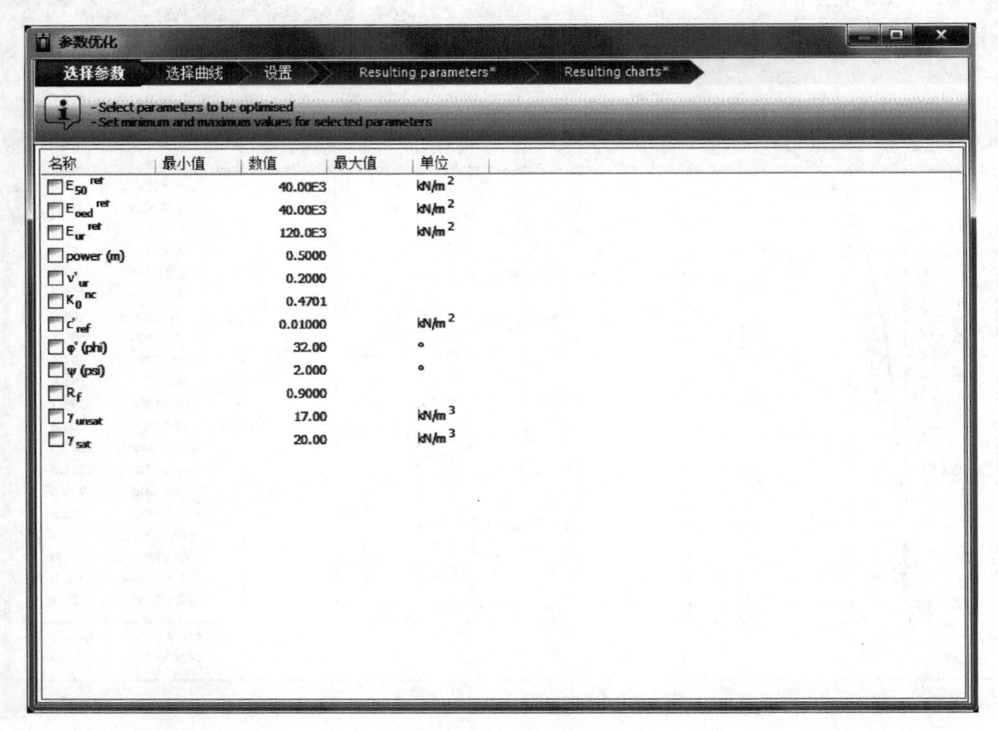

图 6-31 “参数优化” 窗口

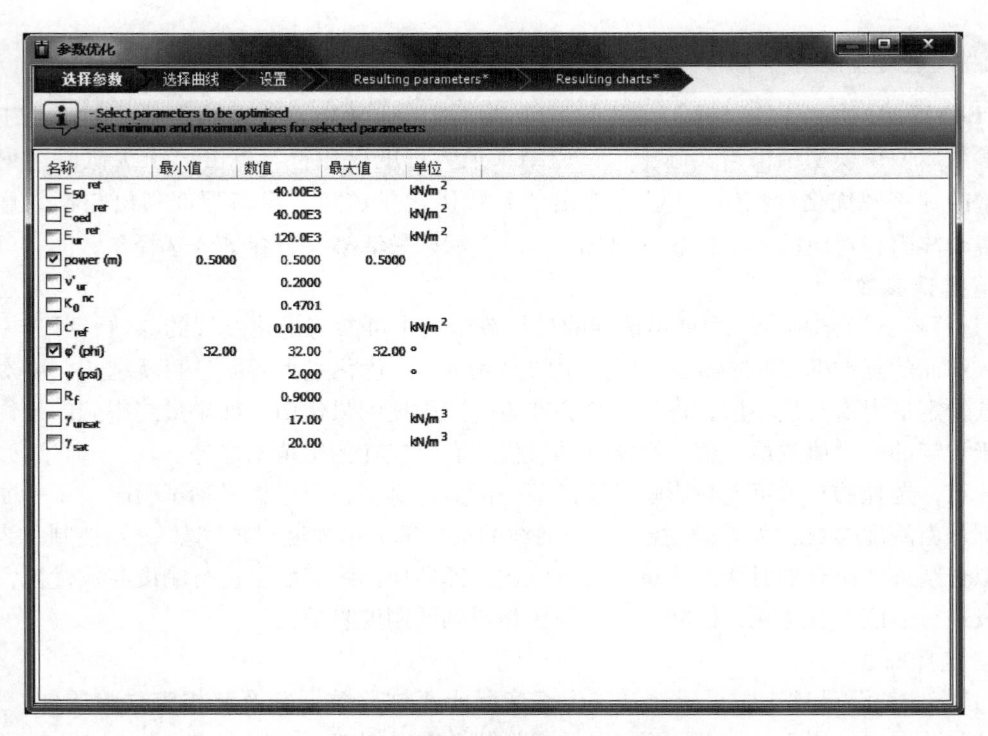

图 6-32 “选择参数” 选项卡下的参数选择

初始情况下，该选项卡下会列出5个标准试验类型：三轴（Triaxial）试验、固结（Oedometer）试验、CRS试验、DSS试验、常规（General）试验。可对每个试验类型定义不同的试验条件以便在优化过程中予以考虑。每个试验类型的试验条件默认为“当前模型试验（Current model test）”，其中包括了之前为该试验定义的试验条件（见图6-33）。

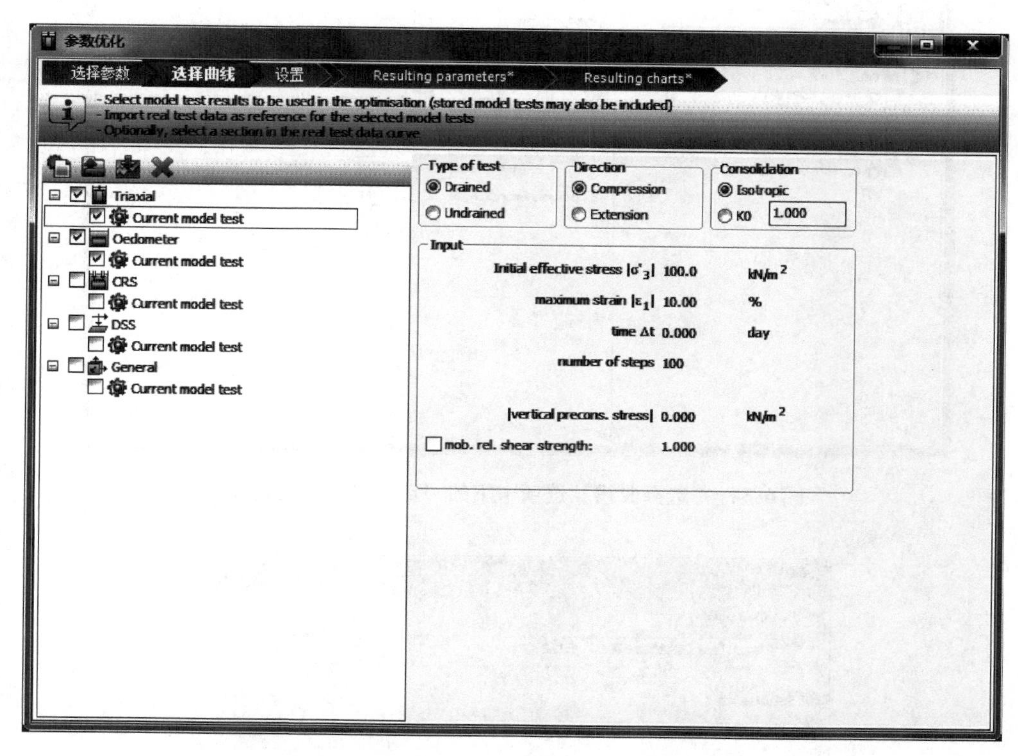

图6-33 “选择曲线”选项卡下的试验曲线选择

对每类试验除了默认的“Current model test”试验条件之外，还可以自定义新的试验条件。在试验类型列表中单击某个试验类型的名称，然后单击“新建试验配置”选项“”，将在选中试验目录下引入一个名为“自定义#（Custom #）”（“#”表示自定义试验条件的编号，以1，2，3，…表示）的试验条件，在其对应的右侧面板中可定义其试验条件（见图6-34）。

对于“Current model test”和“Custom #”都需要利用“输入曲线”选项“”选择并上载相应的试验数据。如果试验数据存储在PLAXIS土工试验格式的文件（<test>. vlt）中，可以连同试验条件一起载入试验数据。

有如下几种方法可用于定义试验条件和选择外部试验数据：

1）如果试验数据与某个当前试验条件相符，则应在目录树中单击该试验条件的名称，然后单击“输入曲线”选项载入试验数据（见图6-35）。试验数据应作为两列存储在文本文件（<data. txt>）中，数据分隔符可以是空格、换行、逗点、冒号、分行或任意字符，在“导入试验数据（Import test data）”窗口顶部应声明分隔符的类型。每列数值的意义需要在该列底部的下拉列表中选择，可以表示应力、应变等多种变量。此外，试验数据的基本单位

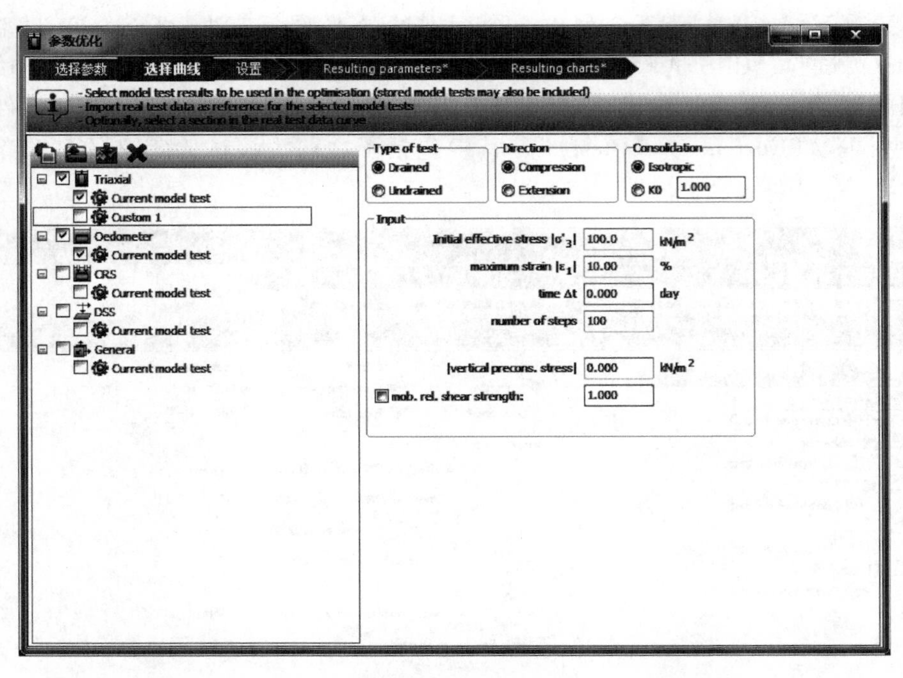

图 6-34 “选择曲线”选项卡下的“自定义”试验定义

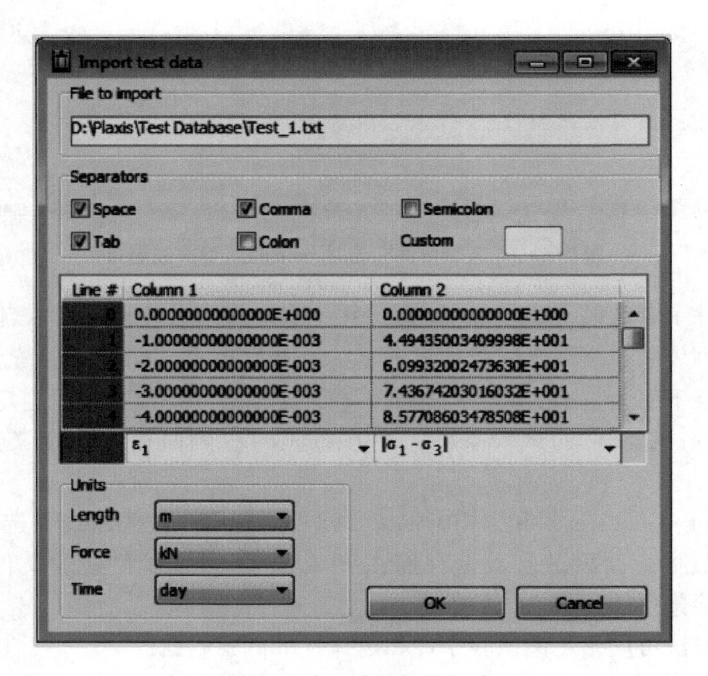

图 6-35 “输入试验数据”窗口

也需要从“单位”选项组的相应下拉列表框中选择。设置好后单击“确认”按钮，程序会读入数据并绘出曲线，曲线列于“Current model test”目录下。

2）如果当前模型试验条件中没有与试验数据相符的，则需新建一个自定义试验条件。

先选择恰当的试验类型，单击“新建试验配置”按钮“”，在右侧面板中为要载入的数据定义试验条件。然后，利用“输入曲线”选项“”载入试验数据。试验数据应作为两列存储在文本文件（<data. txt>）中，数据分隔符可以是空格、换行、逗点、冒号、分行、任意字符。每列数值的意义需要在该列底部的下拉列表中选择，试验数据的基本单位也需要从“单位”选项组中相应下拉列表框中选择。设置完成后单击“确认”按钮，程序会读入数据并绘出曲线，曲线列于“Custom #”目录下（见图6-36）。

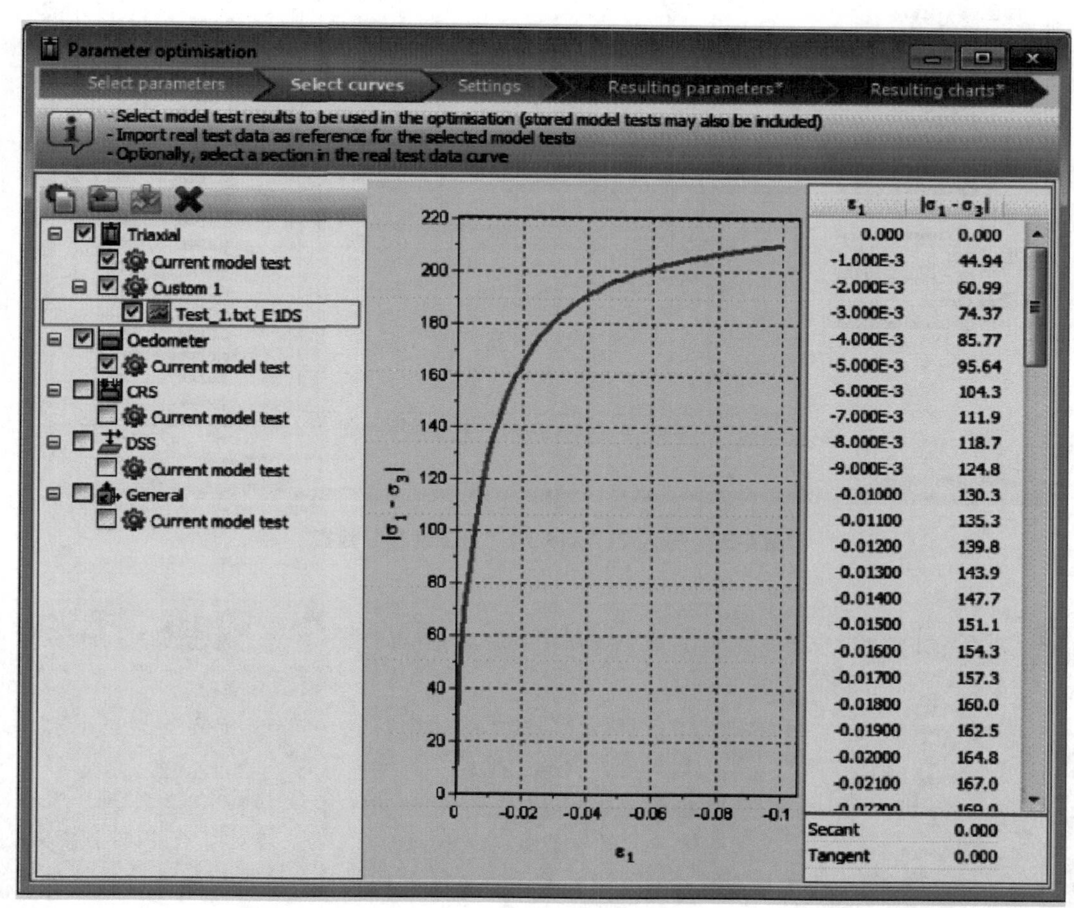

图6-36　显示导入的试验曲线

3）如果试验数据与试验条件都存储在PLAXIS土工试验格式的文件中（<test>. vlt），可单击“打开文件”选项“”，选择一个PLAXIS土工试验文件。打开土工试验文件后会在相应试验类型目录下列出文件中的试验条件，试验条件目录下则列出文件中的试验数据曲线（见图6-37）。将当前模型参数与之前用PLAXIS 3D“土工试验”生成并存储于<test>. vlt格式文件中的数据进行拟合之时可使用该选项。

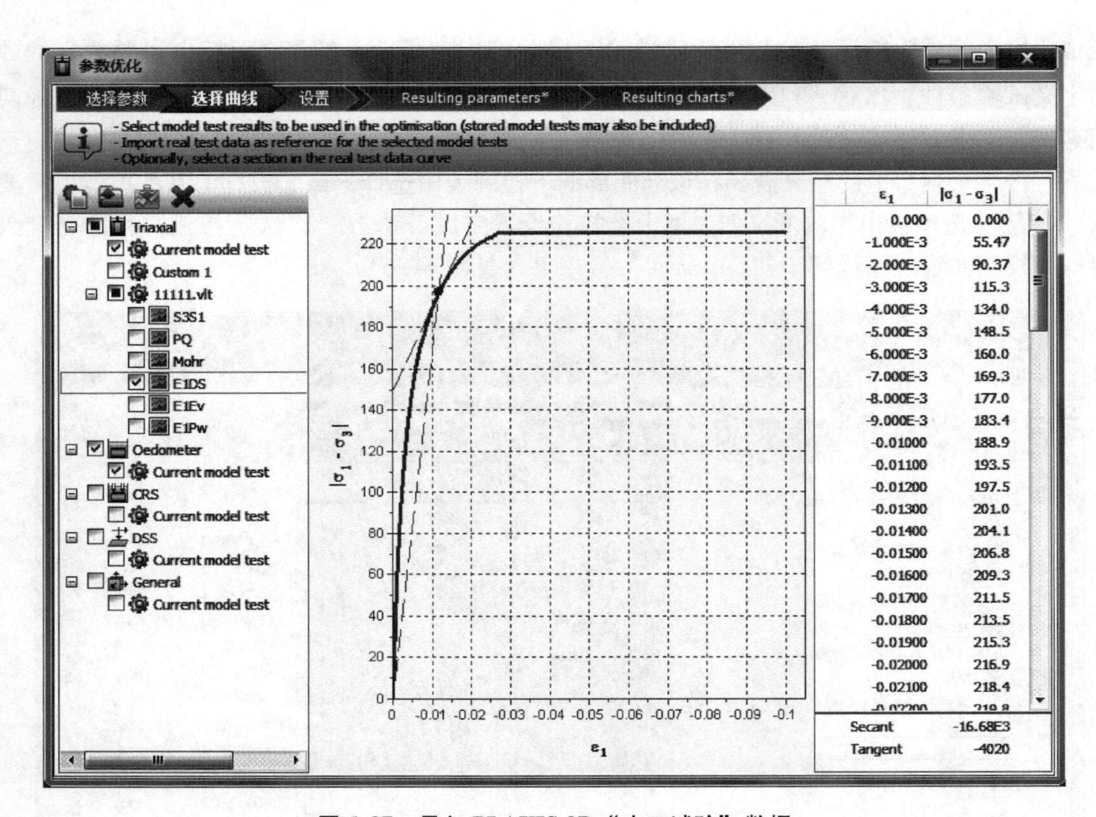

图 6-37 导入 PLAXIS 3D “土工试验” 数据

提示： 1）当在土工试验目录树中选择代表试验条件的某一行后，在右侧面板中会显示对应的试验条件。

2）当在土工试验目录树中选择代表试验数据的某一行后，在右侧图框中会显示对应的曲线，图框右侧会显示对应的数据点列表。

3）从曲线图右侧的数据列表中可选择用于优化过程的试验数据，可按住 <shift> 键选择某个范围的数据，或按住 <ctrl> 键选择多个单个数据。选中的数据对应的曲线段会显示为“粗”线，而未选中的数据对应的曲线会显示为细线。

4）在试验条件或试验数据目录树中选择某一行，然后单击工具栏中的红色叉号“✖”，可以删除该行。

5）所有将在优化过程中使用的试验数据都需在土工试验目录树中选中其相应行前面的复选框，对应的试验条件会自动选中。

3. 多个阶段

当用 PLAXIS 3D “土工试验” 模拟固结（Oedometer）、CRS、常规（General）土工试验时可以包括多个阶段，但是进行参数优化时一次只能针对一个阶段。因此，导入试验数据后，需要从试验数据曲线上方的下拉菜单列表中选择要优化的计算阶段。这样可对固结试验的第一个阶段（加载）进行主加载刚度优化，对第二个阶段（卸载）可进行卸载刚度优化。

4. 设置

“设置”选项卡下可选择优化过程的精确性（见图6-38）。有三种搜索密度：快速粗糙（Coarse and quick）、中等（Moderate）、精细（Thorough）。另外，还可以设置搜索算法的相对误差，默认值为1.000E-3。注意，优化越严格，结果越精确，同时所需的计算时间也越多。计算时长还取决于在“选择参数”选项卡下选中的优化参数的个数。

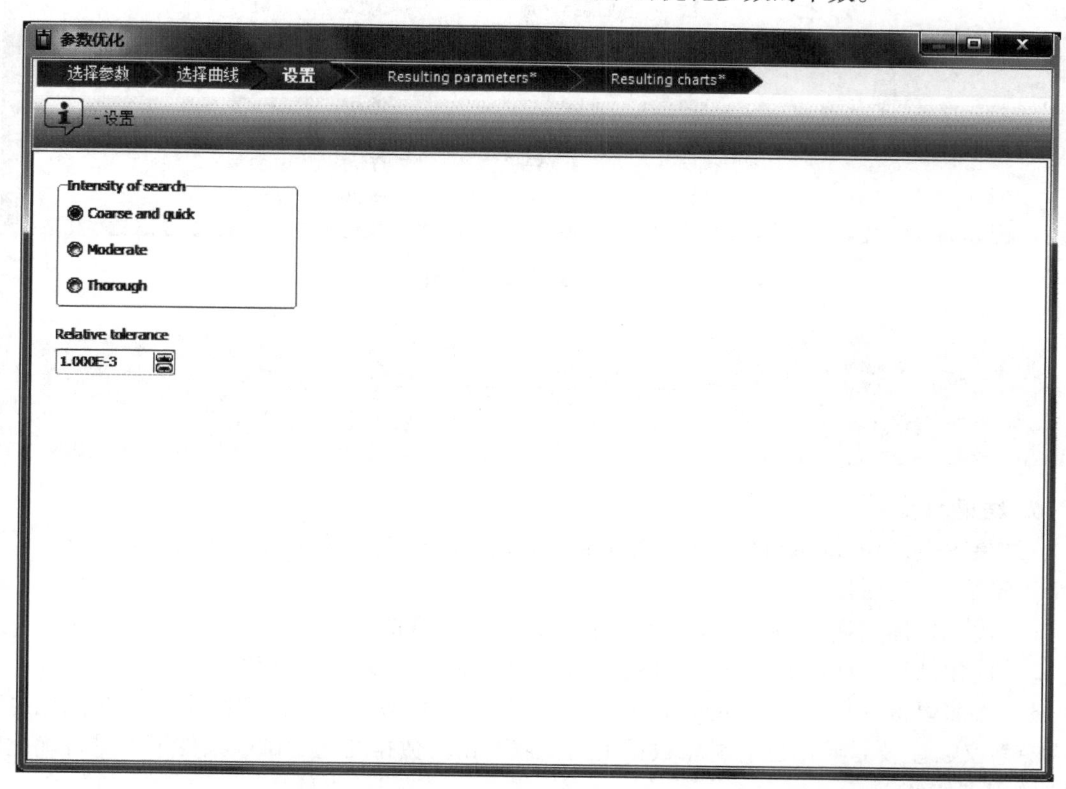

图6-38 “设置”选项卡

5. 结果参数

“结果参数（Resulting parameters）”选项卡下显示对选中试验数据达到最佳拟合效果的参数最优值，以及参数的最大、最小值，还有材料数据组的参考值（见图6-39）。如果最优值等于之前设定的最小值或最大值，那么实际的最优值有可能会在指定的范围之外。最后一列给出选中参数的敏感度。如果敏感度为100%，则意味着该参数对模拟试验结果影响很大，如果敏感度很低则表示该参数对模拟试验结果影响很小。注意，较低的敏感度同时意味着该试验可能并不适于优化该参数，因而给出的最优值也可能并不准确。因此，最好是针对不同参数选取相关的试验数据曲线段来分别进行单独优化，而不要基于整条数据曲线对多个参数进行一次性优化。

按钮“ ”可用于将优化参数复制到材料数据组中，应在适当确认优化参数确实优于有限元模型材料数据组中的原始参数之后再进行复制。

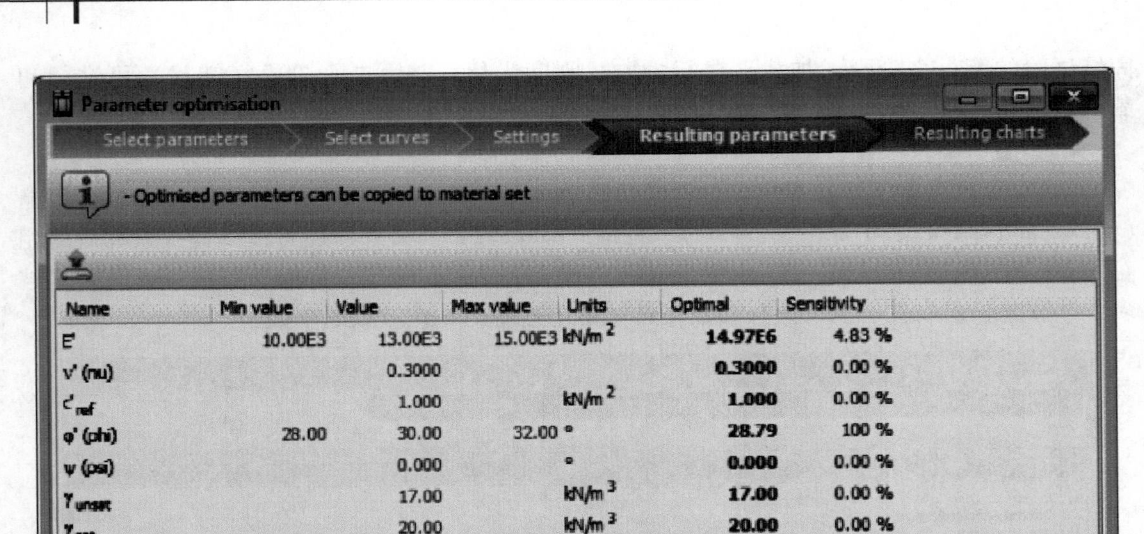

图 6-39 “结果参数”窗口

提示： 室内土工试验参数的优化结果对于在有限元模型中的实际应用可能并不是最优的。

6. 结果图表

“结果图表（Resulting charts）”选项卡下会显示出选定试验的结果（见图 6-40）。对于每个试验给出三组曲线：

1）优化目标（Optimisation target）。该曲线表示上载的试验数据。

2）优化结果（Optimisation results）。该曲线表示最优参数的模拟结果。

3）参照模拟（Reference simulation）。该曲线表示原始参数的模拟结果。它在优化过程中没有意义，主要是给出已有材料数据组与上载的试验数据在选定试验条件下不进行优化时的相符程度好坏。

7. 局限

应当注意到，室内土工试验参数的优化结果对于在有限元模型中的实际应用可能并不是最优的。这是因为实际的有限元模型应用中可能涉及的应力水平、应力路径、应变水平等可能与土工试验中的数据有明显不同。

另外，PLAXIS 3D 的参数优化工具有如下局限：

1）不能自动优化包含多个阶段（如加载、卸载阶段）的试验数据曲线。这样的曲线应分段上载，并分别对各段曲线进行优化。

2）优化过程本身是一个数值计算过程，可能包含数值误差。用户应自行核查优化结果并确保对优化模型参数的合理应用。PLAXIS 3D 的参数优化基于曲线拟合，不能对形如 p-q 平面上的破坏轨迹进行拟合，因此无法从 p-q 图中得出最优摩擦角或最优黏聚力。

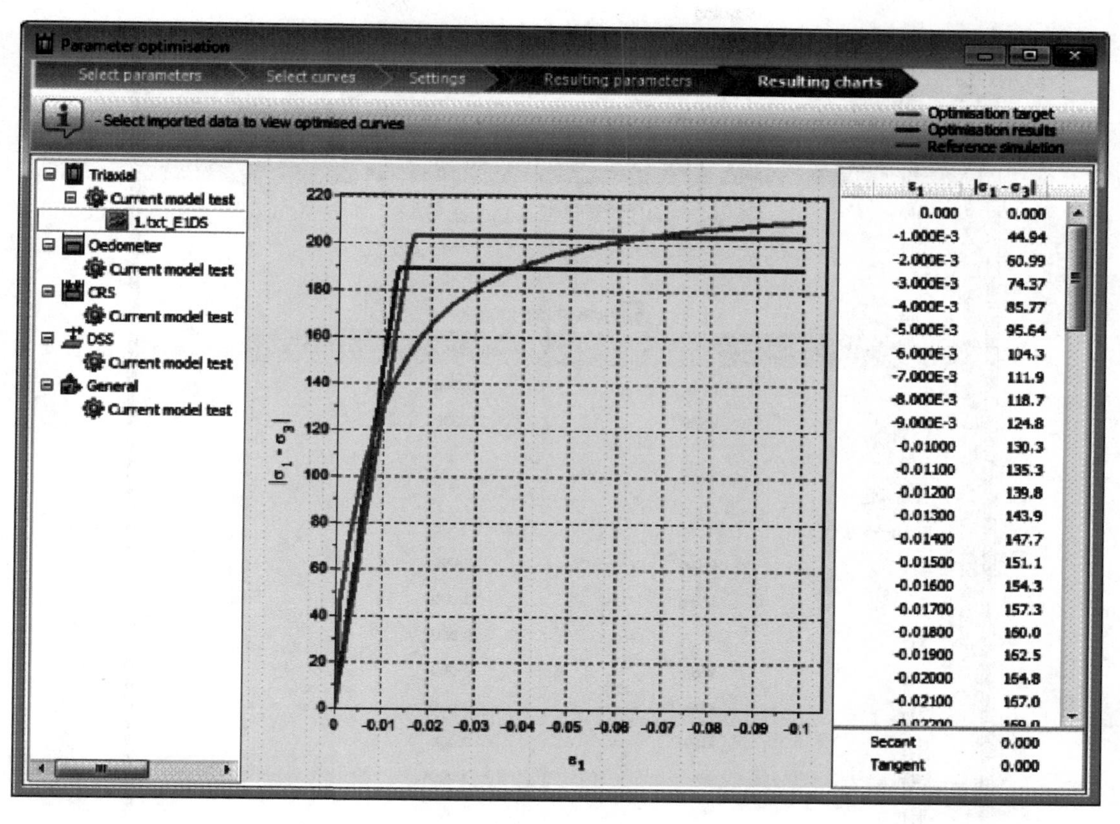

图6-40 “结果图表”窗口

6.4 板材料数据组

除了“土和界面”材料数据组外，板单元的材料属性和模型参数也作为单独的材料数据组输入。一个板数据组一般代表某种材料或某种断面形状的板，可指定给几何模型中的相应板单元。

6.4.1 材料组

如果模型中包括多种不同材料或不同尺寸的板，可相应定义多个板数据组。板单元的材料数据组窗口如图6-41所示，该窗口由“材料组”和“属性”两个选项组组成，其中“材料组”选项组下定义的内容如下：

1）名称。用户可指定数据组的名称，建议使用有意义的名称，在材料数据库目录树中会以材料数据组的名称显示不同的材料组。

2）注释。用户可输入与本材料数据组相关的说明。

3）颜色。用户可指定板材料组的颜色以便于识别模型中的板单元。

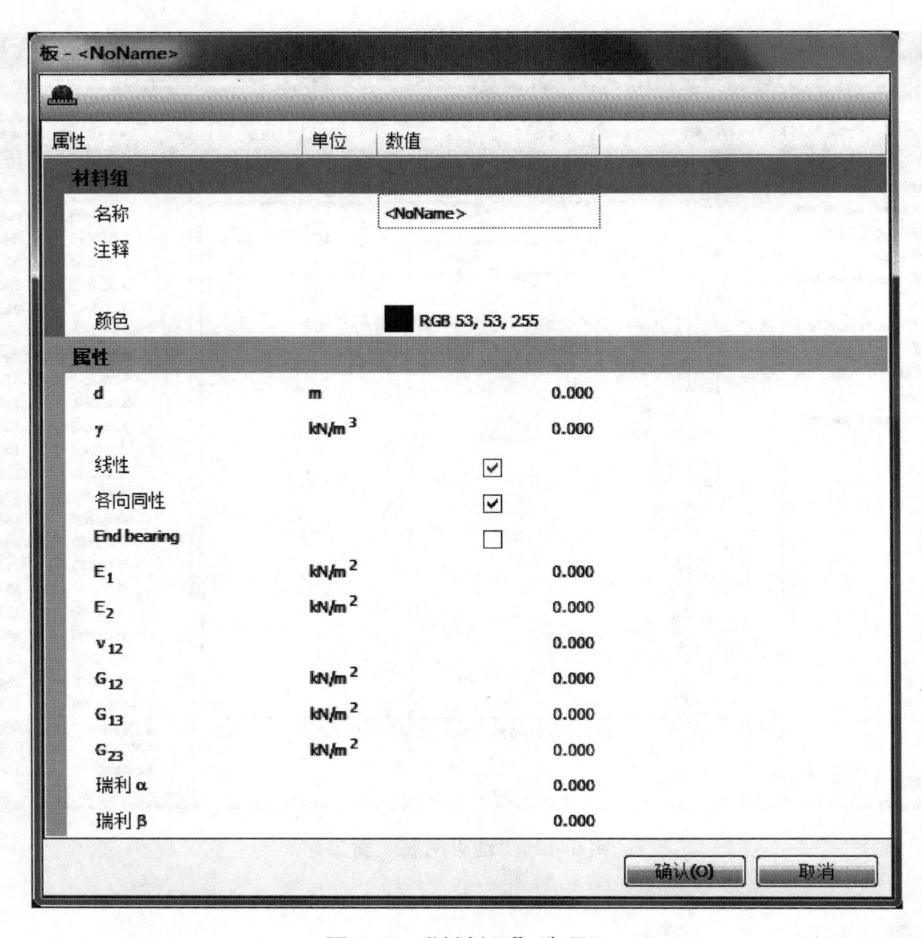

图 6-41 “材料组”选项组

6.4.2 属性

在“材料组”下方为“属性”选项组，可定义板的属性，分为一般属性和刚度属性。

1. 一般属性

板的一般属性包括：

1）d。板的（等效）厚度，等于横剖板的主轴方向单位宽度上的截面积。对于非特殊断面形状的厚度较大的板，d 就是指板的厚度；而对于特殊断面形状的板（如钢板桩墙或夹心板），厚度比较小，应根据前面的定义计算得到。

2）γ。材料的重度，乘积 γd 决定板自身重力的分布。

提示： 当为板单元指定重度时，应注意到三维模型中板单元是零厚度的面单元，本身不占任何体积而是与土体单元重叠。因此在输入板的重度时可以从板材料的重度中扣除土体的重度，以考虑这种重叠的影响。对于部分重叠的板可以考虑按比例折减板的重度。

2. 板端承载力

作用在结构（如墙体）上的竖向荷载实际由侧摩阻力和端阻力来承受，其中一部分承载力由结构端部下方土体提供，与结构端部的厚度或者截面积有关。

薄而长的结构常用板单元来模拟。由于板单元为零厚度单元，所以竖直的板单元（如墙）没有端承载力。对于 PLAXIS 3D 2013 在板材料数据组中勾选相应选项，就可以在计算中考虑其端承力的效应。为了在板的底部考虑端承载力，板底部周围一定范围内土体会被视为弹性区，该弹性区大小定义为：$D_{eq}=\sqrt{12EI/EA}$。

3. 刚度属性

板单元的刚度是线性的，PLAXIS 3D 中可为板单元指定正交各向异性和各向异性材料，由以下参数定义：

1）E_1。沿板单元第 1 局部坐标轴方向的弹性模量。

2）E_2。沿板单元第 2 局部坐标轴方向的弹性模量。

3）G_{12}。板单元平面内剪切模量。

4）G_{13}。与过板单元第 1 局部坐标轴方向剪切变形相关的平面外剪切模量。

5）G_{23}。与过板单元第 2 局部坐标轴方向剪切变形相关的平面外剪切模量。

6）v_{12}。板单元的泊松比。

结构内力与这些参数的（近似）关系式如下

$$\left.\begin{aligned}
&\begin{pmatrix}N_1\\N_2\end{pmatrix}=\begin{pmatrix}E_1d & v_{12}E_2d\\ v_{12}E_2d & E_2d\end{pmatrix}\begin{pmatrix}\varepsilon_1\\ \varepsilon_2\end{pmatrix}\\
&\begin{pmatrix}Q_{12}\\Q_{13}\\Q_{23}\end{pmatrix}=\begin{pmatrix}G_{12}d & 0 & 0\\ 0 & kG_{13}d & 0\\ 0 & 0 & kG_{23}d\end{pmatrix}\begin{pmatrix}\gamma_{12}\\ \gamma_{13}^{*}\\ \gamma_{23}^{*}\end{pmatrix}\\
&\begin{pmatrix}M_{11}\\M_{22}\\M_{12}\end{pmatrix}=\begin{pmatrix}\dfrac{E_1d^3}{12} & \dfrac{v_{12}E_2d^3}{12} & 0\\ \dfrac{v_{12}E_2d^3}{12} & \dfrac{E_2d^3}{12} & 0\\ 0 & 0 & \dfrac{G_{12}d^3}{12}\end{pmatrix}\begin{pmatrix}\kappa_{11}\\ \kappa_{22}\\ \kappa_{12}\end{pmatrix}
\end{aligned}\right\}\tag{6-24}$$

式中　k——剪切模量修正系数，等于 5/6。图 6-42 给出了板单元的局部坐标系及其主要变量。板单元的局部坐标系中，第 1、第 2 局部坐标轴在板的平面内，而第 3 局部坐标轴与板平面相垂直。

如果勾选了“各向同性”选项，则只需输入 E_1 和 v_{12}，此时 $E_2=E_1$，$G_{12}=G_{13}=G_{23}=E/2(1+v_{12})$。

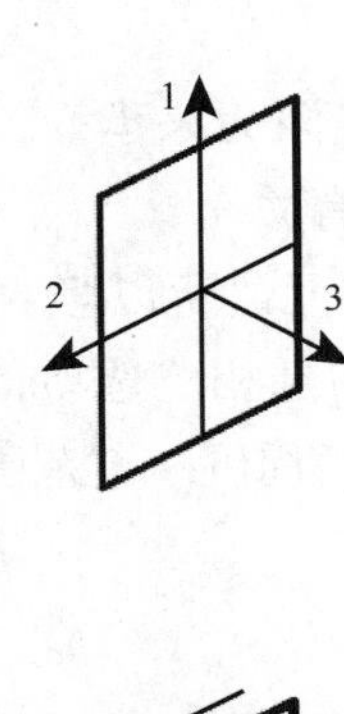

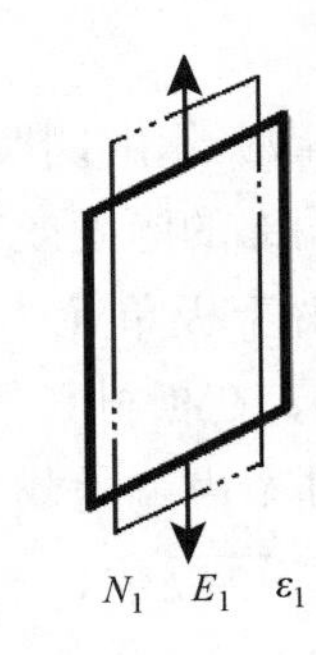

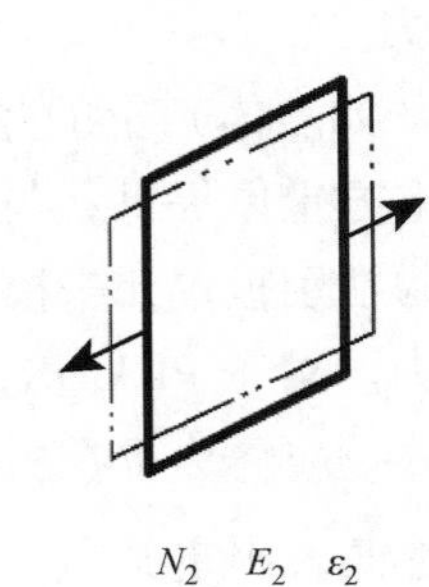

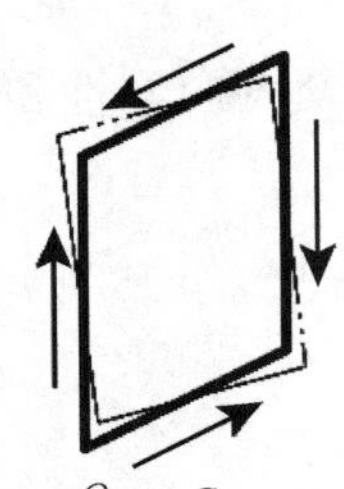

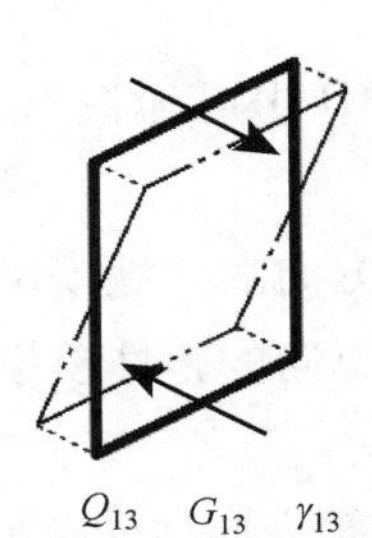

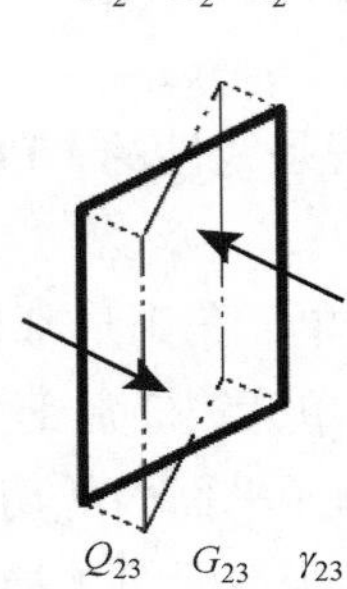

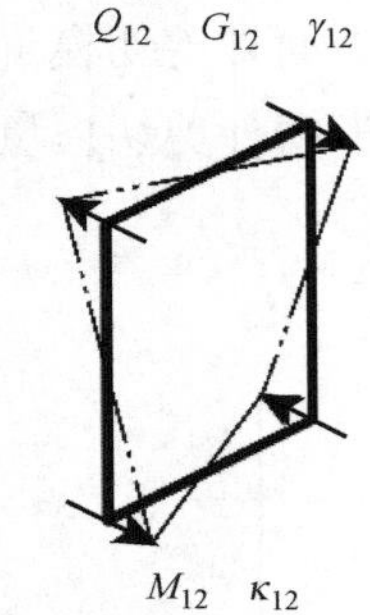

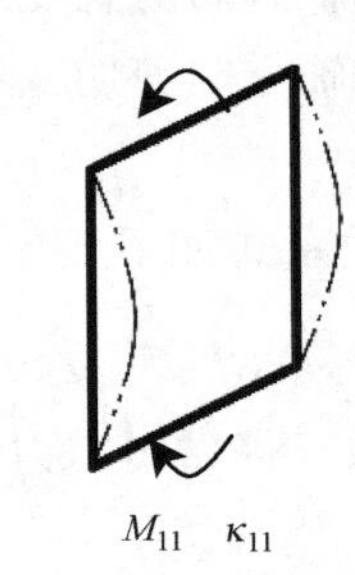

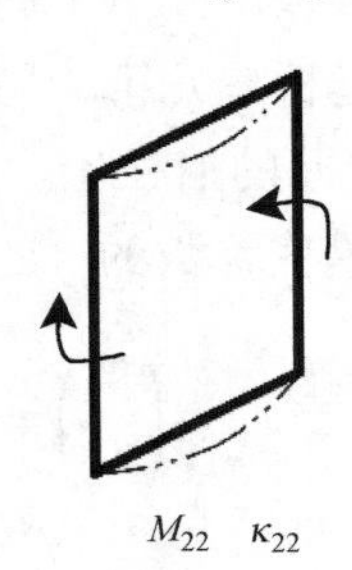

图 6-42　局部坐标系下板的正向法向力（N）、剪力（Q）和弯矩（M）的定义

6.5 土工格栅材料数据组

土工格栅单元的材料属性和模型参数也作为单独的材料数据组输入。土工格栅单元为柔性弹性单元，不能受压，可模拟土工格栅或土工织物。土工格栅数据组一般代表某种类型的格栅材料，可指定给几何模型中的相应土工格栅单元。

6.5.1 材料组

为区别不同类型的土工格栅，可以定义多个数据组。图 6-43 所示为“土工格栅”窗口，该窗口由“材料组”和“属性”两个选项组组成，在“材料组”选项组下定义的选项如下：

1）名称。可指定数据组的名称，建议使用有意义的名称，在材料数据库目录树中会以材料数据组的名称显示不同的材料组。

2）注释。用户可输入与本材料数据组相关的说明。

3）颜色。用户可指定土工格栅材料组的颜色以便于识别模型中的土工格栅单元。

4）材料类型。土工格栅单元有两种材料类型可选，即“弹性”和“弹塑性”，在“属性”框中定义的参数根据选择的材料类型的不同而不同。

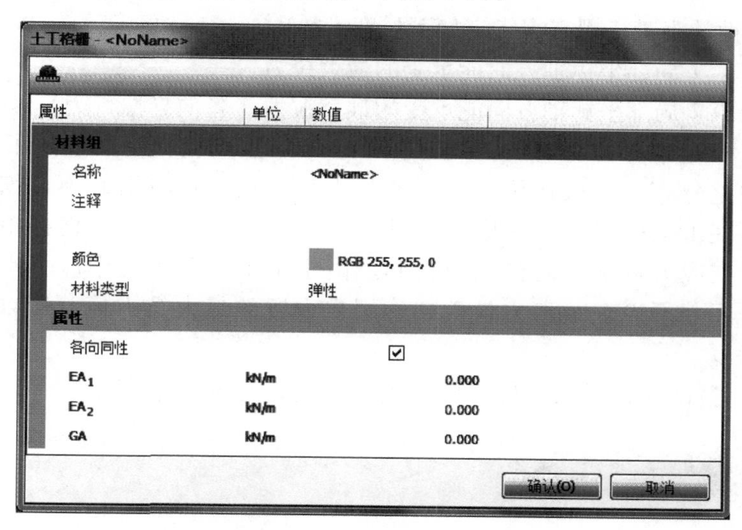

图 6-43 “土工格栅”窗口

6.5.2 属性

在“土工格栅”的“材料组”下方为“属性”选项组，可用来定义土工格栅的属性，分为刚度属性和强度属性（弹塑性行为）。

1. 刚度属性

“土工格栅”单元可以考虑平面内和平面外的不同刚度，其中平面外刚度主要用于轴对称模型模拟各向异性土工格栅的情况。如果不是这种情况，则应选中“各向同性”选项以保证平面内和平面外刚度相同。

对于弹性土工格栅，需为其指定轴向刚度 EA，可以为土工格栅指定各向同性或各向异性刚度，定义参数如下：

1）EA_1。沿第 1 局部坐标轴方向的弹性刚度（平面内）。

2）EA_2。沿第 2 局部坐标轴方向的弹性刚度（平面外，各向异性行为）。

3）GA。平面内剪切刚度（各向异性行为）。

轴向刚度 EA 通常可由土工格栅制造厂商提供的资料查取，也可以根据沿长度方向施加的拉力与相应延伸率的关系曲线来确定 EA。轴向刚度是每单位宽度上轴向力与轴向应变的比（$\Delta L/L$，其中 ΔL 为延伸长度，L 为原长度），即

$$EA=\frac{F}{\Delta L/L} \tag{6-25}$$

如果选中了“各向同性”选项，则只需输入 EA_1，此时 $EA_2=EA_1$，$GA=EA_1/2$。

提示： 当把 PLAXIS 2D 中的材料数据组导入到 PLAXIS 3D 中去时，GA 值定义为 $GA=\min(EA_1,EA_2)/2$。

2. 强度属性（塑性）

对于考虑塑性的土工格栅，需指定如下强度参数：

1）$N_{p,1}$。沿第 1 局部坐标轴方向能承受的最大拉力。

2）$N_{p,2}$。沿第 2 局部坐标轴方向能承受的最大拉力（各向异性行为）。

最大轴向拉力 N_p 的单位为“力/单位宽度”。如果土工格栅受力超过了 N_p，将依据塑性理论进行力的重分布，以服从用户设置的最大拉力值，这将引起不可恢复变形。土工格栅的轴力通过在土工格栅单元的应力点处进行计算得到；而土工格栅单元的轴力输出在节点处给出，在应力点处则需要插值得到。由于土工格栅单元中应力点所在的位置与节点不同，且程序并不检查节点力是否超过用户设置的最大拉力值，所以轴力在节点处的值可能比 N_p 稍大。

如果选中了“各向同性”选项，则只需输入 $N_{p,1}$，此时 $N_{p,1} = N_{p,2}$。

6.6 梁材料数据组

梁单元的材料属性和模型参数也作为单独的材料数据组输入。梁数据组一般代表某种材料或某种几何断面的梁，可指定给几何模型中的相应梁单元。

6.6.1 材料组

如果模型中包含多种不同类型的梁，可以定义多个梁数据组。图 6-44 所示为“梁”材料数据组窗口，该窗口由“材料组”和“属性”两个选项组组成，在“材料组”选项组下定义的选项如下：

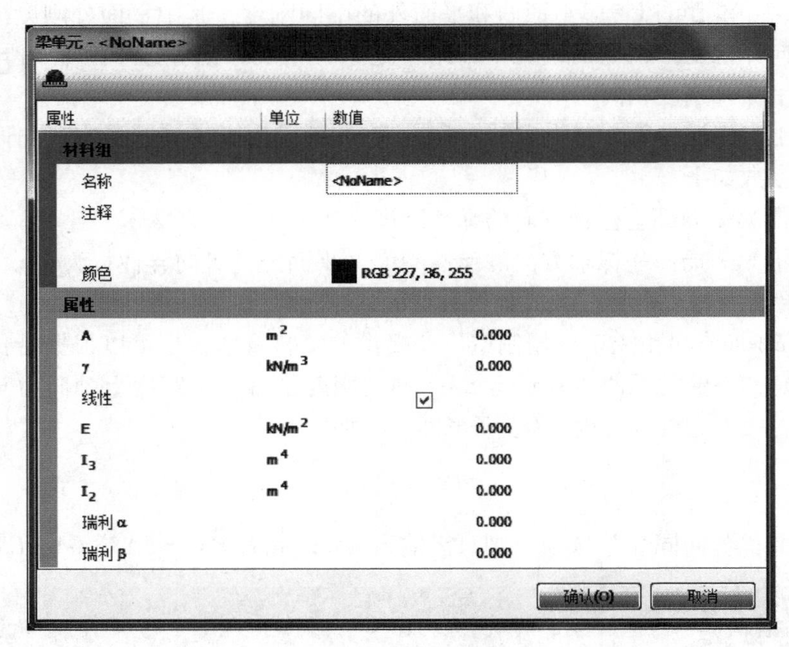

图 6-44 “梁”单元窗口

1）名称。用户可指定数据组的名称，建议使用有意义的名称，在材料数据库目录树中会以材料数据组的名称显示不同的材料组。

2）注释。用户可输入与本材料数据组相关的说明。

3）颜色。用户可指定梁材料组的颜色以便于识别模型中的土工格栅单元。

6.6.2 属性

在“梁”窗口的“属性”选项组中可定义梁单元的属性，分为一般属性和刚度属性。

1. 一般属性

梁单元需定义两个一般属性：

1）A。梁的截面积，为垂直于梁轴向的梁截面的实际面积。对于特殊截面的梁（如钢梁），其截面积可根据钢材供货商提供的材料表查取。

2）γ。梁的重度，为构成梁的材料的重度。乘积 $\gamma \cdot A$ 决定了梁自重的分布。

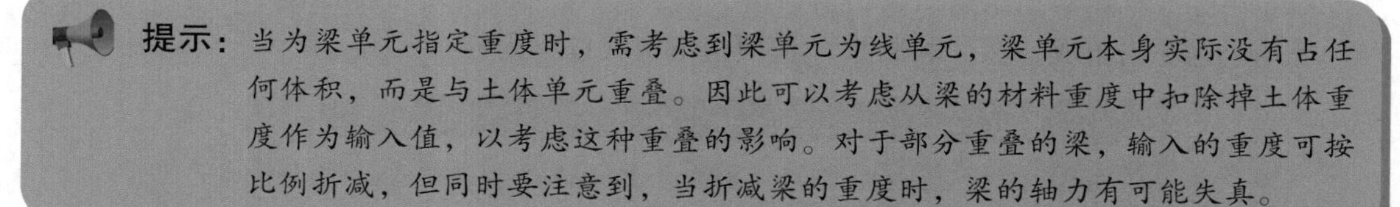

提示： 当为梁单元指定重度时，需考虑到梁单元为线单元，梁单元本身实际没有占任何体积，而是与土体单元重叠。因此可以考虑从梁的材料重度中扣除掉土体重度作为输入值，以考虑这种重叠的影响。对于部分重叠的梁，输入的重度可按比例折减，但同时要注意到，当折减梁的重度时，梁的轴力有可能失真。

2. 刚度属性

对梁单元只能指定线性的刚度，梁的刚度包括如下属性：

1）E。弹性模量。

2）I_3。绕第3局部坐标轴的惯性抵抗矩。

3）I_2。绕第2局部坐标轴的惯性抵抗矩。

在梁单元局部坐标系下各变量的定义如图6-45所示。

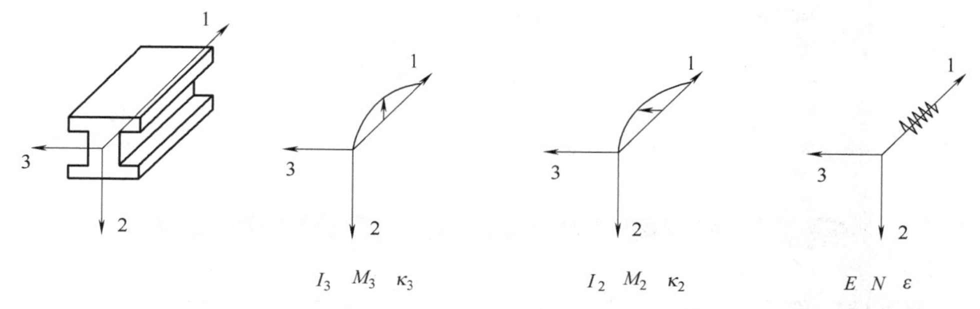

图6-45 局部坐标系下水平梁的惯性矩（I）、正弯矩（M）、正曲率（κ）和刚度（E）的定义

6.7 Embedded 桩材料数据组

Embedded 桩的属性和模型参数也是作为独立的材料数据组输入，该数据组通常代表某一特定类型的桩，包括桩体材料和桩截面的几何属性，以及桩与周围土体的相互作用属性（桩承载力）。

注意，Embedded 桩材料数据组中并不包括所谓的“p-y 曲线”，也不包括等效弹簧常数。实际上，Embedded 桩受荷载作用后的刚度响应是特定的桩长、等效半径、刚度、承载力以及桩周土刚度等共同作用的结果。

提示： 与常规有限元方法不同，Embedded 桩的承载力是输入参数而不是有限元计算的结果。读者应认识到输入参数的重要性，参数输入值最好是基于典型的桩载荷试验数据来选取。此外，建议读者对桩的性状进行校核，即把 Embedded 桩的行为与桩载荷试验测得的数据进行比较。

6.7.1 材料组

如果模型中包含多种不同类型的 Embedded 桩，可以定义多个数据组。图 6-46 所示为“Embedded 桩”材料数据组窗口，该窗口由“材料组”、“属性”、“侧摩阻力”和“桩端反力”等几个选项组组成，在“材料组”选项组下定义以下内容：

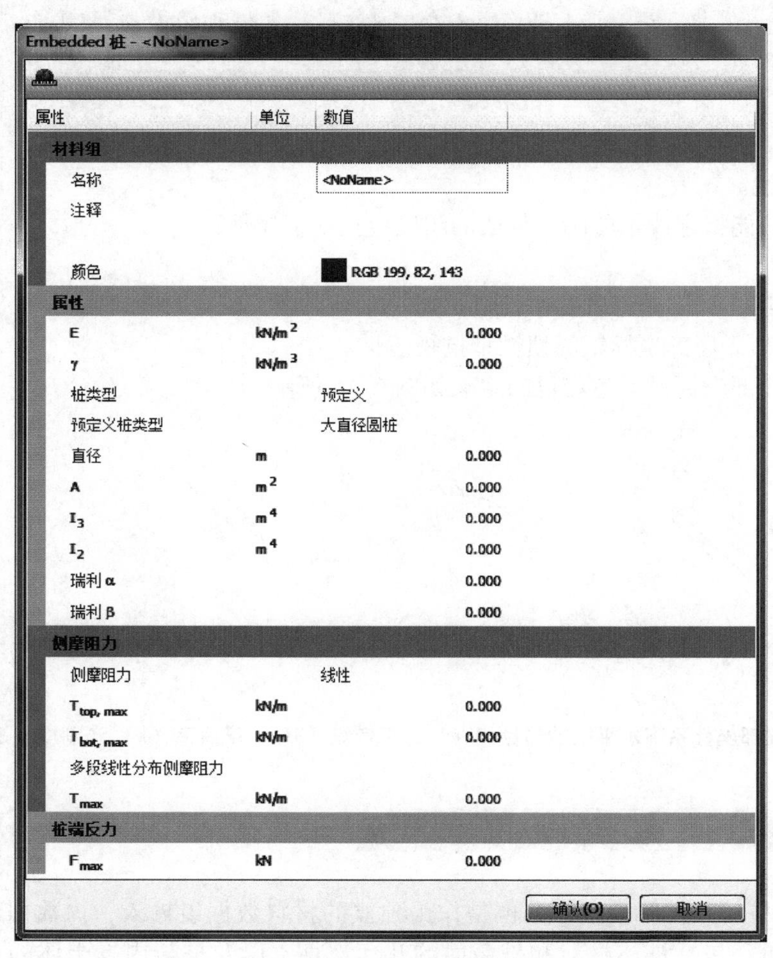

图 6-46 “Embedded 桩”材料数据组窗口

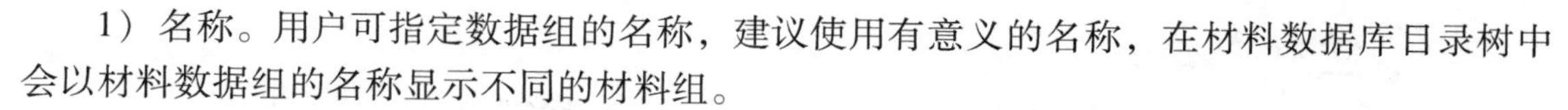

1）名称。用户可指定数据组的名称，建议使用有意义的名称，在材料数据库目录树中会以材料数据组的名称显示不同的材料组。

2）注释。用户可输入与本材料数据组相关的说明。

3）颜色。用户可指定 Embedded 桩材料组的颜色以便于识别模型中的 Embedded 桩单元。

6.7.2 属性

PLAXIS 3D 中的 Embedded 桩单元可视为由梁单元和嵌入式的界面单元组成，Embedded 桩的属性可分为一般属性、几何属性和动力属性。

1. 一般属性

Embedded 桩单元需定义以下两个一般属性：

1）E。桩体材料的弹性模量。

2）γ。桩体材料的重度。

> **提示：** 当为 Embedded 桩指定重度时，应注意到 Embedded 桩单元本身不占任何体积而是覆盖在土体单元上。这样，可以从 Embedded 桩材料重度中减去土体的重度，以考虑这种覆盖的影响。

2. 几何属性

Embedded 桩单元需通过定义几个几何参数来计算其他刚度属性：

1）桩型。选择桩的截面形状，可选择“预定义”或“用户自定义”。除了程序预定义的桩型以外，用户还可以自定义桩型，需定义的参数有桩的截面 A 和相应的惯性矩 I_3、I_2。

2）预定义桩型。大体积圆桩、圆管桩和大体积方桩。

3）直径。直径用于定义“大体积圆桩”和“圆管桩”。桩的直径决定桩周土中弹性区的大小，这样使得 Embedded 桩表现得像一个体积桩。

4）宽度。用于定义“大体积方桩”，程序会自动将其换算为等效直径。

5）厚度。用于定义“圆管桩”的壁厚。

6）A。桩的真实截面积，即与桩轴线（第 1 局部坐标轴方向）垂直的截面的面积。对于特殊截面形状的桩（如钢桩），其截面积可从制造商提供的材料规格表查得。

7）I_3。绕第 3 局部坐标轴的惯性抵抗矩。

8）I_2。绕第 2 局部坐标轴的惯性抵抗矩。

根据 Embedded 桩的几何属性，桩周弹性区的等效半径 R_{eq} 按下式定义

$$R_{eq} = \max\left[\sqrt{(A/\pi)}, \sqrt{(2I_{avg}/A)}\right], I_{avg} = (I_2 + I_3)/2 \qquad (6\text{-}26)$$

桩的各种相关变量根据桩的局部坐标系来定义，如图 6-47 所示。

3. 动力属性

模拟桩的动力行为，需指定另外两个材料属性：

1）瑞利 α。瑞利阻尼参数，定义系统阻尼中质量的影响。

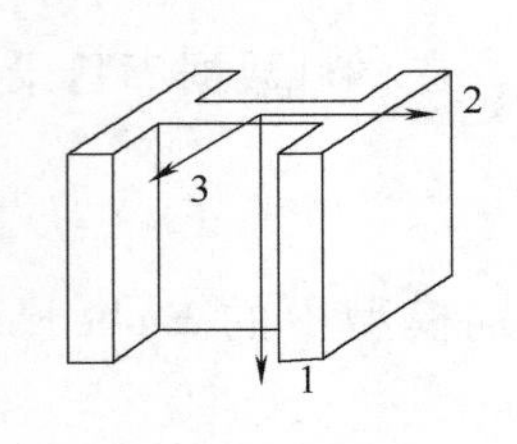

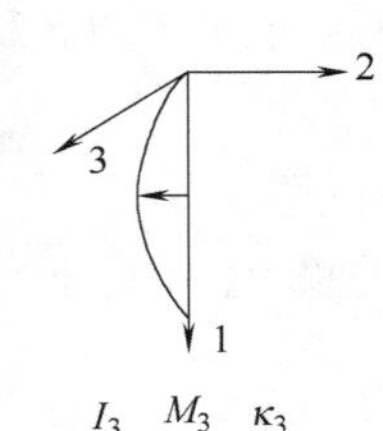

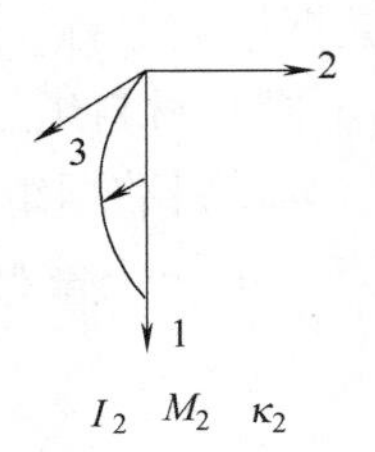

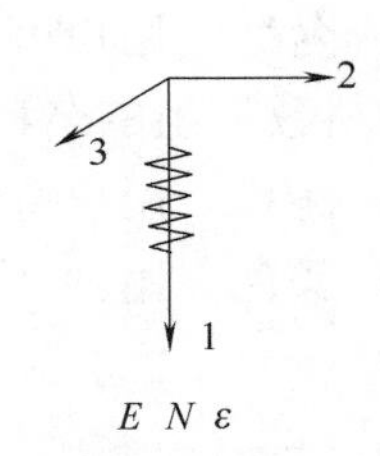

图 6-47　局部坐标系下用户自定义断面的竖直桩的惯性矩（I）、正向弯矩（M）、正向曲率（κ）和刚度（E）

2）瑞利 β。瑞利阻尼参数，定义系统阻尼中刚度的影响。

6.7.3　桩土相互作用属性（桩承载力）

桩（梁单元）与土（土体单元）之间的相互作用通过特殊界面单元来模拟，界面的行为用弹-塑性模型来描述。在 Embedded 桩的材料数据组中，桩土相互作用属性分为“侧摩阻力”和“端阻力”两部分来定义。对侧摩阻力和端阻力，PLAXIS 程序用一个破坏准则来区分弹性界面行为和塑性界面行为。对于弹性界面行为，只在界面内发生很小的桩土相对位移；对于塑性界面行为，桩土之间可能发生持续的相对滑移。

1）对弹性行为界面，某点处的剪力 t_s 满足：$|t_s| < T_{max}$，其中 T_{max} 为该点处等效局部侧摩阻力。

2）对塑性行为界面，某点处的剪力 t_s 满足：$|t_s| = T_{max}$。

除了侧摩阻力，Embedded 桩还可设定桩端承载力（Bearing capacity at the base），在 Embedded 桩材料数据组窗口中可直接输入桩端反力 F_{max}。

提示： 端阻力只在桩沿底部方向移动时（如，桩顶作用了荷载）才发生改变。

Embedded 桩侧摩阻力的定义有以下三种方法。

1. 线性

“线性”是桩侧摩阻力分布的最简单形式，通过桩顶侧摩阻力 $T_{top,max}$ 和桩底侧摩阻力 $T_{bot,max}$ 来定义。这种定义侧摩阻力的方法适用于均质各向同性土层中的桩。此时，桩的总承载力 N_{pile} 由下式给出

$$N_{pile} = F_{max} + \frac{1}{2}L_{pile}(T_{top,max} + T_{bot,max}) \tag{6-27}$$

式中　L_{pile}——桩长。

提示： Embedded 桩的长度与侧摩阻力增量的大小成反比。

2. 多段线性

“多段线性”分布的侧摩阻力适用于桩位于非均质土层或多个土层中的情况，土层性质不同，则侧摩阻力不同。侧摩阻力 T_{max} 通过一个包含沿桩长（L）不同位置的相应侧摩阻力

值的数据表格来定义。桩长（L）指从桩顶（$L=0$）到桩底（$L=L_{\text{pile}}$）的长度。此时，桩的总承载力 N_{pile} 由下式得出

$$N_{\text{pile}} = F_{\max} + \sum_{i=1}^{n-1} \frac{1}{2}(L_{i+1} - L_i)(T_i + T_{i+1}) \tag{6-28}$$

式中 i——表格中的序号。

3. 土层相关

“土层相关”选项可用于将局部侧摩阻力与桩身所在土层的强度参数（黏聚力 c 和摩擦角 φ）以及在土层材料数据组中定义的界面强度折减系数 R_{inter} 联系起来。此时，Embedded 桩单元中的特殊界面单元类似于沿墙体设置的界面单元，只不过它是一个线型界面单元而不是一个有宽度的片状界面单元。此时桩的承载力取决于土中应力状态，因此在计算开始之前桩承载力是未知的。为了避免侧摩阻力增长到超常值的可能，可在 Embedded 桩材料数据组中指定总的最大摩阻力（沿桩长为常量），作为总的截断值。

提示： Embedded 桩材料数据组中桩-土相互作用参数只与桩承载力有关（侧摩阻力和端阻力）。注意，材料数据组中并不包括桩在土中引起的刚度响应（或 p-y 曲线）。刚度响应是桩长、等效半径、刚度、承载力以及桩周土刚度的综合作用结果。

为确保能够真正达到所指定的桩承载力，桩周一定范围内土体单元将被视为弹性区，使得 Embedded 桩表现得如同体积桩一样。该弹性区的大小由 Embedded 桩的直径或等效半径 R_{eq} 决定。但要注意，Embedded 桩没有考虑打桩效应，且桩-土相互作用发生在桩轴线上而不是在弹性区侧面。

除了沿桩轴线方向的相对位移和剪力之外，Embedded 桩还能承受由于水平位移引起的横向力 $t_{\perp}$。这些横向力并不受限于连接桩与土的特殊界面单元，而是一般由弹性区外土体自身的破坏条件来限制。但是，Embedded 桩并不适用于水平受荷桩，因此受横向力时将难以给出准确的破坏荷载。

Embedded 桩受到的剪力和横向力基于 Embedded 桩单元和桩周土体单元之间的相对位移来计算，具体计算方法可参见程序用户手册相关内容。

6.8 锚杆材料数据组

锚杆的材料属性和模型参数也是作为单独的材料数据组输入。锚杆材料数据组既可以设置点对点锚杆的属性也可以设置锚定杆的属性。对这两类情况，锚杆均为弹簧单元，锚杆材料数据组一般代表某类锚杆材料，可以将其指定给几何模型中相应的锚杆单元。

6.8.1 材料组

如果模型中包含多种不同类型的锚杆，可以创建多个锚杆数据组。图 6-48 所示为“锚杆”材料数据组窗口，该窗口由“材料组”和“属性”两个选项组组成，在“材料组”选项组下定义以下内容：

1）名称。用户可以为锚杆指定任意名称，该名称将显示在数据库的树状视图中，因此建议用户使用有一定意义的名称。

2）注释。用户可以输入与本数据组相关的说明。

3）颜色。用户可指定锚杆材料组的颜色以便于识别模型中的锚杆单元。

4）材料类型。有两个选项供选择，分别为“弹性”和“弹塑性”，在“属性”选项组中定义的参数根据所选的材料类型的不同而不同。

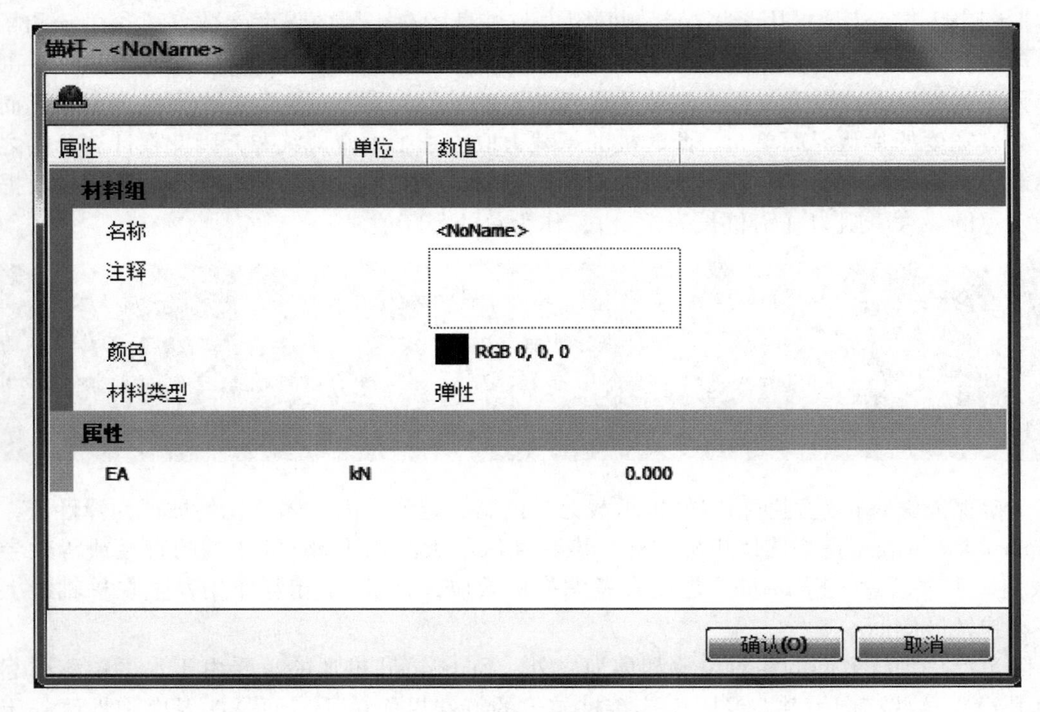

图 6-48 “锚杆”材料数据组窗口

6.8.2 属性

在“锚杆”的“材料组”下方的“属性”选项组，可用来定义锚杆单元的属性，分为刚度属性和强度属性（弹塑性行为）。

1. 刚度属性

“锚杆”单元只需要定义一个刚度参数，即轴向刚度 EA，对每根锚杆以力的单位输入。

2. 强度参数（塑性）

如果锚杆的材料类型是“弹塑性”的，那么要输入两个最大锚杆力：最大拉力 $F_{max,tens}$ 和最大压力 $F_{max,comp}$。图 6-49 给出了锚杆弹塑性行为的力-位移关系曲线。

与刚度的处理方式相同，单根锚杆的最大锚杆力也要通过除以锚杆的平面外间距来得到适用于平面应变分析的锚杆最大力。

程序还提供了“带残余强度弹塑性”选项，可用于模拟锚杆失效或软化行为（如支撑屈曲）。当选择该项后，可指定两个残余锚杆力：残余拉力 $F_{residual,tens}$ 和残余压力 $F_{residual,comp}$。

图 6-50 所示为考虑残余强度弹塑性行为的锚杆的力-位移关系曲线。计算中，如果锚杆

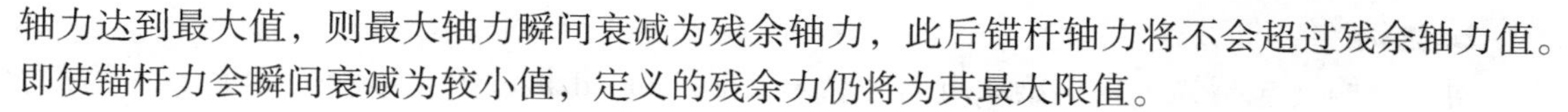

轴力达到最大值，则最大轴力瞬间衰减为残余轴力，此后锚杆轴力将不会超过残余轴力值。即使锚杆力会瞬间衰减为较小值，定义的残余力仍将为其最大限值。

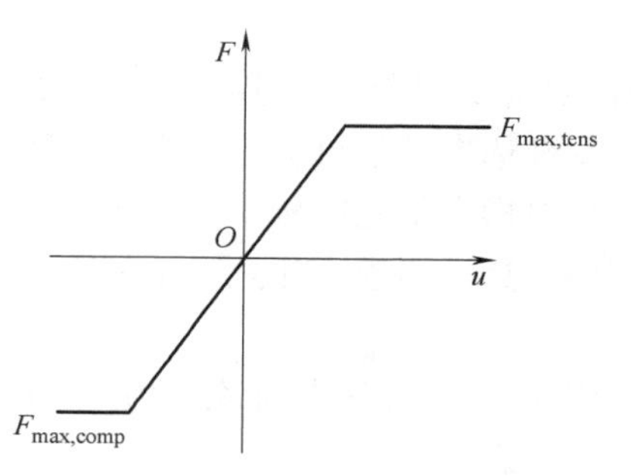

图 6-49　锚杆弹塑性行为的力-位移关系曲线

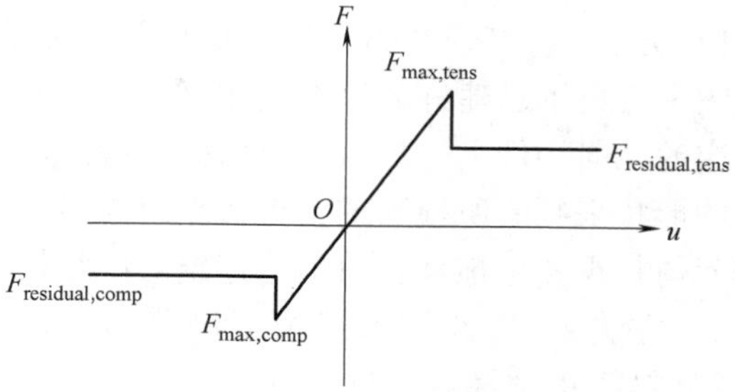

图 6-50　锚杆考虑残余强度弹塑性行为的力-位移关系曲线

注意，如果锚杆失效（受拉、受压或同时受拉压），在后续计算阶段中处于激活状态的锚杆将保持残余轴力。如果在某阶段冻结锚杆，下一阶段又将其激活，则将恢复最大锚杆力，即认为该锚杆为完全新增的一根锚杆。

提示：在“安全性”分析中，不建议锚杆使用衰减后的残余强度。

在“分步施工”计算当中，可以对锚杆施加预应力。此时，在某个计算阶段中可以选中要施加预应力的锚杆单元，然后在“选择对象浏览器”中锚杆单元下选中“调整预应力”并输入预应力值。预应力并不属于锚杆的材料属性，因此未包括在锚杆材料数据组中。

6.9　为几何构件指定材料数据组

当土层和结构的材料数据组全部建好之后，可通过以下几种方法把他们指定给相应的几何对象。这些方法主要是针对初始几何模型指定材料属性，如在计算过程中更改材料属性则需在“分步施工”模式下进行。

1. 土层

用户可以将土体材料数据组分别指定给钻孔中的每个土层。双击钻孔，可打开相应的“修改土层”窗口；单击该窗口右下角的“材料”按钮，可打开材料数据库。

要将材料数据组指定给某一土层，可从材料数据库目录视图中选择数据组（单击该组并按住鼠标左键），将其拖放到钻孔窗口土层柱状图中的相应土层处。此时该土层应显示材料数据组的相应颜色，重复拖放操作直至为所有土层指定了材料数据组。注意，不能将全局材料数据库中的材料直接指定给当前模型中的土层，而是必须先将其复制到当前项目数据库中再指定给模型中对应的土层类组。

当使用多个钻孔时应注意，对其中某一个钻孔中的某一土层指定材料后，将影响其他钻孔，因为所有土层都将出现在每个钻孔中，只有零厚度的土层除外。

2. 结构

对于结构（包括锚定杆、梁、点对点锚杆、Embedded 桩、土工格栅、界面等）构件，可通过如下三种方法为其指定材料数据组：

1）方法 1。打开“材料组”窗口并选择结构构件对应的材料组类型，在项目数据库树状视图中会显示已建好的该类型的材料组。按下鼠标左键选中某个材料组，将其拖到绘图区中对应的几何构件上，然后释放鼠标左键即可将该材料组指定给此结构单元。用户可以根据光标的形状来判断所拖移的材料数据组与对应的几何构件是否匹配。注意：不能直接从全局数据库树状视图里拖移材料组指定给对应结构构件。

2）方法 2。在绘图区或模型浏览器中选择结构单元，然后从鼠标右键快捷菜单中的“设置材料”里选择对应材料组。

3）方法 3。在绘图区或模型浏览器中选择结构单元，然后在选择浏览器中通过“材料”选项组中的下拉菜单定义材料组。

第 7 章

网格和计算

建立好几何模型后，需要生成网格和定义施工阶段，然后才可进行计算。

在实际工程中，整个施工过程一般会分为几个施工阶段依序进行。因此，在 PLAXIS 3D 中应根据实际施工过程划分为若干计算阶段进行计算。例如，在某一阶段激活某一荷载、模拟土体开挖和支护结构的添加、引入固结期、计算安全系数等。由于土体的非线性特性，需要荷载被逐步加上去（称为荷载步），所以每个计算阶段一般又分为若干个计算步执行计算。不过大多数情况下，只需指定在计算阶段结束时应达到的状态即可。PLAXIS 3D 程序会自动选取计算步长以模拟加载过程。

施工阶段可在“水位”或“分步施工”模式下进行定义。第一个计算阶段（初始阶段）通常为利用“重力加载”或“K_0 过程”对初始几何模型进行初始应力场计算。还有一种情况是，进行单地下水渗流计算。初始阶段之后，可定义后续计算阶段，在每个计算阶段中需选择计算类型。

对于变形计算，计算类型包括塑性、固结、完全流固耦合和安全性计算。

7.1 网格生成——网格模式

要进行有限元计算，需将几何模型划分为多个单元，组成有限元网格。PLAXIS 3D 网格划分在“网格”模式下进行，一方面，网格需足够细以得到足够精确的数值计算结果；另一方面，也应避免网格过细，而导致计算时间过长。PLAXIS 3D 中网格划分是完全自动的，网格生成过程中会自动考虑土层、结构对象、荷载以及边界条件。

PLAXIS 3D 有限元网格的基本土体单元为 10 节点四面体单元（见图 7-1）。

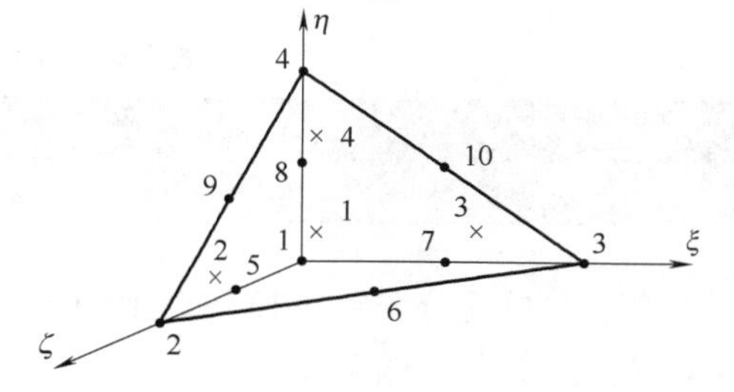

图 7-1　3D 土体单元（10 节点四面体）

除了土体单元外，还有其他一些特殊单元用以模拟结构行为。例如梁，使用 3 节点线单元，与土体单元的 3 节点边相互兼容。而 6 节点板单元和土工格栅单元分别用于模拟板和土工格栅的行为。此外，12 节点界面单元用于模拟土-结构相互作用。

在“网格”模式下单击侧边工具栏中的“创建网格”按钮“”，或在“网格”菜单中选择相应选项，弹出“网格选项”窗口（见图7-2），定义网格疏密度。设置完成后，单击“确认”按钮，生成网格。

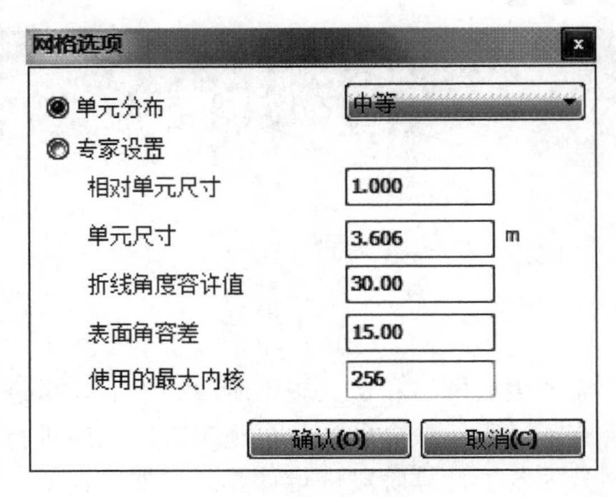

图7-2 “网格选项”窗口

7.1.1 全局设置

PLAXIS 3D 的网格生成器需要一个全局网格参数来代表目标单元尺寸 L_e。在 PLAXIS 3D 中，该参数根据几何模型外边界尺寸（x_{min}、x_{max}、y_{min}、y_{max}、z_{min}、z_{max}）和在“网格选项”窗口内“单元分布”下拉列表中选择的单元疏密度来计算。目标单元尺寸由下式计算得到

$$L_e = \frac{r_e}{20} \times \sqrt{(x_{max} - x_{min})^2 + (y_{max} - y_{min})^2 + (z_{max} - z_{min})^2} \tag{7-1}$$

目标单元尺寸或平均单元尺寸（L_e），可在“输出”程序中的“项目”菜单下选择“一般项目信息”进行查看。该值基于“相对单元尺寸系数（r_e）”计算。单元分布全局疏密度分为5个等级，程序默认单元分布为“中等”，用户可选择其他疏密度以使网格全局细化或粗化。

程序预定义的5个全局疏密度所对应的相对单元尺寸系数 r_e 的取值见表7-1。

表7-1 相对单元尺寸系数 r_e 的取值

全局疏密度	很　粗	粗	中　等	细	很　细
r_e	2.0	1.5	1.0	0.7	0.5

除了“单元分布”下拉列表中的选项，还可以使用“专家设置”来定义网格划分，可定义内容如下（见图7-2）：

1）相对单元尺寸。即相对单元尺寸系数（r_e），其定义如前所述，默认值为1.0。

2）单元尺寸。即目标单元尺寸（L_e），其定义如前所述。

3）折线角度允许值。折线角度允许值用于定义网格与模型中已有几何线之间的精确度，默认值为30°。折线角度允许值越大，则网格越粗糙，多段线越不精确。折线角度允许值越小，网格越细密，多段线越精确。该参数对曲线很重要。

4）表面角容差。表面角容差用于定义网格与模型中的几何面之间的精确度，默认值为

15°。表面角容差越大，网格越粗糙、面越不精确；表面角容差越小，网格越细密，面越精确。该参数对非平面比较重要。可根据模型几何形状定义适当值。

“网格选项”窗口底部的“使用的最大内核”一栏用于指定 PLAXIS 3D 在网格生成过程中所能使用的最大计算机内核数量，该值默认为 256，以保证对计算机内核的最大限度应用。

7.1.2 局部加密

对于可能发生较大应力集中或较大变形的部位，应生成较细密精确的有限元网格，而其他部位可能无需加密。这种情况常常出现在几何模型中包含结构对象的边或角的时候。

网格局部加密的程度与局部加密系数有关，可为每个几何对象指定该系数的值。该系数表示与“单元分布”参数定义的目标单元尺寸相比而言的相对单元尺寸。对大多数几何对象默认“加密系数”为 1.0，对结构对象和荷载默认“加密系数”为 0.5。“加密系数”为 0.5 使得单元尺寸减小为目标单元尺寸的一半。选中几何对象，在“选择浏览器”中单击“加密系数”，可更改其取值，可更改范围为 0.0625 ~ 8.0。加密系数大于 1.0 将使网格粗化。

1）局部加密网格。单击“加密网格”按钮“”，然后选择要加密的几何对象（体、面、线、点）；或者右击几何对象，在右键菜单中选择“加密网格”。

2）局部粗化网格。单击“粗化网格”按钮“”，然后选择要粗化的几何对象（体、面、线、点）；或者右击几何对象，在右键菜单中选择“粗化网格”。

3）重置某几何对象局部疏密度。在绘图区或“选择浏览器”中右击几何对象，在右键菜单中选择重置选项“”。

提示：在“网格”模式下，不会显示材料数据组的颜色，整个模型显示为深灰色。加密和粗化的对象分别显示为绿色和黄色。几何对象的网格加密越多，显示的绿色越浅。几何对象的网格粗化越多，显示的黄色越浅。

7.1.3 网格划分建议

三维有限元计算非常耗时，计算时长很大程度上取决于用到的单元数量。当使用大量三维单元时，模型有可能会过大以至于无法匹配计算机的内存（RAM）。因此，在生成三维有限元网格时应十分谨慎，尽量避免单元数量过大。

另一方面，为得到足够精确的变形，对模型的单元数量是有一定要求的。如果要得到较精确的破坏荷载、承载力或结构内力，对单元数量的要求更高。当判断三维有限元网格的精确性时，需考虑到三维单元的二次插值函数。因此，它们比线性单元更加精确，但与 PLAXIS 2D 中的 15 节点单元相比精确性还是要差一些。

为了执行高效的有限元计算，可先采用较粗糙的网格进行初步计算分析，即把相对单元尺寸系数设大一点。该初步分析可用于检查模型边界范围是否足够远，并大致确定应力集中和较大变形梯度的部位，然后可据此建立更加细化的有限元模型进行细致的计算分析。

7.1.4 查看网格

生成网格后，单击“查看网格”按钮“ ”，会在“输出”程序的“单元关联图”中显示包括结构在内的全三维网格。建议对网格质量进行检查，在“输出”程序的“网格”菜单下选择相应选项即可。

> **提示：** 虽然界面单元为零厚度单元，但网格中的界面是按一定厚度显示的，以此表示土体单元、结构单元和界面单元之间的联系。如需更改界面的显示厚度，可在“输出”程序的绘图区中右击，从右键菜单选择“缩放”，然后手动设置缩放因子（见 8.3.7 节）。

7.1.5 选择曲线点

生成网格后开始计算之前，可选择一些点来监测某一变量在计算过程中的发展变化情况，计算完成后可以据此绘制相关曲线以便于分析结果（按钮为“ ”），详见 10.1 节。

7.2 定义计算阶段

PLAXIS 3D 有限元计算过程一般可分为若干连续的计算阶段，每个计算阶段对应一个加载或施工阶段。施工阶段可在“分步施工”模式下定义，定义好的阶段列于“阶段浏览器”中。

7.2.1 阶段浏览器

PLAXIS 3D 项目中定义的施工阶段显示在“阶段浏览器”中。“阶段浏览器”在“计算”模式（包括“网络”、“水位”和“分步施工”三种模式）下可见，但在“网格”模式下不可编辑，“阶段浏览器”的一般视图如图 7-3 所示。

图 7-3 阶段浏览器

提示：对于一个新建项目程序会自动添加初始阶段，而且初始阶段不能删除。

1. 工具栏

工具栏中的按钮可用于添加新阶段、删除阶段以及进入“阶段”窗口进行阶段定义，详见表7-2。

表7-2 “阶段浏览器”工具栏中的按钮

按　钮	名　称	说　明
	添加阶段	要添加一个新计算阶段（子阶段），可先选择一个参考阶段（母阶段），然后单击“添加阶段”按钮，则在母阶段之下添加一个新阶段
	插入阶段	单击“插入阶段”按钮，可在选中的阶段前插入一个新阶段。插入的新阶段成为之前选中阶段的母阶段，而原始母阶段成为新插入阶段的母阶段 用户应对插入阶段进行定义，与直接在阶段列表最后添加新阶段的定义方法相同。新阶段默认与母阶段的设置相同，可对其进行不同的定义。插入新阶段后，后续阶段需要重新定义，因为初始条件已改变，这会影响后续阶段
	删除阶段	选中某个阶段，然后单击“删除阶段”按钮可删除该阶段。在删掉一个计算阶段之前，应检查还有哪些与其相关联的阶段会删掉。被删阶段的母阶段会自动成为新的母阶段。不过，此时仍然需要对调整过的阶段重新定义，因为初始条件发生了改变
	编辑阶段	选中阶段然后单击“编辑阶段”按钮，或双击该阶段，会弹出“阶段”窗口，可对该阶段进行定义
	复制阶段	该选项阶段的一般信息复制到剪切板。阶段属性视为阶段一般信息，可在“阶段”窗口的“一般”子目录下查看

除了“阶段浏览器”中的按钮之外，还可利用右键快捷菜单来修改阶段（见图7-4）。

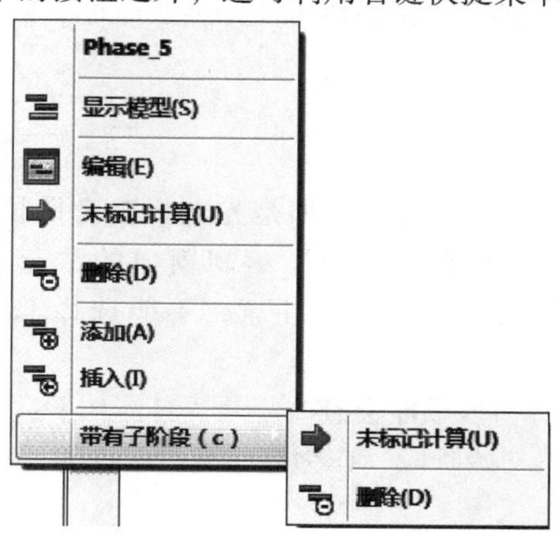

图7-4 “阶段浏览器”右键菜单展开视图

2. 计算状态提示

某个计算阶段的计算状态由其在“阶段浏览器”列表中的相应符号来表示，详见表7-3。

表7-3 阶段计算状态的符号表示

符　号	说　明
(▶)	将要计算该阶段
(●)	不计算该阶段
(✓)	本阶段已成功计算完成，计算中未出现错误
(!)	在程序某些假定的前提下计算完成本阶段。在“阶段”窗口的“最后计算步记录信息框”中会显示相关信息
(×)	计算失败，在“阶段”窗口的“最后计算步记录信息框”中会显示相关信息
(?)	计算失败，但仍可进行子阶段的计算。在“阶段”窗口的“最后计算步记录信息框”中会显示相关信息

3. 阶段名称

“阶段浏览器”中会显示阶段的ID，阶段的ID由阶段标号和阶段名称两部分组成（阶段编号部分在方括号内）。阶段编号由程序自动连续编号，用户无法更改。用户可在“阶段”窗口中修改阶段ID的阶段名称部分（见7.7.1节）。

4. 计算类型标识

某个计算阶段计算类型、加载类型和孔压计算类型通过“阶段浏览器”中阶段ID旁边的相应图标来表示。

7.2.2 计算阶段顺序

计算阶段的顺序有两种定义方式：一种是先选择参考阶段（母阶段），然后以其为起始阶段添加新阶段；另一种是在“阶段”编辑窗口的“起始阶段”下拉菜单中选择参考阶段。程序默认前一阶段为母阶段。注意，不能选择本阶段之后的阶段作为起始阶段。

在某些特殊情况下，计算阶段顺序会有些复杂，具体如下：

1）有多个阶段都选择“初始阶段”作为起始阶段，例如要在同一项目中分别考虑不同加载大小或不同加载顺序。

2）某一特定情况下，采用逐渐增大荷载直至土体破坏的方法来确定安全储备。此时如果继续进行施工过程模拟，则后续阶段应从加载至土体破坏前一施工阶段开始，而不是从加

载至土体破坏的阶段开始。

3）当对某个施工阶段进行安全性分析，即计算类型为“安全性”，一般情况下这种阶段会达到破坏状态。如果继续进行施工过程模拟，后续阶段应从安全性分析阶段的前一施工阶段开始，而不是从安全性分析阶段开始。对某施工阶段的安全性分析也可以在计算过程的最后进行，此时要选择这个施工阶段，作为安全性分析阶段的“起始阶段”。

7.2.3 阶段窗口

PLAXIS 3D 项目的计算会涉及很多控制计算过程的参数，这些参数可在“阶段”窗口中进行编辑。“阶段”窗口中以两种视图形式显示阶段信息，单击“复制”按钮右侧的图标“▥”或“▭”可进行切换。

该图标显示为“▥”时，“阶段”窗口中的信息分三个面板列出（见图 7-5）。最左侧面板显示“阶段浏览器”，列出所有计算阶段及其之间的关系。中间面板显示在左侧面板中选中的计算阶段的相应信息。最右侧面板显示选中阶段最新的计算记录信息，并提供空白框用于填写注释。

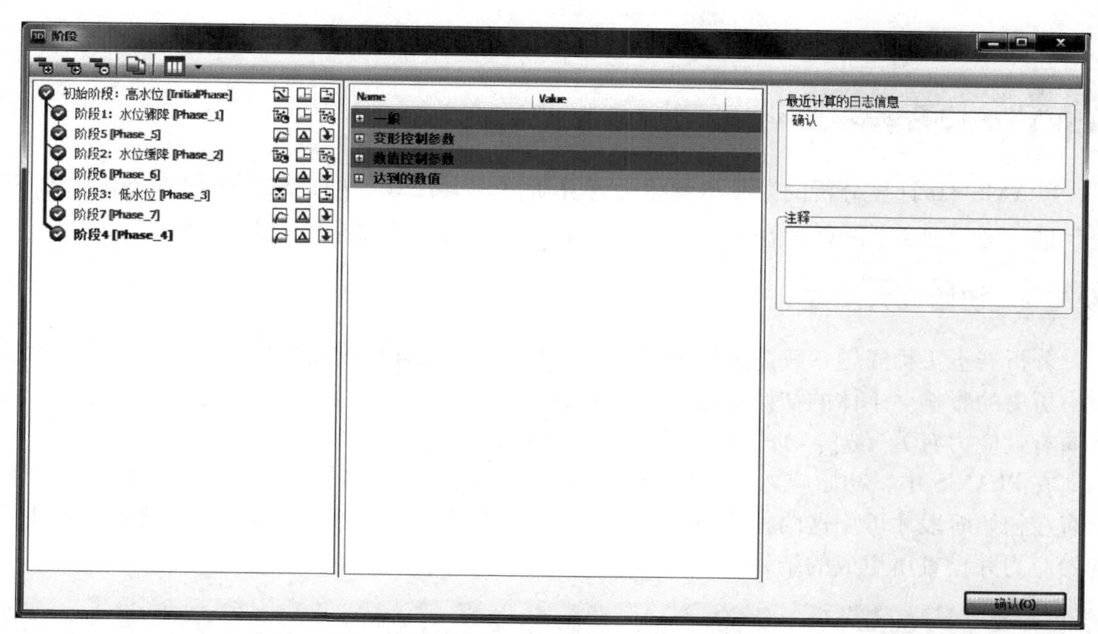

图 7-5 “阶段”窗口下的“所有面板”视图

图标显示为“▭”时，“阶段”窗口中会以“表格”视图显示所有计算信息（见图 7-6），便于比较不同阶段的参数差异。

在“阶段”窗口中，对每个阶段至少需指定“计算类型”和“加载类型”。PLAXIS 3D 给出的计算控制参数默认值可适用于一般情况，用户可根据需要修改这些参数取值。本章接下来的内容将详细介绍 PLAXIS 3D 中可用的计算类型和计算参数。

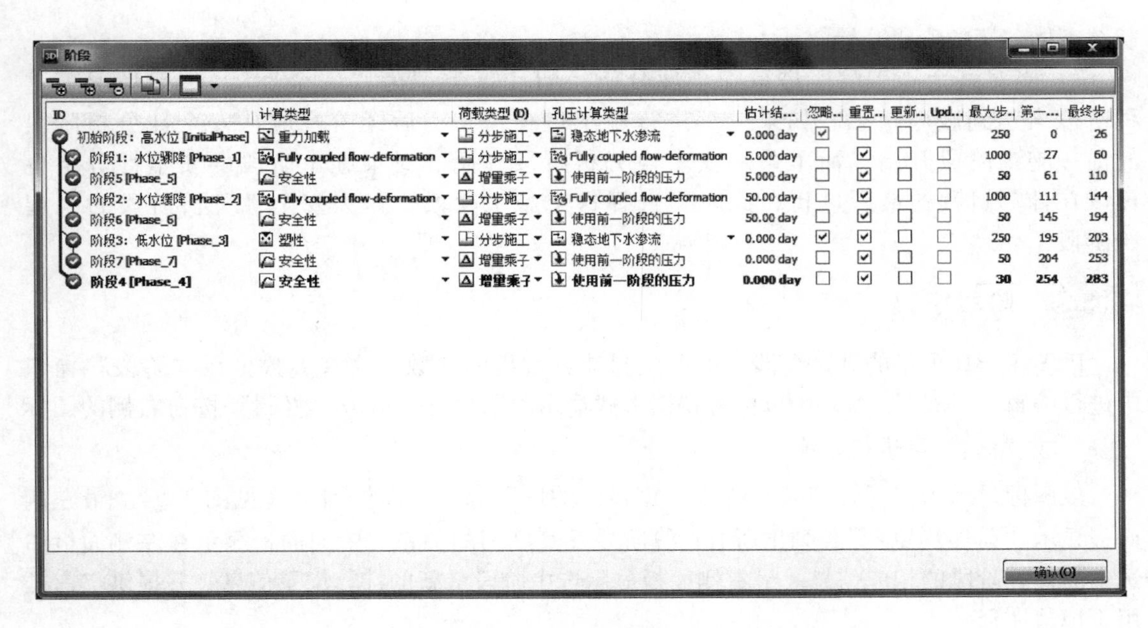

ID	计算类型	荷载类型 (D)	孔压计算类型	估计结...	忽略..	重置..	更新..	Upd...	最大步..	第一...	最终步
初始阶段：高水位 [InitialPhase]	重力加载	分步施工	稳态地下水渗流	0.000 day	☑	☐	☐	☐	250	0	26
阶段1：水位骤降 [Phase_1]	Fully coupled flow-deformation	分步施工	Fully coupled flow-deformation	5.000 day	☐	☑	☐	☐	1000	27	60
阶段5 [Phase_5]	安全性	增量乘子	使用前一阶段的压力	5.000 day	☐	☑	☐	☐	50	61	110
阶段2：水位缓降 [Phase_2]	Fully coupled flow-deformation	分步施工	Fully coupled flow-deformation	50.00 day	☐	☑	☐	☐	1000	111	144
阶段6 [Phase_6]	安全性	增量乘子	使用前一阶段的压力	50.00 day	☐	☑	☐	☐	50	145	194
阶段3：低水位 [Phase_3]	塑性	分步施工	稳态地下水渗流	0.000 day	☑	☑	☐	☐	250	195	203
阶段7 [Phase_7]	安全性	增量乘子	使用前一阶段的压力	0.000 day	☐	☑	☐	☐	50	204	253
阶段4 [Phase_4]	安全性	增量乘子	使用前一阶段的压力	0.000 day	☐	☑	☐	☐	30	254	283

图 7-6 “阶段”窗口下的“表格”视图

7.3 分析类型

PLAXIS 3D 计算分析的第一步就是为计算阶段定义计算类型，对初始阶段可选“K_0 过程”或“重力加载”，对其他阶段可选“塑性”、“固结”、“安全性”和“动力”。

7.3.1 初始应力生成

分析岩土工程问题一般需要先确定初始应力分布。土体中的初始应力受材料的重度及其应力历史的影响。土体的初始应力状态通常用竖向有效应力 $\sigma'_{v,0}$ 表征，水平有效应力 $\sigma'_{h,0}$ 与竖向有效应力有关（$\sigma'_{h,0}=\sigma'_{v,0}K_0$，其中 K_0 为侧压力系数）。

在 PLAXIS 中，初始应力可以通过“K_0 过程”或者“重力加载”两种方式生成。注意，只有在初始阶段才可用这两种选项。强烈建议用户在定义或执行其他计算阶段之前首先生成初始应力并检查所生成的结果。

提示： 一般来讲，当地表水平，且土层及水位线与地表平行时，可使用“K_0 过程”生成初始应力；在其他任何情况下，都应该使用“重力加载”来生成初始应力。

图 7-7 所示为非水平表面、非水平重力分布的几种情况。

1. K_0 过程

“K_0 过程”（按钮“”）是 PLAXIS 3D 中用来生成初始应力的一种特殊的计算方法，并且可以考虑土体的荷载历史。生成初始应力的参数在“土和界面”材料数据组中的“初

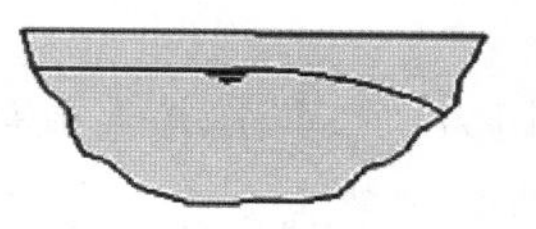
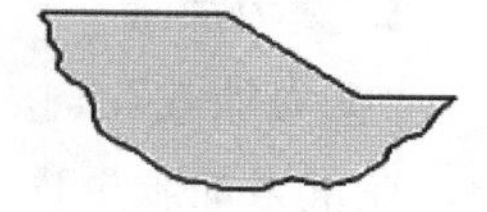

图7-7 非水平表面、非水平重力分布的几种情况

始”选项卡下进行定义。

在 PLAXIS 3D 中可定义两个 K_0 值，一个为 x 方向，一个为 y 方向，即

$$K_{0,x}=\sigma'_{xx}/\sigma'_{zz}，K_{0,y}=\sigma'_{yy}/\sigma'_{zz} \tag{7-2}$$

应用中通常假定正常固结土的 K_0 与摩擦角有关，根据 Jaky 经验公式计算 K_0，即

$$K_0=1-\sin\varphi \tag{7-3}$$

对于超固结土，K_0 可能会比上式所得数值大些。

当采用莫尔-库仑模型模拟土体行为时，PLAXIS 3D 的 K_0 默认值就是基于 Jaky 经验公式计算得到。当采用高级土体模型（如土体硬化模型、小应变土体硬化模型、软土模型、软土蠕变模型和修正剑桥黏土模型）时，K_0 默认值还会受超固结比（OCR）或预超载压力（POP）的影响。

$$K_{0,x}=K_{0,y}=K_0^{nc}OCR-\frac{\nu_{ur}}{1-\nu_{ur}}(OCR-1)+\frac{K_0^{nc}POP-\frac{\nu_{ur}}{1-\nu_{ur}}POP}{|\sigma_{zz}^0|} \tag{7-4}$$

如果 K_0 太小或者太大，可能会导致初始应力违背莫尔-库仑破坏条件。此时 PLAXIS 3D 会自动减小侧向应力使得其遵循破坏条件，因此这些应力点处于塑性状态，被标记为塑性点。校正后的应力状态遵循破坏条件，但得到的应力场可能不平衡。一般建议生成的初始应力场不包含莫尔-库仑塑性点。

提示： 在“输出”程序中显示初始有效应力后，从“应力”菜单下选择“塑性点”选项，可查看塑性点分布。

对于无黏性土，要避免土体呈塑性状态，有一个简单的判别方法，就是判断 K_0 值是否满足下式

$$\frac{1-\sin\varphi}{1+\sin\varphi}<K_0<\frac{1+\sin\varphi}{1-\sin\varphi} \tag{7-5}$$

使用 K_0 过程，PLAXIS 将根据土体自身的平衡生成竖向应力，而水平应力将根据给定的 K_0 值生成。K_0 的数值可以保证不发生塑性，但这并不保证整个应力场处于平衡状态。只有在土层水平、水位线水平时整个应力场才会平衡。如果应力场需要小幅度平衡校正，可以引入后面将提到的“塑性零加载步”计算方法。如果利用“K_0 过程”生成的初始应力场明显不平衡，则应采用“重力加载”方法来计算初始应力。

使用“K_0 过程”计算完成后，土体自重全部被激活，在其他计算阶段中不可更改土的重度。

2. 重力加载

“重力加载”（按钮为“”）是生成初始应力的另一种方法，属于“塑性”计算的一种，在重力加载过程中，将激活土的重度并生成初始应力。在这种情况下，如果采用理想弹塑性本构模型（如莫尔-库仑模型），则侧向应力和竖向应力之间的比值 K_0 取决于给定的土体材料的泊松比。因此为了能得到符合实际的 K_0 值，选择适当的泊松比很重要。必要时，可以在重力加载中单独采用一种材料数据组，选择适当的泊松比以获得符合实际的 K_0 值，在后续计算中再更改为其他材料组。对一维压缩弹性计算按下式得到泊松比

$$K_0 = \frac{\nu}{1-\nu} \tag{7-6}$$

按照式（7-6），如果要求 K_0 值大小为0.5，那么泊松比应为0.333。由于泊松比的数值应该低于0.5，所以使用重力加载时 K_0 值是不可能大于1的。如果要求 K_0 值大于1，则需要模拟土体的加载历史，并在加载和卸载中使用不同的泊松比或使用“K_0 过程”直接给定 K_0 值。

当使用高级土体模型时，重力加载后得到的 K_0 值与材料数据组中的 K_0^{nc} 对应。

提示： 在初始阶段中，如果土体为不排水材料且使用“重力加载”生成初始应力时，需选中“忽略不排水行为”。使用“重力加载”生成初始应力后，在下一个计算阶段中需选中“重置位移为零”，清除初始应力生成过程中所产生的位移，重置位移后，应力依然保留。

某些情况下，在重力加载过程中会产生塑性点。例如无黏性土的一维压缩中，除非满足式（7-7）条件，否则会出现莫尔-库仑塑性点。

$$\frac{1-\sin\varphi}{1+\sin\varphi} < \frac{\nu}{1-\nu} < 1 \tag{7-7}$$

3. 初始应力结果

生成初始应力后，可查看初始有效应力和塑性点分布图。

当 K_0 与1.0相差过大时有可能会导致初始应力状态违背莫尔-库仑准则。如果塑性点分布图中显示的红色塑性点（即莫尔-库仑点）过多，则需将 K_0 的数值调整到接近1.0重新计算。

如果生成初始应力后出现少量塑性点，建议执行塑性零加载步。当使用土体硬化模型并定义了正常固结初始应力状态（$OCR = 1.0$，$POP = 0.0$）时，塑性点分布图中将出现很多硬化点，这只表明土体处于正常固结状态，用户可以不必在意。

4. 单地下水渗流

使用该选项可进行饱和与非饱和条件下的单地下水渗流计算，只能在“初始阶段”选择该项。注意，初始阶段的计算类型选择“单地下水渗流”选项后，后续计算阶段的“计算类型”将会自动设为“单地下水渗流”且显示为灰色，表明无法更改。如果初始阶段的“计算类型”没有指定为“单地下水渗流”，则后续阶段也不能指定为“单地下水渗流”。

当初始阶段计算类型选为“单地下水渗流”后，其“孔压计算类型”自动设为“稳态地下水渗流”，无其他选项。

5. 塑性零加载步

如果“K_0过程”生成的初始应力场不平衡或出现了塑性点，那么可以引入“塑性零加载步”。“塑性零加载步”是一个不施加任何其他荷载的计算阶段，执行该阶段后，应力场会达到平衡，并且所有的应力都符合破坏条件。

如果“K_0过程”所生成的初始应力场非常不平衡，执行“塑性零加载步”也可能无法收敛，比如对非常陡的边坡采用“K_0过程”就会生成不平衡的初始应力场，此时应该采用“重力加载”方法生成初始应力。

值得注意的是，在“塑性零加载步”执行过程中产生的位移不能影响后续计算，因此在下一个计算阶段中应该选择“重置位移为零”。

7.3.2 塑性计算

“塑性”计算（按钮为“”）用来执行弹塑性变形分析，可以不考虑孔压随时间的变化。在未选中“更新网格”的情况下采用小变形理论进行计算，“塑性”计算中的刚度矩阵基于初始未变形的几何模型建立。“塑性”计算适用于大多数岩土工程问题。

虽然可以指定时间间隔，但“塑性计算”中并不考虑时间效应，仅当使用软土蠕变（SSC）模型时除外。以饱和黏土快速加载为例，“塑性计算”一般用于完全不排水的情况。完全不排水计算可以使用“不排水（A）”、“不排水（B）”、“不排水（C）”等选项实现。另一方面，执行完全排水分析可得到长期沉降，虽然不能精确描述加载历史，也不能显式处理固结过程，但仍可对最终状态作出较准确的预测。

勾选“忽略不排水行为”，可在计算中暂时不考虑不排水行为［不排水（A）、不排水（B）］和水的刚度，进行弹塑性变形分析。注意，“忽略不排水行为”对排水类型设为“不排水（C）”的材料不起作用。

改变几何模型后，可以重新定义每一个计算阶段的水力边界条件，然后重新计算孔压。

在“塑性”计算中，荷载组合、应力状态、重度、单元强度和刚度等的变化都可视为加载，在“分步施工”（按钮为“”）模式下激活这些荷载、几何形状及孔压分布的变化。此时，计算阶段末将会达到的荷载水平由“分步施工”模式下新指定的几何形状、荷载分布、孔压分布等来决定。

“塑性”计算阶段可用的“孔压计算类型”有：“潜水位”、“使用前一阶段的孔压”和“稳态地下水渗流”。

7.3.3 固结计算

当需要分析饱和黏性土中超孔压随时间的发展消散过程时，可执行“固结”计算（按钮为“”）。PLAXIS 3D 能进行真正的弹塑性固结分析。一般在不排水塑性计算后执行固结分析（不再加荷载），在固结分析中可以施加荷载。在接近破坏时需要注意，此时可能迭代不收敛。固结分析需要针对超孔压设置附加边界条件。

提示： 在PLAXIS 3D中，总孔压分为稳态孔压和超孔压。稳态孔压由各阶段中指定给土层的水力条件生成，超孔压是由不排水土体行为［不排水（A）或不排水（B）］或固结计算生成。在PLAXIS 3D中固结分析只会影响超孔压。固结分析不影响“不排水（C）”材料。

在PLAXIS 3D中执行“固结”分析，有以下选项可用：

1）分步施工（按钮为“”）。对于土体固结以及同时发生的加载行为，如荷载组合、应力状态、重度、单元强度和刚度等等的改变，可通过“分步施工”更改荷载、几何形状、更改孔压分布等来实现。此时需为“时间间隔”参数指定数值，表示当前计算阶段中施加的总固结期。固结计算中使用的第一时间增量基于“数值控制参数”子目录下的“第一时间步”参数。如果进行的固结计算中没有发生附加荷载，同样要选择“分步施工”选项。

2）最小孔压（按钮为“”）。如果要在无附加荷载作用下进行固结计算，直至超孔压消散至某最小值以下，需指定“最小孔压”参数。默认情况下，“最小孔压”设为1个应力单位，用户可以修改。注意，“最小孔压”参数为绝对值，即对压力和拉力都适用。事先无法确定达到最小孔压所需的时间，所以此时无需输入“时间间隔”。固结计算中使用的第一时间增量基于“数值控制参数”子目录下的“第一时间步”参数。

3）预期固结度|*P*-stop|（按钮为“”）。如果要在无附加荷载作用下进行固结计算，直至达到某预期固结度，则需指定预期固结度|*P*-stop|。默认情况下，|*P*-stop|设为90.0%，用户可以修改。此时无需输入“时间间隔”，因为事先无法确定达到预期固结度所需的时间。固结计算中使用的第一时间增量基于“数值控制参数”子目录下的“第一时间步”参数。

7.3.4 完全流固耦合分析

如果需要分析水力边界条件随时间变化的情况下，饱和土或部分饱和土中变形与孔压的同步发展情况，可执行“完全流固耦合”分析（按钮为“”）。例如坝体后方库水位骤降、波浪对堤坝的作用、部分排水开挖、建筑场地降水等就属于这种情况。固结分析主要针对超孔压，与之相比，完全流固耦合分析直接针对总孔压，即包括了稳态孔压和超孔压。完全流固耦合分析中为了与其他计算类型保持一致性，稳态孔压基于计算阶段结束的水力条件来计算，从而根据总孔压来反算超孔压。

原则上，完全流固耦合分析会考虑潜水位以上非饱和区内的非饱和土行为及其吸力。不过，非饱和区中的正孔压可通过使用“忽略吸力”选项来进行限制。

提示： 在完全流固耦合分析中不能使用“更新网格”选项。

7.3.5 安全性计算（强度折减）

PLAXIS 3D中的“安全性”（按钮为“”）计算类型用于计算整体安全系数，在“一

般”选项卡下的“计算类型”下拉列表中可选择该选项。

在 PLAXIS 3D 的“安全性”计算中，土的强度参数 $\tan\varphi$ 和 c 逐步减小，直到土体发生破坏。原则上，剪胀角 ψ 不受以上强度折减过程的影响，但剪胀角永远不能大于摩擦角。当摩擦角 φ 折减到等于给定的剪胀角时，对摩擦角的进一步折减就将引起剪胀角同步折减。如果模型中使用了界面单元，其强度也按同样的方式进行折减。板和锚杆等结构单元的强度，不受安全性（强度折减）计算的影响。

安全性分析中某个计算阶段的土的强度参数值通过总乘子 $\sum Msf$ 定义，即

$$\sum Msf = \frac{\tan\varphi_{\text{input}}}{\tan\varphi_{\text{reduced}}} = \frac{c_{\text{input}}}{c_{\text{reduced}}} = \frac{s_{\text{u,input}}}{s_{\text{u,reduced}}} \tag{7-8}$$

式（7-8）中，带下标“input”的强度参数是指在材料组中输入的值；带下标“reduced”的强度参数是指在分析中采用的折减值。安全性计算刚开始时，所有的材料强度参数取其输入值，即 $\sum Msf$ 为 1.0。

PLAXIS 3D 采用加载步数法进行“安全性”计算。增量乘子 Msf 用来定义第一个计算步的强度减小的步长，该步长默认值为 0.1，这个初始值一般是合适的。强度参数自动逐步折减，直到执行完附加步数为止。附加步数默认等于 100，需要的话附加步可以提高到 10000。执行完最后一个计算步后，一定要检查模型中是否完全达到了破坏状态。如果达到了完全破坏，安全系数 SF 由下式计算得出

$$SF = \text{可用强度/破坏强度} = \text{破坏时的} \sum Msf \text{值} \tag{7-9}$$

某个特定计算步的 $\sum Msf$ 值，可以在“输出”程序的“项目”主菜单下选择“计算信息”选项来查看。建议通过绘制强度折减总乘子与位移的关系曲线查看整个计算中 $\sum Msf$ 的发展，通过这种方式可以检查随着变形的发展 $\sum Msf$ 是否达到了一个常量，即破坏机制是否已完全发展。如果没有完全达到破坏，需要增大附加计算步重新计算。

要精确捕获土体的破坏，需要在迭代过程中采用“弧长控制”，并且采用不大于 1% 的“允许误差”，迭代过程的默认设置满足这两个条件。

提示： 如果在执行“安全性”分析时没有使用“弧长控制”，折减系数 $\sum Msf$ 无法下降，则可能会过高估计安全系数。

当安全性分析和高级岩土本构模型结合使用时，这些模型实际上将退化为标准的莫尔-库仑模型，因为安全性分析当中不考虑刚度的应力相关性以及土体硬化效应。这种情况下，刚度在计算阶段开始时基于起始应力进行计算，此后一直保持为常量直至该计算阶段结束。注意，如果使用修正剑桥黏土模型，强度不会折减，因为该模型的参数中不包括黏聚力或摩擦角。

提示： 1）如果使用节理岩体模型，所有面上的强度将随乘子 $\sum Msf$ 折减。
2）修正剑桥模型中的强度不随“安全性”分析进行折减。
3）当“安全性”分析与用户自定义模型一起使用时，这些模型中的所有参数都不会折减。

强度折减法与传统的圆弧滑移分析通常采用的安全系数的计算方法相类似。

“安全性”计算中可用选项有：

1）总乘子“Σ”。“安全性”分析通过折减土和界面强度参数直至总乘子$\sum Msf$达到目标值。程序会先寻找一个安全值（阶段总乘子$\sum Msf$），然后在越过目标值之前重新计算最后一步，最终达到目标值。

2）增量乘子“Δ”。“安全性”分析通过逐步折减土和界面强度参数进行计算，第一计算步的强度折减增量Msf默认为0.1，用户可以修改。

1. 霍克-布朗模型中的强度因式分解

当采用霍克-布朗模型描述岩石的力学行为时，由于霍克-布朗模型中采用的破坏准则不再是莫尔-库仑准则，故其“安全性”计算过程与采用其他本构模型时稍有差别。为了使霍克-布朗模型定义的安全系数与莫尔-库仑模型定义的安全系数等效，可按下式重新构建霍克-布朗屈服函数，使其包括强度折减系数$\sum Msf$。

$$\left.\begin{aligned}
&f_{\mathrm{HB}}=\sigma_1'-\sigma_3'+\bar{f}_{\mathrm{red}}(\sigma_3')\\
&\bar{f}_{\mathrm{red}}=\frac{\bar{f}}{\eta}=\frac{\sigma_{\mathrm{ci}}}{\eta}\left(m_{\mathrm{b}}\frac{-\sigma'_3}{\sigma_{\mathrm{ci}}}+s\right)^{\mathrm{a}}\\
&\eta=\frac{1}{2}\left(\sum Msf(2-\bar{f}')\sqrt{1+\frac{\left(\frac{1}{\sum Msf^2}-1\right)\bar{f}'^2}{(2-\bar{f}')^2}}+\bar{f}'\right)\\
&\bar{f}'=\frac{\partial\bar{f}}{\partial\sigma_3'}=-am_{\mathrm{b}}\left(m_{\mathrm{b}}\frac{-\sigma_3'}{\sigma_{\mathrm{ci}}}+s\right)^{a-1}
\end{aligned}\right\}\tag{7-10}$$

2. 更新网格

“安全性”计算中对模型几何形状的考虑取决于在安全性分析阶段的母阶段中是否选择了“更新网格”选项，如果选择了“更新网格”，那么在本阶段安全性计算中就会考虑母阶段结束时的几何形状。

在安全性计算过程中，即使勾选了“更新网格”选项，在每个荷载步开始时也不会更新网格。

7.3.6 动力计算

当需要考虑土体中应力波或振动作用时，应选择PLAXIS 3D的“动力”选项（按钮为“”）进行动力分析。PLAXIS 3D中可以在一系列塑性计算后执行动力分析，动力荷载通过动力荷载输入值与相应的动力荷载乘子的乘积来施加。在动力计算中除了可以施加动力荷载或动力指定位移，还可以定义吸收（黏性）边界条件（详见7.9.9）。

对于一个当前处于相对稳定状态的物理系统来说，如果将系统中某个现有的荷载移除掉，系统可能会产生自由振动，这一过程可以通过自由振动分析来实现。自由振动是PLAXIS 3D动力计算类型之一，要执行自由振动分析，需将前一计算阶段中处于激活状态的外部静荷载冻结。

PLAXIS 3D“动力”分析中，需先定义外部荷载作为动力荷载输入值，然后在“分步施工”模式下激活该动力荷载对应的动力乘子，从而真正激活动力荷载。

提示：1）动力分析中不能使用“更新网格”选项。

2）动力计算中的稳态孔压通常由母阶段中生成的稳态孔压获得。在动力分析中可以计算不排水土体中的超孔压，但生成孔压的准确性取决于所用土体本构模型的性能。

7.3.7 塑性零加载步

塑性计算除了可以模拟加载、卸载等情况外，也可以用来执行塑性零加载步。塑性零加载步是一个不施加荷载增量的计算阶段。在阶段列表中添加的所有新计算阶段，在修改计算类型、几何模型或荷载情况之前都为塑性零加载步。有些情况下，某个施工阶段计算完成后模型中仍然会存在较大的不平衡力，例如执行一个激活较大荷载的计算阶段（如重力加载）之后，或者使用K_0过程生成的初始应力场不平衡，或者产生塑性点的情况，在这些情况下执行塑性零加载步后，应力场将处于平衡状态，所有应力将遵循破坏条件。此时不需要改变模型几何构造或水力条件。如果必要可在执行塑性零加载步时可以将允许误差减小，以提高平衡精度。

如果使用“K_0过程”生成的应力场明显不平衡，执行塑性零加载步可能不收敛，此时应采用重力加载法。

如果在生成初始应力后使用塑性零加载步，需确保在该过程中产生的位移不影响到后续计算，所以要在后续计算阶段中勾选“重置位移为零”选项来实现。

提示：塑性零加载步采用“分步施工”作为加载类型来消除模型中现有不平衡力，该计算中不能更改几何形状、荷载大小、荷载分布、孔压分布等。

7.3.8 更新网格分析

常规的有限元分析中，网格的几何变化对平衡条件的影响是可以忽略不计的，这在变形相对较小的情况下（大多数工程结构发生的变形都相对较小）是一个较好的近似处理方法。但是，也存在一些情况必须考虑网格变化的影响。需要采用更新网格分析的典型应用包括：有关加筋土结构的分析，大型近海工程基础的破坏问题的分析，以及软土和发生大变形问题的分析。

在有限元程序里运用大变形理论，需要考虑一些特殊因素：

1）需要在结构刚度矩阵中引入一些附加项以模拟结构的大变形对有限元方程的影响。

2）需要引入一种算法以正确模拟当材料发生有限转动时的应力变化。常常通过定义应力率（包含转动率项）来实现这一大变形理论的特性。从事该领域研究的一些科研工作者提出了几种应力率的定义，但是尚无一种能够完全满足工程分析的需要。PLAXIS 3D 采用的是 Kirchhoff 共转应力率（也称为 Hill 应力率），在剪应变没有过度发展的情况下，应用该应力率能得出较精确的结果。

3）在计算过程中需要更新有限元网格。在 PLAXIS 3D 中选择“更新网格”选项后，计算中会自动执行有限元网格更新。

综上所述，PLAXIS 3D 计算过程中的更新网格算法远远不止是对节点坐标的修正。这些算法实际上是基于更新 Lagrangian 算法（Updated Lagrangian formulation，Bathe，1982 年）。PLAXIS 采用了各种先进的技术来实现该算法，有关内容超出了本书的范围，感兴趣的读者可参阅 Van Langen（1991 年）的相关著作。

在三种基本计算类型（塑性分析、固结分析和安全性分析）中都可以选择使用更新网格分析以考虑大变形效应，此时可选中“更新网格”选项。但是，“更新网格”选项不能用于完全流固耦合分析和动力计算中。

需注意更新网格计算阶段的后续阶段不能为常规计算（即以更新网格计算阶段为起始阶段的计算阶段）不能是“常规”阶段。反过来，在计算后可以设置一个“更新网格”计算阶段，但此时需要选中“重置位移为零”选项。还有一点要注意，更新网格分析耗时较多也没有常规计算稳定，因此建议只有在特殊情况下才选用该方法。

提示： 网格边界处水力条件和应力点处孔压并不随网格更新而更新。

1. 分布荷载

更新网格计算中对变形边界上的分布荷载将按边界未变形一样，以保证当边界拉长或收缩合力不变。对于半径随着变形发展而变化的轴对称问题也是同样的处理方法。

2. 计算步骤

要执行更新网格分析，应在“阶段”窗口中的“变形控制参数”子目录下选中“更新网格”选项。执行更新网格计算采用的迭代算法与前述 PLAXIS 3D 中常规的塑性计算、固结计算等相类似。所以更新网格分析采用与塑性计算、固结计算相同的参数。但是为了考虑大变形效应，在每个荷载步开始的时候都要更新刚度矩阵。正是由于这一计算步骤、附加项以及更为复杂的计算公式，使得更新网格分析的迭代算法比常规的计算要慢得多。

3. 安全性计算

“安全性”计算中考虑的模型几何形状取决于母阶段是否选中了“更新网格”选项。如果安全性计算的母阶段中考虑了网格更新，则安全性计算中将会考虑母阶段结束时的几何形状。即使对“安全性”计算阶段选中了“更新网格”选项，在安全性计算中也不会在每个荷载步开始时更新网格。

4. 实际应用过程中要考虑的一些问题

对某一 PLAXIS 3D 计算项目而言，更新网格分析需要的计算时间要比等效的、常规的塑性计算更长一些，建议先进行效率较高的常规塑性计算，对模型进行检查、修正之后，再尝试采用更新网格分析得到更精确的结果。

至于什么情况下需要进行更新网格分析，什么情况只需进行常规分析即可，目前尚无统一实用的判别准则。这里介绍一种粗略的判断方法以供参考：首先进行常规计算（不考虑网格更新），然后在“输出”程序中使用“变形网格”选项显示常规计算结束时网格的变形情况（注意，要采用实际的缩放比例显示。）。如果模型几何形状变化很大，那么就可以推测几何效应可能较显著，此时应当选中“更新网格”选项重新进行计算。从常规塑性分析得出的变形尺寸，并不能完全确定几何效应重要与否。如果用户难以确定是否需要进行更新网格分析，唯一的办法就是执行更新网格分析，然后与常规分析的结果进行对比。

一般情况下，对重力加载过程不宜采用更新网格算法计算初始应力场。重力加载产生的位移没有物理含义，因此必须重置为零。而更新网格分析之后不可能再对位移重新归零，那样更新网格分析就失去了意义。所以，重力加载应该采用一般塑性计算来完成。

只有在位移重新归零的情况下，才能从一般的塑性计算或固结分析切换到更新网格分析。这是因为一系列的更新网格分析必须从没有发生变形的几何模型开始执行。反过来，不能从更新网格分析切换到一般的塑性计算或固结分析，因为这会忽略所有的大变形效果。

7.4 加载类型

在“阶段”窗口的“加载输入”下拉列表中可指定当前阶段的加载类型。在一个计算阶段中只能选择一种加载类型，可选的加载类型取决于本计算阶段的计算类型。

默认情况下，大多数计算类型的加载类型设为“分步施工”，此时可更改几何模型和荷载分布，例如可以激活或冻结荷载、结构和土体等。

提示： 对“单地下水渗流”计算类型，“加载类型”下拉列表不可用。

7.4.1 分步施工

“分步施工”加载类型（按钮为“”），可指定本计算阶段结束时要达到的新的状态。可以修改“水力条件”和“分步施工”模式下的水压分布、几何形状、荷载输入值和荷载分布等。“分步施工”选项还可用于执行塑性零加载步计算来消除不平衡力。此时，几何形状、荷载水平、荷载分布、水压分布等都不改变。

在指定施工阶段之前，应考虑计算阶段的“时间间隔”，以时间单位表示。非零时间间隔只在“固结”分析或使用时间相关模型（如软土蠕变模型）时才起作用。

由于执行分步施工计算采用“加载终极水平法”，计算过程受总乘子 $\sum Mstage$ 控制。该乘子起始值为0，在计算阶段结束时达到极限值1.0。注意，如果 $\sum Mstage$ 达到1.0时计算步未执行到“最大步数”定义的最大附加步数，则剩余的计算步不会执行。

在某些特殊情况下，可能需要将分步施工过程分解为多个计算阶段，并为 $\sum Mstage$ 指定中间值，如指定 $\sum Mstage < 1.0$，这仅用于“塑性”计算中。对于 $\sum Mstage < 1.0$ 的情况需多加注意，因为这意味着该阶段结束时存在不平衡力，这样的计算之后通常必须跟随另一个分步施工计算。

如果用户不给 $\sum Mstage$ 指定数值，程序通常假定 $\sum Mstage = 1.0$。在执行其他类型的计算之前，$\sum Mstage$ 必须先达到1.0，这可在“阶段”窗口下的“达到值”子目录中查看。

提示： 在塑性、固结、动力计算中可选“分步施工”作为加载类型。

7.4.2 最小孔压

“加载输入”下拉列表中的“最小孔压”选项（按钮为“ ”）是一个终止固结分析的准则。当最大超孔压绝对值低于指定值 |*P*-stop| 时，计算终止。注意，如果 |*P*-stop| 准则先行满足，则不会执行到由“最大步数”定义的最大附加步数。例如，当在荷载作用下最大超孔压达到某特定值时，用户可以确保固结过程继续进行直至所有节点超孔压值都低于 |*P*-stop|，前提是“最大步数”足够大。

提示：“最小孔压”加载类型仅对“固结”计算可用。

7.4.3 固结度

“固结度”选项（按钮为“ ”）是终止固结分析的另一种准则，当固结度低于设定值时计算终止。固结度是固结状态的重要表征，严格地说，固结度 U 定义为最终沉降的比例，尽管经常用于描述加载瞬间孔压消散至 $(100-U)\%$ 的比例。“固结度”选项可用于在任意分析中指定最终固结度。

“加载类型”设为“固结度”时，最小孔压（如前所述）由前一阶段中的最大超孔压和指定的“固结度（U）”定义：最小孔压 $=(100-U)P_{max}$。其中，P_{max} 为前一阶段中达到的最大超孔压，可在“阶段”窗口中的“达到值”子目录下查看。当最大超孔压绝对值低于上式计算得到的“最小孔压”时，计算终止。注意，如果“最小孔压”准则先行满足，则不会执行到由“最大步数”定义的最大附加步数。

提示：“固结度”加载类型仅对“固结”计算可用。

7.4.4 目标总乘子

加载类型为“目标总乘子”（按钮为“ ”）时，土和界面强度参数逐渐折减直至总乘子 $\sum Msf$ 达到目标值。程序先执行一次完全的安全性分析直至破坏状态，然后对达到目标总乘子 $\sum Msf$ 之前的最后一步重新计算以提高精度。

提示：“目标总乘子”加载类型仅对“安全性”计算可用。

7.4.5 增量乘子

加载类型为“增量乘子”（按钮为“ ”）时，可以使用“加载步数法”进行“安全性”分析。增量乘子 Msf 用于指定第一计算步的强度折减增量，该增量默认为 0.1，这在一般情况下是合适的。在安全性计算中强度参数自动逐渐减小直至计算步数达到“最大步数”的设定值。程序默认最大步数为 100，最大可设为 1000。必须检查最终计算步执行完毕后土体是否达到完全的破坏机制。如果达到了完全破坏，安全系数可按下式定义：

$$\text{安全系数}\ SF = \text{有效强度}/\text{破坏强度} = \text{破坏时的}\sum Msf\ \text{值}$$

某个特定计算步的$\sum Msf$值可在输出程序的"计算信息"窗口中查看。建议利用"曲线"工具（见本书第10章）查看$\sum Msf$在整个计算过程中的发展。通过绘制$\sum Msf$随计算步或某点位移的变化曲线可以检查变形持续发展时$\sum Msf$是否达到恒定值，即是否达到完全的破坏机制。如果破坏机制没有完全发展，则必须设置更大的附加步重新计算。

提示："增量乘子"加载类型可用于"安全性"分析。

7.5 水压力计算

水压力可以是"外部"水压（即模型边界处的"水荷载"）或"内部"水压，即孔隙水压力。在PLAXIS 3D中孔隙水压力表示为激活孔压（Active pore pressure）。激活孔压由稳态孔压（Steady-state pore pressure）和超孔压（Excess pore pressure）组成，还可能包含吸力（正孔压）。一般情况下，可将稳态水压力（包括"外部"和"内部"水压）视为已知量，在变形分析开始时作为程序的输入值；而超孔压是由不排水加载或固结过程引起的结果，在计算开始时属于未知量。本节介绍作为变形分析输入量的稳态孔压计算，根据"阶段"窗口中的选项来生成。

7.5.1 计算类型

1. 潜水位

若孔压计算类型选择"潜水位"，PLAXIS 3D程序将基于用户设置的"全局水位"和类组水力条件计算稳态水压力，这种方式快速而直接。在通过"潜水位"计算稳态水压力的过程中会计算以下变量作为变形分析的输入量：

1）基于"全局水位"计算作用在模型外部边界上的"外部"水压（即"水荷载"）。

2）基于为类组指定的水力条件计算激活类组中的稳态孔压。如果不想在某类组中生成孔压，可以将该类组的水力条件设为"干（Dry）"，或者将该类组指定为"非多孔"材料。

3）基于为类组指定的水力条件计算未激活（处于冻结状态）类组中的稳态孔压，这样构成计算激活与未激活类组之间边界上的外部水压力的基础。

在潜水位以上的非饱和区内稳态孔压可能包含吸力。如果不想在作为变形分析输入量的稳态孔压中包含吸力，可勾选"忽略吸力"选项。

2. 稳态地下水渗流

若孔压计算类型选择"稳态地下水渗流"，PLAXIS 3D将基于用户输入的水力边界条件和在"土和界面"材料数据组中输入的非零的渗透系数来计算稳态水压力。这一计算过程比"潜水位"计算方法耗时更长、结果有时也不直观。在计算过程中程序会计算如下变量并将其视为变形分析的输入量：

1）全局水位。全局水位的"内部"部分，即为稳态孔压为零的水位；"外部"部分（如果有的话）根据高出模型外边界的地下水头来计算。

2）作用在模型外边界上的“外部”水压力（即“水荷载”）根据“全局水位”进行计算。

3）激活类组中的稳态孔压基于地下水渗流计算得到。如果不想在某类组中生成孔压，可以将该类组的水力条件设为“干（Dry）”，或者将该类组指定为“非多孔”材料。

4）未激活（处于冻结状态）类组中的稳态孔压，根据激活与冻结类组之间的边界上的水压力进行内插（或外插）。这些水压力还构成了计算这些边界上“外部”水压力的基础。

5）如果使用“全局水位”定义水力边界条件（地下水头），则地下水渗流计算的结果将会取代全局水位。一般情况下这会使得全局水位的“外部”部分保持不变，但“内部（潜水位）”部分通常会发生变化。

提示： 如果没有定义渗流面边界条件，则稳态地下水渗流计算用到的水力边界条件将根据“全局水位”来定，这意味着指定水头低于水位和上部渗流。“稳态地下水渗流”选项可用于 K_0 过程、重力加载、单地下水渗流、塑性、固结等计算类型中。

稳态孔压中可能包括潜水位以上非饱和区中的吸力。如果不想在作为变形分析输入量的稳态孔压中包含吸力，可勾选“忽略吸力”选项。

3. 瞬态地下水渗流

当需要单独进行地下水渗流计算时，可在“计算类型”下拉列表中选择“单地下水渗流”。PLAXIS 3D 基于用户输入的（时间相关）水力边界条件和水位进行瞬态地下水渗流计算，要求“时间间隔”设为非零值，“土和界面”材料组中的渗透系数也需指定非零值，且要选择适当的渗流模型来描述非饱和区的行为。

4. 使用前一阶段水压力

如果当前计算阶段与其母阶段相比稳态水压力没有变化，可选择“使用前一阶段水压力”作为当前变形分析的输入值。如果对类组有激活或冻结操作，则不应使用该项，此时应使用其他选项来生成水压力。

7.5.2 全局水位

“全局水位”可用于为整个几何模型生成简单的静孔压分布（“潜水位”计算类型）。全局水位默认指定给几何模型中的所有类组。

“全局水位”还可在由“地下水渗流”计算或“完全流固耦合分析”得到孔压分布时，用于生成地下水头边界条件。

在“模型浏览器”中的“模型条件（Model conditions）”目录下包括一个“水（Water）”子目录，展开“水（Water）”子目录点击其中“全局水位（Global water level）”右侧的下拉菜单，会显示当前可用的水位（“钻孔水位”或“用户水位”），可从中选择一个水位作为当前选中阶段的“全局水位”。关于 PLAXIS 3D 中水位设置的更多介绍详见本书 7.8.1 节。

7.6 加载步骤

当有限元计算涉及到土的塑性时，有关方程就成为非线性方程。这就意味着每个计算阶段都需要通过一系列计算步进行求解。非线性求解过程很重要的一个方面就是选择步长和算法。

在每个计算步中，求解的平衡误差会通过一系列迭代不断减小。迭代过程根据加速的初应力法执行。如果计算步长选取的恰当，那么达到平衡需要的迭代次数就相对较少，一般在10次左右。若计算步长过小，那么达到预期的荷载水平所需的计算步数就会过多，计算时间也会很长。反之，如果计算步长过大，每一步荷载增量较大，那么达到平衡需要的迭代次数可能非常多，甚至求解过程可能无法收敛。

PLAXIS求解非线性塑性问题采用自动荷载步算法。用户无需担心如何选择合适的荷载步和数值算法，PLAXIS程序会自动选择最适当的算法。这些方法都基于对荷载自动加载步长的选择。程序提供的方法包括：加载终极水平法、加载步数法和自适应时间步长法。加载步进程参数可在“阶段”窗口下的“数值控制参数”子目录中查看。

自动荷载步进程受一系列计算控制参数的控制，PLAXIS 3D对大多数控制参数都给出了默认值，能兼顾计算的稳定性、准确性和高效性。用户可以手动修改这些控制参数的取值以调整自动求解算法，从而可以更严格地控制计算步长大小和计算的准确性。在介绍计算控制参数之前，首先详细介绍一下求解算法本身。

7.6.1 自动步长法

对每一计算阶段，用户都会指定其阶段末要达到的最终状态或总荷载。计算程序会比较本阶段的最终状态（用户设定的本阶段末将要达到的最终状态）与初始状态（本阶段的起始阶段的最终状态），并在当前计算阶段中通过多个荷载步来求解这种差异。实际上，程序将通过迭代计算使得当前计算阶段达到最终状态下的平衡。

某个计算阶段中第一荷载步的大小会在考虑“允许误差”的情况下自动执行试算来确定。对每一个新荷载步（第一荷载步及后续荷载步），程序都会执行一系列迭代直至达到平衡。这个试算过程包括以下三种情况：

1）第一种情况。在小于“期望最小”控制参数确定的迭代次数以内达到平衡。默认的“期望最小迭代次数”是6，在“阶段”窗口中的“数值控制参数”子目录下的“迭代过程”组框中可手动修改该值。如果达到平衡需要的迭代次数小于期望最小值，就说明假设的计算步长过小。此时，每一步荷载增量的大小被乘以2，重新进行迭代计算达到平衡。

2）第二种情况。在“期望最大”控制参数指定的迭代次数以内计算不收敛。默认的“期望最大迭代次数”是15，在“阶段”窗口中的“数值控制参数”子目录下的“迭代过程”组框中可手动修改。如果在期望最大控制参数指定的迭代次数以内计算不收敛，就说明假设的计算步长过大。此时，每一步荷载增量的大小被除以2，再继续进行迭代。

3）第三种情况。达到平衡需要的迭代次数介于“期望最小”和“期望最大”控制参数指定的迭代次数之间，这种情况表明假设的每一步荷载增量的大小正合适。迭代结束后开始执行下一个计算步，这一新计算步的初始荷载增量的大小默认等于前一个成功计算步的荷载增量。

如果计算结果对应于第一或第二种情况，则自动增大或减小步长，直到满足第三种情况为止。

7.6.2 加载进程——终极水平自动步长法

当某个计算阶段需要达到某种“状态”或荷载水平（而“终极状态”或“终极水平”）时，例如忽略“不排水（A）”和“不排水（B）”行为的“塑性”计算应采用终极水平自动步长法。当达到设定的状态或荷载水平时，或当监测到土体发生破坏时，该进程会终止计算。默认情况下“最大步数”设为250，但是该参数作用不是很大，因为大多数情况下在达到该最大步数之前计算就结束了。

该计算方法的一个重要特点是：由用户定义要达到的状态或拟施加总荷载的大小。第一步荷载的大小通过以下两种方法之一自动得出：

1）PLAXIS 执行一次分步试算，在此基础上确定合适的步长。

2）PLAXIS 设初始荷载步长等于任何前一步计算的最终荷载步长。

一般采用第一种方法。在当前荷载步加载与前一荷载步加载相似的情况下，例如前一计算阶段的荷载步数不够时才使用第二种方法。

以上所述为第一荷载步长的确定方法，在后续荷载步中，采用自动荷载步进程（见 7.6.1 节）。如果在计算结束时达到了所定义的状态或荷载水平，则表明该阶段计算成功。在“阶段”窗口和“阶段浏览器”中，计算成功的阶段用绿色的对勾标示。

如果计算结束时未达到预定义的状态或荷载水平，则认为计算失败。在“阶段”窗口和“阶段浏览器”中，失败的计算阶段用红色的叉号标示。同时，在“阶段”窗口的“记录信息框”中会给出错误提示以下信息：

1）未达到指定的最终状态；土体破坏。在预定荷载未完全施加时就已达到破坏荷载。当施加的荷载大小在 X 个连续计算步中都是趋于减小（X 为最大卸载步数，见 7.7.3 节）且当前刚度参数 *CSP* 小于 0.015（*CSP* 的定义见 7.10.8 节）时即认为发生破坏。还有可能是由于关闭了弧长控制（Arc-length control），程序不允许执行负的荷载步长导致发生破坏。用户应该检查最后一步的输出结果，判断模型中是否发生破坏。如果已发生破坏，那么增大附加步数重新计算对结果没有影响。

2）未达到指定的最终状态；加载进程失败；尝试手动控制。在预定荷载尚未完全施加时，尽管当前刚度参数 *CSP* 大于 0.015，但加载进程却不能继续增大施加荷载。此时用户可以调整一下“阶段”窗口的“数值控制参数”子目录中的迭代参数，还可以尝试将“弧长控制”关闭，然后重新计算。

3）未达到指定的最终状态；荷载步不足。虽然执行了指定的最大附加步数，但总荷载仍未完全施加，即设定的最大荷载步数不足。建议增大“最大步数”后重新计算。

4）用户取消计算。单击“激活任务”窗口中的“停止”按钮后，计算停止且记录信息框中提示该信息。

5）未达到指定的最终状态；数值错误。计算中发生了数值错误，总荷载尚未完全施加就因数值错误而终止计算。有多种原因可能导致数值错误，很可能与输入错误有关。建议用户仔细检查输入数据、有限元网格以及定义的计算阶段。

6）严重发散。当程序监测到全局误差不断增大并达到很大数值时，将终止计算并提示该信息。例如，当固结计算阶段中时间步长过小时可能导致该错误。当计算中不能满足允许误差，比如达到破坏状态时，程序将减小荷载步长，从而导致过小的时间步长。由于固结分析中不使用弧长控制，程序不能真实监测到破坏。

7）找不到×××文件。当应该存在的文件不存在时，将会出现该提示信息。

程序给出的提示信息可能表示一些与迭代方法或矩阵条件相关的错误。如果存在“流动”单元（边界条件不足），可能会提示矩阵奇异，此时应检查并修改所定义的计算阶段以解决该问题。

求解过程中可能出现的另一种问题是由于计算机内存（RAM）不足引起。这种情况下，迭代求解器难以存储保证足够精度所必须的最小数据量。于是，迭代过程收敛非常慢，或者达不到精度条件。要解决这种问题，可以减小 PLAXIS 3D 模型的大小（减小单元/节点的数量），或增加计算机内存。

7.6.3 加载进程——加载步数法

采用加载步数法时将总是执行所指定的最大荷载步数。该方法一般用于要在分析过程中达到完整破坏机制的计算阶段中，例如安全性分析即采用该方法。采用强度折减的安全性分析或塑性计算中荷载方式设为增量乘子时，也采用加载步数法。

在采用加载步数法的计算阶段中，第一荷载步长由本计算阶段定义的增量乘子决定。对于“安全性”分析计算阶段，其“加载类型”自动设为“增量乘子”，增量乘子默认 $Msf=0.1$，该数值可以在“阶段”窗口下的“一般”子目录中更改。在后续计算步中将采用自动荷载步长。

如果计算结束时达到指定的“最大计算步数”，即认为计算成功，用带对勾的绿色圆形来标示。

如果尚未达到指定的“最大计算步数”时计算就终止，则认为计算失败。计算失败时“阶段”窗口或“阶段浏览器”中将标示出带叉号的红色圆形。阶段窗口的“记录信息框”中将给出错误信息提示。

如果用户在计算过程中单击“激活任务”窗口中的“停止”按钮，则停止当前计算，记录信息框中会提示“用户取消”。

除了用户取消之外，荷载进程计算会持续进行直至达到指定的最大计算步数。与“终极水平自动步长法”不同，采用“加载步数法”计算时在未执行完最大计算步数之前即便达到了破坏状态也不会停止计算。

7.6.4 固结分析或完全流固耦合分析自动时间步

当“计算类型”设为“固结”时，程序会使用“自动时间步”算法，该算法会为固结分析自动选择适宜的时间步长。当计算进展顺利时，如果每一步荷载的迭代次数较少，程序将选择一个较大的时间步长；如果由于塑性的增加而在计算中用到较多迭代次数时，程序会采用较小的时间步长。

固结分析或完全流固耦合分析的第一时间步长通常根据“第一时间步长”参数确定。默认情况下，该参数取决于 7.7.3 节所阐述的建议最小时间步长（总体临界时间步长）。当取消选中“使用默认迭代参数”之后，可以在“阶段”窗口中的“数值控制参数”子目录下修改“第一时间步长”参数。但是，当指定的时间步长小于建议最小时间步长时要多注意。在固结分析或完全流固耦合分析中，通常不能使用弧长控制。

7.6.5 动力分析自动时间步

当“计算类型”设为“动力”时，程序使用 Newmark 时间积分，在整个分析过程中时间步长为常数，等于临界时间步长。程序会估算一个适当的临界时间步以准确模拟波的传播并减小由于时程函数积分引起的误差。首先考虑材料属性和单元尺寸来估算时间步长，然后基于计算中使用的时程函数对时间步长进行调整。如果选中了“使用默认迭代参数”选项，程序会基于上述估算的时间步计算出“最大步数”和“子步数”的最佳组合。要修改临界时间步，需修改子步数，在“阶段”窗口中单击“恢复（Retrieve）”按钮，可修改最大步数和子步数。在动力分析中，不能使用弧长控制。

7.7 计算控制参数

某个计算阶段及其相应求解过程的控制参数可在“阶段”窗口中定义。

7.7.1 一般阶段参数

计算阶段的一般属性在“阶段”窗口的“一般”子目录下定义（见图7-8）。

⊟ 一般	
ID	Phase_1 [Phase_1]
起始阶段	Initial phase
计算类型	塑性
荷载类型	分步施工
ΣM_{stage}	1.000
ΣM_{weight}	1.000
孔压计算类型	潜水位
时间间隔	0.000 day
第一计算步	1
最终步	3

图7-8 “阶段”窗口下的“一般”子目录

1. 阶段名称

阶段 ID 由标题和编号组成（部分在方括号内）。阶段编号由程序自动连续编号，用户不可修改。用户可在“阶段”窗口中修改阶段 ID 的标题部分。

2. 计算类型

在“阶段”窗口的“计算类型”下拉列表中可为选中的阶段设置计算类型，可选的计算类型见表7-4。

表 7-4　可用的计算类型选项

图标							
计算类型	K_0 过程	重力加载	塑性	固结	完全流固耦合分析	安全性	动力

3. 加载类型

可用的“加载类型”选项见表 7-5。

表 7-5　可用的加载类型选项

图标					
加载类型	分步施工	增量乘子	目标乘子	最小孔压	固结度

4. $\sum M_{weight}$

$\sum M_{weight}$是材料自身重力的总乘子。当$\sum M_{weight}=1.0$，程序会将材料数据组中定义的材料重度全部施加到模型材料中。一般情况下$\sum M_{weight}$保持默认值1.0即可，在以下情况中可考虑更改$\sum M_{weight}$的值：

1）通过有限元模型简化模拟土工试验时，由于应力主要受外荷载而不是材料自身重力的控制，故可以忽略材料自身重力，在材料数据组中指定重度为0，或者在计算中指定$\sum M_{weight}=0$。

2）对于超固结土有时由于不能使用“K_0 过程”（如斜坡或地表非水平的地形）直接指定 K_0 值，此时初始阶段的重力荷载可采用最终增大至等于超固结比的$\sum M_{weight}$（>1.0）来施加，同时使用高级土体模型可得到较合理的初始预固结应力。在后续阶段中，$\sum M_{weight}$应重设为1.0以得到真实的初始应力，同时预固结应力（在高级模型中）保持超固结应力水平。

3）模拟离心模型试验时，$\sum M_{weight}$可用于模拟重力的增长。因此，如果要模拟重力加速度达到100g的离心试验，$\sum M_{weight}$应设为100。

5. 时间间隔

时间相关参数只有在下列情况时取非零值才有意义：瞬态渗流计算、固结分析、完全流固耦合分析、动力分析、使用时间相关材料模型（如软土蠕变模型）。

1）时间间隔。定义当前计算阶段中考虑的总时间长度，单位与“项目属性”窗口中定义的时间单位相同。

2）动力时间间隔。定义当前动力计算阶段中考虑的总时间长度，单位为秒［s］。

动力分析使用与其他计算类型不同的时间参数。不论“项目属性”窗口中定义的时间单位为何，动力分析中的时间参数为“动力时间”，一般以秒［s］为单位。在包含部分动力计算阶段的一系列计算阶段中，“动力时间”只在动力阶段才增加（即便是不连续的），不论是这些计算阶段是在动力阶段之前、之间、还是之后，“动力时间”在其他计算中保持不变。“动力时间”不受常规时间参数的影响，但常规时间参数包含了“动力时间”。

7.7.2 变形控制参数

某个计算阶段的变形控制参数在其“阶段”窗口的“变形控制参数”子目录下定义（见图7-9）。

⊟ 变形控制参数	
忽略不排水行为(A,B)	☐
重置位移为零	☑
Reset state variables	☐
更新网格	☐
Ignore suction	☑
空化截断	☐
空化应力	100.0 kN/m ^{2}

图7-9 “阶段”窗口下的“变形控制参数”子目录

1. 忽略不排水行为

当模型中使用了不排水材料［“不排水（A)”或“不排水（B)”］但是希望暂时排除不排水性状的影响时可选中“忽略不排水行为”。计算类型为“塑性”时可选择该项，计算中将不考虑水的刚度，所有的不排水材料类组［除了“不排水（C)”材料］都将暂时变为排水的，先前所产生的超孔压将继续存在，但在本计算阶段中将不再产生新的超孔压。

例如，土自身重力产生的应力实际经历了一个长期过程，因此与超孔压的发展无关，对不排水材料进行“重力加载”将产生不切实际的超孔压，此时选择“忽略不排水行为”选项可以在重力加载中忽略不排水行为，而在其他加载阶段仍按不排水材料类型计算，这对于“不排水（A)”或“不排水（B)”材料均适用。

提示：“忽略不排水行为”选项对固结分析或完全流固耦合分析不可用，因为这两种分析中不考虑在材料数据组中设置的“排水类型”，而是使用材料的“渗流参数”。

2. 重置位移为零

如果要在本计算阶段中忽略掉之前计算得到的不合理位移的影响，可以在本计算阶段中选中“重置位移为零”，则本阶段从零位移场开始计算。例如由土体自重产生的初始变形不具有实际的物理含义，故此可以在重力加载后选择该选项以消除那些由重力引起的位移。如果重力加载的后一计算阶段中未选择“重置位移为零”，那么该计算阶段中产生的位移增量将会叠加到重力加载的计算结果上。在计算中选中“重置位移为零”选项后不会影响应力场。但是当使用HSS模型时，选中“重置位移为零”选项会重置应变历史张量，任何进一步的应变最初阶段将包含小应变刚度。

在使用了“更新网格”选项的一系列计算阶段中不能再选择“重置位移为零”选项。但是，如果“更新网格”计算是从一个没有使用“更新网格”选项的计算开始的，那么必须在这个“更新网格”计算阶段里选中“重置位移为零”选项。

3. 重置状态变量

选中“重置状态变量（Reset state variables）”选项后可在本阶段计算中忽略前一计算阶段结束时高级土体模型中状态参数的值，土体将表现为“初始”土体，重置的参数见表7-6。

表7-6 材料模型及相应的可重置参数

材料模型	参数
软土模型，软土蠕变模型，修正剑桥模型，土体硬化模型，小应变土体硬化模型	p_p 重置为当前有效应力状态
小应变土体硬化模型	应变历史张量重置为零
土体硬化模型，小应变土体硬化模型	动剪应力重置为当前有效应力状态

4. 更新网格

当计算中要考虑符合“更新拉格朗日方程（Updated Lagrange formulation）”的大变形时应选中“更新网格”选项。

5. 忽略吸力

当利用潜水位或地下水渗流计算生成稳态孔压时，在潜水位以上会生成受拉的正孔压（吸力）。尽管实际中会产生吸力，但是当土体使用有效强度参数时如果在变形分析中考虑吸力可能会导致抗剪强度增长。为了避免出现这种情况，可选中“忽略吸力”选项来截断吸力。注意，除完全流固耦合分析外，“忽略吸力”选项不会影响不排水土层中产生的超孔压。程序默认为选中“忽略吸力”选项。

当选中“忽略吸力”后，潜水位以下土体视为完全饱和，潜水位以上视为干土，但此处仍可以产生超孔压。忽略吸力后正值稳态孔压将被设为零，但是对于潜水位以上的超孔压，则不论正负都会予以考虑。这就要求有效饱和度 S_{eff} 设为1，正值超孔压会一直得到充分考虑直至达到空穴截断（完全流固耦合分析除外）。

如果未选择“忽略吸力”，计算中将会允许产生吸力并包含在稳态孔压或超孔压中。此时是由有效饱和度 S_{eff} 决定吸力在激活孔压中所占的比例，这取决于土层材料组中定义的土水保持曲线。

6. 空穴截断

对不排水材料［“不排水（A）”或“不排水（B）”］卸载时可能产生受拉超孔压，这可能引起受拉孔隙水压力增大。如果选中“空穴截断”选项，超孔压会受到限制以保证受拉孔隙水压力不会超过空穴应力值。程序默认不选择“空穴截断”选项。选中该选项后，默认空穴应力为100kN/m^2。“空穴截断”选项在完全流固耦合分析中不可用。

7.7.3 数值控制参数

某个计算阶段的数值控制参数在“阶段”窗口的“数值控制参数”子目录下定义（见图7-10）。

1. 求解器类型

在PLAXIS 3D中通过求解器来完成稀疏线性方程组的组合和求解，PLAXIS 3D可用的求

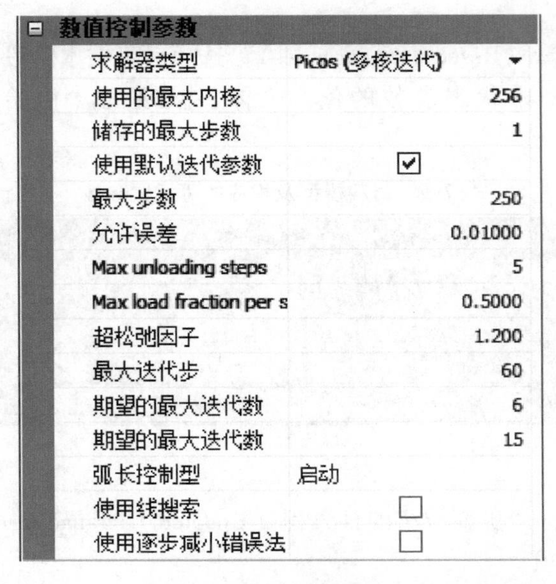

图 7-10 “阶段”窗口下的“数值控制参数”子目录

解器有：

1）Picos（多核迭代）：代表“PLAXIS 迭代并行求解器”。Picos 是一个在多核处理器上可并行求解方程组的高效迭代求解器，它通常是执行计算最快的方法。

2）Pardiso（多核直接）：代表“并行稀疏直接求解器”。Pardiso 是一个在多核处理器上可并行求解方程组的直接求解器，它通常是求解方程组最稳健的方法，但同时它占用的内存也最高。

3）Classic（单核迭代）：这是在 PLAXIS 3D 的老版本中使用的迭代求解器，它只能使用单核心求解方程组。

2. 使用的最大内核

在“阶段”窗口的“数值控制参数”子目录下可以指定计算过程中求解器将使用的内核数量。注意，只有 PLAXIS VIP 用户才能使用两个以上内核进行计算。当使用 Classic 求解器时，该“使用的最大内核”的设置将不起作用。

3. 储存的最大步数

“储存的最大步数”用于定义在一个计算阶段中保存的计算步数。一般最终输出步包含了该计算阶段的最有用结果，而中间步则不那么重要，所以程序总是会保存计算阶段的最终计算步。当“储存的最大步数”大于 1 时，还会保存第一计算步，另外（大于 2 时）还可以选择可用的中间步，步数间隔大致均分。如果某个计算阶段没有成功计算完，则不管定义的“储存的最大步数”是多少都会保留所有的计算步，以便逐步判断引起问题的原因。

4. 迭代过程控制参数

迭代过程尤其是加载过程受到一些控制参数的影响，这些参数可在“阶段”窗口的“数值控制参数”子目录中设置。PLAXIS 3D 中可以选择采用默认的迭代设置，默认设置在大多数情况下都可以起到优化迭代过程的作用。如果用户还不熟悉这些控制参数对迭代过程的影响，建议选中“使用默认迭代参数”选项。但是在某些情况下，可能希望甚至必须修

改这个标准设置，应当取消对“使用默认迭代参数”的选择，并修改相应参数的值。接下来简要介绍各个控制参数：

1）最大步数。该参数指定在某个计算阶段中可执行的最大计算步数（即荷载步，Load steps）。

如果计算类型选为“塑性”、“固结”或“完全流固耦合”，则最大步数应设为整数来表示该计算阶段需执行的步数，这个最大步数是将要执行的实际步数的上限值。一般而言，应在设定的计算步数之内完成计算，当达到预设的极限状态或者土体发生破坏时停止计算。如果计算达到了最大计算步数，通常意味着尚未达到预设的极限状态。“最大步数”默认为250，可调整范围为1～10000。

如果计算类型为“安全性”或“动力”，则总是严格按设置的最大步数执行计算。“安全性”计算默认“最大步数”为100，“动力”计算默认“最大步数”为250。默认值在一般情况下均可满足计算要求，根据需要也可在1～10000之间调整。

2）时间步定义。在“固结计算”、“流固耦合分析”或“动力分析”中，该参数用于定义时间步参数的计算方式。用户可以选择自动时间步进程，也可以手动指定时间步参数。

3）第一时间步。“第一时间步”是固结分析的第一计算步采用的时间增量。默认情况下，第一时间步长等于总体临界时间步长（Overall critical time step），基于材料属性和几何模型计算得出。

要查看程序建议值可单击“第一时间步”右边的单元格，然后在“阶段”窗口的最右侧面板中单击“恢复（Retrieve）”按钮显示程序建议值（见图7-11）。手动修改建议值后单击“应用（Apply）”按钮即可在计算中使用手动修改后的值，“时间步定义（Time step determination）”一栏自动改为“手动”。

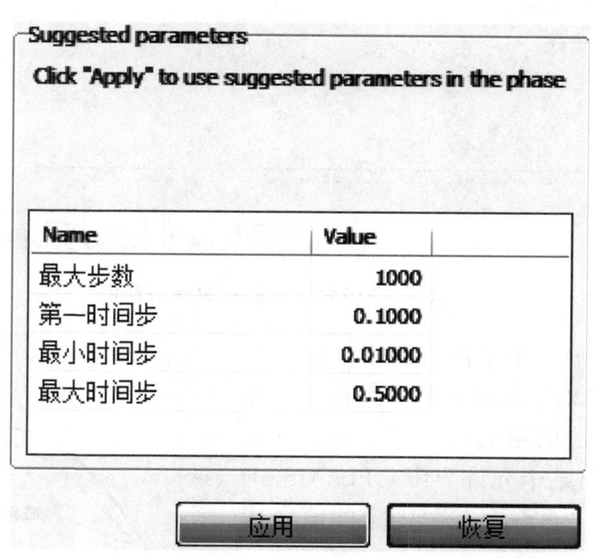

图7-11 “第一时间步”参数建议值获取对话框

4）动力子步。“动力”计算中使用的时间步是一个常数，$\delta t = \Delta t/(m \cdot n)$，其中$\Delta t$为动力荷载持续时间（时间间隔，Dynamic time interval），m为“最大步数（Max steps）”的

值，n 为“子步数（Number of sub steps）”的值。时间离散中将使用的总步数就是由“最大步数”（m）与“子步数”（n）的乘积得出。定义合适的步数是很重要的，这样才能比较全面的反映动力加载中采用的动力时程函数。

“最大步数”参数指定了能够保存的计算步数，可用于在“输出”程序中绘制图表。“最大步数”参数取值越大，得出的曲线和动画越细致，不过同时也会增加“输出”程序的处理时间。

一般而言，由“最大步数”和“子步数”得到的总步数，应该与动力计算中采用的数据点总数相同。如果“时间步定义”设为默认，PLAIXS 3D 会根据材料属性、网格和整个激活时程函数（动力乘子）中的数据点数量自动计算合适的最大步数和子步数。如果没有选择默认设置，程序内核不会自动计算步数。此时，如果“子步数”选为自动，程序会自动计算该参数。

单击“恢复（Retrieve）”按钮，可以查看和修改最大步数和子步数这两个参数，单击“应用（Apply）”按钮，计算中将使用此处的输入值并保持不变。应该注意，PLAXIS 3D 总会尝试找到与用户设定的“最大步数”最接近的步数（当采用默认设置时，步数将最接近250，如图 7-12 所示）。

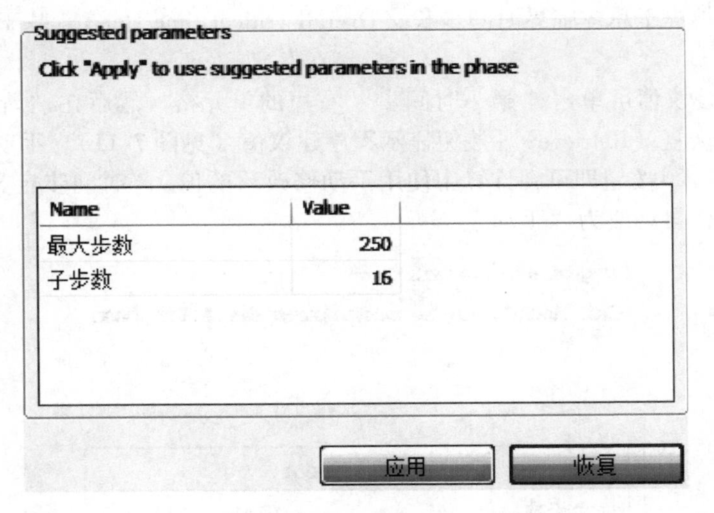

图 7-12 “子步数”参数建议值对话框

5）允许误差。任何一个采用有限步计算的非线性分析，都会出现相对于精确解的某种偏离，如图 7-13 所示。求解算法的目的是为了确保局部和总体的平衡误差不超出某个允许界限。PLAXIS 3D 中采用的误差界限与“允许误差”规定的值密切相关。

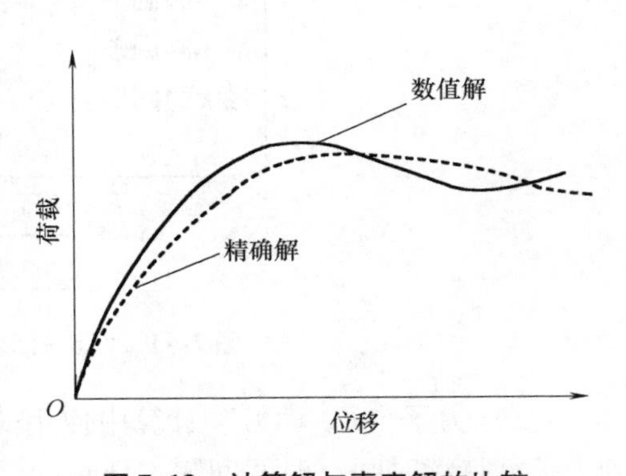

图 7-13 计算解与真实解的比较

计算程序在每个计算步中会连续执行多步迭代直到计算误差小于某个规定的值。如果规定的允许误差较大，那么计算相对较快，但是计算结果可能不准确。如果采用的允许误差较小，那么计算会很耗时。一般情况下允许误差为0.01的标准设置适合于大多数计算。

如果计算得出的破坏荷载随位移增加出现意料之外的减小，那么这可能意味着有限元计算结果过度偏离了精确解，此时应该采用更小的容许误差重新计算。关于PLAXIS 3D误差检验方法见7.10.8节。

6）最大卸载步。最大卸载步（Maximum unloading steps）表示PLAXIS 3D在声明土体发生破坏之前允许执行的步数，默认值为5。但是在力学机制有变化的情况下，荷载水平可能会暂时减小以获得另一机制，而后荷载继续增大。例如在地表隆起问题中，当表层土体结构表现出屈曲行为（持续超过5步）后会引起少量卸载。这个卸载并不表示整个模型的破坏，最终加载量最后增长到之前的荷载水平之上。这样，用户可以将本参数值调大，然后根据荷载曲线判断破坏是否出现。

7）单个计算步最大加载比例。单个计算步最大加载比例（Max load fraction in one step）控制着分步施工中荷载步的大小，它决定了在一个计算步中可以求解的本阶段的最大加载量。例如，该值取0.5（默认值）时意味着施加的荷载或不平衡力将通过至少1/0.5=2个计算步求解，如果收敛很慢可能使用更多计算步，但计算步数不会低于2。必要的话可以为本参数设置较小值（如0.02，则至少需要1/0.02=50步）以观察变形过程的动态变化，并在高度非线性或伴随渐进误差减小时防止发散。

8）超松弛因子。为了减少达到收敛所需的迭代次数，PLAXIS 3D采用如图7-14所示的超松弛算法（Over-relaxation procedure）。超松弛算法是假设在求解精确不平衡力时下一次迭代仍然远离平衡而故意高估平衡误差，目的是减少迭代次数以加快计算速度。控制超松弛程度大小的参数是超松弛因子，其理论上限值为2.0，但是任何情况下都不得采用该值。对于土的摩擦角较低的情况，比如$\varphi<20°$，超松弛因子取值大约为1.5时通常能优化迭代过程。如果模型中土的摩擦角较高，超松弛因子取值应小一些。对大多数计算，采用超松弛因子等于1.2的标准设置通常可以得到令人满意的结果。

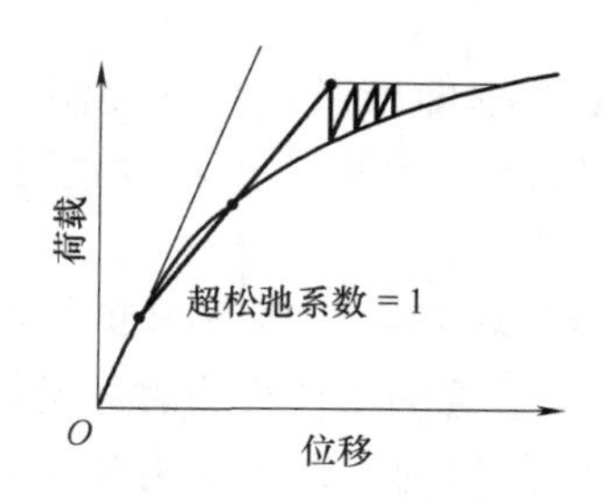

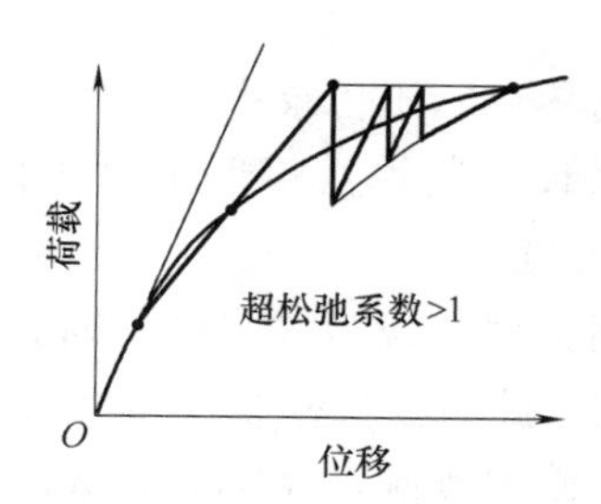

图7-14 超松弛的影响

9）最大迭代次数。最大迭代次数表示任一计算步的最大允许迭代次数。求解算法一般都会对允许执行的最大迭代次数有所限制。设定该参数只是为了保证在计算设置出现错误时不至于耗费过多计算时间。最大迭代次数的默认值为60，可调整范围为1～100。

如果某个计算阶段的最后一个计算步的迭代次数达到了最大允许迭代次数，那么最终计算结果可能不够准确。此时“阶段”窗口下的“最后计算步记录信息框”会显示如下信息：最后一步达到最大迭代次数。当求解过程不收敛时可能会出现这种情况。造成这种情况的原因可能有很多种，其中最常见的是输入错误。

10）期望最小和最大迭代次数。PLAXIS 3D使用自动步长算法（Automatic step size algorithm)，该算法受到“期望最小迭代次数”和“期望最大迭代次数”这两个参数的控制，它们分别规定了每个计算步期望的最小和最大迭代次数。这两个参数的默认值分别为6和15，但是可以在1~100的范围内调整。

有些情况下用户需要调整期望最小迭代次数和期望最大迭代次数的标准值。比如，自动步长法有时生成的步长太大，不能得到平滑的荷载-位移曲线，当模型中土的摩擦角很低时，常会出现这种情况。此时，要想得到更为平滑的荷载-位移曲线，应当给这两个参数取更小的值重新进行迭代计算，比如：期望最小=3，期望最大=7。

如果土的摩擦角相对较高或者选用的是高阶岩土模型，用户可以调高这两个参数的标准值以免延长求解时间。此时建议取值如下：期望最小=8，期望最大=20。同时建议最大迭代次数增加到80。

11）弧长控制。PLAXIS 3D 默认使用“弧长控制（Arc-length control）”算法，可在荷载控制型计算中得到可靠的破坏荷载。当即将达到破坏荷载时，如果迭代过程中不采用弧长控制则迭代算法不收敛（见图7-15a）。如果采用了弧长控制算法，程序会自动估计出达到破坏需施加的外部荷载的比例，如图7-15b所示。

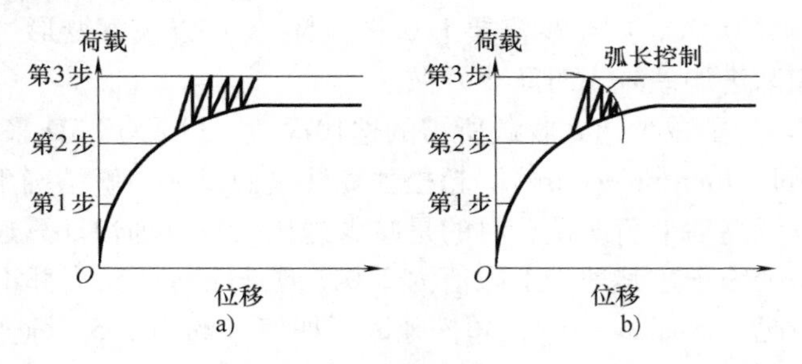

图7-15　弧长控制的影响

a）荷载控制　b）弧长控制

在“数值控制参数”子目录中选中相应的复选框即可激活弧长控制。对于荷载控制型计算，应当采用弧长控制算法；但是对于位移控制型计算，必要时也可以停用弧长控制算法。

当“弧长控制类型”设为“自动”时，将会仅对 *CSP*（当前刚度参数）小于0.5的情况才使用弧长控制，此时弧长控制仅当材料表现出显著的塑性行为时才发挥作用。

12）线搜索。使用线搜索（Line search）方法的目的是以一种相对简便的方式来改善非线性问题的收敛性，该方法还可视为是对 PLAXIS 3D 中超松弛方法的一种改进。实质上，线搜索会对每次迭代中计算的求解增量的修正进行缩放，但其缩放参数不像超松弛方法那样是固定的，而是采用一种特殊方法计算以使整个系统趋于平衡。一般情况下建议线搜索用于不包含高度非线性的问题中。另外，对于临界状态计算，如基础破坏或路基失稳等问题采用线搜索对缩短计算时间没有帮助。

13）逐步降低误差。逐步降低误差（Gradual error reduction）算法是一种简单的数值技术，当发生非关联塑性流动时收敛非常缓慢，此时采用逐步降低误差方法可加快收敛速度。实现过程如下：在计算阶段刚开始时将允许误差（控制非线性计算收敛性）提高10倍（10-fold）；然后这个提高的误差值会线性降低，到阶段结束时，降至“允许误差”参数定义的

误差值。采用逐步降低误差算法后，当允许误差使用默认值0.01时，计算开始时实际允许误差为0.1，结束时为0.01。该方法的理论基础是：当发生非关联塑性流动时，在同一较小允许误差下，使用不同步长可得到无限多个可用解。这样，没有必要在整个计算过程中都使用严格的允许误差，因为可行解（Feasible solution）位于所有可能路径所定义的某特定范围内。当使用逐步降低误差方法时，求解过程不遵循其中某一种路径，而是可能从一种路径转至另一路径。但是当计算结束时，实际允许误差要降至本计算阶段定义的允许误差值。

尽管采用逐步降低误差算法能够加速收敛，但使用该方法时仍需注意。假如初始允许误差过大，那么求得的解有可能会与当前初始条件相背离（这样的解当然属于不可行解）。避免这种情况的方法之一就是使用比PLAXIS 3D默认值更小的单个计算步最大加载比例（Max load fraction in one step）。默认最大步长为整个阶段荷载（Stage load）的50%，用户可考虑将最大步长缩减至阶段荷载的2%或更小，这样将需要至少50步（即100% / 2% =50）来得到该计算阶段的解。

14）外推法。当前一计算步施加的某个荷载在其下一计算步中继续作用时PLAXIS 3D会自动采用外推法进行计算。此时，前一步荷载增量的位移解可以作为下一步荷载增量位移解的初始估计。尽管这种初始估计一般并不准确（因为土体是非线性的），但外推法求解通常却优于基于弹性刚度矩阵的初应力法，如图7-16所示。

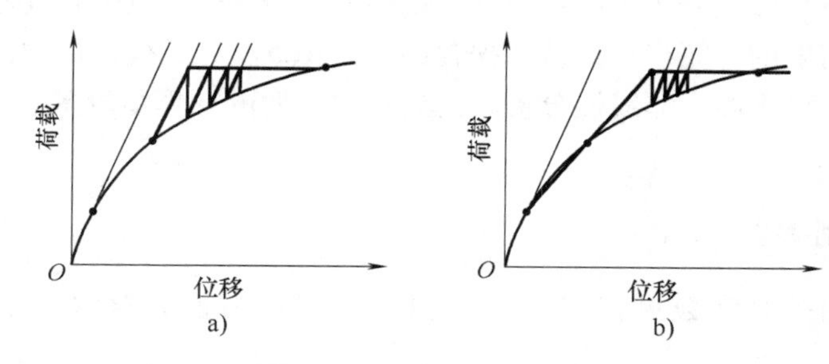

图7-16　弹性预估值与根据前一步外推值之间的差异

a）不用外推法　b）采用外推法

在第一次迭代之后，随后的迭代便同初应力法一样基于弹性刚度矩阵进行（Zienkiewicz，1977年）。采用“外推法”达到平衡所需的迭代总次数小于不采用外推法时的次数。外推法特别适用于高塑性的土体。

7.7.4　水力控制参数

1. 迭代过程

地下水渗流计算是与变形分析平行进行的独立计算，因此有单独的迭代选项。对于“稳态地下水渗流”分析有两个迭代选项，即“允许误差”和“超松弛因子”，对于“瞬态地下水渗流分析”需要为迭代过程定义较高的参数。

2. 最大步数

“最大步数”用于指定某一“孔压计算类型”为“稳态渗流”或“瞬态渗流”的计算阶段中执行的最大计算步数，默认“最大步数”为1000。

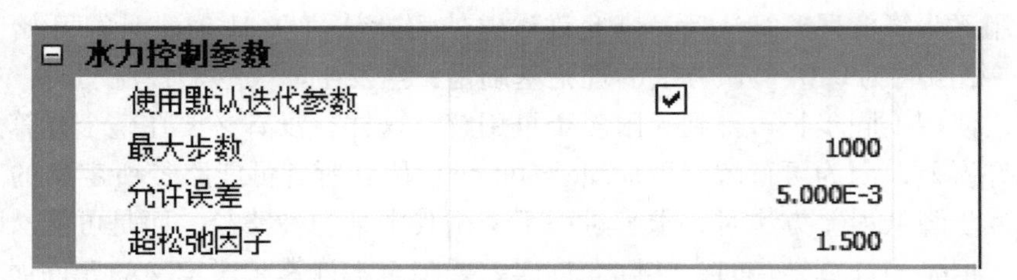

图 7-17 “阶段”窗口下的“水力控制参数”子目录

3. 允许误差

与变形分析中的“允许误差”选项相似，地下水渗流中的“允许误差”选项用于检查计算结果是否足够精确。对于非饱和地下水渗流，还需检查局部误差（仅在局部某些单元处误差过大）。此时，由于渗透性的显著变化，在某些非饱和区单元中可能出现隔离水。用户指定的允许误差会用于检查全局渗流误差和局部误差，但 PLAXIS 3D 会使用更高的“允许误差”检查局部渗流误差（一般为全局误差的 10 倍）。如果全局误差和局部误差都低于“允许误差”，则渗流计算终止。

4. 超松弛因子

因为非饱和地下水渗流分析可能是高度非线性的，PLAXIS 3D 使用超松弛因子来加速稳态渗流计算并减少需要的计算步，默认超松弛因子为 1.5。对于线性的封闭渗流分析，超松弛因子取 1.0 即可。对于高度非线性分析，达到收敛需要的计算步较多，超松弛因子取大于 1.5 可能会加速收敛。

7.7.5 动力控制参数

“动力”分析的控制参数可在“阶段”窗口的“动力控制参数”子目录下进行定义（见图 7-18）。

Newmark 参数 α 和 β 是根据 Newmark 隐式积分方法来确定数值时间积分。为了得到无条件稳定解，这些参数必须满足以下条件：$\beta \geqslant 0.5$ 和 $\alpha \geqslant 0.25(0.5+\beta)^2$。

对于平均加速度方法（Average acceleration scheme）可以使用 PLAXIS 3D 的标准设置，即 $\alpha=0.25$、$\beta=0.5$。使用较高的 β 值及相应的 α 值会导致受抑制的 Newmark 方案，例如 $\alpha=0.3025$、$\beta=0.6$。

动力控制参数	
Alpha - Newmark时间积分	0.2500
Beta - Newmark时间积分	0.5000

图 7-18 “阶段”窗口下的“动力控制参数”子目录

7.7.6 达到值

“阶段”窗口下的“达到值”子目录（见图 7-19）中包含如下选项：

1）达到的总时间（Reached total time）。该值表示某一计算阶段结束后的实际累积时间。

2）当前刚度参数-相对刚度（CSP-Relative stiffness）。阶段计算结束时的相对刚度参数是对计算过程中发生的塑性多少的度量（参见 7.10.8 节）。若 *CSP* 值为 1.0 表示整个模型处于弹性状态；若其值接近 0，则表示达到了破坏状态。

3）达到的总反力（Reached total force）。该值表示在施加了非零指定位移的节点上最终达到的总反力沿某个坐标方向的分量。

4）P_{max}达到的最大孔压（P_{max}-Reached max *pp*）。该值表示在某一计算阶段结束时达到的实际最大孔压。对“固结”分析而言，该值对应的是最大超孔压；对“地下水渗流”分析而言，该值对应稳态孔压；对“完全流固耦合”分析而言，该值对应最大激活孔压。

5）$\sum M_{stage}$达到的阶段比例（Reached phase proportion）。该值表示当加载类型采用“分步施工”时某一计算阶段中已经求解的不平衡力对总不平衡力的比例。

6）$\sum M_{weight}$达到的材料自重比例（Reached material weight proportion）。表示某一计算阶段中施加的材料自身重力的总比例。达到值为 1.00 表示材料组中定义的土体和结构材料的自重已完全施加到模型中。

7）$\sum M_{sf}$达到的安全系数（Reached safety factor）。该值表示某个“安全性”分析计算阶段结束时$\sum M_{sf}$达到的值。

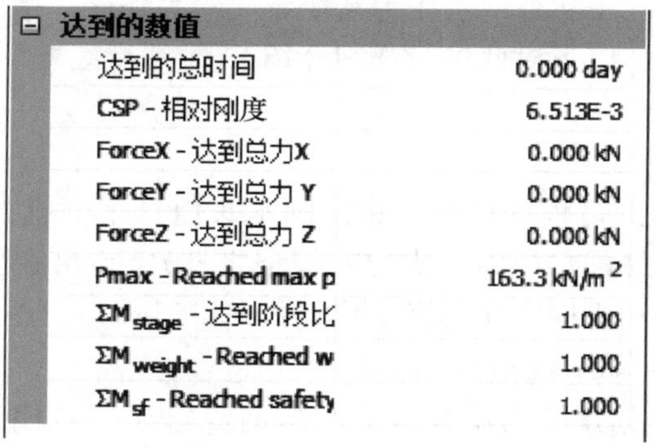

⊟ 达到的数值	
达到的总时间	0.000 day
CSP - 相对刚度	6.513E-3
ForceX - 达到总力X	0.000 kN
ForceY - 达到总力 Y	0.000 kN
ForceZ - 达到总力 Z	0.000 kN
Pmax - Reached max p	163.3 kN/m²
ΣM_{stage} - 达到阶段比	1.000
ΣM_{weight} - Reached w	1.000
ΣM_{sf} - Reached safety	1.000

图 7-19 “阶段”窗口下的“达到值”子目录

7.8 水力条件

PLAXIS 3D 经常用于有效应力分析，其中总应力 σ 分为激活孔压（Active pore pressure）p_{active}与有效应力 σ'，即

$$\sigma = \sigma' + p_{active} \tag{7-11}$$

激活孔压 p_{active}定义为有效饱和度 S_{eff}乘上孔隙水压力（Pore water pressure）p_{water}，即

$$p_{active} = S_{eff} \cdot p_{water} \tag{7-12}$$

由式（7-12）可见当有效饱和度小于 1 时，孔隙水压力 p_{water}与激活孔压 p_{active}不相等。PLAXIS 3D 既可以处理潜水位以下的饱和土，也可以处理潜水位以上的部分饱和土。

孔隙水压力 p_{water}可进一步分为稳态孔压（Steady state pore pressure）p_{steady}和超孔压（Excess pore pressure）p_{excess}，即

$$p_{water} = p_{excess} + p_{steady} \tag{7-13}$$

超孔压 p_{excess} 是在不排水材料中由于应力变化引起的那部分孔压。这里所说的应力变化可以是由于加载、卸载引起，也可以是由水力条件的改变或发生固结所引起，超孔压是变形分析的结果。在“塑性”计算、“安全性”分析或“动力”分析中，在排水类型为“不排水（A）”或“不排水（B）”的土体类组中可能产生超孔压。在“固结分析”和“完全流固耦合分析”中，除“非多孔材料”之外的任何土体材料中都可能产生超孔压，这取决于对应材料数据组中定义的渗透性参数。对于“完全流固耦合分析”，超孔压是通过从孔隙水压力 p_{water} 中减去稳态孔压 p_{steady} 而得到的。

稳态孔压 p_{steady} 是表示处于稳定状态的孔压。由于稳态孔压在变形分析过程中假定为不变，故其可视为输入数据。有多种方法可以定义和生成稳态孔压。某一特定计算阶段的孔压如何生成是通过“阶段”窗口下的“孔压计算类型”参数来表征。但“完全流固耦合分析”与其他变形计算类型不同，其总孔压 p_{water} 与位移同时计算所以不允许选择“孔压计算类型”。为区分稳态孔压和超孔压，程序采用本计算阶段末的水力边界条件基于初步稳态地下水渗流计算来自动计算稳态孔压 p_{steady}。这样就可以计算并输出所有计算步中的超孔压 p_{excess}，即

$$p_{excess} = p_{water} - p_{steady} \tag{7-14}$$

如果要生成土体内部孔压和外部水压力需要定义水力条件。水力条件的定义可分为创建水位和指定类组水力条件，以下对此进行详细介绍。

7.8.1 水位

在 PLAXIS 3D 中水位既可根据钻孔中指定的水头信息来生成，也可以在“水位”模式下定义。水位可用于生成外部水压力（水位在模型之外），也可在土层内部生成孔压。对于后者，水位既可在部分饱和土层中作为潜水位（Phreatic level），也可在含水层（Aquifer layer）中作为孔压水头（Pressure head level）。

在 PLAXIS 3D 模型中创建的水位会在“模型浏览器”中“属性库”目录下的“水位”子目录下分组列出。由于水位的全局特性，对已有水位的任何更改都将对所有计算阶段产生影响。如果某一时间相关计算阶段中的水位与之前定义的几何形状相同但随时间变化，则需对其指定渗流函数。另外，还需创建一个相同几何形状的水位的副本。要创建水位副本，在“模型浏览器”中右击已有水位，从弹出的右键菜单中选择“复制”（见图 7-20），这样便为该水位创建了一个副本，然后可以创建渗流函数并将其指定给这个新生成的水位。注意，“钻孔水位（Borehole water levels）”的副本列于“用户水位（User water levels）”之下，而不是像原本直接创建的钻孔水位那样列于“钻孔水位（Borehole water levels）”目录下。对于“钻孔水位”和非水平的“用户水位”，不能作定义“时间相关”之类的修改。

在水位上右击，从弹出的右键菜单中选择相应选项，可以使得为该水位指定的渗流函数在连续计算阶段中保持连续性。这些选项如下：

1）创建达到的水位（Create the reached water level）。选择该项后，将在前一阶段结束后水位达到的位置创建水位，该水位在本计算阶段中保持不变。

2）创建达到的水位并继续（Create the reached water level and continue）。选择该项后，将在前一阶段结束后水位达到的位置创建水位，在本计算阶段中该水位会根据前一阶段中为初始水位指定的渗流函数进行变化。PLAXIS 3D 会保持渗流函数的连续性，前面计算阶段的

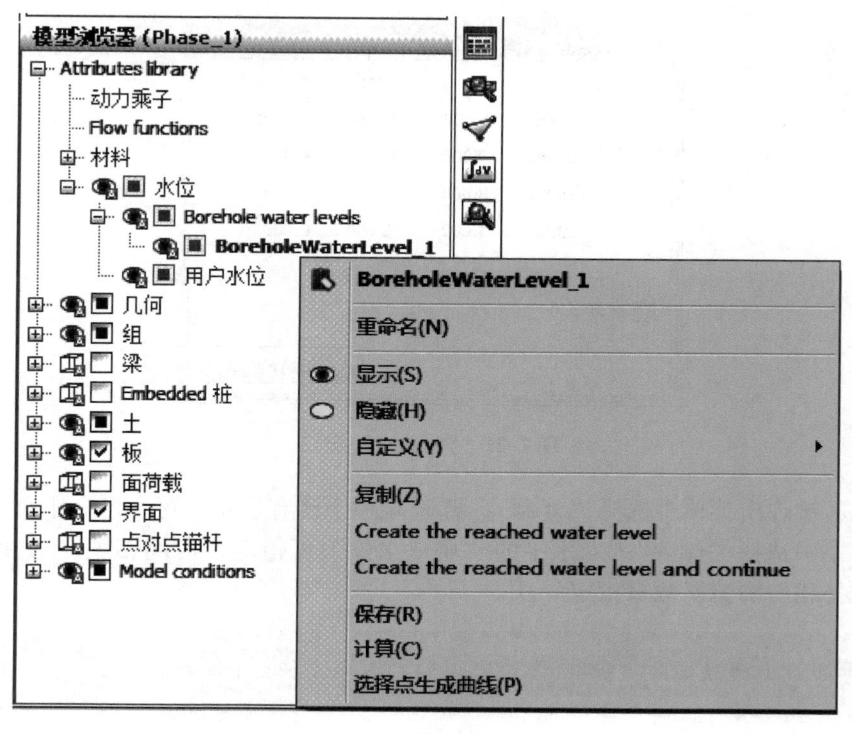

图 7-20　在“模型浏览器”中复制水位

累积时间将作为本计算阶段渗流函数的输入值的初始偏移量。

1. 钻孔水位

为 PLAXIS 3D 模型定义水位的最简便方法就是在“土”模式下给钻孔指定“水头”。单个钻孔可用于创建延伸至整个模型边界的水平水位面；当使用多个钻孔时，通过联合各个钻孔中的不同水头可创建非水平的水位面。这样定义的水位称为“钻孔水位（Borehole water level）”，默认是作为“全局水位（Global water level）”。原则上，在此创建的水位之下的孔压分布为静水压力。但是也可以在“修改土层”窗口下的“水位”选项卡内定义非静水压力分布，这可能会生成附加的水位表示在某特定土层中推算孔压为零的（虚拟）水位。

2. 用户水位

除了通过钻孔水头生成的水位（Generated water levels），用户还可在“水位”模式下使用“创建水位（Create water level）”选项来定义“用户水位（User water levels）”。

单击“创建水位”按钮“”，然后在 PLAXIS 3D 模型中水压力为零的某位置处单击鼠标左键，即可创建水位面上的一个点。于是，通过该点生成一个水平的水位面，延伸至模型边界。同时会弹出“水位点”窗口，列表显示点坐标和水压力随深度的增量，如图 7-21 所示。

在“创建水位”选项处于激活状态的情况下，通过定义多个点可创建非水平水位。创建水位面与创建几何面操作基本相同，水位面与几何面不同的是，用鼠标拖动用户水位只能在竖直方向上移动。在“水位点”窗口下的表格中可以修改点坐标或水压力随深度的增量（p_{inc}）。还可以对已有水位进行复制，创建副本后再进行修改。要复制一个已有水位，在其

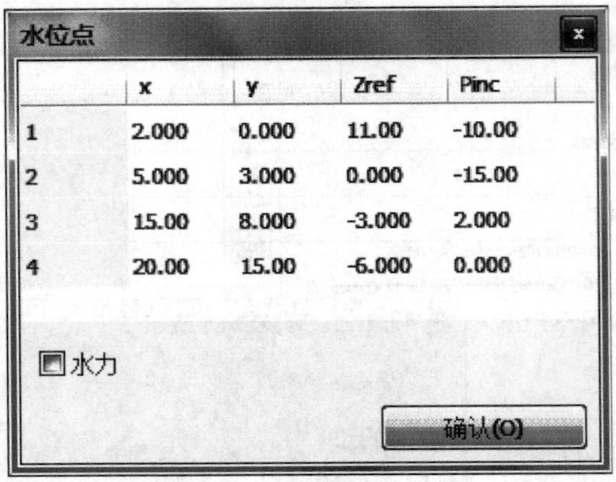

水位点

	x	y	Zref	Pinc
1	2.000	0.000	11.00	-10.00
2	5.000	3.000	0.000	-15.00
3	15.00	8.000	-3.000	2.000
4	20.00	15.00	-6.000	0.000

水力

确认(O)

图 7-21 “水位点”窗口

上右击并从右键弹出菜单中选择“复制”。要删除一个已有水位，可在已有水位上右击并从右键弹出菜单中选择“删除”。对水平的“用户水位”可指定“时间相关性”，时间相关特性可通过选择相应渗流函数来指定。

提示：用户无法删除“钻孔水位”。时间相关渗流函数不能指定给非水平水位。

7.8.2 指定土体水力条件

土体中的孔压是根据对其指定的水力条件来生成的。在“修改土层”窗口中定义的水力条件默认会指定给所有土体类组。这些水力条件可以是“全局水位”，也可以是其他的水位或在“土”模式下对土层定义的水力条件。

要在当前计算阶段中修改水力条件，需先选中几何对象，然后在“选择浏览器”下的“水力条件（Water conditions）”下拉列表中选择相应的水力条件选项，还可以在“模型浏览器”或右键菜单中选择类似的选项。可选的水力条件选项包括：全局水位（Global level）、定制水位（Custom level）、水头（Head）、用户自定义（User-defined）、内插值（Interpolate）和干（Dry）。

1. 全局水位

选择“全局水位”选项后，程序将根据当前计算阶段中的全局水位在土层中生成孔压分布，这个全局水位就是在“模型浏览器”中“模型条件”目录下的“水”子目录中为“全局水位（Global level）”指定的水位。这样在土层中生成的孔压分布是静水压力，但这并不意味着土中孔压分布整体均为静水压力，因为其他土层可能有不同的水力条件。

2. 定制水位[⊖]

从“水力条件（Water conditions）”下拉列表中选择“定制水位”选项后，会在该选项

⊖ 此处程序汉化有误（PLAXIS 3D 2013 中文界面中该选项为“自定义标准”），该选项的英文名称为“Custom level”，表示用户可根据需要选择用于生成孔压的水位并设定相应的时间相关特性，本书中称之为“定制水位”。

的下方出现一个用于选择水位的下拉列表，可从中选择一个钻孔水位或用户水位，这样在土层中生成的孔压分布为静水压力。

3. 水头

选择“水头”选项后，程序可基于指定水头所定义的水平水位快速生成按静水压力分布的孔压。在“水力条件”下拉列表中选择“水头”选项后，需定义参考水位（z_{ref}）以指明何处孔压为零。

提示： 1）采用“选择多个对象（Select multiple objects）”选项“”可同时对多个土层快速设置水力条件。

2）当利用非水平的水位生成静水孔压分布时，该孔压分布可能并不完全符合实际，因为实际上非水平水位应是地下水渗流过程的结果，而渗流过程中孔压分布可能并不是按静水压力分布。

4. 用户自定义

如果孔压分布是线性的但并非按静水压力分布，可从“水力条件”下拉列表中选择“用户自定义”选项，然后需输入参考水位（z_{ref}）、参考压力（p_{ref}）和压力增量（p_{inc}）。注意，PLAXIS 3D 中压力为负值。

5. 内插值

通过“水力条件”下拉列表中的“内插值”选项，可以根据某土层的上、下土层中的孔压进行插值生成中间土层的孔压分布。例如，当某不透水层位于水头不同的两透水层之间时，可用该选项生成不透水层的孔压分布。因为相对不透水层中的孔压不是按静水压力分布的，所以不能通过潜水位来生成孔压，需要用到“内插值”选项。

对某土体类组选择“内插值”选项后，该类组内孔压将沿竖直方向通过线性插值生成，从上层土体的底部孔压值开始，至下层土体的顶部孔压值结束。“内插”选项可在两个或更多连续土体类组中重复使用。如果进行孔压竖向内插时找不到起始值，则使用“全局水位”作为插值的起始点。

6. 干

除了全局水压力分布以外，还可以将某一土体类组中的水压力移除掉，将其设为“干”则该类组中水压力为零。冻结水力条件可独立进行，与土体激活或冻结无关。如果土体被冻结且水位在开挖线之上，则在开挖区域内仍有水压力作用。如果用户要模拟降水开挖，那么必须显式操作将开挖区域内的水压力冻结掉。需要注意，将某个类组的水力条件设为“干”不会直接影响相邻土体类组中的水压力分布，可能需要手动调整。

提示：“干”类组的水力特性类似于非多孔材料，不论是初始孔压还是超孔压都不考虑，也不会有渗流通过该类组。

7.8.3 水压力生成与预览

水压力（即有限元应力点中的孔压和外部水压力荷载）根据计算阶段中定义的水力条

件来计算，当处于预览阶段或开始计算过程时会计算水压力。

1）预览阶段时生成水压力。在侧边工具条中单击“预览阶段”按钮“”，当水压力生成完毕并写入数据文件后会自动启动“输出”程序，显示当前阶段中处于激活状态的网格。用户可以从“应力”下拉列表中选择相应选项查看各类孔压。如果从“几何”下拉列表中选择“潜水位”选项可以在模型中显示潜水位或外部水位。如果水位在激活网格的外部且“水荷载”处于可见状态，则模型中还会显示外部水压力。建议用户在开始计算整个模型之前先预览一下水压力分布以检查生成的水压力是否符合预期。

2）执行有限元计算之前生成水压力。对于某个将要进行计算的计算阶段，其水压力分布会在计算刚开始、但尚未执行有限元计算之前生成。生成的水压力会与计算结果一起包含在输出步中，可在计算结束后查看。

7.8.4 渗流边界条件

某一计算阶段的渗流边界条件可在“模型浏览器”中“模型条件（Model conditions）”目录下的“地下水渗流（Groundwater flow）”子目录中指定，最简单的一种情况就是指定哪些边界“关闭（Closed）”，哪些边界“打开（Open）”。地下水渗流计算、固结分析或完全流固耦合分析都需要定义这些边界条件。

PLAXIS 3D 默认模型中除“Z_{max}边界”之外的所有几何边界都是封闭的。模型内部边界，如开挖（冻结类组）后出现的边界通常为“打开”（排水）的。当“Z_{max}边界”为“打开”状态时，对于模型上部倾角小于等于45°的倾斜边界也为“打开”状态。

模型的外部几何边界上的预定义地下水头默认根据一般潜水位的位置获得，至少当一般潜水位在激活的几何模型范围以外时是如此。另外，当内部几何线由于土体类组冻结而成为外部边界时，也会被视为外部几何边界并按同上方法处理。

在固结分析中，渗流边界条件用于定义何处的超孔压可透过模型边界进行消散，这些边界条件只影响超孔压。在地下水渗流或完全流固耦合分析中，渗流边界条件用于定义孔隙水可以从何处流入或流出土体，这些边界条件会影响总孔压。对于后者，可能还需要其他条件在“打开”边界上定义静力水头。静力水头默认由“全局水位”隐式定义，用户可通过“结构”模式下的“创建渗流面边界条件”来重新定义。处于“打开”状态的边界上位于静力水头定义的水位以上的部分视为“渗流（Seepage）”边界，水位以下的部分则赋予给定的静力水头作为边界条件。

对于渗流面边界条件，除了5.7.4中介绍的在“结构”模式下可指定的几个选项之外，在“计算”模式（“水位”模式和“分步施工”模式）下还有另外两个选项：

1）保持前一阶段的水位（Constant value from previous phase）。前一计算阶段结束时达到的水位在当前计算阶段中保持不变。

2）保持前一阶段的渗流函数（Maintain function from previous phase）。当前计算阶段中的水位将继续按照前一计算阶段中为边界指定的渗流函数进行变化。此前各计算阶段的累积时间将作为当前阶段渗流函数输入值的初始偏移量。

7.8.5 降水量

“降水量（Precipitation）”选项位于“模型浏览器”中“模型条件（Model conditions）”

目录下（见图7-22），可用于指定由天气条件变化引起的常规的竖向回灌（Recharge）或入渗（Infiltration）（q），该边界条件会施加于代表地表面的所有边界上。

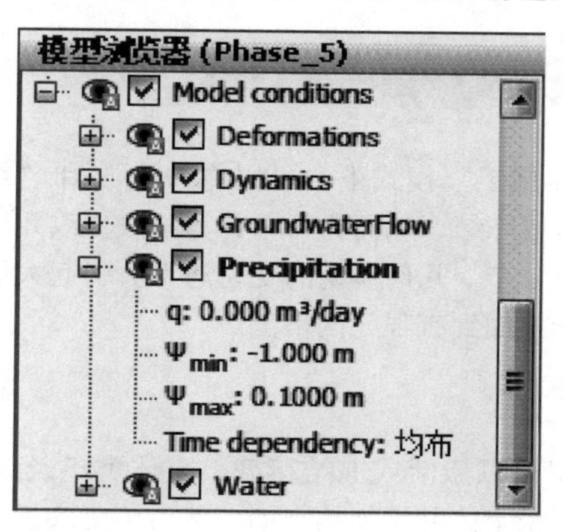

图7-22 “模型浏览器”中的“降水量”子目录

提示： 当在模型顶部边界同时创建了“降水量”和渗流面边界条件时，计算中将忽略“降水量”。

“降水量”的定义参数如下：

1）q。回灌（入渗），单位：长度/时间。指定为负值时可用于模拟蒸发（Evaporation）。

2）ψ_{max}。相对于边界标高的最大孔压水头，单位：长度单位（默认值为0.1个长度单位）。当地下水头增长到该水头之上时，入渗流量将变为相应的水头以模拟流失。

3）ψ_{min}。相对于边界标高的最小孔压水头，单位：长度单位（默认值为-1.0个长度单位）。当地下水头降到该水头之下时，蒸发流量将变为相应的水头。

在水平的地表面边界上，由q值指定的降水量会作为“回灌”施加到边界上。在倾角为α的倾斜地表面边界（例如边坡坡面）上，“回灌”垂直于倾斜边界施加，大小为$q\cos(\alpha)$。

在某一施加了正的降水量（Precipitation）的边界上如果某点处的孔压水头增大到了$y+\psi_{max}$（即水位升至地表以上ψ_{max}处），则假定此后水开始流失。于是此处成为恒定不变的水头边界条件，水头值为$y+\psi_{max}$。

在某一施加了负的降水量（即蒸发蒸腾，Evapotranspiration）的边界上如果某点处的孔压水头降低到了低于$y+\psi_{min}$（即上部地层变为不饱和），则假定此后停止蒸发蒸腾。于是此处成为恒定不变的水头边界条件，水头值为$y+\psi_{min}$。

对于瞬态地下水渗流计算和完全流固耦合分析，可以指定降水量随时间的变化，成为“时间相关”边界条件。用户可以在“降水量”子目录下的“Time dependency”下拉菜单中选择“时间相关”选项，进而可从下方的“Discharge function”下拉菜单中选择用于描述流量随时间变化的渗流函数。

7.9 几何配置——分步施工模式

在PLAXIS 3D的“分步施工”模式下，可以将“土”和“结构”模式中创建的荷载、土体类组、结构对象等激活或冻结，从而为每个计算阶段更改几何模型和荷载，还可以重新指定材料数据组以及水压力分布。几何模型的变化通常会引起大量不平衡力，这些不平衡力会通过自动荷载步方法逐步施加到有限元网格上。

7.9.1 更改几何模型

在“分步施工”模式下可以激活或冻结荷载、土体类组及结构对象以模拟开挖、支护等施工过程。例如可以先开挖土体并添加挡土墙，然后施工底板，最后施工上部结构，这样可以较真实地分析开挖施工过程在周边引起的三维效应。

1）激活对象。先单击“激活（Activate）”按钮“■”，然后在绘图区中单击要激活的对象（如土体类组、结构单元、荷载等）。

2）冻结对象。先单击“冻结（Deactivate）”按钮“■”，然后在绘图区中单击要冻结的对象。

除了以上两个工具栏按钮之外，还可以在选中几何对象之后，通过右键快捷菜单或“对象浏览器”来激活或冻结几何对象及其相关特性。在“对象浏览器”中单击几何对象及其相关特性前面的方框可将其激活或冻结（见图7-23）。这些方框有以下几种状态：

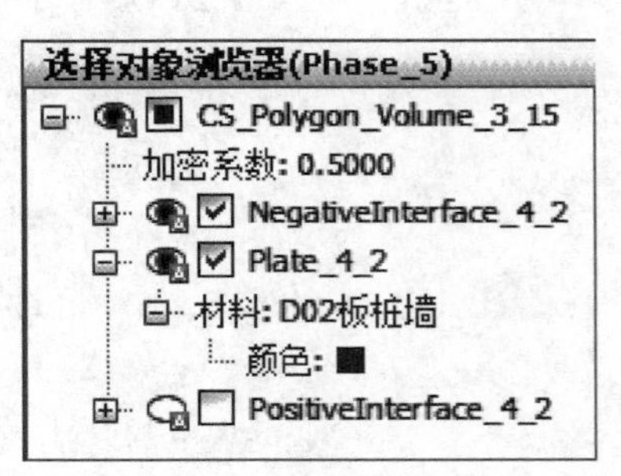

图7-23 “分步施工”模式下的“选择浏览器”

1）□：表示未激活的对象或对象组。

2）☑：表示处于激活状态的对象或对象组。

3）■：表示部分激活的对象组。

> **提示：** 不要将“激活或冻结”对象选项与“显示或隐藏”对象选项混淆。处于激活状态的对象可以被隐藏掉（不可见）。处于冻结状态的对象的可见性可在“选项”菜单下的“可视化设置”窗口中的“可视化”选项卡内定义。

7.9.2 计算中的分步施工过程

在某一计算阶段开始时，几何模型中激活和非激活对象的信息转换为单元信息。因此，冻结一个土体类组会导致计算过程中相应土体单元被“关闭（Switching off）”。

（1）对于被“关闭”的土体单元，遵循以下规则：

1）单元的属性，例如自身重力、刚度、强度等不予考虑。

2）单元内所有应力设为零。

3）所有非激活节点位移为零。

4）移除单元后出现的边界自动视为自由且透水边界。

5）一个土体类组冻结后，其水力条件保持不变。如果要模拟无水开挖（Dry excavation）需要手动更改被冻结土体类组的水力条件。

6）作用在未激活几何对象某一部分上的外部荷载不予考虑。

（2）对于之前未激活但在某个计算阶段中（重新）激活的单元，遵循以下规则：

1）在该计算阶段开始时（即第一计算步）就会考虑这部分单元全部的刚度和强度。

2）原则上在该计算阶段开始时就完全考虑这部分单元的自身重力。一般在一个分步施工计算阶段开始时会产生很大的不平衡力并在后续计算步中逐步求解。

3）这部分单元的应力从零开始发展。

4）当某一节点被激活，通过对新激活单元施加无应力预变形来估算初始位移以使其与前一步得到的变形网格相吻合，然后在此初始位移值的基础上进一步施加位移增量。例如，以一个路堤分层填筑施工为例，只考虑其竖向位移（一维压缩）。最开始只有一层，然后在第一层上方填筑第二层，这会在顶面引起沉降。如果再在第二层上方填筑第三层，则第三层网格会被施加上与第二层顶面沉降对应的初始变形。

（3）界面遵循以下规则：

1）冻结界面。如果不考虑土与结构相互作用，可冻结界面，在生成网格时为界面建立的节点仍然存在。这些界面为硬弹性（Stiff elastic），完全透水。

2）激活界面。遵循弹塑性行为，完全不透水。

7.9.3 更改荷载

在“结构”模式下创建荷载时，程序会为其指定一个默认值以表示单位荷载，可以在每个计算阶段中更改这些荷载值以模拟不同施工阶段中荷载的变化。荷载变化会引起不平衡力，这些不平衡力在分步施工计算过程中逐步求解。

7.9.4 定义连接

当结构单元相互连接时，默认在连接节点上共享所有自由度（旋转和平动自由度），即默认为刚接。

在“计算”模式下可以在两板单元之间或板单元与梁单元之间定义“连接”，可以定义线铰链（Line hinges，在两板之间）和点铰链（Point hinges，在板和梁之间），还可以在两板之间或板和梁之间定义膨胀连接（Dilation joints，位移不连续）。

一个“连接”包含以下两部分：

1）参考部分（或称“母对象”）。其他对象（“子对象”）连接到该对象上。

2）自定义部分（或称“子对象”）。该对象连接到“母对象”上。

创建连接需要有界面单元，在 PLAXIS 3D 中界面特性只能指定给面。界面单元由“节点对”组成，每一对节点的坐标相同。这样就能够在创建铰链（Hinge）或膨胀连接（Dilation joint）时由这些附加节点提供附加的自由度。

如果定义了无效的连接，计算前会提示警告信息（见图 7-24）。如果在某点上定义连接但此处没有界面，那么可通过如下方法解决这个问题：定义比参考板更大的界面，在参考板两侧定义界面或为两个相连的板都指定界面。注意，“梁”不能作为连接的“参考部分”，因为界面单元不能指定给梁。

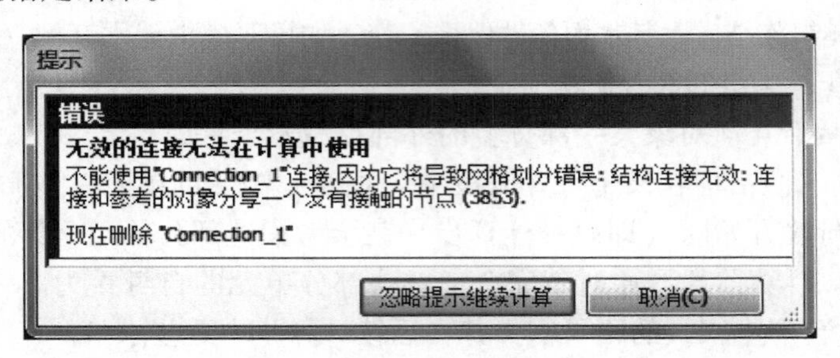

图 7-24　关于无效连接的警告

某一计算阶段中如果两部分都处于激活状态，则该连接激活。在所有阶段中都可以对激活的连接进行修改，但同一连接在不同阶段中不能指定不同的属性。

如果定义了一个连接，与连接相关的“子对象”节点的旋转自由度默认与“母对象”节点的旋转自由度是分离的（即自由，free），但两者的平动自由度是一致的（即固定，fixed），即默认连接为铰接。用户可以自定义“子对象”的每个自由度是自由还是固定。绕“局部坐标轴 1”旋转与沿三个独立局部坐标轴方向平移是有区别的。如果要定义膨胀连接，至少需有一个平移自由度设为自由。

1. 两板之间的连接

在两个板之间创建连接操作如下：

1）确保已经为面指定了界面和板特性来表示连接中的“参考部分”。

2）在“分步施工”模式下选择连接中相关的所有板。

3）在模型上右击，从右键菜单中选择“创建自定义连接”。模型中新创建的连接显示为黄色线。如果“选项”菜单中选择了“显示局部坐标轴”，模型中将显示连接的局部坐标轴。新生成的连接列于“模型浏览器”中的“连接”子目录下（见图 7-25）。

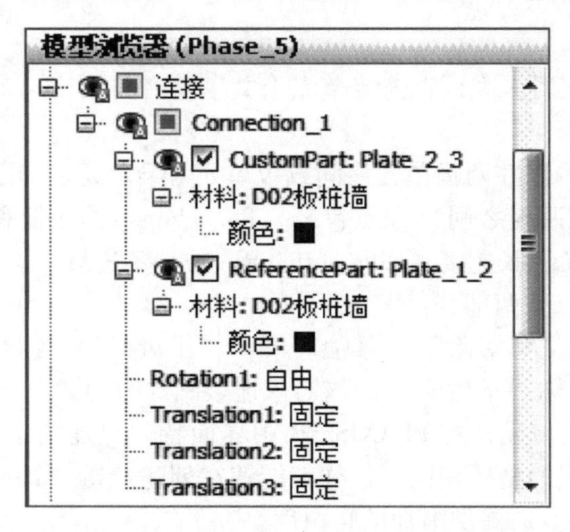

图 7-25　板-板连接的“连接”子目录

在两板之间创建线铰链的操作为：将需要的旋转选项设为“自由”。

在两板之间创建膨胀连接的操作为：将需要的平移选项设为“自由”。

提示： 1）选择的顺序会影响指定给每个板的连接部分。先选中的板将被指定为连接的“自定义部分”，后选中的部分将被指定为连接的“参考部分”。

2）连接的不同部分的作用可通过在“对象浏览器”中右击连接，然后从右键菜单中选择“转换连接部分”进行互换。

3）选择的顺序对与板-板连接不重要，因为此时板始终为连接的参考部分。

2. 梁与板之间的连接

在梁与板之间创建连接的操作如下：

1）确保已经为面指定了界面和板特性来表示连接中的“参考部分”。

2）在“分步施工”模式下选中要定义连接的板与梁。

3）在模型上右击，从右键菜单中选择“创建自定义连接”。模型中新创建的连接显示为黄色点。如果“选项”菜单中选择了“显示局部坐标轴”，模型中将显示连接的局部坐标轴。新生成的连接列于“模型浏览器”中的“连接”子目录下（见图7-26）。

在板与梁之间创建点铰链的操作为：将需要的旋转选项设为“自由”。

在板与梁之间创建膨胀连接的操作为：将需要的平移选项设为“自由”。

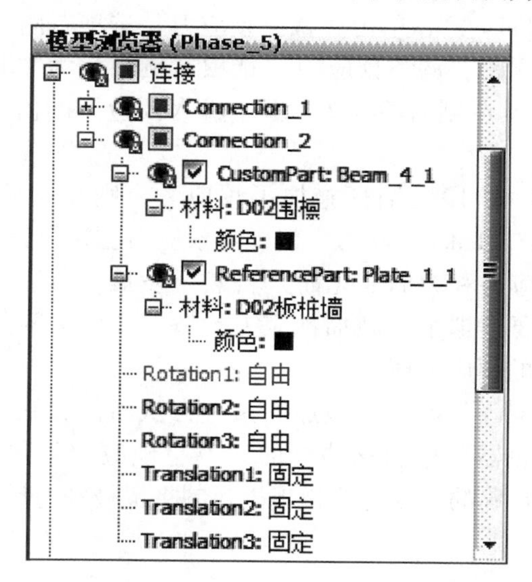

图7-26　板-梁连接的“连接”子目录

7.9.5　更改指定位移

在“结构”模式下创建指定位移时，程序会为其指定一个默认值以表示单位指定位移，可以在每个计算阶段中更改这些荷载值以模拟不同施工阶段中的指定位移的变化。指定位移变化会引起不平衡力，这些不平衡力在分步施工计算过程中逐步求解。

7.9.6 重新指定材料数据组

在一个计算阶段中可以为土体类组或结构对象指定新的材料数据组。该选项可用于模拟材料属性在不同施工阶段中随时间的变化，还可用于模拟土性改良过程，例如移除不良土体，替换为优质土体。

某些属性的改变，例如将淤泥（Peat）替换为密实砂（Dense sand），可能由于重度的改变引起不平衡力产生，这些不平衡力会在施工阶段计算过程中逐步求解。

7.9.7 施加类组体积应变

除了可以更改类组的材料属性，还可以对单个类组施加体积应变。首先选中相应的土体类组，然后在“模型浏览器”或“选择浏览器”中将该类组下的“VolumeStrain”选项的“应用（Apply）”状态选为“是（True）”（体积应变的应用状态默认为 False，即默认不使用体积应变），之后可在“VolumeStrain”选项的下方分别定义该类组沿 x-、y-、z-三个方向的应变分量值和体积应变值。应变分量为正值表示膨胀，负值表示收缩。

7.9.8 施加锚杆预应力

在计算阶段中可以为锚杆施加预应力，选中锚杆单元后会在对象浏览器中显示其“材料组”选项和“调整预应力（Adjust prestress）”选项。锚杆的“调整预应力”选项默认处于未激活状态（显示为“False”），单击“调整预应力”选项右侧的“False”会显示出一个空的复选框，选中该复选框后“调整预应力”选项右侧显示为“True”并在下方显示预应力选项“$F_{\text{prestress}}$”，可以在其右侧的相应文本框中输入预应力的值。注意，拉力为正，压力为负。

默认情况下，如果前一阶段为锚杆施加了预应力，则在本计算阶段中该锚杆单元的“调整预应力”选项将处于“False”状态，但此时预应力已转化为锚杆内力并以此为本阶段的计算起始条件随模型中应力和力的变化而“自然”发展，所以一般情况下只需施加一次预应力即可。如果确实需要模拟多次施加预应力的情况，可按照前述操作重新激活“调整预应力”选项并输入相应的预应力值。

如果需要“重置（Reset）”前面已施加的预应力从而消除锚杆的预应力但保留现有的锚杆内力，可在“对象浏览器”中将该锚杆的“调整预应力”选项设为“False”。一般情况下将预应力设为零是不正确的，因为这相当于强制将锚杆轴力设为零。

7.9.9 模型条件

某个处于被选中状态的计算阶段的全局边界条件可在“模型浏览器”中的“模型条件（Model conditions）”目录下定义。注意，用户自定义边界条件通常优先于“模型条件”目录下的边界条件。

1. 变形（Deformations）

默认情况下，PLAXIS 3D 会自动在几何模型边界上施加一组普通约束（General fixities），这些约束条件按如下规则创建。

（1）对于土体边界具体如下：

1）法向沿 x 方向的竖向模型边界，x 方向固定（$U_x=0$），y、z 方向自由。

2）法向沿 y 方向的竖向模型边界，y 方向固定（$U_x=0$），x、z 方向自由。

3）法向既不沿 x 方向也不沿 y 方向的竖向模型边界，x、y 方向均固定（$U_x=U_y=0$），z 方向自由。

4）模型底部边界各个方向均固定（$U_x=U_y=U_z=0$）。

5）"地表面（模型上表面）"在各个方向均自由。

（2）对于延伸至模型边界的梁单元和板单元　由于边界上至少有一个方向的位移受到约束，于是在边界上的这些点至少有两个旋转约束。具体如下：

1）在法向沿 x 方向的竖向模型边界上的结构单元端点，$\varphi_y=\varphi_z=0$（$\varphi_x=$ 自由）。

2）在法向沿 y 方向的竖向模型边界上的结构单元端点，$\varphi_x=\varphi_z=0$（$\varphi_y=$ 自由）。

3）在"地表面（模型上表面）"上的结构单元端点，$\varphi_x=\varphi_z=\varphi_y=$ 自由。

提示： 1）标准位移约束会施加于土体和结构。

2）用户自定义指定位移通常优先于默认的"模型条件"下的变形约束。如果在模型顶面上施加了指定面位移，且该面位移与模型侧面共用一条边（例如模拟轴对称光滑基础时），则在这条共用边上没有水平约束。此时，应沿这条共用边施加指定线位移，并为其指定适当的约束条件。

2. 动力（Dynamics）

动力荷载会在模型边界上引起应力增量，这需要通过黏性边界吸收掉，否则会在土体内部反射。当定义一个"动力"计算阶段时，可展开"模型浏览器"中"模型条件"目录下的"动力（Dynamics）"子目录，从中选择适当选项来为该计算阶段定义动力边界条件（见图7-27）。

松弛因子（Relaxation coefficients）C_1 和 C_2 用于改善黏性边界对波的吸收能力。C_1 用于修正边界法线方向上波的消散；C_2 用于修正边界切线方向上波的消散。如果边界仅受到沿法线方向的入射波（垂直于边界），则不需要进行修正（$C_1=C_2=1$）。当入射波为任意方向时（这是一般情况），必须调整 C_2 以改善吸收能力。这两个参数的标准值为 $C_1=1$、$C_2=1$。

3. 渗流边界条件（Groundwater Flow）

某一计算阶段的渗流边界条件（例如部分边界为"打开"，另一部分为"关闭"）可在"模型浏览器"中"模型条件"目录下的"地下水渗流（Groundwater Flow）"子目录中指定（见图7-28）。对地下水渗流计算、固结分析或完全流固耦合分析需设置这些边界条件。

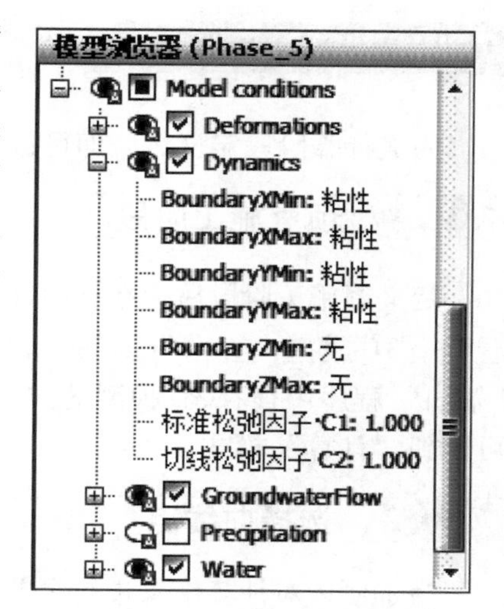

图7-27　"动力计算"的边界条件

4. 降水量（Precipitation）

"模型条件"目录下的"降水量（Precipitation）"子目录（见图7-29）可用于指定由于天气条件引起的回灌或入渗（q），该边界条件施加在整个模型的上表面上。

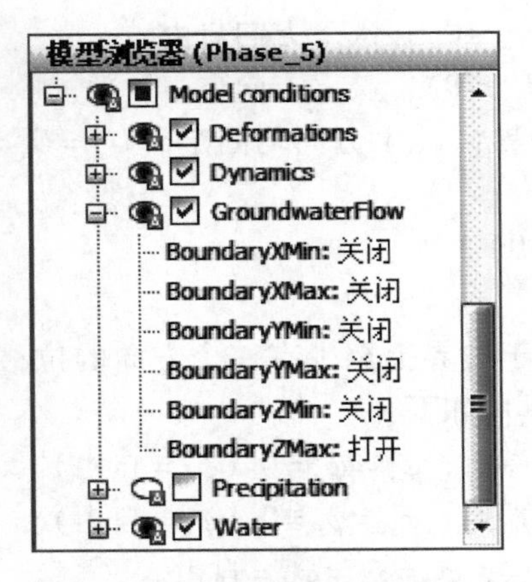

图 7-28　地下水渗流的边界条件

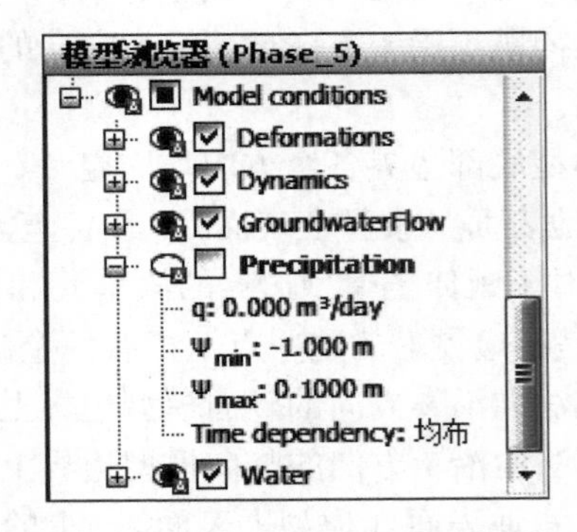

图 7-29　"模型浏览器"中的"降水量"子目录

5. 水（Water）

某一计算阶段中的全局水位可在"水（Water）"子目录下定义（见图 7-30）。

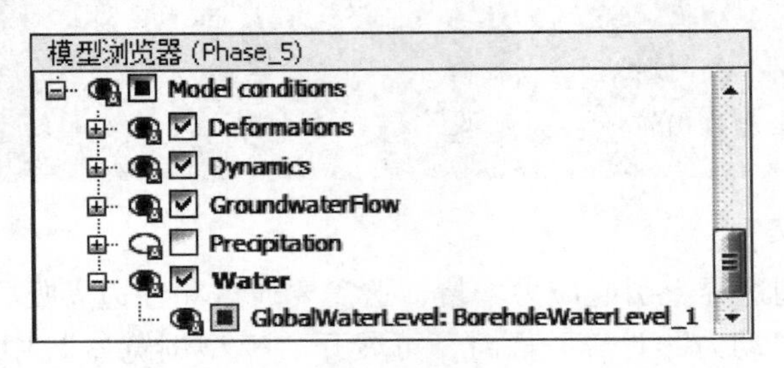

图 7-30　"模型浏览器"中的"水"子目录

7.10　开始计算

完成计算阶段定义后，即可进行计算。

7.10.1　预览施工阶段

定义好施工阶段后，在开始计算之前可单击侧边工具条中的"预览"按钮""查看整个 3D 模型，会自行启动"输出"程序显示 3D 模型中处于激活状态的部分。关于在"输出"程序中查看 3D 模型的详细介绍可参阅本书第 8 章。预览之后，单击"关闭"按钮可回到"计算"模式。

7.10.2　选择曲线点

为了便于对计算结果进行分析，在建立好几何模型并生成网格后可以选择一些监测点（节点或应力点），用于在计算完成之后生成荷载-位移曲线或应力路径曲线。要绘制位移曲线需选择节点（Node），要绘制应力和应变曲线需选择应力点（Stress point）。在 PLAXIS 3D 中选取监测点需借助"选择曲线点"按钮""，具体介绍详见本书 10.1 节。

7.10.3 执行计算过程

在定义好计算阶段之后即可执行计算。建议读者在开始执行计算之前先检查一下计算阶段列表，应注意到程序只会对那些用蓝色图标标记的阶段执行计算。对于新添加的计算阶段，程序会自动将其标记为计算状态（在计算过程中会执行该计算阶段）。程序对于已计算成功的计算阶段用绿色图标标识，对计算失败的阶段用红色图标标识。

在“阶段浏览器”中单击阶段名前面的图标可以切换该阶段的计算状态，从而可以确定在计算过程中是否要执行该计算阶段。除了单击图标之外，还可以利用右键菜单来切换阶段的计算状态，即在某阶段名上右击，从右键菜单中可以选择“标记计算”或“不标记计算”选项。

在“分步施工”模式下单击“计算”按钮“”即可启动计算过程。开始执行计算时，程序首先检查计算阶段的顺序和一致性，并确定要执行的第一个计算阶段。在计算过程中如果未发生大量土体破坏，程序就会按顺序依次执行阶段列表中所有被标记为计算状态的计算阶段。

7.10.4 中止计算

如果在计算过程中通过“激活任务”窗口显示的当前计算阶段迭代过程相关信息发现了错误，可以单击“停止”按钮会强制终止当前阶段的计算，在本阶段中指定的荷载也不会完全施加到模型上；该阶段在“阶段浏览器”中以红色图标标识，在对应的“阶段”窗口的“记录信息框”中会给出提示“被用户取消”。

除了彻底终止当前计算阶段之外，还可以通过单击“暂停”按钮暂时中止计算过程，单击“恢复”按钮将继续执行计算。

7.10.5 计算过程中输出

PLAXIS 3D 在执行有限元计算时会将与计算过程相关的信息分几个组框显示在一个独立的“激活任务”窗口中（见图7-31），“阶段”标签会显示正在计算的阶段名。

> **提示：** 当多个计算阶段拥有相同的“母阶段”时，在多核计算机上可以对这些阶段执行并行计算。

1. 内核信息

计算过程中“激活任务”窗口的“内核信息”组框下显示的信息为：

1）开始时间：表示开始计算的时间。

2）占用内存：显示计算过程中占用的内存。

> **提示：** 独立计算内核（Separate calculation kernel）在64位操作系统上可用。

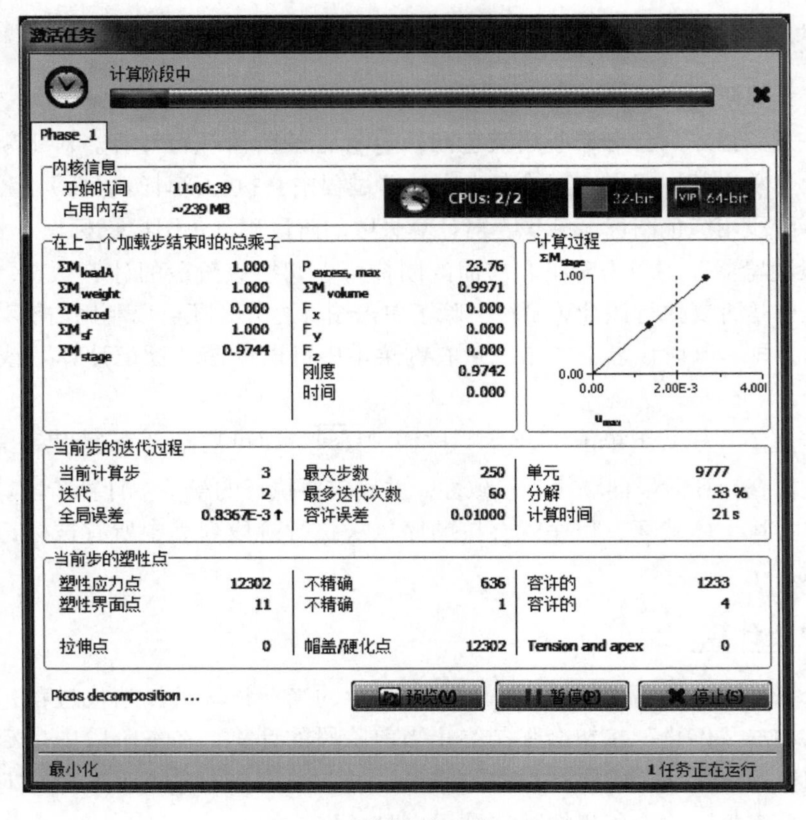

图 7-31 "激活任务"窗口

2. 前一荷载步结束时的总乘子

计算过程中"激活任务"窗口的"在上一个加载步结束时的总乘子"组框下显示的信息见表 7-7。

表 7-7 计算过程中显示的上一个加载步结束时的总乘子

显示的乘子	说明
$\sum M_{loadA}$	表示预定义指定荷载在当前阶段已施加的部分所占的比例。在 PLAXIS 3D 中该值始终为 1，因为荷载是作为分步施工过程施加，所以是直接更改荷载的输入值而不是更改乘子
$\sum M_{weight}$	表示计算中施加的材料重度的总体比例。计算开始时为 0，变为 1.0 时表明材料重度已完全施加
$\sum M_{accel}$	该值始终为 0，因为 PLAXIS 3D 不考虑伪静态加速度（Pseudo-static acceleration）
$\sum M_{sf}$	该参数与"安全性分析"相关，定义为某一分析阶段中原始强度参数与折减后强度参数的比值，在分析开始时其值为 1.0
$\sum M_{stage}$	该参数表示塑性计算完成的比例，计算开始时其值为 0，计算成功完成时该值为 1.0。在其他计算分析类型中（如"固结"和"安全性分析"），该值保持为 0
$P_{excess,max}$	该参数表示网格中的最大超孔压，以应力单位表示
$P_{active,max}$	该参数表示"完全流固耦合分析"中网格内的最大激活孔压，以应力单位表示

（续）

显示的乘子	说　明
$P_{steady,max}$	该参数表示网格中的最大稳态孔压，以应力单位表示。对于所有计算类型，仅在“激活任务”窗口中的渗流计算标签页下显示该参数
$\sum M_{volume}$	该参数表示几何模型中当前处于激活状态的类组在所有土体类组总体积中所占的比例，如果所有土体类组都被激活，则该值显示为1.000
$\sum F_x$，$\sum F_y$，$\sum F_z$	该参数表示与非零指定位移对应的反作用力
刚度（Stiffness）	刚度参数表示计算中发生的塑性数量。刚度定义为：刚度 = $\int \frac{\Delta\varepsilon\Delta\sigma}{\Delta\varepsilon D^e \Delta\varepsilon}$。当计算解为完全弹性时，刚度为1；达到破坏状态时刚度接近0。刚度可用于确定“全局误差（Global error）”，详见本书7.10.8
时间（Time）	表示当前计算阶段设置的时间间隔内目前运行的时间，在“阶段”窗口的“一般”目录下定义该时间间隔

3. 计算过程

在某个计算阶段的执行过程中，“激活任务”窗口下的计算过程组框中将显示一个缩小的荷载-位移曲线。默认情况下，显示计算之前所选第一个节点的曲线。在节点下拉列表中可选择其他节点显示对应的曲线，该曲线可用来粗略评估计算过程。不同计算类型时显示为不同的曲线，详见表7-8。

表7-8　计算过程中显示的曲线

计算类型	显示的曲线
塑性分析	对于塑性分析，此处将显示总乘子$\sum M_{stage}$和位移的关系曲线
固结分析	对于“固结分析”，此处将显示最大超孔压$P_{escess,max}$与时间对数的关系曲线
完全流固耦合分析	对于“完全流固耦合分析”，此处将显示最大激活孔压$P_{active,max}$与时间对数的关系曲线
安全性分析	对于“安全性分析”，此处将显示$\sum M_{sf}$与位移的关系曲线
动力分析	对于“动力分析”，显示位移与动力时间的关系曲线
地下水渗流（稳态）	对于“地下水渗流（稳态）”，显示最大稳态孔压$P_{steady,max}$
地下水渗流（瞬态）	对于“地下水渗流（瞬态）”，显示最大稳态孔压$P_{steady,max}$与时间对数的关系曲线

4. 当前步的迭代过程

计算过程中“激活任务”窗口的“当前步的迭代过程”组框下显示的信息见表7-9，不同计算类型时显示的相关信息会稍有不同。

表7-9　当前步的迭代过程相关信息

迭代相关信息	说　明
当前计算步	表示当前计算步的步数
迭代	表示当前计算步的迭代次数
全局误差	全局误差是对当前计算步的全局平衡误差的量度。随着迭代次数的增加，这一误差趋于减小

（续）

迭代相关信息	说　明
渗流中最大局部误差	该误差表示当前计算步中饱和区域内出现封闭水（Entrapment of water）的可能性，允许误差为0.05
饱和度相对变化	表示连续计算步中饱和度的变化，容许值为0.1。当饱和度相对变化超过允许值，时间步自动减小。当饱和度相对变化小于允许值，时间步自动增加。注意，时间步的大小通常在“期望最小”和“期望最大”参数定义的范围内
相关渗透性的相对变化	表示连续计算步中相关渗透性的变化，允许值为0.1。当渗透性变化超过允许值，时间步自动减小；当渗透性变化低于允许值，时间步自动增加。注意，时间步的大小通常在“期望最小”和“期望最大”参数定义的范围内
最大步数	表示当前计算阶段最终计算步数。该步数根据“阶段”窗口中“数值控制参数”目录下定义的“最大步数”来定
最大迭代步	当前计算阶段的最大迭代次数，在“阶段”窗口中“数值控制参数”目录下的“最大迭代步”中定义
允许误差	该数值表示允许的最大全局平衡误差，该容许值为“阶段”窗口中“数值控制参数”目录下定义的“允许误差”值。只要全局误差大于允许误差，迭代过程将一直继续
单元	显示计算阶段中的土体单元数量
分解	显示计算阶段的分解过程
计算时间	表示当前计算步的计算时间

5. 当前步的塑性点

计算过程中“激活任务”窗口的“当前步的塑性点”组框下显示的信息见表7-10。

表7-10　当前步的塑性点相关信息

塑性点信息	说　明
塑性应力点	表示土体单元中处于塑性状态的应力点总数
塑性界面点	表示界面单元中处于塑性状态的应力点总数
不精确应力点数	表示局部误差超过允许误差的土体单元和界面单元上的塑性应力点数
不精确点允许数	表示土体单元和界面单元上的不精确应力点的允许最大数量。当不精确应力点数大于允许数时，会持续进行迭代
拉伸点	拉伸点是由于受拉应力破坏的应力点。当材料组设置里采用了“拉伸截断”时，会出现拉伸点。该参数显示了拉伸破坏点数量
帽盖/硬化点	如果采用的是HS模型、HSS模型，SS模型或SSC（软土蠕变）模型，并且某个点的应力状态达到预固结应力，即此前曾达到的最大应力水平（$OCR \leqslant 1.0$），则会出现帽盖点（Cap point）。对于HS模型或HSS模型，当某点的应力状态对应于此前曾达到的最大动摩擦角时就会出现硬化点（Hardening point）
顶点	顶点（Apex point）是一种特殊的塑性点，其上的允许剪应力等于零。如果塑性顶点数量较多，迭代算法会趋于变慢。在土和界面的材料数据组里选择“拉伸截断”选项可以避免出现塑性顶点

6. 计算状态

计算过程中“激活任务”窗口的“当前步的塑性点”组框左下方会显示当前执行的计算过程的计算状态信息，见表7-11。

表7-11 计算状态相关信息

计算状态信息	说明
读入数据	从硬盘读取输入数据（Reading data）
重新编号	优化节点编号（Renumbering），确定刚度属性
形式	确定总体刚度矩阵或预处理器（Pre-conditioner）的形式（Profile）
组成矩阵	组成总体刚度矩阵（Forming matrix）
组成预处理	为迭代求解算法组成预处理（Forming pre-conditioner）
求解方程	求解总体方程组（Solving equations），获得位移增量
计算应力	计算应变增量和本构应力（Calculating stresses）
反作用力	计算反作用力和不平衡力（Reaction forces）
写入数据	将输出数据写到硬盘（Writing data）

7. 计算中预览中间结果

在“激活任务”窗口中单击“预览”按钮可以预览当前计算阶段的中间计算步的结果，当新的中间步计算完成后，可以在下拉列表中查看中间步列表及其更新。

中间步计算结果也可用于曲线绘制。当绘制曲线时，可利用“设置”窗口中的“重生成”按钮将新的计算步包括进来。

注意，当计算阶段完成后，会弹出警告信息，提示不能再得到中间步结果。

7.10.6 选择输出计算阶段

计算过程结束之后，“阶段浏览器”和“阶段”窗口下的内容会自动更新。“阶段浏览器”中计算成功的阶段标记为“✓”，而没有成功执行完的阶段则标记为“✕”。在“阶段”窗口右侧面板的“记录信息框”里还会显示当前阶段的计算相关信息。

在“阶段浏览器”中可选中一个计算阶段，然后单击“查看结果”按钮“ ”启动“输出”程序显示所选阶段的计算结果。

7.10.7 不同计算阶段间调整输入数据

在计算阶段之间修改输入数据（在输入程序里）会造成输入数据与计算数据不一致，所以一般不应该这么操作。在多数情况下，可以通过其他的方式修改介于计算阶段之间的数据，而不是修改输入数据本身。

1. 修改几何模型

在“几何”模式下稍微改变几何图形时（如微小变动对象的几何位置、修改几何形状或删除对象），模型会在“计算”模式下自动重生成，此时应重新生成网格。注意，“阶段浏览器”中的阶段会自动标记准备计算。模型中将不再包含被删除的几何体，但会保留之前对阶段的定义及设置。

如果对几何模型进行大幅度修改，则需要重新定义所有设置，因为这种情况下 PLAXIS 3D 不能保证完全正确地自动重生成所有设置。

2. 修改材料参数和属性

在“几何”模式下为土体类组（Cluster）和特性（Feature，如结构单元、荷载等）指定的属性（Property，如土体材料参数、结构单元参数及荷载大小等）会作为其在计算阶段中的默认属性。当在“几何”模式下更改（或调整）某一属性时，程序会在阶段定义中自动更改该属性。但是，如果在某个计算阶段中已经重新定义了该属性（不再是默认的），则其不会再随几何模式下的更改而自动更改，在计算阶段中重新定义的属性仍然有效。

当一个 PLAXIS 3D 项目的多个计算阶段已经定义完成后，如果在阶段定义模式（“水位”和“分步施工”模式）下的一个参考阶段中修改了某一属性，在之前已经定义好的其后续阶段中不会自动更改该属性。除了在该参考阶段的每个后续阶段中逐个手动更改该属性之外，还可以利用程序提供的“重生成”选项将参考阶段中这个修改后的属性快速复制到其后续阶段中。在参考阶段中修改某属性后，保持该属性处于被选中状态，在“阶段浏览器”中单击该参考阶段的后续阶段（即切换到后续阶段的定义模式），然后在“对象浏览器”中右击该属性，从快捷菜单中选择“重生成”选项，这样就将参考阶段中更改后的属性复制到后续阶段中。“重生成”包括两步：第一步，确定要重置哪个阶段中的哪个属性；第二步，设定并施加新属性值。

在第一步中确定“重生成”过程中要包括的目标阶段中目标特性的属性。在目标阶段的所有子阶段中都会检查目标特性的属性，如果子阶段中目标特性的属性与目标阶段中的相同，那么在重生成过程中就会包含这些属性，即这些属性值会从目标阶段复制到子阶段中，并且对所有子阶段都会自动重复这一过程。

在第二步中建立新的属性值时，程序会检查目标阶段的母阶段中目标特性的属性。如果其母阶段为初始阶段（初始阶段之前不再有其他计算阶段），在几何模式下定义的属性将作为计算阶段定义的数据源，这些属性会应用到第一步选中的所有对象上。

注意，当从“几何”模式转到“计算”模式时程序会隐式执行重生成过程，以便在几何模型更改的情况下仍能保持阶段模型的完整性。重生成过程主要用于将分步施工中的模型变化快速传递给子阶段。

以下简单举例说明：

某 PLAXIS 3D 项目共包括七个施工阶段，在阶段 5 至阶段 7 中施加一均布面荷载（$\sigma_x=0$，$\sigma_y=0$，$\sigma_z=-20$）。阶段 6 为阶段 5 的子阶段，阶段 7 为阶段 6 的子阶段，现将阶段 5 中该面荷载值修改为（$\sigma_x=0$，$\sigma_y=0$，$\sigma_z=-50$），检查可知阶段 6 和阶段 7 中该荷载值并未自动更改。在“阶段浏览器”中单击“阶段 6”，然后在“选择对象浏览器”中右击该面荷载，从快捷菜单中选择“重生成”，则阶段 6 和阶段 7 中该面荷载值均更新为（$\sigma_x=0$，$\sigma_y=0$，$\sigma_z=-50$）。

7.10.8 自动误差检查

在每个计算步中，PLAXIS 3D 计算内核会执行一系列迭代来减小解的非平衡误差。程序会在迭代过程中自动确立非平衡误差以便在误差达到可接受的范围时终止迭代计算。

PLAXIS 3D 程序采用两个独立的误差指标来衡量误差的大小，分别基于全局平衡误差和局部误差的度量。这两个指标的值都必须小于预先为迭代过程指定的误差限值才能终止迭代。下面介绍这两个误差指标以及相关的误差检验方法。

1. 全局误差检验

PLAXIS 3D 计算内核采用的全局误差检验参数与不平衡节点力大小的总和有关。“不平衡节点力”是指外荷载与当前应力的等效节点力之间的差值。要计算全局误差，需要按下式对不平衡荷载进行无量纲化

$$\text{全局误差} = \frac{\sum \| \text{不平衡节点力} \|}{\sum \| \text{激活荷载} \| + CSP \| \text{非激活荷载} \|} \tag{7-15}$$

式（7-15）中，CSP 为“刚度”参数的当前值，刚度定义为

$$\text{刚度} = \int \frac{\Delta\varepsilon\Delta\sigma}{\Delta\varepsilon D^{e}\Delta\varepsilon} \tag{7-16}$$

CSP 表示计算过程中产生的塑性的多少。如果解是完全弹性的，则刚度等于1；当达到破坏状态时刚度接近0。相同不平衡力条件下，如果达到破坏状态全局误差会更大，因此需要更多次迭代以满足容差要求。这意味着模型的解随塑性的发展而更加精确。

2. 局部误差检验

局部误差是指单个应力点上的误差。为了说明 PLAXIS 3D 采用的局部误差检验方法，考虑一个典型应力点上的应力在迭代过程中的变化，图 7-32 所示为该应力点的某一应力分量在迭代计算过程中的变化情况。

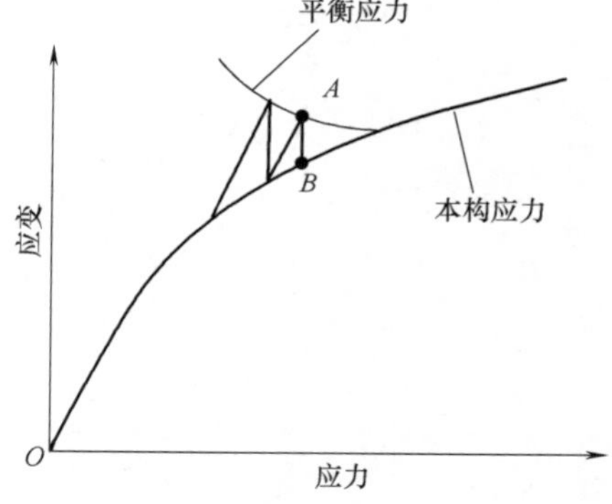

图 7-32 平衡应力与本构应力

在每一步迭代结束时，PLAXIS 3D 都会计算两个重要的应力值，即平衡应力和本构应力。“平衡应力”直接由刚度矩阵计算得出，如图 7-32 所示的点 A。“本构应力”是指平衡应力的应变在材料应力-应变曲线上对应的应力值，如图 7-32 所示的点 B。

图 7-32 中的虚线表示平衡应力路径。平衡应力路径一般取决于应力场的性质和所施加的荷载。对于遵循莫尔-库仑准则的土体单元，在迭代结束时某个应力点的局部误差定义为

$$\text{局部误差} = \frac{\| \sigma^{e} - \sigma^{c} \|}{T_{max}} \tag{7-17}$$

式（7-17）中 T_{max}是平衡应力张量 σ^{e} 和本构应力张量 σ^{c} 差值的范数，该范数定义为

$$\| \sigma^{e} - \sigma^{c} \| = \sqrt{(\sigma_{xx}^{e} - \sigma_{xx}^{c})^2 + (\sigma_{yy}^{e} - \sigma_{yy}^{c})^2 + (\sigma_{zz}^{e} - \sigma_{zz}^{c})^2 + (\sigma_{xy}^{e} - \sigma_{xy}^{c})^2 + (\sigma_{yz}^{e} - \sigma_{yz}^{c})^2 + (\sigma_{zx}^{e} - \sigma_{zx}^{c})^2} \tag{7-18}$$

局部误差计算式的分母是按库仑破坏准则确定的剪应力的最大值，对于莫尔-库仑模型 T_{max}定义为

$$T_{max} = \max\left[\frac{1}{2}(\sigma_3' - \sigma_1'), c \cos\varphi \right]$$

当应力点位于界面单元上时，局部误差采用下式计算

$$局部误差 = \frac{\sqrt{(\sigma_n^{e} - \sigma_n^{c})^2 + (\tau^{e} - \tau^{c})^2}}{c_i - \sigma_n^{c} \tan \varphi_i} \tag{7-19}$$

式中　σ_n、τ——界面上的正应力和剪切应力。

为了对局部计算精度进行量化，PLAXIS 3D 使用了“非精确塑性点”的概念。如果一个塑性点的局部误差超过了用户指定的“允许误差”，该点就被定义为非精确点。

3. 终止迭代

当以下三个误差检验条件都得到满足时，PLAXIS 3D 终止当前荷载步的迭代：

1）全局误差≤允许误差。

2）土体非精确点数≤[3 +（土体塑性点数）/10]。

3）界面非精确点数≤[3 +（界面塑性点数）/10]。

第8章 输出程序概述

图标"3D"表示 PLAXIS 3D "输出"程序。有限元计算的主要输出量为位移和应力，当有限元模型中包含结构单元时，还会计算结构内力。PLAXIS 3D 输出程序提供了多种输出工具，用以显示和输出有限元分析的各种结果。本章主要介绍如何使用和设置这些工具。

如果通过单击执行文件或者通过"输入"程序里的"输出"程序按钮来激活输出程序，用户需要选择模型和相应的计算阶段或者计算步编号来查看其结果（见图 8-1）。

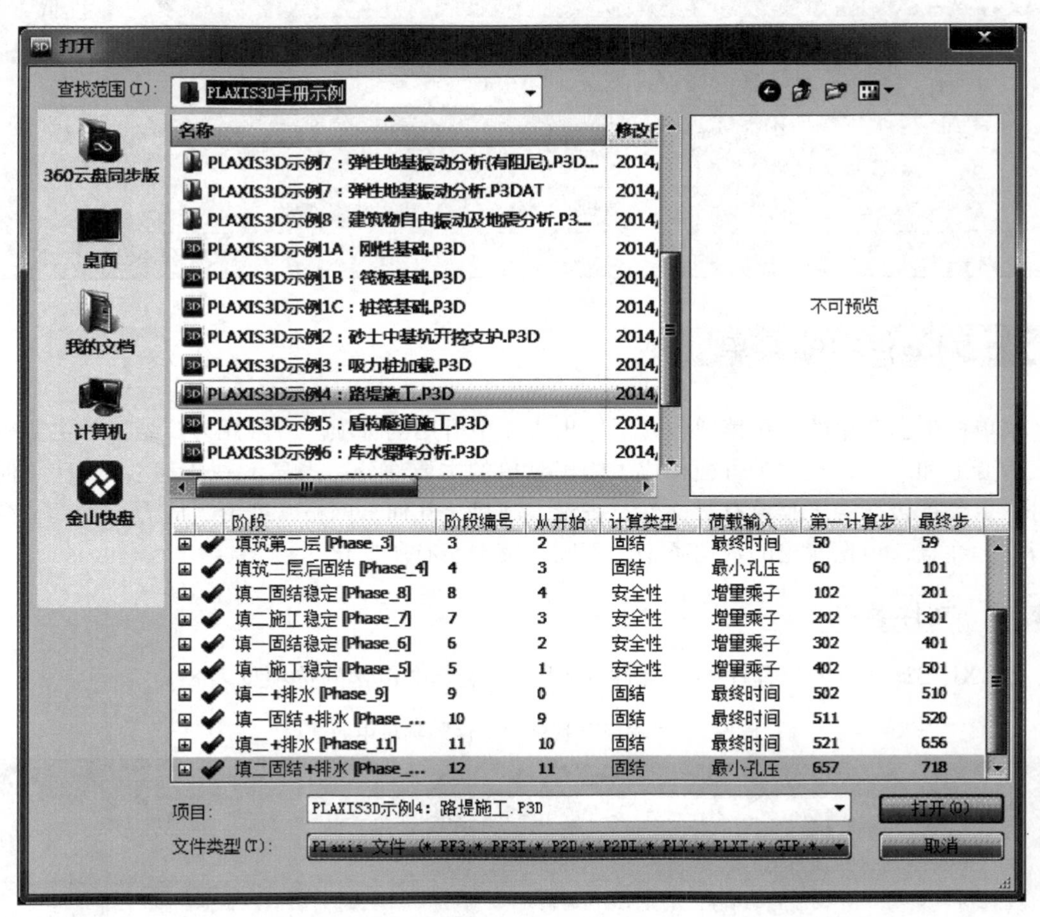

图 8-1 "输出"程序的打开文件对话框

当选中某个 PLAXIS 3D 项目时，窗口下方将展开相应的计算阶段列表，以便进一步选择。如果想要选择中间计算步，单击阶段名前面的按钮“⊞”展开该阶段保存的所有计算步，可选择其中某个计算步编号，查看相应结果。打开某项目的输出步后，工具栏中的组框将会列出可输出计算步，以计算步编号和相应的阶段编号表示。

提示： 可选的独立计算步的数量取决于在“阶段”窗口下的“参数”选项卡内指定的“储存的最大步数”的值。

8.1 输出程序的界面布局

PLAXIS 3D“输出”程序的主界面如图 8-2 所示（见书后彩色插页），该界面的各组成部分见表 8-1。

表 8-1 “输出”程序主界面的组成部分

组成部分	说明
标题栏	标题栏中会显示如下信息：项目名称、计算步编号和所显示信息/结果的类型
菜单栏	菜单栏包括了输出程序里所有输出项目和操作工具，详见 8.2 节
工具栏	工具栏中包括输出程序中不同特性的查看按钮，分布在主菜单下方和界面最左侧。当鼠标停在按钮上时，将弹出其功能介绍的提示
绘图区	绘图区用来显示计算结果，输出结果有图形或者表格两种形式，详见 8.4 节
状态栏	状态栏上显示的信息包括：光标的位置坐标、视角、模型中对象及其单元数量的提示

8.2 菜单栏中的菜单

菜单栏中主菜单的下拉菜单包含了输出程序中可用的选项。有限元计算结果的主要输出形式为变形和应力，这两个方面构成了输出菜单的主要部分。当显示一个基本的 3D 几何模型时，主菜单包括的子菜单有：文件、查看、项目、几何、网格、变形、应力、工具、窗口和帮助。注意，根据输出的数据类型的不同，菜单会有所变化。

8.2.1 文件菜单

PLAXIS 3D“输出”程序的“文件（File）”菜单中包含的选项见表 8-2。

表 8-2 “输出”程序“文件”菜单中的选项

选项	说明
打开项目	打开一个工程项目查看输出结果，会弹出文件管理器来选择要打开的项目
关闭激活项目	关闭当前激活项目的所有输出
关闭所有项目	关闭所有打开项目的所有输出
工作目录	设置保存 PLAXIS 3D 项目文件的默认路径

（续）

选　项	说　明
输出到文件	输出当前显示的信息，根据信息类型的不同可保存为文本格式（数据表格）或者图像格式（图形）
生成报告	生成包含输入数据和计算结果的工程项目报告
生成动画	根据选中的输出步生成动画，会弹出创建动画窗口
打印	用指定的打印机打印当前激活的输出数据，会弹出打印窗口
最近项目列表	最近执行过的5个工程项目列表
退出	退出输出程序

8.2.2 查看菜单

PLAXIS 3D“输出”程序的“查看（View）”菜单中包含的选项见表8-3。

表8-3 “输出”程序“查看”菜单中的选项

选　项	说　明
缩小	将视图恢复到上一步缩放状态
重置视图	将视图恢复到初始状态
视角	改变模型3D投影的视角，可以输入某一具体视角大小，也可从预定义视角中选择一个视角，如俯视图、前视图等
保存视图	保存当前视图（图形或者表格），保存的视图可以包含在报告中
显示保存视图	打开或者删除保存的视图
比例	修改显示内容的缩放因子
图例设置	修改等值线图和云图显示数据的取值范围
扫描线	调整用于显示等值线标签的扫描线。只有在剖面中以“等值线”显示某一结果时才可用“扫描线”选项。选择“扫描线”选项后，需用鼠标在等值线图中划出扫描线。在想绘制扫描线的一端按下鼠标左键，按住左键不放，将鼠标拖动到想绘制扫描线的另一端后释放鼠标左键，在扫描线和等值线的交点上会显示等值线标签（图例中会显示这些标签及其对应的数值）
使结果平滑	减小从应力点结果（如应力、内力）向节点外插引起的数值噪声。该选项对图形和表格均可用。注意，在显示结果时该选项是默认被选用的
标题	切换显示当前结果图形的标题
图例	切换显示云图或者等值线图的图例
坐标轴	切换显示当前视图内的 x、y 和 z 轴（在绘图区右下角）
局部坐标轴	切换显示结构对象的局部坐标轴1、2和3轴，该选项只有在显示结构单元的时候可用
收缩	使模型中的土体收缩显示，在“模型”视图下可用
扩大	使模型中的结构扩大显示，在“模型”视图下可用
分离显示	将模型的几何组成部分分离显示，在“模型”视图下可用

（续）

选　项	说　明
归并	将模型的几何组成部分组合显示，在“模型”视图下可用
设置	设置各种图形属性，如对象和背景颜色，符号、字体和弥散性阴影的大小等
向前移动剖面	向前移动剖面在模型中的位置，通过剖面查看模型中的结果，在“剖面”视图下可用
向后移动剖面	向后移动剖面在模型中的位置，通过剖面查看模型中的结果，在“剖面”视图下可用
矢量图	显示结果的矢量
等值线图	显示结果的等值线
云图	显示结果的云图
等值面	显示结果的等值面
节点标签	显示节点结果
应力点标签	显示应力点结果
变形面	显示剖面、土工格栅或者板的变形形状
分布面	将结果垂直投影到面上，为剖面和板创建分布面
变形	显示梁、Embedded 桩和锚杆的变形形状
分布（线）	将梁、Embedded 桩和锚杆的结果垂直投影到对应的结构单元上，以分布线来表示
主方向	显示土体单元每个应力点的主方向
中心主方向	显示每个土体单元中心的主应力和主应变的方向
彩色主方向	显示土体单元每个应力点的主方向，采用不同颜色来区分不同的主方向
彩色中心主方向	显示每个土体单元中心的主应力和主应变的方向，用不同颜色区分不同的主方向

8.2.3 项目菜单

PLAXIS 3D“输出”程序的“项目（Project）”菜单中包含的选项见表 8-4。

表 8-4 “输出”程序“项目”菜单中的选项

选　项	说　明
节点约束	查看节点约束列表
荷载信息	查看当前步激活的荷载和弯矩信息列表
水荷载信息	查看当前步几何模型边界上的外部水荷载列表
指定位移信息	查看当前步的指定位移列表
虚拟界面厚度	查看虚拟界面厚度列表
体积信息	查看项目中土体的边界，土的总体积和每个类组的体积
材料信息（所有荷载工况）	查看所有荷载工况下的材料数据
材料信息（当前荷载工况）	查看当前荷载工况下的材料数据
一般信息	查看项目的一般信息

（续）

选　项	说　明
计算信息	查看当前步的计算信息
每一阶段的计算信息	查看每一阶段的计算信息
各阶段计算信息	查看每一计算步的计算信息
步信息	查看当前计算步的步信息
各阶段的结构	查看每个计算阶段处于激活状态的结构

8.2.4 几何菜单

PLAXIS 3D“输出”程序的“几何（Geometry）”菜单中包含的选项见表8-5。

表8-5 “输出”程序“几何”菜单中的选项

选　项	说　明
潜水位	切换显示模型中的潜水位
荷载	切换显示模型中的外部荷载
约束	切换显示模型中的约束
指定位移	切换显示模型中的指定位移
过滤器	根据定义的准则过滤显示模型中的节点

8.2.5 网格菜单

PLAXIS 3D“输出”程序的“网格（Mesh）”菜单中包含的选项见表8-6。

表8-6 “输出”程序“网格”菜单中的选项

选　项	说　明
性能	查看网格中单元的质量，定义为土体单元的内球面除以外球面，且定义理想四面体的值为1.0。在图例上拖动黄色线条时，显示的模型中网格单元会根据该选定的性能数值而变化
性能表	查看不同标准下的土体单元的质量
体积	查看土体单元体积的分布
体积表	查看土体单元体积分布的表格
单元关联图	查看单元的关联图（见9.1节）
类组边界	切换显示模型中的类组边界
单元轮廓	切换显示模型中单元的轮廓线
变形单元轮廓线	切换显示模型中变形单元的轮廓线
材料	切换显示模型中的材料
单元号	切换显示土体单元编号
材料数据组编号	切换显示土体单元材料数据组编号

（续）

选　项	说　明
结构材料组号	切换显示结构单元的材料组编号
组号	切换显示组编号。组（Group）根据材料组和指定的设计方法创建
类组号	切换显示土体单元的类组编号
节点号	切换显示节点号，仅当显示节点后可用
应力点号	切换显示应力点号，仅当显示应力点后可用
选择标签	切换显示选择的节点和应力点的标签

8.2.6 变形菜单

“变形”菜单包含多个选项用于查看有限元模型中的变形（位移和应变）、速度和加速度（动力分析中）。可以查看整体分析（总数值）、最后一个阶段（阶段值）或者最后一个计算步（增量值）的量值（详见第9.2节）。原则上，位移包含在有限元网格的节点中，所以位移相关的输出都是基于节点的，而应变通常来自于积分点（应力点）。

8.2.7 应力菜单

“应力”菜单包含多个选项用于查看有限元模型中的应力状态和其他状态参数（详见第9.3节）。应力包含在有限单元网格的积分点中，所以应力相关的输出是基于积分点的（应力点）。

8.2.8 内力菜单

“内力”菜单包含多个选项，用来查看结构单元的内力（详见第9.4节）。

8.2.9 工具菜单

PLAXIS 3D“输出”程序的“工具（Tools）”菜单中包含的选项见表8-7。

表8-7 “输出”程序“工具”菜单中的选项

选　项	说　明
复制	将当前激活的输出内容复制到Windows剪切板上
选择生成曲线所需的点	选择生成曲线的时候所需要的应力点和节点。显示模型中所有的节点和应力点以供单击选择。“选择点”窗口激活后，可以输入想监测的关键部位的坐标进行搜索，然后从列表中选择附近的节点或者应力点
网格点选择	激活“网格点选择”窗口。当激活了“选择生成曲线所需的点”选项但关闭了“选择点”窗口后，可以单击该选项来重新激活“选择点”窗口
曲线管理器	激活“曲线管理器”（见本书第10章）
表格	打开当前结果的数据列表
竖向剖面	选择用户定义的竖向剖面来查看当前输出变量的分布情况。剖面需通过鼠标在相应窗口内指定两个点来定义。按下鼠标左键，画出一条剖面线，然后松开左键，所画剖面会自动显示

（续）

选　项	说　明
水平剖面	选择用户定义的水平剖面来查看当前输出变量的分布情况。该剖面需通过指定 z 坐标来选择，然后会自动显示剖面
自由剖面	选择用户定义的剖面来查看当前输出变量的分布情况。该剖面通过在相应窗口中指定三个点来定义，然后会自动显示剖面
线剖面	在当前输出量的分布图上定义一条线，通过在相应窗口中指定两个点来定义，然后会自动显示该定义线上的结果
剖面曲线	显示沿剖线分布的结果曲线。曲线中 x 轴的值为该点距剖线起始点的距离
提示对话框	显示提示对话框，包含单个节点或应力点信息（如果显示了节点或应力点）
剖面点	显示定义剖面的点。这些点在“剖面点”窗口中显示为灰色，其位置坐标不能更改。该选项仅在“剖面”视图中可用
距离测量	测量模型中两节点间的距离，对原始网格和变形网格都可用。该选项仅在“模型”视图下显示了节点、应力点时可用

8.2.10 窗口菜单

PLAXIS 3D“输出”程序的“窗口（Window）”菜单中包含的选项见表8-8。

表8-8 “输出”程序“窗口”菜单中的选项

选　项	说　明
项目管理器	查看当前在“输出”程序中显示的项目及其图表
复制模型视图	复制当前激活的视图
关闭窗口	关闭当前激活的输出窗口
叠铺	叠铺已经打开的输出窗口
左右平铺	将打开的输出窗口左右平铺
上下平铺	将打开的输出窗口上下平铺
打开的视图列表	显示输出窗口列表

8.2.11 帮助菜单

PLAXIS 3D“输出”程序的“帮助（Help）”菜单中包含的选项见表8-9。

表8-9 “输出”程序“帮助”菜单中的选项

选　项	说　明
手册	显示 PLAXIS 程序的用户手册
教学视频	转到 PLAXIS TV 网站，查看教学视频
http：//www. plaxis. nl	转到 PLAXIS 官方网站
免责声明	显示免责声明的全部内容
关于	弹出窗口显示当前使用的 PLAXIS 程序版本和许可信息

8.3 输出程序中的工具

除了显示计算结果之外，“输出”程序还提供了一些工具来操作视图和进一步查看结果。工具按钮集合列于菜单栏下的工具栏和侧边工具栏中。下面将详述这些工具及其功能。

8.3.1 进入输出程序

PLAXIS 的所有计算结果都可在其输出程序中显示。要进入 PLAXIS 输出程序有几种方式，除了本章开头介绍的激活输出程序的方法外，还可以在计算阶段完成之前或者之后显示计算结果。

在开始计算之前可显示的结果有：

1）生成的网格。在“输入”程序中的“网格”模式下单击“查看网格”按钮，可显示生成的网格。

2）阶段预览。在“输入”程序中的“水位”和“分步施工”模式下，单击“预览阶段”按钮可显示“阶段浏览器”中的单元构成和孔压分布。

3）单元关联图。“单元关联图”显示网格中的有限单元分布以及节点和应力点。在“输入”程序中的“分步施工”模式下单击“选择曲线点”按钮，显示“单元关联图”。

计算完成后，在“输入”程序的“分步施工”模式下，从“阶段浏览器”中选择一个计算阶段，单击“查看计算结果”按钮，会启动“输出”程序，显示计算结果。

激活“输出”程序后，可以通过单击“打开项目”按钮“”或者从“文件”菜单中单击相应选项来查看其他项目的计算结果。

8.3.2 输出数据

PLAXIS 3D 输出程序可以输出显示的结果，单击工具栏中相应的按钮，就可以输出图形或者数据。

1. 复制到剪切板

输出程序中显示的图表数据可通过 Windows 剪切板功能输出到其他程序中。在输出程序中显示图形或表格后，单击“复制到剪切板”按钮“”，会弹出“复制”窗口，可以选择复制过程中要包括的各种绘图选项（见图 8-3）。

图 8-3 “复制”窗口

2. 打印

图形和表格还可以发送到外部打印机，生成硬拷贝。单击“打印”按钮“ ”或者文件菜单下的相应选项，会弹出“打印”窗口，可选择硬拷贝中将要包括的各种绘图选项（见图8-4）。

图8-4 “打印“窗口

如果单击“安装”按钮，会弹出标准打印设置窗口，可进行具体打印设置。如果单击“打印”按钮，图表就会发送至打印机，该过程完全通过Windows操作系统实现。

> **提示：** 使用“复制到剪切板”选项或者“打印”选项时，当前视图如果是放大的模型局部，那么将只会把模型当前可见的部分输出至剪切板或打印机。

3. 输出

输出程序中显示的图表数据还可以直接输出到某个文件中（如PNG或TXT），单击“输出到文件”按钮“ ”，弹出“输出”窗口。注意，用户可以自定义文本缩放比例。

输出图形框架中的PLAXIS图标可以替换为用户所属公司的logo。在该logo图形上单击会弹出“打开”窗口，用户可选择自己公司的logo图形，注意嵌入的logo图形应为位图形式（如PNG、JPG、JPEG和BMP）。

8.3.3 曲线管理器

单击“曲线管理器”按钮“ ”会弹出“曲线管理器”窗口，可以生成结果曲线以评估模型中某特定部位的计算结果，详见本书第10章。

8.3.4 存储报告视图

“存储报告视图”选项可保存“输出”程序中的当前视图，以备生成计算报告时使用。单击“存储报告视图”按钮“ ”，弹出“保存视图”窗口，可以输入对该视图的描述（见图8-6），该视图可供生成报告时使用。报告生成的具体过程，详见8.6节。

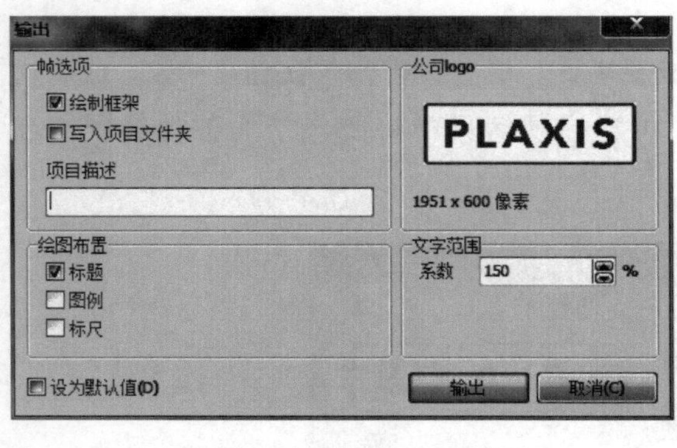

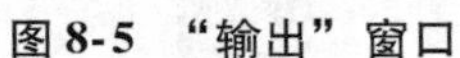
图 8-5 “输出” 窗口

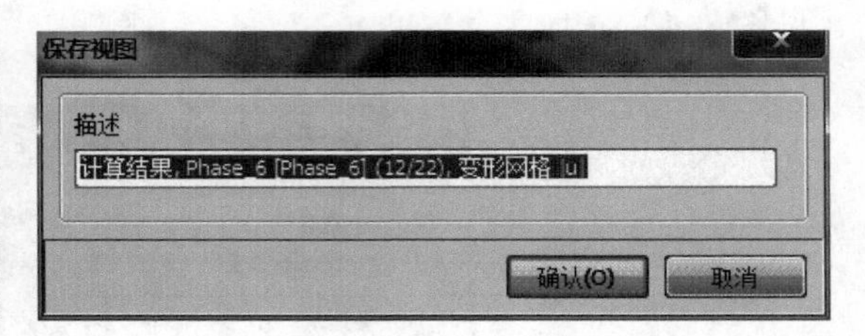

图 8-6 “保存视图” 窗口

8.3.5 缩放视图

滚动鼠标滚轮，可以放大和缩小视图。另外，还可以通过单击工具栏中的相应按钮对视图进行缩放，详见表 8-10。

表 8-10 视图缩放工具

工具按钮	名　称	说　明
	放大视图	单击该按钮后拖动鼠标可以定义一个放大区域，从而只显示该区域的放大视图
	缩小视图	单击“缩小”按钮或者单击“查看”菜单下的相应选项，可恢复至上一步缩放之前的视图
	重置视图	单击“重置视图”按钮或者在“查看”菜单下选择相应的选项，可恢复至最初的默认视图

8.3.6 重置视图位置和视角

单击“平移”按钮或“旋转”按钮，可通过鼠标对视图进行移动和旋转。按下 <Ctrl> 键，可在“平移”与“旋转”操作之间进行切换。

1）平移“ ”。单击该按钮，在视图中单击并按住鼠标左键拖动，即可将视图平移至新的位置。

2）旋转“ ”。单击该按钮，在视图中单击并按住鼠标左键拖动，即可将视图旋转至新的位置。

平移或旋转视图时，将改变模型的视角，用户可以手动定义模型视角。在“查看”菜单下单击“视角”选项，会弹出“视角”窗口（见图 8-7），可在该窗口中设置模型视角，另外还可以从窗口下部的几个预定义标准视角中选择视角。

8.3.7 调整结果显示比例

当计算结果由长度对象表示，如箭头、分布、轴等，通过“缩放因子（Scale factor）”

按钮“”可以修改这些长度的显示比例以获得更好的视图。单击该按钮或者单击“查看”菜单下的相应按钮，会弹出“缩放因子”窗口（见图8-8）可进行相关定义。注意这个选项功能还可以通过右键快捷菜单进入。

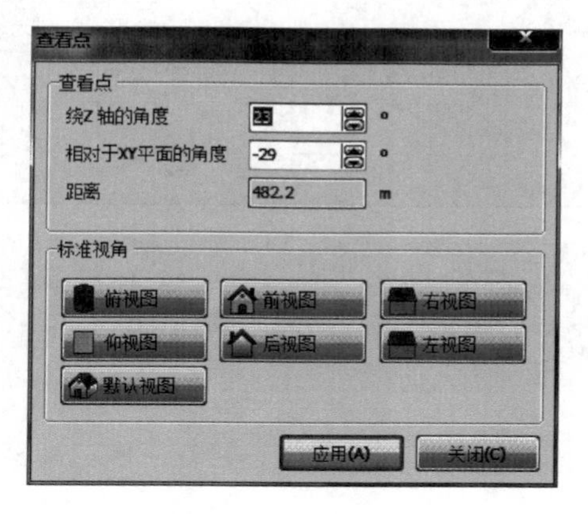

图8-7 “视角”窗口

图8-8 “缩放因子”窗口

提示：“缩放因子”的默认值取决于模型的大小。“缩放因子”可用来增加或者减小“单元关联图”中界面的显示厚度。

8.3.8 表格

单击“表格”按钮“”或单击菜单中相应选项，可以将视图中显示的结果以数据表格形式输出。注意，同样可以通过右键快捷菜单使用该功能。

提示：位移表格可用于查看单元的全局节点号和相应的节点坐标。

默认情况下，表格中数据根据全局单元编号和局部节点或应力点按从小到大顺序排列，还可以单击各结果输出表头项旁边的三角形图标“▲”来控制排列顺序。单击该小三角形，数据排列顺序从由小到大变为由大到小。

在表格上右击，弹出的快捷菜单中可用选项见表8-11。

表8-11 表格上快捷菜单选项

选 项	说 明
选择曲线	右击选中表格中某点，在绘制曲线时使用
排列	指定表格中某列数据的对齐方式（左、中、右）
十进制	表格中数据以十进制形式表示
科学的	表格中数据以科学计数法表示
十进制数据	表格中数据以十进制形式表示时，设定有效小数位数
查看因子	设置数据的单位数量级，为某列数据定义统一的系数

（续）

选　项	说　明
复制	复制表格中的被选中的数据
找到值	查找表格中某个数值
搜索土体单元	当输出土体单元的数据表格时，在表中找到指定 ID 的土体单元
搜索结构单元	当输出结构单元的数据表格时，在表中找到指定 ID 的结构单元
过滤器	过滤表中数据

提示： 表 8-11 中数值包含了最精确的信息，而视图中的结果精度或多或少受到从应力点向节点外推或平滑过渡的影响。

8.3.9 结果选择

显示的结果类型从“变形”、“应力”或“结构”菜单中选择，可显示结果图形或数据表格。

当运行“输出”程序时，项目的其他阶段计算结果可以通过阶段下拉列表框选择查看。阶段下拉列表框前面的按钮可用于在阶段末结果或单独输出步结果之间进行切换。

1）“”。列出所有计算阶段及其最后一个计算步。可查看每个计算阶段的最后计算步完成时的结果。

2）“”。列出保存的所有计算步及其所属的计算阶段。可查看每个计算步的结果。

除了阶段下拉列表框之外，使用下拉列表框右侧的上下滚动按钮或使用 <Ctrl + Up> 键和 <Ctrl + Down> 键，可选择前一个或后一个计算步或计算阶段。

8.3.10 结果显示类型

结果显示类型的相关选项列于阶段下拉列表框右侧，详见表 8-12。还可以在“查看”菜单中单击相应选项来切换结果显示类型。

表 8-12　结果显示类型

按　钮	说　明
	计算结果以等值线显示
	计算结果以彩色云图显示
	计算结果以等值面显示
	“位移”结果可以矢量箭头表示，可调整缩放比例
	显示土体单元每个应力点的结果。每条线的长度表示主变量（应力或应变）的量值，线的方向表示主方向。正方向以箭头表示。可调整缩放比例
	在每个土体单元中心显示平均结果。每条线的长度表示主变量（应力或应变）的量值，线的方向表示主方向，正方向以箭头表示。可调整缩放比例

（续）

按　钮	说　明
	以不同颜色显示土体单元每个应力点的结果。每条线的长度表示主变量（应力或应变）的量值，线的方向表示主方向，正方向以箭头表示。可调整缩放比例
	在每个土体单元中心以不同颜色显示平均结果。每条线的长度表示主变量（应力或应变）的量值，线的方向表示主方向，正方向以箭头表示。可调整缩放比例
	显示剖面、板或者土工格栅的变形形状，可调整缩放比例
	显示剖面、板或者土工格栅或界面上结果的分布，可调整缩放比例
	显示线型结构（如，梁）的变形形状，相对变形通过箭头表示，可调整缩放比例
	显示线型结构（如，梁）结果的分布。可调整缩放比例
	显示线型结构（如，梁）结果的线框分布。可调整缩放比例
	“塑性点”选项显示处于塑性状态的应力点，在无变形的几何模型中显示。可调整缩放比例，当缩放时，可将界面与板分离开来，然而应力点仍将保持在其物理位置

8.3.11 选择结构

默认情况下，选中的阶段中所有激活的结构和界面都显示在视图中。未显示的结构可以选择“几何”菜单下的相应选项来显示。

提示：从“几何”菜单中取消选择“材料”选项，可以快速查看3D模型中的结构。

1）单击“选择结构”按钮“ ”，然后双击3D模型中要查看结果的结构或界面，会打开一个新窗口显示结构或界面的结果；同时，输出程序的菜单也会随之改变以便于为选中对象提供某些特定输出类型。

2）另一种在输出程序中选择结构的方式是，单击“拖曳窗口选择结构”按钮“ ”，然后在模型中拖动鼠标绘制矩形框，将会选中位于矩形框中的结构。

按<Esc>键可清除选择。一次只能同时选中同一类型的多个结构单元。例如，如果已选中了一根梁，则只能继续选择其他梁单元，而不能同时选中Embedded桩、板或土工格栅。

8.3.12 部分几何模型

要查看几何模型内部的某部分（例如某一土层或某一个实体类组），可在“模型浏览器”中将其他不想显示的几何对象左边的“眼睛”单击为关闭状态（见图8-9），从而只显示用户想查看的部分。

在“模型浏览器”中模型的可见部分左边的“眼睛”为张开，而不可见部分左边的“眼睛”为关闭。在“模型浏览器”中单击某模型对象（单个对象或组）左边的“眼睛”

图 8-9 “输出”程序中的“模型浏览器”

按钮，可将其切换为可见或不可见。单击“组（group）”左边的符号“⊞”可展开该组。在“分步施工”模式下已被冻结的类组将保持为不可见，无法将其切换为可见。

提示：单击“网格”菜单中的“类组号”选项，可显示土体单元所属的类组编号。

对模型的显示与隐藏可通过“模型浏览器”和侧边工具栏中的按钮来实现。

1）通过“模型浏览器”来控制模型的显示与隐藏。“模型浏览器”中的信息可根据在相应单元格内指定的过滤规则进行精简。在“模型浏览器”中右击，从快捷菜单中选择“显示全部”选项可令选中阶段中的所有激活对象全部显示。“隐藏所有”选项则与此相反。

2）通过侧边工具栏按钮控制模型的显示与隐藏。除了“模型浏览器”之外，还可借助侧边工具栏中的按钮将单个实体单元或整个实体单元类组设为不可见。要重新将其设为可见，需在“模型浏览器”中选中相应单元前面的复选框。

单击侧边工具栏中的“隐藏土体”按钮“ ”，之后若按住 <Ctrl> 键同时在某个土体单元上单击，可隐藏该土体单元；若按住 <Shift> 键同时在某个土体单元上单击，则该土体单元所属的整个类组都将被隐藏。对结构单元也可同样操作。

单击“拖曳窗口隐藏土体”按钮“ ”，则位于所绘矩形框中的土体单元被隐藏掉。绘制该窗口的拖曳方向会影响隐藏掉的土体单元。单击“拖曳窗口隐藏土体”按钮，然后在模型中从左上到右下拖动鼠标绘制矩形框，则只有完全位于所绘矩形框中的土体单元被隐藏。若在模型中从右下到左上拖动鼠标绘制矩形框，则除了完全位于矩形框中的单元外，与所绘矩形框相交的土体单元也将被隐藏掉。

8.3.13 查看剖面结果

要得到土体中某变量的内部分布情况，可以通过剖面来查看，可输出土体单元、结构单元和界面中的各类应力和位移。用户可定义竖向剖面、水平剖面、任意方向剖面和线剖面。

1）竖向剖面。单击侧边工具栏中的“竖向剖面”按钮“ ”，或从“查看”菜单中选择相应选项，或者从右键快捷菜单中选择该项，3D 模型将自动显示为俯视图，且 x 轴向右、y 轴向上。然后，用户可在想绘制剖面的位置拖动鼠标左键划线。如果想绘制平行 x 轴

或 y 轴的剖面，可在画剖面同时按住 <Shift> 键。另外，单击“竖向剖面”按钮后会弹出“剖面点”窗口，可在此窗口中输入剖面两端点的坐标从而精确指定剖面的位置。

2）水平剖面。单击侧边工具栏中的“水平剖面”按钮“”，或从“查看”菜单中选择相应选项，会弹出“剖面高度”窗口，可在此输入水平剖面的 z 坐标从而定义水平剖面的位置。

3）自由剖面。单击侧边工具栏中的“自由剖面”按钮“”，或从“查看”菜单中选择相应选项，会弹出“剖面点”窗口，可在此输入三个剖面点坐标来定义任意方向的剖面。

4）线剖面。单击侧边工具栏中的“线剖面”按钮“”，或从“查看”菜单中选择相应选项，会弹出“剖面点”窗口，可在此输入两个剖面点坐标来定义线剖面。

选定剖面后，程序会自动打开一个新窗口，显示该剖面上某变量的分布情况。同时，输出程序的菜单随之改变，从而可在该剖面上查看所有其他变量的分布。

提示： 剖面上变量的分布是根据节点数据进行插值得到，精确性可能比3D模型中的数据稍低。

一个模型中可以绘制多个剖面，每个剖面在不同的输出窗口中显示。为识别不同的剖面，程序自动在每个剖面的两端用字母标注，并按英文字母顺序排列。定义剖面的点可通过“工具”菜单下的“剖面点”选项查看。

除了3D模型中可以输出的结果外，剖面图中可输出剖面应力，即有效法向应力 σ'_N、总法向应力 σ_N、竖向剪应力 τ_s 和水平剪应力 τ_t。

提示： 输出结果的剖面可以沿其法向平移，同时，剖面上的结果分布会根据新的位置进行更新。

1）使用 <Ctrl> + <−> 键和 <Ctrl> + <+> 键，每次可以平移几何模型对角线的1/100的距离。

2）使用 <Ctrl> + <Shift> + <−> 键和 <Ctrl> + <Shift> + <+> 键，每次可以平移几何模型对角线的1/1000的距离。

8.3.14 其他工具

1. 距离测量

单击“距离测量”按钮“”或从“工具”菜单中选择“距离测量”选项，然后在模型中选择两个节点，会弹出“距离信息”窗口显示相关信息（见图8-10）。该距离可根据节点原始位置或变形后的位置给出。

“距离信息”窗口中显示的内容如下：

1）坐标：两个节点/应力点的“原始坐标”和“变形后坐标”。

2）Δx：两点距离的 x 向分量，包括“原始位置的”和“变形后的”。

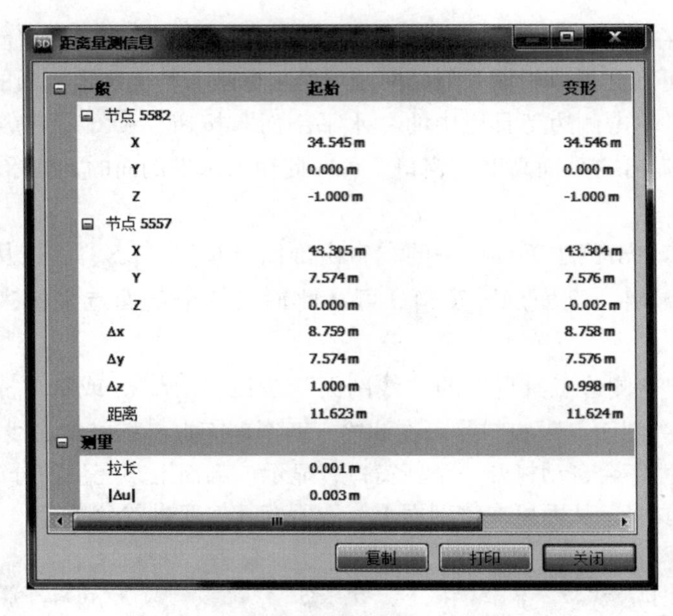

图 8-10 “距离量测信息”窗口

3）Δy：两点距离的 y 向分量，包括“原始位置的”和“变形后的”。

4）Δz：两点距离的 z 向分量，包括“原始位置的”和“变形后的”。

5）距离：“起始（V）”和“变形（V'）”后的两点距离（见图 8-11）。

6）拉长（Elongation）：变形前后两点距离的增量，不考虑两点间线的旋转（见图 8-11）。

7）$|\Delta u|$：变形前后两点距离的改变（见图 8-11）。

提示： 拉长量的大小与计算类型有关。如果执行了“更新网格”分析，“拉长”仅是原始向量和新向量之间的长度的改变量。否则，“拉长”为变形后向量向原始向量的投影。

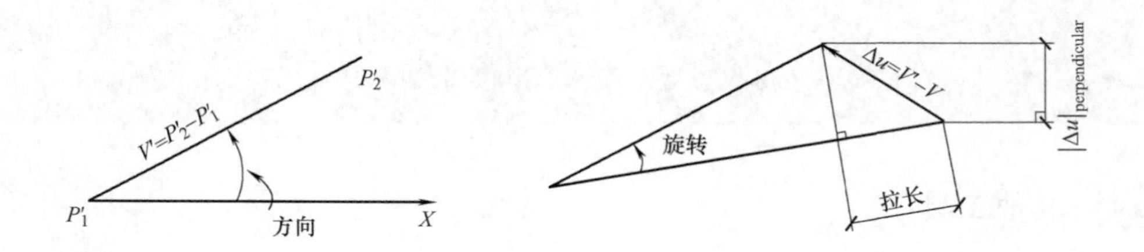

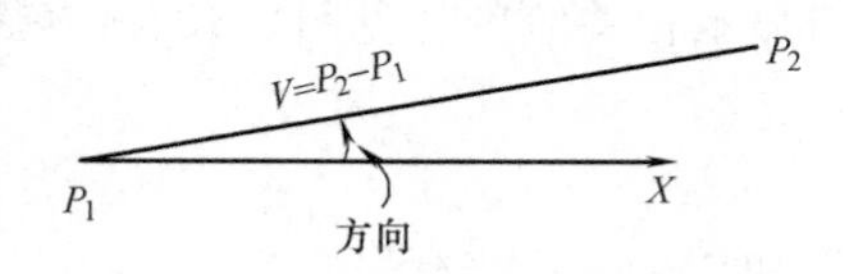

图 8-11 变形测量

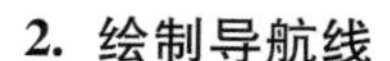

2. 绘制导航线

当剖面或板单元上结果显示类型为“等值线”时，可单击侧边工具栏中的“绘制导航线”按钮“”，然后在感兴趣的区域划线，将给出与其相交等值线的数值。注意，该选项还可从右键菜单中选择。

3. 节点或应力点数据提示框

当显示模型中的节点或应力点时，可借助侧边工具栏中的“提示框”按钮“”查看这些点的数据。单击该按钮后，在节点上移动鼠标时，会在提示框中显示该节点的全局节点号、节点坐标及其当前位移分量。

激活“提示框”选项后，在应力点上移动鼠标，会在提示框中显示全局应力点号、当前弹性模量 E、当前黏聚力 c、当前超固结比 OCR、当前主应力，以及该应力点的莫尔圆与库仑包线简图。

4. 选择生成曲线所需的应力点或节点

在“输出”程序中单击侧边工具栏中的“选择生成曲线所需的点”按钮“”，可选择节点和应力点。节点通常用于绘制位移曲线，而应力点一般用于绘制应力或应变曲线。

> **提示：** 对于计算完成之后选择的节点和应力点，只能输出被保存的计算步的相应信息。

5. 交互式标尺

单击侧边工具栏中的“交互式标尺”按钮“”，在感兴趣的部位移动鼠标，可显示结构或剖面中该位置的具体结果数值。沿标尺显示当前值（与剖面线上的点相对应）、最小值（基于分布中的最小值）和最大值（基于分布中的最大值）。在“结构”和“剖面”视图下可使用“交互式标尺”。

8.4 显示区

模型中的结果在显示区中显示，如图 8-12 所示（见书后彩色插页）。

利用“查看”菜单下的选项，可设置显示区中的图例、标题栏、坐标轴等。

> **提示：** 标题栏中左侧的图标表示当前结果以何种视图显示。

8.4.1 图例

当使用颜色变化来描述结果数值的变化时，激活“查看”菜单中的相应选项，即可显示图例。在“图例”上双击，弹出“图例设置”窗口，可在此定义图例的数值范围和颜色（见图 8-13）。注意，该选项还可通过右键快捷菜单启用。

图例中的数值分布可以通过“锁定图例”按钮“”来锁定。当图例被锁定时，按住

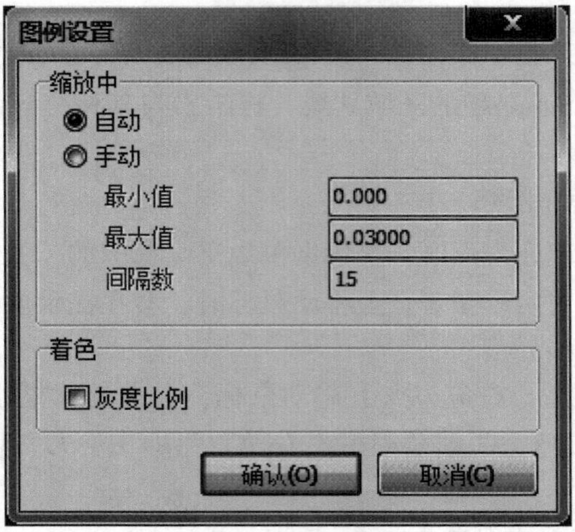

图 8-13 “图例设置”窗口

<Ctrl> + < + >键或<Ctrl> + < − >键移动剖面过程中，图例的数值将不会改变。

8.4.2 修改显示设置

在“查看”菜单中单击“设置”选项，弹出“设置”窗口，可在此定义视图的相关设置。注意，该选项还可通过右键菜单启用。

在“设置”窗口下的“可视化”选项卡中定义可视化的相关设置（见图 8-14），各项可视化设置的功能见表 8-13。

表 8-13 “可视化”设置选项

可视化设置选项	说　明
符号尺寸	修改节点、内力等符号的显示大小
弥散性阴影	该选项可用来使 3D 模型显示更加真实。使用该选项，将根据视角方向使相同颜色的对象表面（如同一土体类组）看起来“更亮”或者“更暗”。当面的法向指向观看者则加亮显示，当面的法向偏离观看者越远则越暗。通过拉动条可以调整对比度
防混叠	可从下拉列表中选择合适的防混叠方法
渲染方式	可从下拉列表中选择合适的渲染方式

在“设置”窗口下的“颜色”选项卡中可管理颜色的显示，如图 8-15 所示（见书后彩色插页）。

在“设置”窗口下的“操作”选项卡下可以定义鼠标左键和中键的功能（见图 8-16）。

在“设置”窗口下的“结果”选项卡中可切换是否显示非多孔材料的应力结果（见图 8-17）。

通过“设置”窗口的“默认可见性”选项卡，可设置节点、应力点和失效结构的默认可见性（见图 8-18）。

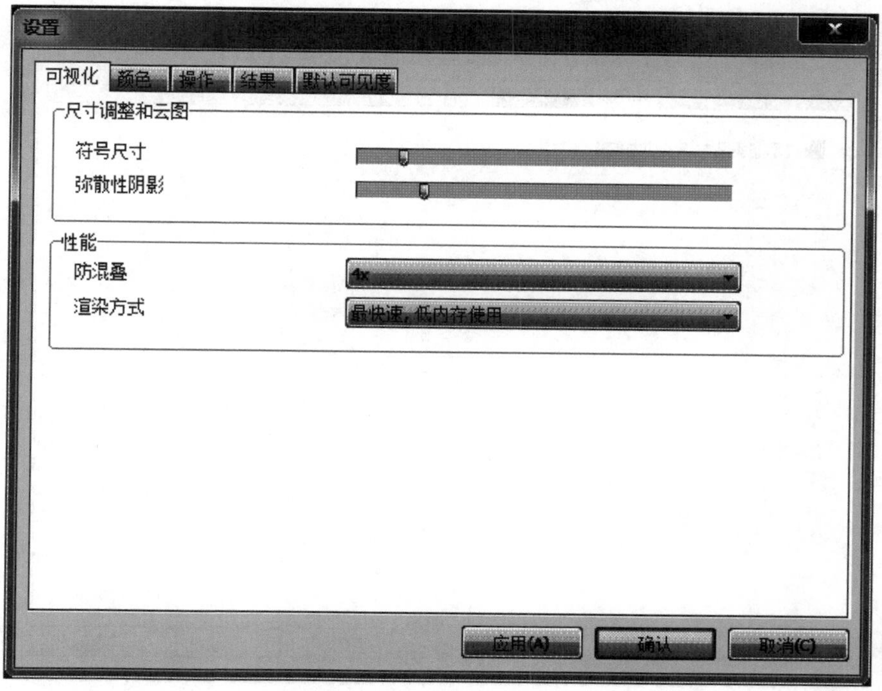

设置
可视化
颜色
操作
结果
默认可见度
尺寸调整和云图
符号尺寸
弥散性阴影
性能
防混叠
4x
渲染方式
最快速，低内存使用
应用(A)
确认
取消(C)

图 8-14 “设置”窗口下的“可视化”选项卡

设置
可视化
颜色
操作
结果
默认可见度
默认操作
平移
旋转
鼠标中键
与剩余的未选择的相同
在平移和旋转之间切换
应用(A)
确认
取消(C)

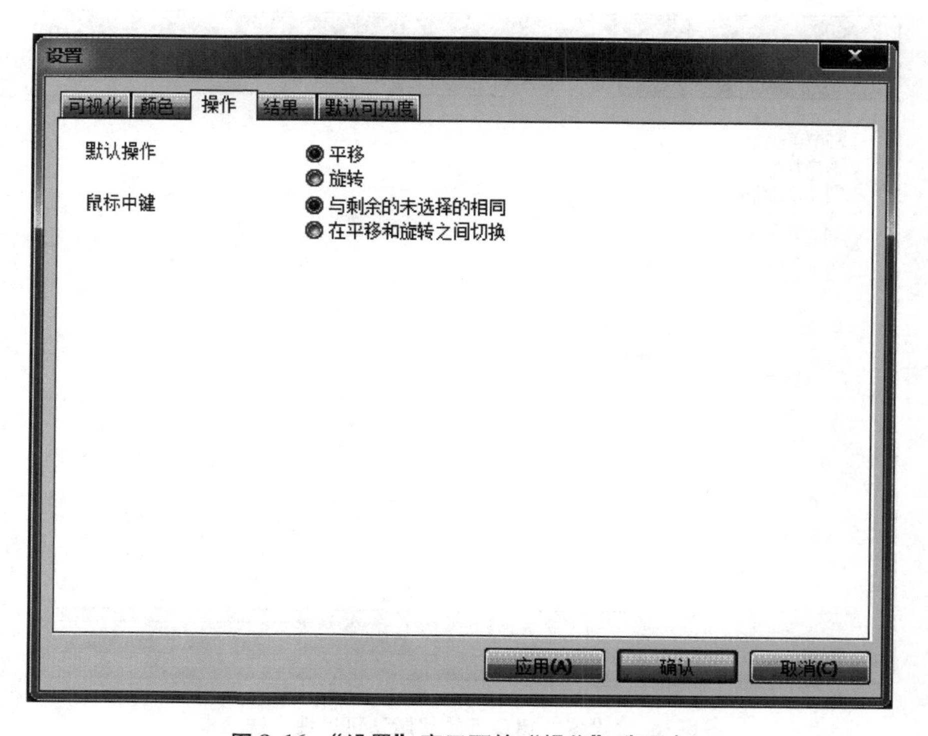

图 8-16 “设置”窗口下的“操作”选项卡

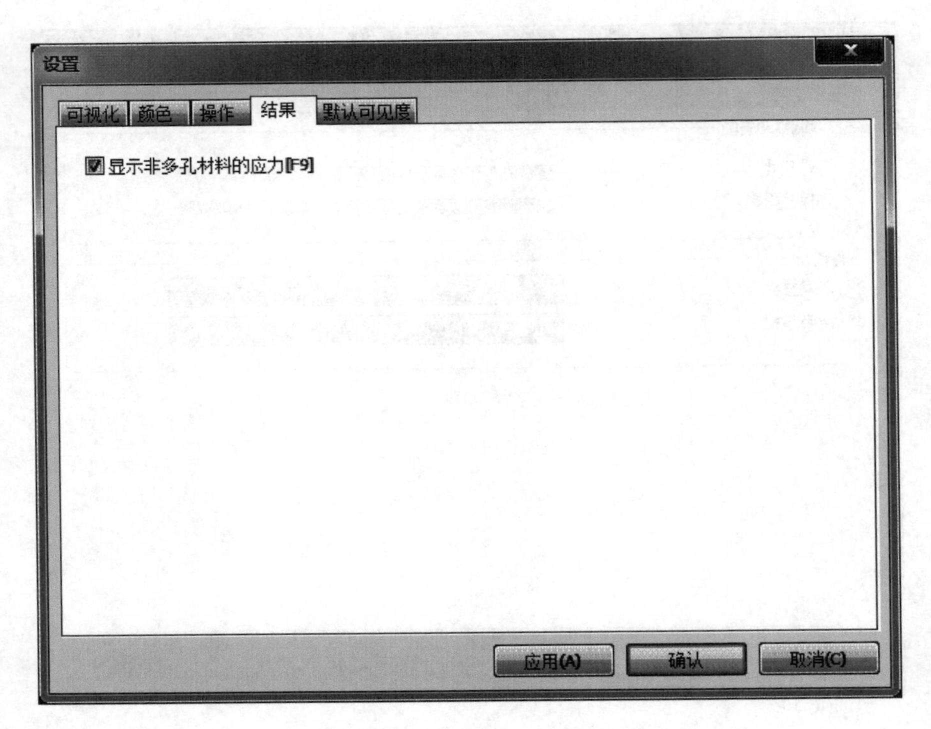

图 8-17 “设置”窗口下的“结果”选项卡

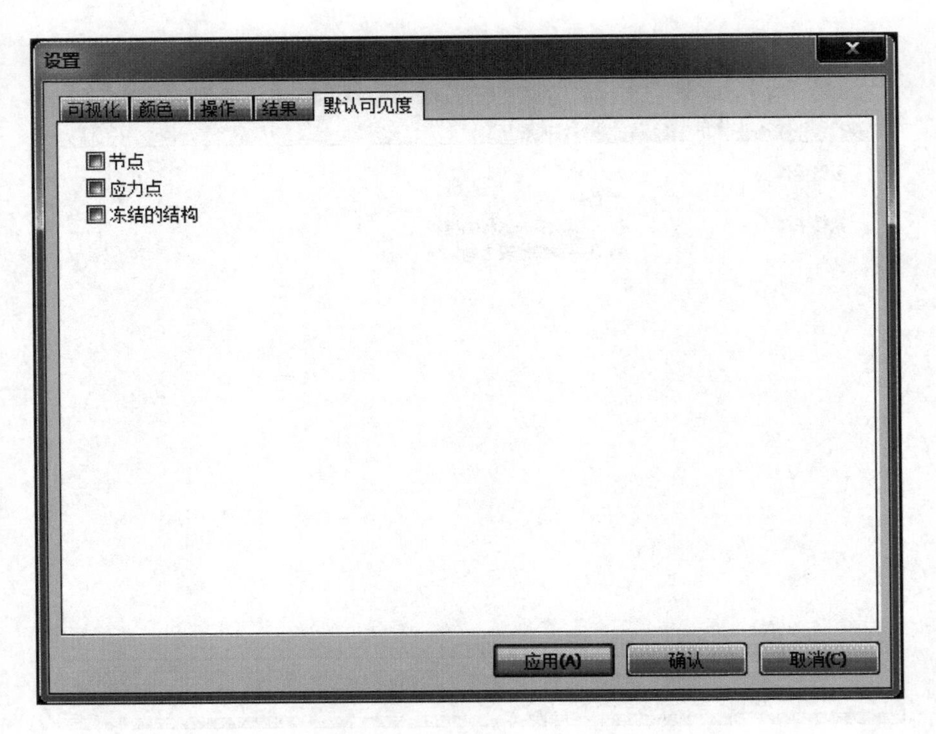

图 8-18 “设置”窗口下的“默认可见性”选项卡

8.5 输出程序中的视图

在“输出”程序中可以不同视图显示计算结果。显示区下方标题栏中左侧的图标即表示当前的视图类型。“输出”程序可显示的视图见表8-14。

表8-14 “输出”程序可显示的视图

图 标	视图类型	说 明
	模型视图	在“模型”视图中默认显示整个模型的结果
	结构视图	选中一个或多个结构并双击，则在“结构”视图中显示结构相关结果
	线剖面视图	在“线剖面”视图中显示定义的线剖面上的结果
	竖向剖面视图	在“竖向剖面”视图中显示定义的竖向剖面上的结果
	水平剖面视图	在“水平剖面”视图中显示定义的水平剖面上的结果
	自由剖面视图	在“自由剖面”视图中显示定义的自由剖面上的结果

8.6 报告生成

PLAXIS 3D“输出”程序中“文件”菜单下的“报告生成器”选项（图标“ ”）可用于将输入数据和计算结果汇总到文档中，即生成计算结果报告。生成报告的过程遵循以下8个步骤：

1）步骤1：设置输出类型及存储目录。可以将计算结果图表数据输出到多个独立数据文件中，也可以将所有数据汇总到一个文件（RTF，PDF或者HTML文件）中。此外要定义好文件存储路径（见图8-19）。

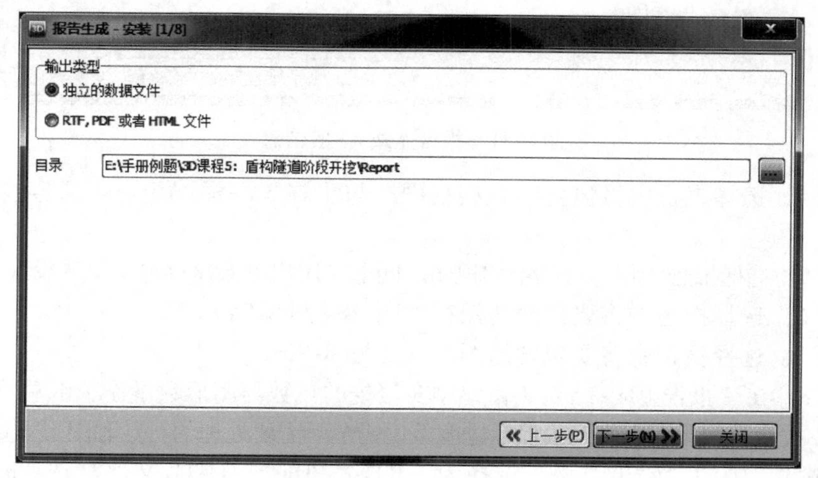

图8-19 报告生成-安装

2）步骤2：选择报告中将要包含哪些计算阶段的结果（见图8-20）。

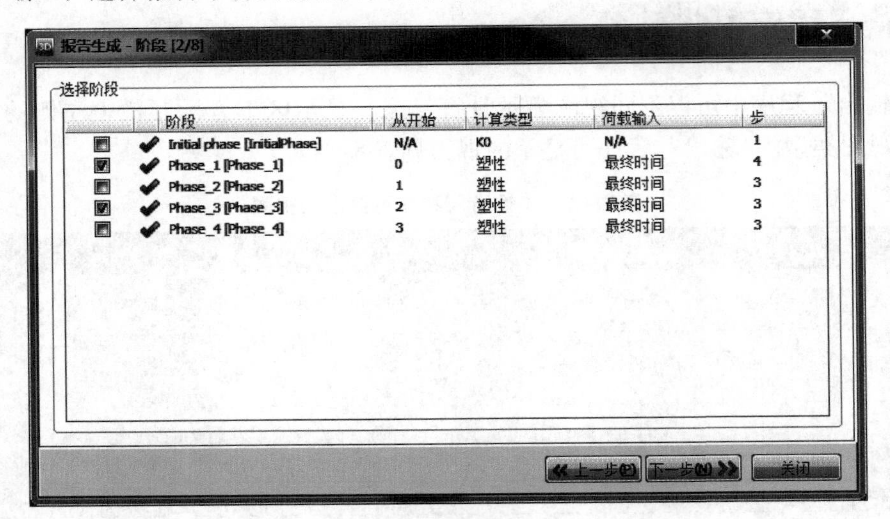

图8-20　报告生成-阶段

3）步骤3：选择报告中将包含的一般信息。用户可保存自定义的信息设置组（见图8-21）。

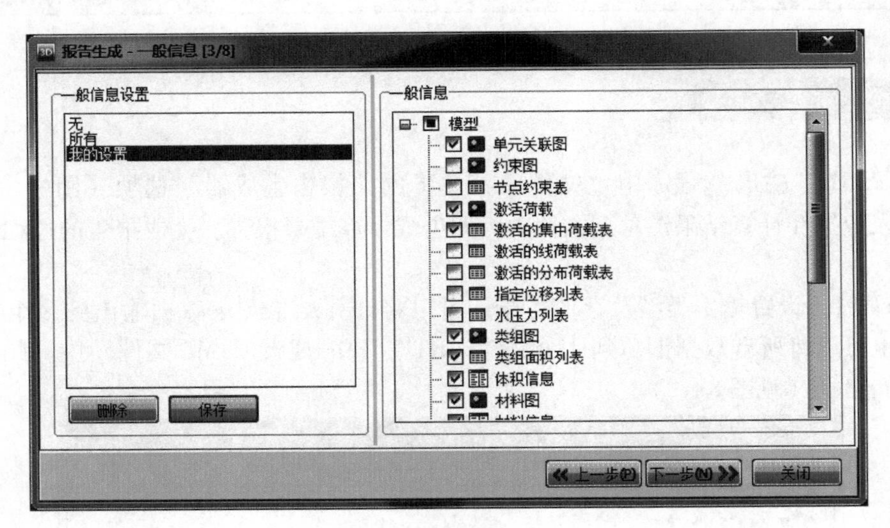

图8-21　报告生成-一般信息

4）步骤4：选择报告中将包含的模型视图。与步骤3一样，用户可保存自定义设置组（见图8-22）。

5）步骤5：选择报告中将包含的结构视图。同上，用户可保存自定义设置组（见图8-23）。

6）步骤6：选择报告中将要包含的保存视图（见图8-24）。

7）步骤7：选择报告中将要包含的图表（见图8-25）。

8）步骤8：在“报告生成-结果”窗口中对报告的行数与图形数量作了汇总（见图8-26）。单击“导出”按钮开始生成报告，会显示进度条说明余下需要处理的行数和图形数量。

当“步骤1”中的“输出类型”选择为“RTF、PDF或HMTL文件”选项时，完成生成报告所需的所有步骤之后，将弹出一个窗口（见图8-27），会显示文档类型、名称、存储位

图 8-22　报告生成-模型

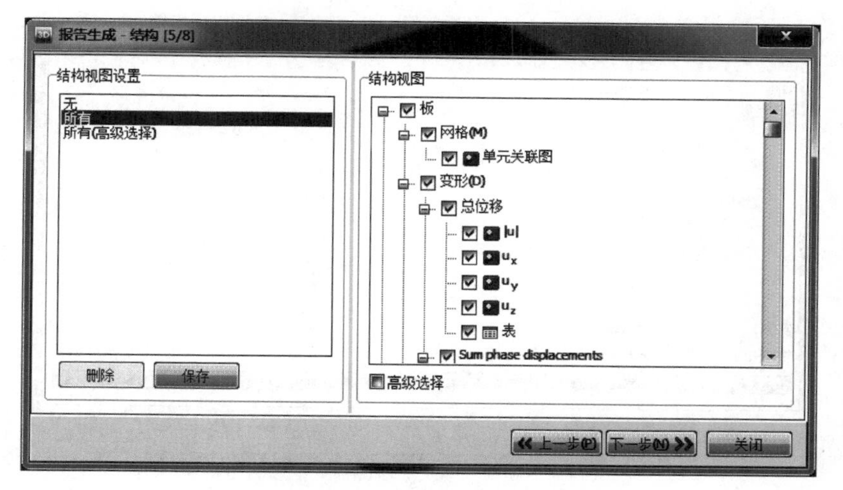

图 8-23　报告生成-结构

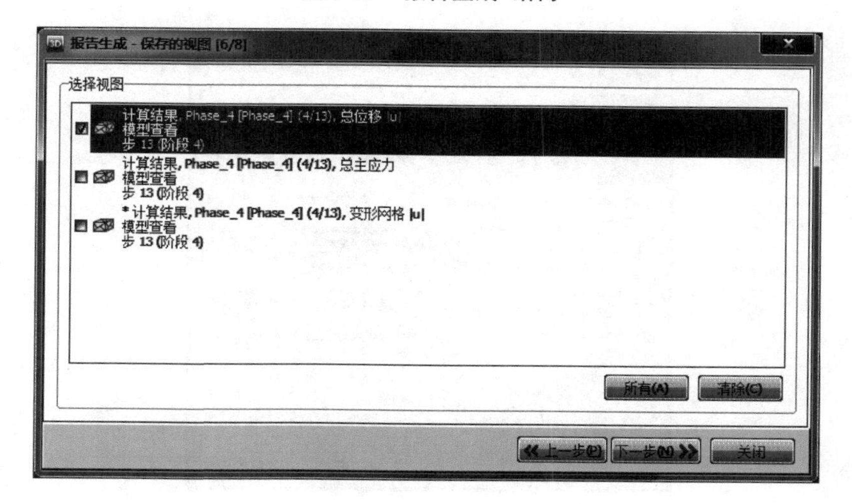

图 8-24　报告生成-保存视图

图 8-25　报告生成-图表

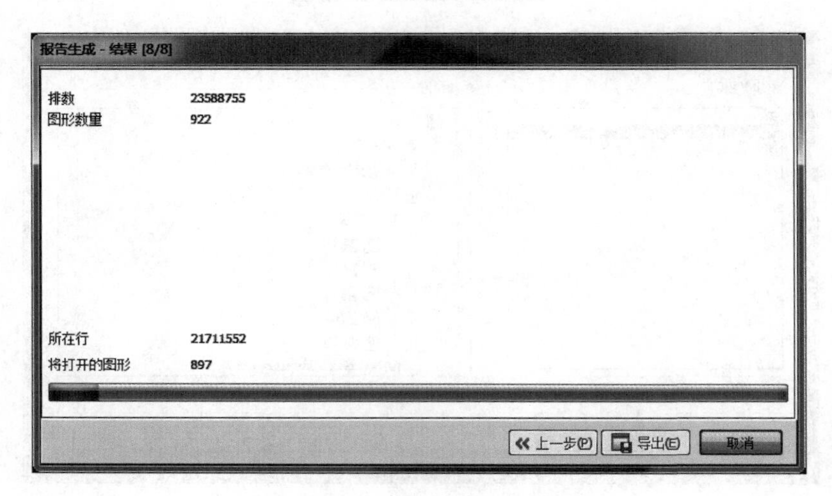

图 8-26　报告生成-结果

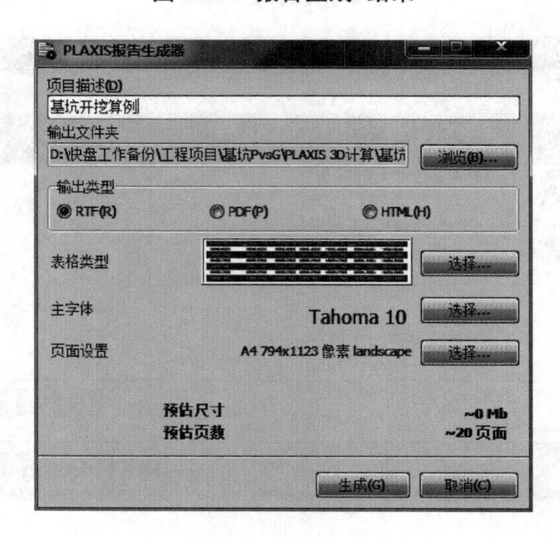

图 8-27　文档属性

置和显示属性，如页面设置（对于 RTF 和 PDF 文档）、表格配置和字体类型、大小等都可以定义。

8.7 生成动画

“文件”菜单下的“生成动画”选项“ ”可用于生成计算结果展示动画。选择该选项，会弹出“生成动画”窗口（见图 8-28），可选择输出动画中包含的阶段和计算步。注意，动画中将仅包含有效输出步。这取决于在“阶段”窗口中为每个计算阶段定义的“储存的最大步数”。完成各项设置后，单击“确认”按钮，开始生成动画，会在一个独立窗口中显示生成过程。

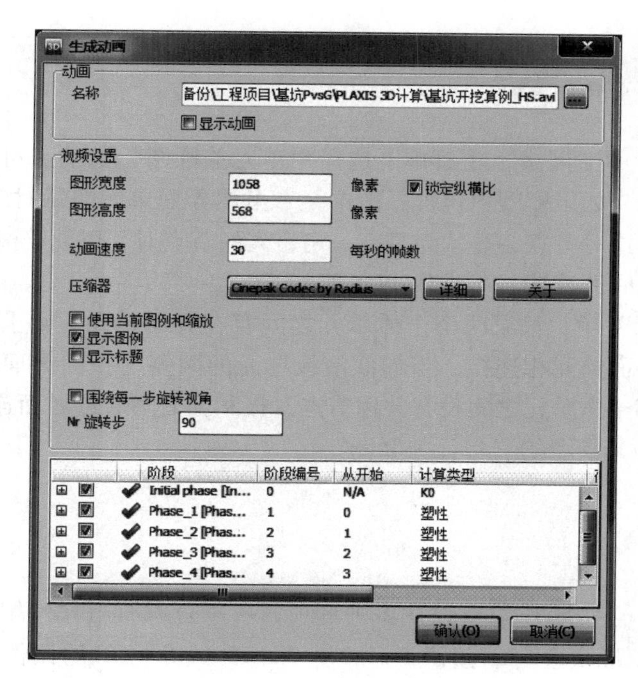

图 8-28 “生成动画”窗口

如果动画中包含大量的计算步，生成动画可能需要几分钟或更长时间，动画生成完毕后将自动播放。生成的动画以视频文件（*. AVI）格式保存在当前项目的存储目录下。

第9章 输出程序的输出结果

9.1 单元关联图

在“输出”程序的“网格”主菜单下选择“单元关联图”选项，可显示当前模型网格的单元空间分布情况。如果模型中包含界面单元，虽然界面单元的每对节点的坐标都相同，但在单元关联图中，这对节点会显示为具有一定距离的节点对，以便于清晰显示界面单元节点与相邻实体网格之间的连接。

在“单元关联图”中，如果两个土体单元之间存在界面单元，则土体单元之间没有共用节点，而是通过界面单元相连接。当界面沿板单元的两侧（正向界面与负向界面）都有分布时，则板和相邻土体单元之间没有共用节点，板和土之间通过界面连接。图9-1（见书后彩色插页）所示为某模型的“单元关联图”。

9.2 变形

“输出”程序的“变形”菜单包括多种选项，可以查看有限元模型的位移和应变。默认情况下，显示的变形量会自动按照1×10^n、2×10^n或5×10^n的比例进行缩放，以方便用户读取。

单击工具栏上的“缩放因子”按钮“”或从“查看”菜单中选择“比例”选项，可以调整图示缩放因子。应变的缩放因子是指一个应变参考值，这个参考值是按几何尺寸的一定百分比确定的。要比较不同计算阶段或不同项目的图形结果，必须给这些图形选取相等的缩放因子。

在“变形”菜单中选择“高程”选项，可显示模型中土体的高度。

9.2.1 变形网格

在“变形”菜单下选择“变形网格”选项，可显示变形后的有限单元网格。程序会自动对变形网格按适当比例进行缩放以达到良好的显示效果。如果想查看按真实比例（即几何图形的比例）显示的变形，可以使用“查看”菜单下的“比例”选项来设置真实比例。

9.2.2 总位移

“变形”菜单下的“总位移”选项包含当前计算步结束后累积位移的各个分量，在几何图上显示。可以进一步选择“总位移矢量$|u|$”，及其各方向分量u_x、u_y和u_z。在工具栏中单击相应按钮，总位移以矢量箭头、等值线、等值面或云图等形式显示。

9.2.3 阶段位移

“变形”菜单下的“阶段位移”选项包含当前计算步结束时计算得到的整个计算阶段中在几何模型上显示的累积位移增量的各个分量，即阶段位移就是当前计算阶段与前一计算阶段之间的位移差值。

可以进一步选择“阶段位移矢量$|Pu|$”，及其各方向分量Pu_x、Pu_y和Pu_z。在工具栏中单击相应按钮，阶段位移以矢量箭头、等值线、等值面或云图等形式显示。

9.2.4 阶段位移求和

在“分步施工”计算中，那些由冻结状态转为激活状态的单元，默认随周边网格已经产生了变形（预变形，pre-deformation），从而保证新激活单元与原有单元之间的位移场是连续的。但是对于某些情况，比如坝体和路堤（dams and embankments）的分层填筑施工过程，上述处理方式会导致不合理的结果，即路堤顶部沉降最大（见图9-2a）且由于各填筑层的累积沉降而低于设计标高。如果选择“阶段位移求和”选项，则新激活单元随原有网格产生的预变形会被忽略掉。这样就可以限制最后一层填筑层的沉降，最大沉降大多发生在路堤中部，与常识相符。当穿过路基切取竖向剖面显示沉降量时，显示结果可能会有些不连续，但总的沉降形状比不选择该选项要更趋于真实情况（见图9-2b）。填筑分层越多，沉降量变化就越趋平滑（见图9-2c）。注意，如果中间计算阶段中曾经重置位移为零，则有些时候“阶段位移求和”的结果可能会比总位移大。

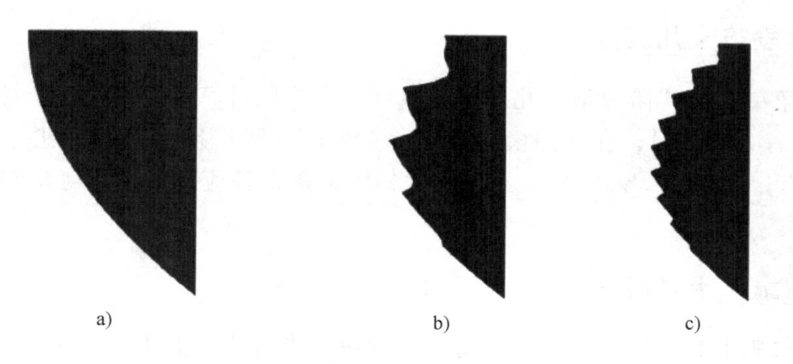

图9-2 硬地基土层上路堤沉降曲线

a）“阶段位移”结果 b）“阶段位移求和”结果（分5层填筑）
c）“阶段位移求和”结果（分10层填筑）

9.2.5 增量位移

“变形”菜单下的“增量位移”选项包含当前计算步计算得到的位移增量的各个分量，

在几何模型上显示。可以进一步选择“位移增量矢量$|\Delta u|$”，及其各方向分量Δu_x、Δu_y和Δu_z。在工具栏中单击相应按钮，位移增量以矢量箭头、等值线、等值面或云图等形式显示。位移增量等值线可用于土体发生塑性破坏时查看其中的局部变形。

9.2.6 速度

“变形”菜单下的“速度”选项包括当前计算步结束时的速度的各个分量，在几何模型中显示。可进一步选择“速度矢量$|v|$”，及其各个分量v_x、v_y和v_z。在工具栏中单击相应按钮，速度以矢量箭头、等值线、等值面或云图等形式显示。

9.2.7 加速度

“变形”菜单下的“加速度”选项包括当前计算步结束时的加速度的各个分量，在几何模型中显示。可进一步选择“加速度矢量$|a|$”，及其各个分量a_x，a_y和a_z。在工具栏中单击相应按钮，加速度以矢量箭头、等值线、等值面或云图等形式显示。

9.2.8 以“*G*”表示的加速度

“变形”菜单下的“以‘*G*’表示的加速度”选项包括当前计算步结束时加速度的各方向分量，在几何模型中以重力加速度的系数表示。可进一步选择“加速度矢量$|a('g')|$”，及其各方向的分量$a_x('g')$、$a_y('g')$ 和$a_z('g')$。在工具栏中单击相应按钮，加速度以矢量箭头、等值线、等值面或云图等形式显示。

9.2.9 总笛卡儿（PLAXIS 软件中为“笛卡尔”）应变

“变形”菜单下的“总笛卡儿应变”选项包含当前计算步结束时累积应变的各方向分量，在几何模型上显示。可进一步选择 6 个笛卡儿应变分量，ε_{xx}、ε_{yy}、ε_{zz}、γ_{xy}、γ_{yz}、γ_{zx}。单击工具栏上相应按钮，各应变分量以等值线、等值面或云图等形式显示。

9.2.10 阶段笛卡儿应变

“变形”菜单下的“阶段笛卡儿应变”选项包含当前计算步结束时整个计算阶段中的累积应变增量的各方向分量，在几何模型上显示。可进一步选择 6 个笛卡儿应变分量，$P\varepsilon_{xx}$、$P\varepsilon_{yy}$、$P\varepsilon_{zz}$、$P\gamma_{xy}$、$P\gamma_{yz}$、$P\gamma_{zx}$。单击工具栏上相应按钮，各应变分量以等值线、等值面或云图等形式显示。

9.2.11 增量笛卡儿应变

“变形”菜单下的“增量笛卡儿应变”选项包含当前计算步计算得到的应变增量的各方向分量，在几何模型上显示。可进一步选择 6 个笛卡儿应变分量，$\Delta\varepsilon_{xx}$、$\Delta\varepsilon_{yy}$、$\Delta\varepsilon_{zz}$、$\Delta\gamma_{xy}$、$\Delta\gamma_{yz}$、$\Delta\gamma_{zx}$。单击工具栏上相应按钮，各应变分量以等值线、等值面或云图等形式显示。

9.2.12 总应变

“变形”菜单下的“总应变”选项包含当前计算步结束时模型中累积应变的各应变量，在几何模型上显示。可进一步选择“主应变方向”，以及各主应变分量ε_1、ε_2、ε_3、$(\varepsilon_1+\varepsilon_2)/2$、

$(\varepsilon_1-\varepsilon_2)/2$、角度、体积应变 ε_v、偏应变 γ_s 和孔隙比 e。

> **提示：** 主应变分量按代数大小排序：$\varepsilon_1>\varepsilon_2>\varepsilon_3$，即 ε_1 为最大主压缩应变，ε_3 为最小主压缩应变。

对于体积应变，在常规计算中 $\varepsilon_v=\varepsilon_{xx}+\varepsilon_{yy}+\varepsilon_{zz}$；在“更新网格”计算中 $\varepsilon_v=\varepsilon_{xx}+\varepsilon_{yy}+\varepsilon_{zz}+\varepsilon_{xx}\varepsilon_{yy}+\varepsilon_{xx}\varepsilon_{zz}+\varepsilon_{yy}\varepsilon_{zz}+\varepsilon_{xx}\varepsilon_{yy}\varepsilon_{zz}$。

偏应变按下式计算

$$\gamma_s=\sqrt{\frac{2}{3}\left[\left(\varepsilon_{xx}-\frac{\varepsilon_v}{3}\right)^2+\left(\varepsilon_{yy}-\frac{\varepsilon_v}{3}\right)^2+\left(\varepsilon_{zz}-\frac{\varepsilon_v}{3}\right)^2+\frac{1}{2}(\gamma_{xy}^2+\gamma_{yz}^2+\gamma_{zx}^2)\right]} \tag{9-1}$$

孔隙比按下式计算

$$e=e_0+(1+e_0)\varepsilon_v \tag{9-2}$$

9.2.13 阶段应变

“变形”菜单下的“阶段应变”选项包含当前计算步结束时整个计算阶段中的累积应变增量的各应变量，在几何模型上显示。可进一步选择“体积应变 $P\varepsilon_v$”和“偏应变 $P\gamma_s$”。

9.2.14 增量应变

“变形”菜单下的“增量应变”选项包含当前计算步计算得到的应变增量的各应变量，在几何模型中显示。可进一步选择“体积应变 $\Delta\varepsilon_v$”和“偏应变 $\Delta\gamma_s$”。

9.3 应力

PLAXIS 3D“输出”程序提供了多种选项用于查看有限元模型中的各个应力状态。

> **提示：** 非多孔材料中的应力默认是不显示的。如果要显示的话，可从“查看”菜单下“设置”选项的“结果”选项卡中选中“显示非多孔材料的应力”选项。

9.3.1 笛卡儿有效应力

“应力”菜单下的“笛卡儿有效应力”选项包含有效应力张量（即土骨架中的应力）的各方向分量，可进一步选择6个笛卡儿应力分量，σ'_{xx}、σ'_{yy}、σ'_{zz}、σ'_{xy}、σ'_{yz} 和 σ'_{zx}。

图9-3所示为笛卡儿应力采用的符号规定，图中所示为应力正方向。注意，压力为负值。

9.3.2 笛卡儿总应力

“应力”菜单下的“笛卡儿总应力”选项包含总应力张量（即有效应力+激活孔压）的各方向分量，可进一步选择6个笛卡儿应力分量，σ_{xx}、σ_{yy}、σ_{zz}、σ_{xy}、σ_{yz} 和 σ_{zx}。后三个

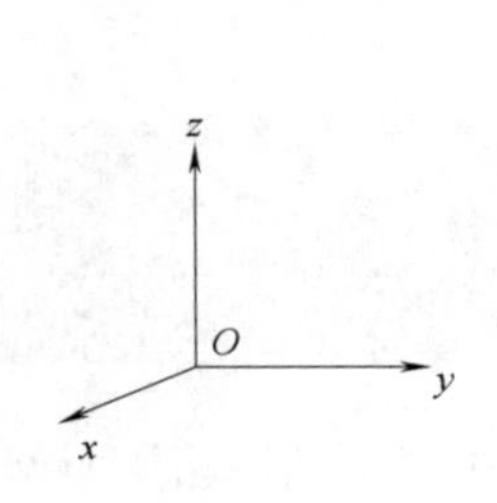

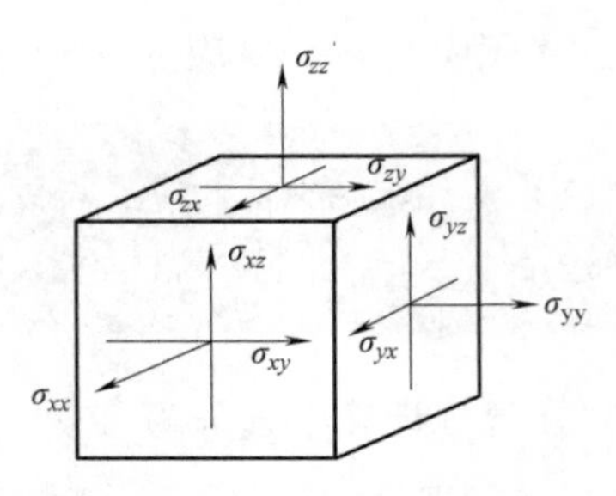

图 9-3 应力符号规定

分量与“笛卡儿有效应力”选项中的相应分量是相等的，只是为了方便也在此列出。点击工具栏上的相应选项，各应力分量以等值线或云图等形式显示。

9.3.3 有效主应力

“应力”菜单下的“有效主应力”选项包含基于有效应力 σ'（即土体骨架中的应力）的各种应力度量。可进一步选择有效主应力，及其各个分量 σ_1'、σ_2'、σ_3'、$(\sigma_1'+\sigma_3')/2$，平均有效应力 p'，偏应力 q，相对剪应力 τ_{rel} 和动剪切强度 τ_{mob}。

1）有效应力分量按代数大小排序：$\sigma_1' \leqslant \sigma_2' \leqslant \sigma_3'$，$\sigma_1'$ 为最大压缩（或最小拉伸）主应力，σ_3' 为最小压缩（或最大拉伸）主应力。

2）“动剪切强度 τ_{mob}”为剪应力最大值（即莫尔应力圆的半径，或最大主应力差的一半）。

3）“相对剪应力 τ_{rel}”给出了应力点向破坏包线接近的程度，定义如下

$$\tau_{rel} = \frac{\tau_{mob}}{\tau_{max}} \tag{9-3}$$

式中 τ_{max}——当保持莫尔圆圆心不动，增大半径直至莫尔圆与库仑破坏包线相切时的剪应力最大值，表达式为

$$\tau_{max} = -\frac{\sigma_1' + \sigma_3'}{2}\sin\varphi + c\cos\varphi \tag{9-4}$$

> **提示：** 尤其当土体强度由有效强度参数［不排水（A）］确定时，在竖向剖面中显示动剪切强度 τ_{mob} 可用于与已知剪切强度分布进行比较。

当使用 Hoek- Brown 模型描述岩石的行为时，最大剪应力 τ_{max} 的定义稍有不同。根据 Hoek- Brown 屈服准则，即

$$f_{HB} = \sigma_1' - \sigma_3' + \bar{f}(\sigma_3') = 0 \tag{9-5}$$

最大剪应力定义为

$$\tau_{max} = \frac{1}{2}\bar{f}(\sigma_3'),\ \bar{f}(\sigma_3') = \sigma_{ci}\left(m_b\frac{-\sigma_3'}{\sigma_{ci}} + s\right)^a \tag{9-6}$$

相对剪应力定义为

$$\tau_{rel} = \frac{\tau_{mob}}{\tau_{max}} = \frac{|\sigma_1' - \sigma_3'|}{\bar{f}(\sigma_3')} \tag{9-7}$$

9.3.4 总主应力

"应力"菜单下的"总主应力"选项包含基于总应力 σ（即有效应力+激活孔压）得到的各应力量。可进一步选择总主应力方向，及其各个分量 σ_1、σ_2、σ_3、$(\sigma_1+\sigma_3)/2$、$(\sigma_1-\sigma_3)/2$，平均总应力 p，偏应力 q、相对剪应力 τ_{rel} 和动剪切强度 τ_{mob}。后三个变量与"有效主应力"选项中的相应变量是相等的，此处为了方便仍然列出。

注意，总应力分量按代数大小排序：$\sigma_1 \leqslant \sigma_2 \leqslant \sigma_3$，$\sigma_1$ 为最大压缩（或最小拉伸）主应力，σ_3 为最小压缩（最大拉伸）主应力。

9.3.5 状态参数

"应力"菜单下的"状态参数"选项包含在考虑应力历史的情况下，当前计算步中与材料状态相关的各种附加变量。根据采用的土体模型，可进一步选择用户自定义参数（对于用户自定义模型；见材料模型手册），当前渗透系数、应变历史 $\varepsilon_{xx}-\varepsilon_v$、$\varepsilon_{yy}-\varepsilon_v$、$\varepsilon_{zz}-\varepsilon_v$、$\varepsilon_{xy}$、$\varepsilon_{yz}$、$\varepsilon_{zx}$、割线剪切模量 G_s，当前剪切模量与卸载/重加载模量之比 G/G_{ur}，等效各向同性应力 p_{eq}，各向同性前期固结应力 p_p，各向同性超固结比 OCR，硬化参数 γ^p，当前的卸载/重加载刚度 E_{ur}，当前弹性模量 E 和当前黏聚力 c。

1）实际渗透系数。实际渗透系数（渗透系数$_{实际,x}$，渗透系数$_{实际,y}$，渗透系数$_{实际,z}$）为相对渗透系数乘上饱和渗透系数。该值取决于根据材料组中渗流参数定义的 Van Genuchten（或其他）关系曲线确定的饱和度。

2）应变历史。应变历史 $\varepsilon_{xx}-\varepsilon_v$、$\varepsilon_{yy}-\varepsilon_v$、$\varepsilon_{zz}-\varepsilon_v$、$\varepsilon_{xy}$、$\varepsilon_{yz}$ 和 ε_{zx} 仅在 HSS 模型中可用。

3）割线剪切模量 G_s。割线剪切模量 G_s 仅在 HSS 模型中可用。该选项可用来查看当前计算步中使用的参考围压下的实际割线模量。

4）实际剪切模量与卸载（或再加载）模量之比 G/G_{ur}。实际剪切模量 G 与卸载/重加载模量 G_{ur} 之比仅在 HSS 模型中可用。

5）等效各向同性应力 p_{eq}。等效各向同性应力 p_{eq} 可在 HS、HSS、软土、软土蠕变和修正剑桥模型中使用。等效各向同性应力定义为通过当前应力点的应力等值线（与屈服线形状相似）与各项同性应力轴的交点处的应力。根据采用的不同本构模型，可定义如下：

① 对于 HS 模型和 HSS 模型，p_{eq} 为

$$p_{eq}=\sqrt{p^2+\frac{\tilde{q}^2}{\alpha^2}} \tag{9-8}$$

② 对于软土模型、软土蠕变模型和修正剑桥模型，p_{eq} 为

$$p_{eq}=p'-\frac{q^2}{M^2(p'-c\cot\varphi)} \tag{9-9}$$

提示： 对于修正剑桥模型，黏聚力 c 定义为 0kN/m^2。

6）各向同性前期固结应力 p_p。各向同性前期固结应力 p_p 可在 HS、HSS、软土、软土蠕变和修正剑桥模型中使用。各向同性前期固结应力代表一个应力点达到当前荷载步之前历经

的最大等效各向同性应力水平。

7）各向同性超固结比 *OCR*。各向同性超固结比 *OCR* 可在 HS、HSS、软土、软土蠕变和修正剑桥模型中使用。各向同性超固结比是各向同性前期固结应力 p_p 和等效各向同性应力 p_{eq} 之比。

8）硬化参数 γ^p。硬化参数 γ^p 仅在 HS、HSS 模型中可用。该选项用来检查当前计算步的实际硬化情况。

9）实际卸载/重加载刚度 E_{ur}。实际卸载/重加载刚度 E_{ur} 是当前计算步中使用的不受限的弹性刚度模量。该选项可在 HS、HSS、软土、软土蠕变和修正剑桥模型中使用。

刚度 E_{ur} 取决于应力水平。在刚度具有应力相关性的模型中，当前刚度 E_{ur} 根据当前步开始时的应力进行计算。该选项可用来检查当前计算步下的实际应力相关刚度。

10）实际弹性模量 E。实际的弹性模量 E 是当前计算步中使用的不受限的弹性刚度模量。该选项在线弹性和莫尔-库仑模型中可用。

当使用线弹性模型或者莫尔-库仑模型，并设置刚度随着深度增加（$E_{increment}>0$）时，该选项可以用来检查计算中使用的实际刚度。注意，在线弹性模型和莫尔-库仑模型中，刚度与应力无关。

11）实际黏聚力 c。实际黏聚力 c 是当前计算步使用的黏聚强度。该选项可在莫尔-库仑、HS、HSS、软土和软土蠕变模型中使用。

当使用莫尔-库仑、HS 和 HSS 本构模型，且定义黏聚力随深度增加（$c_{increment}>0$）时，该选项可用来检查计算中实际使用的黏聚力。

9.3.6 孔压

孔压是材料孔隙中的应力值，土中孔隙通常充填水和空气。大多数情况下，土中的应力和孔压为负值（压力）。不过，由于毛细作用或不排水卸载，有可能引起正值孔压（拉力），称为吸力。

PLAXIS 区分各种孔压类型及其相关变量。理解这些变量之间的差异很重要，可以更合理地对 PLAXIS 计算结果作出解释。

总应力分为有效应力 σ' 和激活孔压 p_{active}，即 $\sigma=\sigma'+p_{active}$，其中激活孔压定义为有效饱和度与孔隙水压力的乘积：$p_{active}=S_{reff}\cdot p_w$。当饱和度低于 1 时，孔隙水压力与激活孔压不同，在潜水位以上常常如此。在潜水位以下 p_{active} 与 p_w 相同。

除了孔隙水压力之外，还可以查看地下水头 h，$h=z-\dfrac{p_w}{\gamma_w}$，其中 z 为竖向坐标，γ_w 是水的重度。孔隙水压力又可进一步分为稳态孔压 p_{steady} 和超孔压 p_{excess}，即 $p_w=p_{steady}+p_{excess}$，其中，稳态孔压为稳定渗流状态或长期稳定部分的孔压，在变形分析中视为输入数据。超孔压是由于不排水行为［不排水（A）、不排水（B）或低渗透性材料］导致的结果，并受到由加卸载引起的应力变化的影响，以及水力条件（突然）变化和固结过程的影响。

以下简单介绍与孔压相关的各种变量，在 PLAXIS 输出程序的“应力”菜单下可查看这些量，大多数变量可以等值线、云图或等值面等形式查看。虽然孔压没有主方向，但“主应力”选项仍可用于查看模型内部的孔压。此时，线的颜色表示孔压的量值，方向与 x、y、z 坐标轴方向一致。

1）地下水头 h。地下水头是孔隙水压力的一种指定方式，等于自由水面的顶标高。

2）激活孔压 p_{active}。激活孔压是总应力中的孔隙压力那部分。在饱和土中，激活孔压等于孔隙水压力。在非饱和土中，激活孔压为有效饱和度与孔隙水压力的乘积。

3）孔隙水压力 p_{w}。土体孔隙中的水压力由稳态孔压和超孔压组成。大多数情况下，孔隙水压力为负值（压力）。但是，由于毛细作用或不排水卸载，有可能引起正值孔压（吸力）。

4）稳态孔压 p_{steady}。长期稳定的那部分孔隙水压力视为变形分析的输入数据。得到稳态孔压有两种方法，基于潜水位和类组的相关孔压定义直接生成孔压，或者进行地下水稳态渗流计算生成孔压。在完全流固耦合分析中，稳态孔压是根据计算阶段末的水力边界条件进行稳态渗流计算得到的。如果勾选了“忽略吸力”选项，则稳态孔压将只包含负值孔压。

5）超孔压 p_{excess}。不固定的那部分水压力是不排水行为［不排水（A）、不排水（B）或低渗透性材料］引起的结果，受到加卸载引起的应力变化以及水力条件（突然）变化和固结过程的影响。在完全流固耦合分析中，超孔压为计算的孔隙水压力和稳态孔压之间的差值。后者是根据计算阶段末的水力边界条件进行稳态渗流计算得到的。即使是在勾选了“忽略吸力”选项的前提下，仍然可能由于不排水卸载，出现正值（吸力）超孔压。

6）超孔压极值。截至选定计算步之前的整个计算阶段中的最大和最小超孔压。

7）每个阶段的孔压变化。从某阶段初始至选定计算步中激活孔压的变化。

8）吸力。所有正的孔隙水压力（拉力）。吸力可以是由于毛细作用（如果未选中“忽略吸力”选项，则包含在稳态孔压中）或不排水卸载（包含在超孔压中）引起的。

9）有效吸力 S_{eff}：所有正的激活孔压（拉力）。当乘上摩擦角的正切值时，有效吸力表示土中的某种“假黏聚力”。

9.3.7 塑性点

“应力”菜单下的“塑性点”选项（按钮为“”）可给出处于塑性状态的应力点，在未变形的几何图形中显示。塑性点既可在3D网格中显示，也可以在剖面上的单元中显示。根据所发生的塑性类型，塑性点用不同形状和颜色的符号表示：

1）红色立方体（屈服点，Failure point）：表示落在屈服面上的应力点。

2）白色立方体（拉伸截断点，Tension cut-off point）：表示满足拉伸截断准则的点。

3）蓝色倒棱锥体（帽盖点，Cap point）：表示处于正常固结应力状态的应力点（主要为压缩），即当前实际应力状态与先期固结应力状态相同的应力点。只有当采用土体硬化模型（HS）、小应变土体硬化模型（HSS）、软土模型（SS）、软土蠕变模型（SSC）或修正剑桥模型（MCC）时才可能出现这一种塑性点。

4）棕色菱形体（帽盖+硬化点，Cap + Hardening point）：表示处于剪切硬化和帽盖硬化面上的点。这些塑性点只在使用HS或HSS模型时才可能出现。

5）绿色棱体（硬化点，Hardening point）：表示处于剪切硬化面上的点。这些塑性点只在使用HS或HSS模型时才可能出现。

塑性点对于检查网格模型的大小是否满足要求特别有用。如果塑性区发展到了网格的边界（在对称模型中超出对称面），那意味着当前的网格模型范围偏小，应加大模型边界范围重新计算。

在“应力”菜单下选择“塑性点”选项，会弹出“塑性点”窗口（见图9-4），用户可选择显示哪类塑性点。如果选择了“弹性点”选项，所有其他类型的应力点将显示为紫色菱形体“♦”。

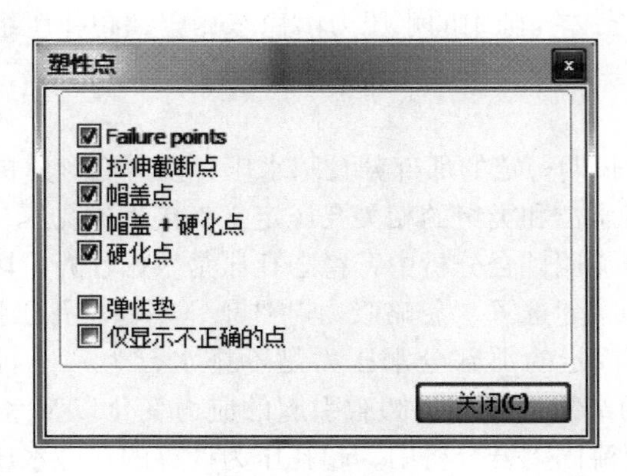

图9-4 “塑性点”窗口

默认情况下模型中的精确和不精确的塑性点都显示。在“塑性点”窗口中选中相应复选框选项，则可仅显示不精确的塑性点。不精确的塑性点是指那些局部误差超过允许误差的点。

提示：“应力”菜单下的“塑性点历史”选项可以显示从计算一开始到当前计算阶段的整个计算过程（取决于特定的准则如屈服、拉伸截断等）中曾经达到过塑性状态的那些点。

9.3.8 锚定杆

在“应力”菜单下选择“锚定杆”选项，会弹出表格窗口显示模型中锚定杆的位置坐标、结果轴力、旋转角和等效长度。

9.3.9 点对点锚杆

在“应力”菜单下选择“点对点锚杆”选项，会弹出表格窗口显示模型中点对点锚杆的节点位置坐标和结果轴力。

9.3.10 井

在“应力”菜单下选择“井”选项，会弹出表格窗口显示模型中的井的位置坐标、井的流量和定义的最小水头。

9.3.11 排水线

在“应力”菜单下选择“排水线”选项，会弹出表格窗口显示模型中的排水线的位置坐标、总流量和定义的水头。

9.4 结构和界面

在“输出”程序中显示几何模型时，默认会同时显示结构（如锚杆、梁、Embedded 桩、土工格栅和板）和界面，如果没有显示，可从绘图区左侧的“模型浏览器”中选“结构”或“界面”前面的“眼睛”来使其显示。要快速查看 3D 模型中的结构，还可从“网格”菜单下取消选择“材料”选项，即不显示土体材料。

点击“选择结构”按钮“”，然后在 3D 模型中双击某个结构对象，会自动打开一个新窗口显示选中的结构对象的计算结果，同时该窗口中的菜单也会根据显示的对象而有所变化。

如果需要选择同一类型的多个对象或多组对象，在选择时应按住 < Shift > 键，并在选择最后一个对象时双击。如果要一次将模型中同一类型的所有结构对象都选中，可同时按住 < Ctrl > 键和 < A > 键选择对象。如果要选中一个组里的一个或多个单元，可按住 < Ctrl > 键同时逐一选择结构。

还有一种方法可一次选中同一类型的多个结构对象，点击“拖曳窗口选择结构”按钮“”，然后在模型中拖划矩形区域，则可将位于所画矩形区域中的结构选中。

9.4.1 结构和界面的变形

在单独显示结构单元结果的新窗口中，可从“变形”菜单下选择查看结构单元的变形。用户可选择“总位移”、“阶段位移”或“增量位移”选项，在每一选项下还可进一步选择位移矢量 $|u|$、各总位移分量 u_x、u_y 和 u_z。另外，还可以查看结构单元沿局部坐标轴方向的变形，用户可选择“总局部位移”、“阶段局部位移”或“增量局部位移”选项，在每一项下可进一步选择各位移分量 u_1、u_2 和 u_3。

对“板”和“梁”可用“旋转”选项显示选中的板在全局坐标系下的“总转角（旋转）”和“阶段转角（Δ 旋转）”。

对于界面的变形可用“相对总位移”、“相对阶段位移”和“相对增量位移”等选项来显示。相对位移是指节点对之间的位移差值，这些选项可用于查看界面上是否发生了塑性剪切。

9.4.2 梁的内力

按前述方法在“输出”程序中显示模型中的梁单元之后，可从“力”菜单下选择“轴力 N”、“剪力 Q_{12}”、剪力“Q_{13}”、“弯矩 M_2”、“弯矩 M_3”等选项查看梁的内力。注意，拉力为正，压力为负（见图 9-5）。弯矩和剪力的符号取决于梁单元的局部坐标系（见图 9-6a）。

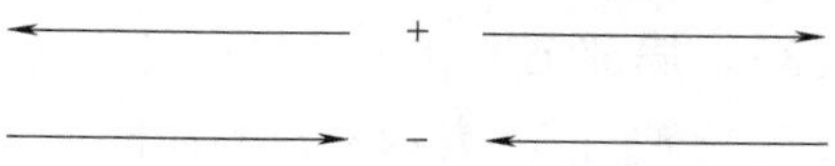

\+

\-

图 9-5 梁和板的轴力符号规定

从“查看”菜单下选择“局部坐标轴”选项，可显示梁单元的局部坐标系（局部坐标轴 1，2，3）。局部第 1 坐标轴方向一般沿梁的轴向，局部第 2 和第 3 坐标轴方向垂直于梁的轴向。

1）轴力 N 表示梁轴向的内力（见图9-6b），当受拉时为正，如图9-5所示。

2）剪力 Q_{12} 表示梁局部第2轴方向上的剪力（见图9-6c），Q_{13} 表示梁局部第3轴方向上的剪力（见图9-6d）。

3）弯矩 M_3 表示梁绕局部第3轴方向弯曲的弯矩（见图9-7a），“弯矩 M_2”表示梁绕局部第2轴方向弯曲的弯矩（见图9-7b）。

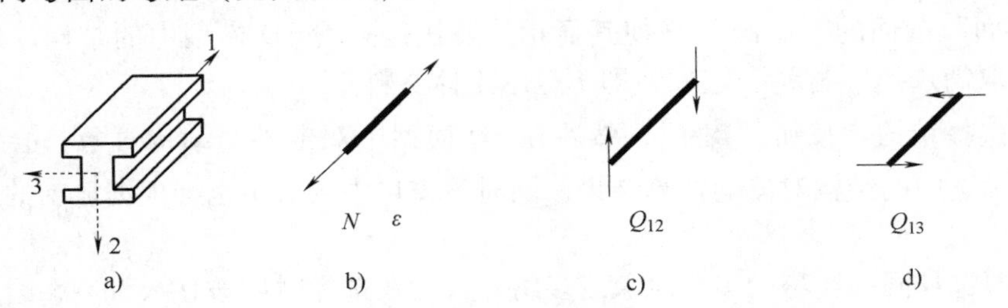

图9-6　梁的正轴力和正剪力

a）局部坐标系　b）轴力 N　c）剪力 Q_{12}　d）剪力 Q_{13}

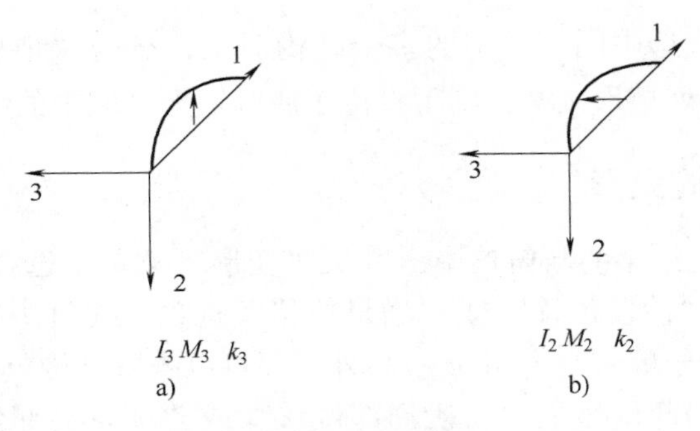

图9-7　梁的正弯矩

a）弯矩 M_3　b）弯矩 M_2

9.4.3　板的内力

在“输出”程序中单独显示模型中的板单元之后，可在“力”菜单下选择“轴力 N_1”、“轴力 N_2”、“剪力 Q_{12}”、“剪力 Q_{23}”、剪力“Q_{13}”、“弯矩 M_{11}”、“弯矩 M_{22}”、“弯矩 M_{12}”等选项查看板的内力。这些内力表示计算结束时板的实际受力。注意，轴力以受拉为正，如图9-5所示。弯矩和剪力的符号取决于板的局部坐标系。

从“查看”菜单下选择“局部坐标系”选项，可显示板的局部坐标系（局部坐标轴1，2，3）。局部第1和第2坐标轴方向位于板平面内，局部第3坐标轴方向垂直于板平面。

1）轴力 N_1 表示沿板的局部第1坐标轴方向的轴力（见图9-8b），“轴力 N_2”表示沿局部第2坐标轴方向的轴力（见图9-8c）。

2）剪力 Q_{12} 表示板的平面内剪力（见图9-9a），“剪力 Q_{13}”表示过局部第1坐标轴垂直板平面的剪力（见图9-9b），“剪力 Q_{23}”表示过局部第2坐标轴垂直板平面的剪力（见图9-9c）。

3）弯矩 M_{11} 表示绕局部第2坐标轴方向弯曲引起的弯矩（见图9-10b），“弯矩 M_{22}”表示绕局部第1坐标轴方向弯曲引起的弯矩（见图9-10c）。

4）扭矩 M_{12} 表示与横向剪力对应的弯矩（见图9-10a）。

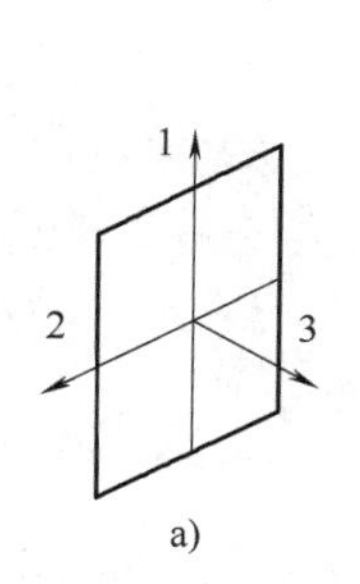

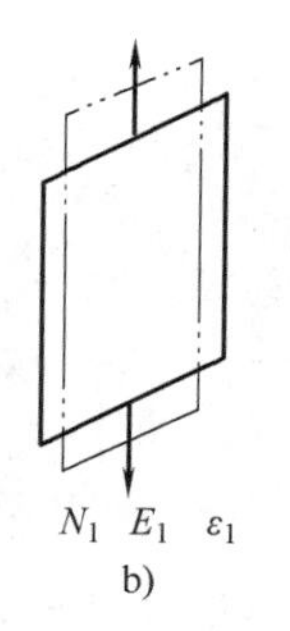

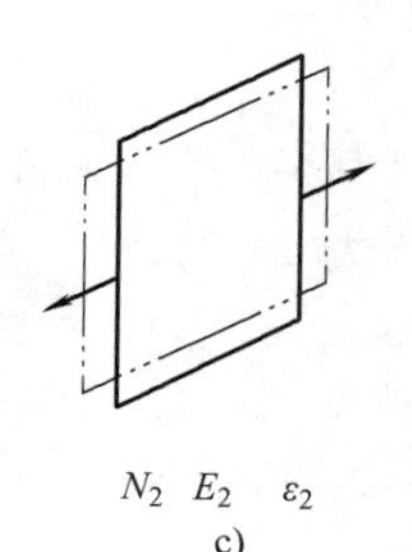

图9-8 板和土工格栅的正轴力

a）板局部坐标系 b）轴力 N_1 c）轴力 N_2

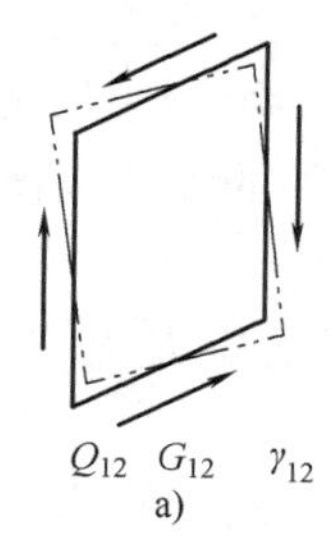

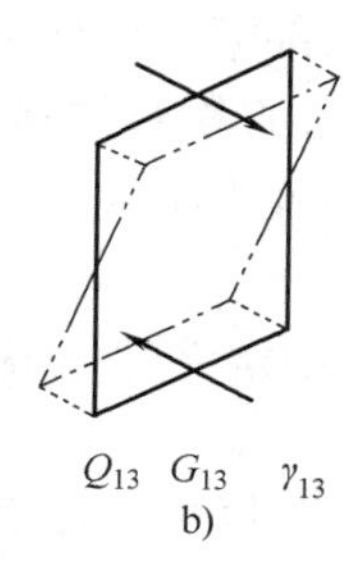

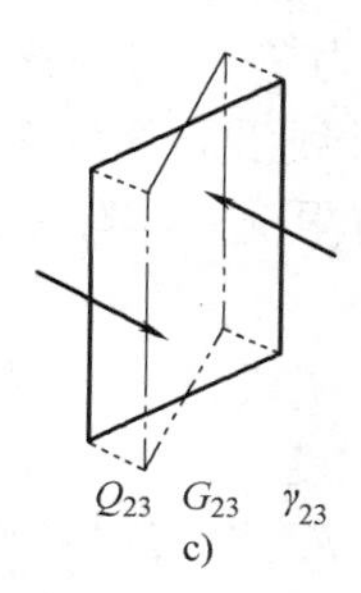

图9-9 板的正剪力

a）剪力 Q_{12} b）剪力 Q_{13} c）剪力 Q_{23}

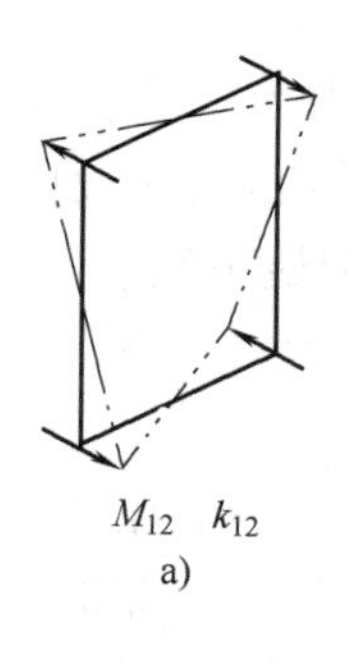

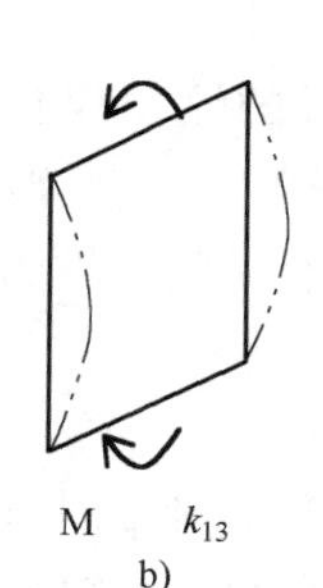

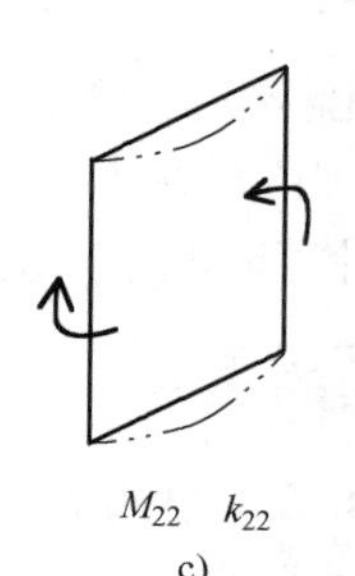

图9-10 板的正弯矩

a）扭矩 M_{12} b）弯矩 M_{11} c）弯矩 M_{22}

9.4.4 土工格栅的内力

在“输出”程序中单独显示模型中的土工格栅后，在“力”菜单下可选择“轴力 N_1”、“轴力 N_2”选项查看土工格栅的内力（见图9-8）。土工格栅的内力总是为正（受拉），土工格栅单元不允许受压。

9.4.5 Embedded 桩的内力

在“输出”程序中单独显示模型中的Embedded桩后，在“力”菜单下可选择“轴力 N”、“剪力 Q_{12}”、剪力“Q_{13}”、“弯矩 M_2”、“弯矩 M_3”、“侧摩阻力 T_{skin}”（沿桩身轴线方向）、“横向力 T_2” 和 “横向力 T_3”，后三项与桩土相互作用有关。关于 Embedded 桩单元的结构内力可参见 9.4.2。

提示：“查看” 菜单下的 “局部坐标轴” 选项可用于显示桩体的局部坐标系（局部坐标轴 1，2，3）。局部第 1 坐标轴方向一般沿桩的轴向。局部第 2 坐标轴方向与桩轴线垂直，并指向全局 x 坐标方向。局部第 3 坐标轴方向也与桩轴线垂直，并指向全局 z 坐标方向。

桩土相互作用力根据特殊的界面单元获得，该特殊界面单元是在 Embedded 桩单元与桩周土体单元之间自动建立的。“侧阻力 T_{skin}” 与沿桩轴向的桩土相对位移有关，单位为 “力/单位桩长”。该力受限于在 Embedded 桩材料数据组中定义的侧摩阻力。

“相互作用力 T_2” 与垂直桩轴线沿局部第 2 坐标轴方向的相对位移有关，“相互作用力 T_3” 与垂直桩轴线沿局部第 3 坐标轴方向的相对位移有关，单位均为 “力/单位桩长”。注意 T_2 和 T_3 没有限值。实际上，当这些力变得很大时，在弹性区外的周围土体单元中会发生塑性行为。

“最大剪应力 T_{max}” 是在材料数据组中定义的极限值。“相对剪应力 T_{rel}” 表明应力点向屈服面的趋近程度。

“桩底反力 F_{foot}” 通过桩底（桩尖）与周围土体沿桩轴向的相对位移来获得。该桩底反力显示在 “轴力 N” 的视图中，受限于在 Embedded 桩材料数据组中定义的桩端反力值。

9.4.6 锚定杆的内力

锚杆（锚定杆和点对点锚杆）结果的输出仅包括锚杆的内力（在点对点锚杆的节点上），单位为 “力”。在模型中双击锚杆单元，会弹出表格窗口显示锚杆轴力。程序显示的是在所有连续计算阶段中点对点锚杆曾经受到的轴力的最大值和最小值。

9.4.7 界面的应力

界面单元由节点对构成，即在一个位置坐标上有两个节点：一个在 “土体” 侧，一个在 “结构” 侧或其他 “土体” 侧。在 “模型浏览器” 中将界面目录左侧的 “眼睛” 设为张开即可显示模型中的界面单元。在输出程序的显示区中双击界面单元，会自动打开新窗口输出界面的结果。界面的输出结果包含变形和应力。

在 “输出” 程序中单独显示模型中的界面后，可在 “界面应力” 菜单下查看有效应力 σ'_N、总应力 σ_N、剪应力 τ_1、剪应力 τ_2、相对剪应力 τ_{rel}、稳态孔压 p_{steady}、超孔压 p_{excess}、激活孔压 p_{active}、孔隙水压力 p_w、有效饱和度 S_{reff}、吸力、有效吸力、地下水头和塑性点。有效法向应力表示垂直于界面的有效应力。注意，压力为负。“相对剪应力 τ_{rel}” 表示应力点向屈服面的趋近程度，可定义为：

$$\tau_{rel} = \frac{\sqrt{\tau_1^2 + \tau_2^2}}{\tau_{max}} \tag{9-10}$$

式中　τ_{max}——当前有效法向应力条件下根据库仑屈服准则计算得到的剪应力最大值。

第10章 曲线

PLAXIS 3D“输出”程序中的“曲线管理器”可用于生成模型中某个点计算结果值随着计算步的变化曲线。该功能可以生成荷载-位移曲线、力-位移曲线、应力路径曲线、应变路径曲线、应力-应变曲线和时间相关曲线。本章主要介绍如何生成这些曲线以及对曲线格式的设置。

10.1 选择曲线点

要分析模型中某个部位的某种计算结果在计算过程中的发展变化情况，需在模型中该部位选取节点或者应力点作为计算监测点。最好是在计算之前选取监测点，若在计算完成后选取监测点则绘出的曲线可能非常不平滑。

在“输入”程序中的“网格”和“分步施工”模式下，从侧边工具栏中单击“选择生成曲线所需的点”按钮“”或者从“工具”菜单中选择该选项，会自动启动“输出”程序并显示“单元关联图”和“选择点”窗口。具体选择过程详见10.1.1。

提示：在计算开始之前选择生成曲线所需的点与在计算完成后再选择曲线点是有所不同的，具体差别详见10.1.2和10.1.3。

10.1.1 网格点选择

单击“选择生成曲线所需的点”按钮“”后，在3D模型中可直接单击选择节点和应力点，前提是当前模型视图中“节点”、“应力点”可见。

利用“几何”菜单下的“部分几何模型（过滤器）”选项或者侧边工具栏中的“隐藏土体”按钮“”，可以减少可见的节点和应力点的数量。

在“选择点”窗口中（见图10-1），可以输入需要监测的部位的具体坐标，然后单击“搜索最近点”按钮，程序会在窗口下方列出距离所输入坐标最近的节点和应力点的编号。节点和应力点还可以通过其ID号选择。在列出的节点或应力点中选中其前面的复选框，则选中该点，并列于窗口上方。

要取消已选中的点，在窗口上方选中该点并单击“删除”或者在模型中再次单击该点，

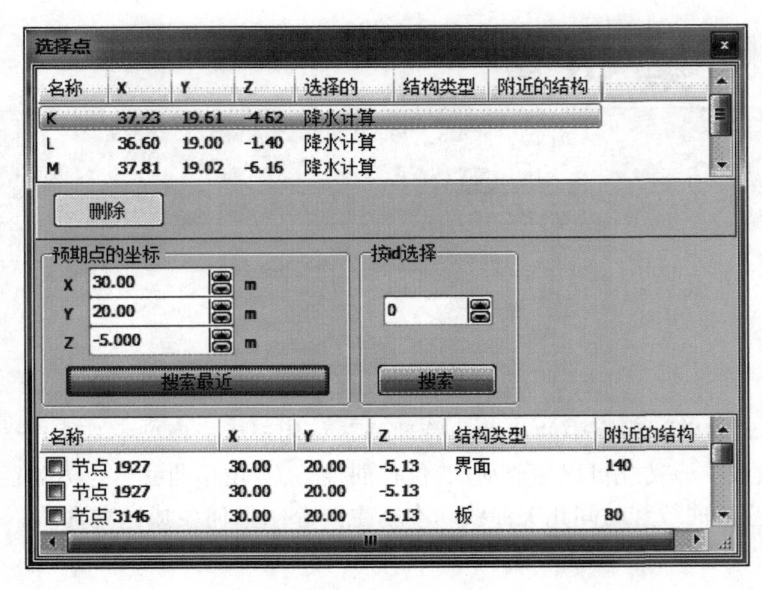

图 10-1 “选择点”窗口

则取消选择该点。

提示： 当选择了“选择生成曲线所需的点”选项但“选择点”窗口已关闭时，可在“工具”菜单下单击“网格点选择”选项，重新显示“选择点”窗口。

如果重新生成了有限元网格（加密或者调整之后），节点和应力点的位置会发生改变。于是，已选中的节点和应力点可能已在完全不同的位置上了，因此重新生成网格后需重新选择节点和应力点。

10.1.2 计算前选择点

计算阶段定义完成后在开始执行计算前，可选择一些点用来生成荷载-位移曲线或者应力路径曲线。在计算过程中，这些选中的点将保存所有计算步的信息，能够绘制出比较平滑细致的曲线。

提示： 计算前选择监测点能够提供计算过程中这些点的应力和应变的详细信息，但不提供结构内力和状态参数信息。

10.1.3 计算后选择点

如果没有为生成曲线选择节点和应力点就开始执行计算，程序会提示用户是否选择监测点。此时用户可以去选择监测点，或者忽略该提示直接进行计算。如果没有选择监测点就开始计算，用户仍然可以在计算完成之后再选择点来生成荷载-位移曲线或者应力-应变曲线，只是此时生成的曲线中只会包含已经保存的计算步的信息，而程序默认只保存每个计算阶段的最后一个计算步的结果，所以该曲线精确性会比较差，非常不平滑，跳跃性很大。要生成更加详细精确的曲线，需增大“储存的最大步数”的值并重新计算。

选中的监测点（节点或应力点）的可用信息取决于在“输出”程序中选择的视图。在“模型”视图（“ ”）中选择的点可用于生成与土体单元中的位移、应力、应变和状态参数等相关的曲线。“模型”视图是“输出”程序中的默认视图。在“结构”视图（“ ”）中选择的点，可用于生成与结构内力相关的曲线。应选择并双击结构，显示“结构”视图之后再选择点。

提示：在显示区下方的标题栏的左侧会给出一个图标显示当前激活视图的类型。

10.2 生成曲线

从“工具”菜单选择“曲线管理器”选项或者单击工具栏中的相应按钮“ ”，弹出“曲线管理器”窗口，包含三个选项卡“图表”、“曲线点”和“选择点”（见图10-2）。

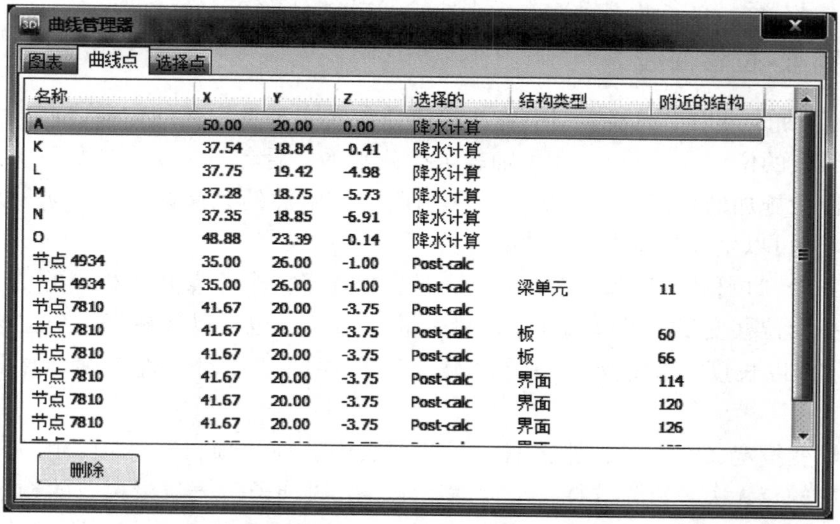

曲线管理器

图表 | 曲线点 | 选择点

名称	X	Y	Z	选择的	结构类型	附近的结构
A	50.00	20.00	0.00	降水计算		
K	37.54	18.84	-0.41	降水计算		
L	37.75	19.42	-4.98	降水计算		
M	37.28	18.75	-5.73	降水计算		
N	37.35	18.85	-6.91	降水计算		
O	48.88	23.39	-0.14	降水计算		
节点 4934	35.00	26.00	-1.00	Post-calc		
节点 4934	35.00	26.00	-1.00	Post-calc	梁单元	11
节点 7810	41.67	20.00	-3.75	Post-calc		
节点 7810	41.67	20.00	-3.75	Post-calc	板	60
节点 7810	41.67	20.00	-3.75	Post-calc	板	66
节点 7810	41.67	20.00	-3.75	Post-calc	界面	114
节点 7810	41.67	20.00	-3.75	Post-calc	界面	120
节点 7810	41.67	20.00	-3.75	Post-calc	界面	126

删除

图10-2 “曲线管理器”窗口下的“曲线点”选项卡

“图表”选项卡会列出当前项目中已经生成并保存的图表。“曲线点”选项卡则列出生成曲线选择的点及其坐标。此处所列既包含计算之前选择的点，也包含计算之后选择的点。如果选择了结构上的点，还会列出结构的类型和相应的结构单元编号。

打开“曲线管理器”后，在“图表”选项卡左下角单击“新建”按钮，会弹出“曲线生成”窗口，如图10-3所示。该窗口下左右两侧有两个相似的组框，里面包含用于生成曲线的各种数据，左侧一组作为曲线的 x 轴数据，右侧一组作为 y 轴数据。用户需为 x 轴和 y 轴分别指定表示哪个变量。首先，需确定每个轴显示的数据是否与一般项目或某个已选节点或应力点相关。曲线生成窗口中的目录树会进一步显示在所选数据类型下的所有可用变量。

单击目录名称前面的"⊞"符号，即可展开该目录树。如果选中了"反向符号"复选框，会将 x 轴数据或 y 轴数据分别乘上 -1。定义好两组变量并单击"确认"按钮，会在一个新的图表窗口中显示生成的曲线。

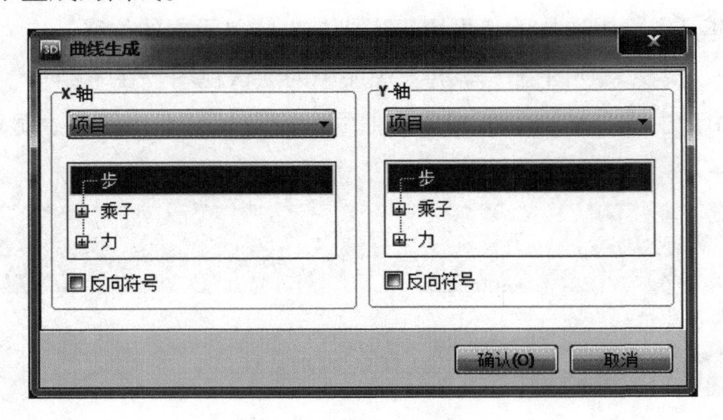

图 10-3 "曲线生成"窗口

与计算步相关的 x 轴变量和 y 轴变量的数值构成了曲线上的点。曲线点的数量为有效计算步数再加上 1，与计算步 0 对应的第一个曲线点作为 1 号点。

10.2.1 荷载-位移曲线

荷载-位移曲线可用于观察模型中施加的荷载与其在某点引起的位移之间的关系。一般用 x 轴表示某点的位移（变形），用 y 轴表示荷载水平。后者与 $\sum M_{stage}$ 有如下关系：施加的荷载 = 前一阶段施加的总荷载 + $\sum M_{stage}$ ·（当前阶段施加的总荷载 - 前一阶段施加的总荷载）。当然，还可以生成其他类型的曲线。

要选择某个"位移"变量，需先在下拉列表中选择一个节点并从相应的"变形"子目录树中选择一个位移变量，可以选择总位移矢量（$|u|$），也可以选择某一个位移分量（u_x、u_y 或 u_z）。位移以长度单位表示，即在"输入"程序的"项目属性"窗口中指定的长度单位。

如果 y 轴变量定义为乘子，那么需在下拉列表中选择"项目"选项，因为荷载系统的激活与模型中的点无关。首先选择一个荷载系统，由"乘子"子目录树下的相应乘子表示。注意，该"荷载"不是以应力或力的单位表示，而是以乘子的值表示，所以没有单位。要得到实际荷载，需将该乘子的值乘上在分步施工中指定的输入荷载。

"孔压"也可以在曲线中表示，通过节点或应力点都可以得到该变量。在"应力"目录树下的"孔压"子目录树中可选择 p_{active}，p_{steady} 或 p_{excess}。孔压以应力单位表示。

如果在计算中激活了非零指定位移，程序会计算由该指定位移引起的 x、y 方向的反作用力并作为输出参数保存。这些力的分量也可用于生成荷载-位移曲线，在"项目"选项下的"力"子目录树中选择相应的力的分量即可。

10.2.2 力-位移曲线

力-位移曲线可用于查看结构内力的发展与模型中某点的位移之间的关系。只有计算后选择的点才可进一步选择其结构内力项。一般用 x 轴表示某点位移，用 y 轴表示相应的结构单元某节点处的结构内力。

要用 x 轴表示位移，需先选择节点，然后选择位移类型，该位移既可以是位移向量的长度（$|u|$），也可以是单个位移分量（u_x、u_y 或 u_z）。位移以长度单位表示，即在“输入”程序的“项目属性”窗口下指定的长度单位。

要用 y 轴表示结构内力，需先在结构单元上选择节点，然后选择“结构内力”的类型。与结构单元的类型相关，可选择轴力 N、剪力 Q 或者弯矩 M。对于界面，可以选择各种界面应力。

10.2.3 应力-时间或力-时间曲线

应力-时间曲线或力-时间曲线在土体的时间相关特性对计算结果有重要影响的情况下（如，固结和蠕变）非常有用。此时，一般用 x 轴表示时间，y 轴表示某点的位移或结构内力。需先选择“项目”选项，继而选择“时间”项。“时间”以“输入”程序的“项目属性”窗口中指定的时间单位表示。

除了以时间为 x 轴外，还可以计算步数（step）作为 x 轴，对于时间相关的计算比较有用。在对这样的曲线进行解释时需要注意，在计算过程中由于使用自动荷载步算法可能引起步长的变化。

10.2.4 应力-应变曲线

应力-应变曲线可用于查看土体中某应力点的应力（应力路径）、应变（应变路径）或应力-应变特性的发展变化情况，这类曲线可用于分析土体中的局部特性。应力-应变曲线表示在所选土体本构模型下土的理想化特性。由于土的行为是与应力相关的，土体本构模型中并没有将所有的应力相关特性考虑进去，所以应力路径可用于检验已选模型参数的有效性。

首先选择一个应力点，然后在“应力”或“应变”目录树中选择一个变量。“应力”菜单下的所有标量都可选择。但是，“状态参数”选项仅对计算结束后选择的应力点可用。在“变形”菜单下的所有应变标量都可选择。对主方向分量的描述一般指的是“绝对值”，因为一般法向应力和应变分量为负值（受压为负）。应力分量用应力的单位表示，应变则没有单位。

10.2.5 动力计算中的曲线

如果项目中执行了动力计算，则“曲线生成”窗口会有所不同。常规的选项卡与没有动力计算时的选项卡相似，但此时在坐标轴下拉列表中选择“项目”后，“时间”目录下会多出一个“动力时间”选项。选择一个点后，可在“变形”目录下选择“速度”、“加速度”和“加速度（以'g'为单位）”，如图10-4所示。

在“PSA”选项卡下（见图10-5），输入阻尼比（Damping ratio）和最大时间周期（Max. period，终止时间）可生成PSA频谱图。注意，一次只能为一个动力计算阶段生成一个PSA图。

通过“扩大”选项卡，可显示模型中任一点（顶部）的加速度响应与施加输入荷载的那一点的加速度响应之比（见图10-6）。该比例反映了在给定激励下某点处响应的放大率。

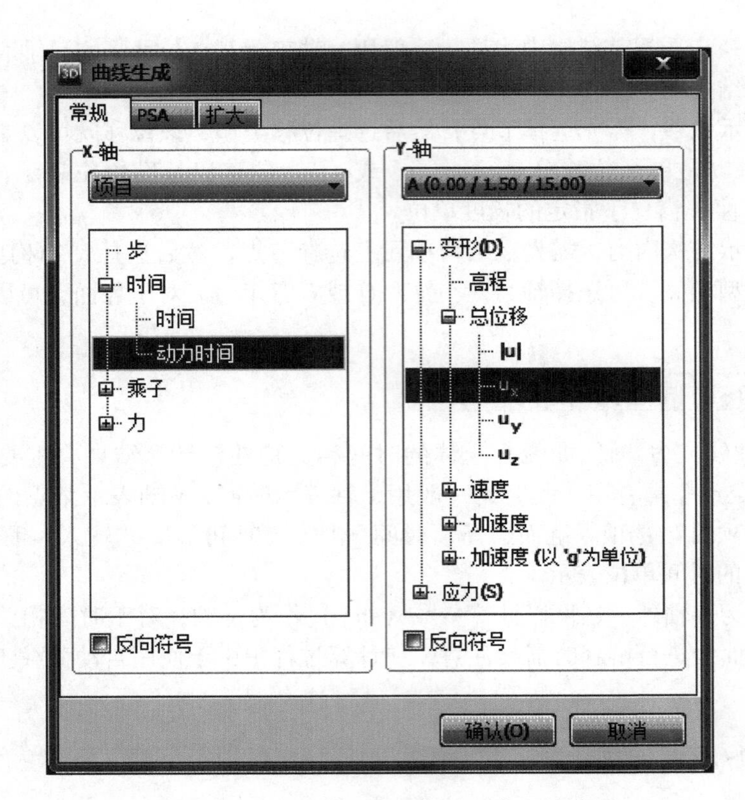

图 10-4　动力计算“常规”选项卡下的选项

图 10-5　PSA 响应频谱生成

生成时间曲线后，可在“设置”窗口下的“图表”选项卡内（见图 10-7），采用快速傅里叶变换［Fast Fourier Transform（FFT）］将其转换为频谱图。

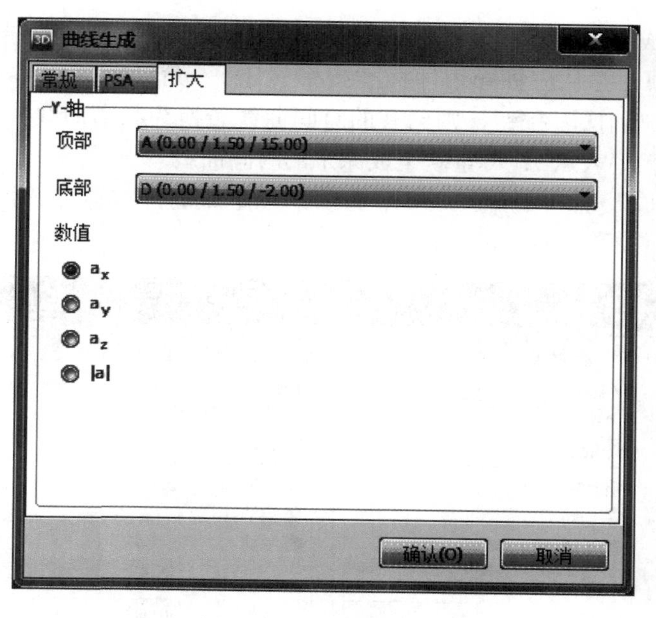

图 10-6　放大频谱生成

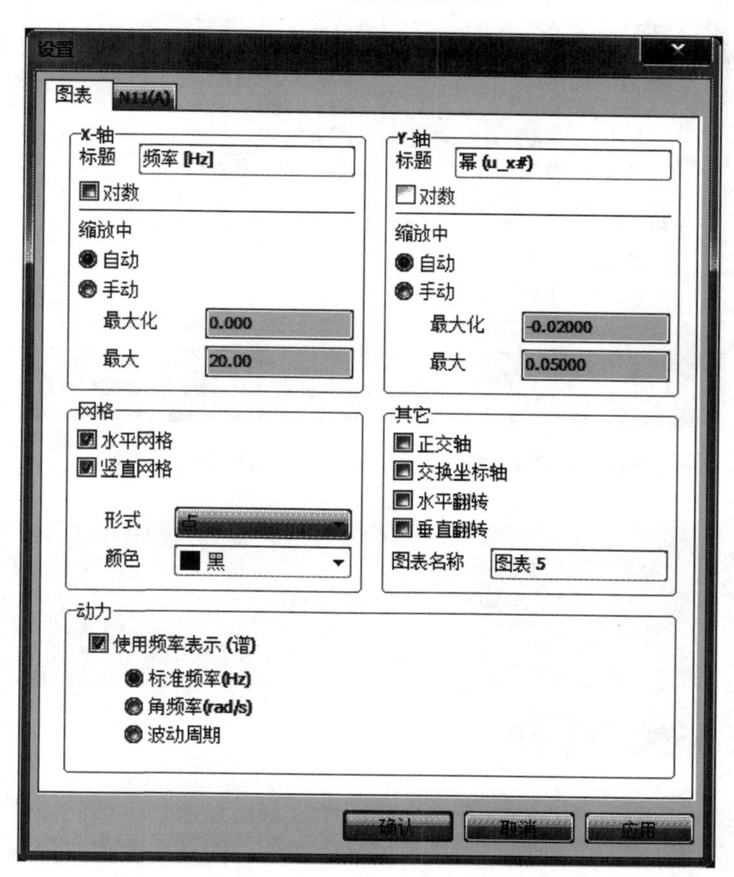

图 10-7　快速傅里叶变换

对于“曲线生成”窗口下“常规”和“放大”选项卡中生成的曲线，可选择“使用频率表示（谱）”选项，并从三种频谱即标准频率（Hz）、角频率（rad/s）或波动周期（s）中选择一个，单击“确认”按钮，则已有的时间曲线转换为频谱曲线。在“图表”选项卡下取消选择“使用频率表示”，可重新生成原来的时间曲线。

对于“曲线生成”窗口下的“PSA”选项卡中生成的曲线，可选择“位移特性因子”（见图 10-8）来显示位移随频率的变化。

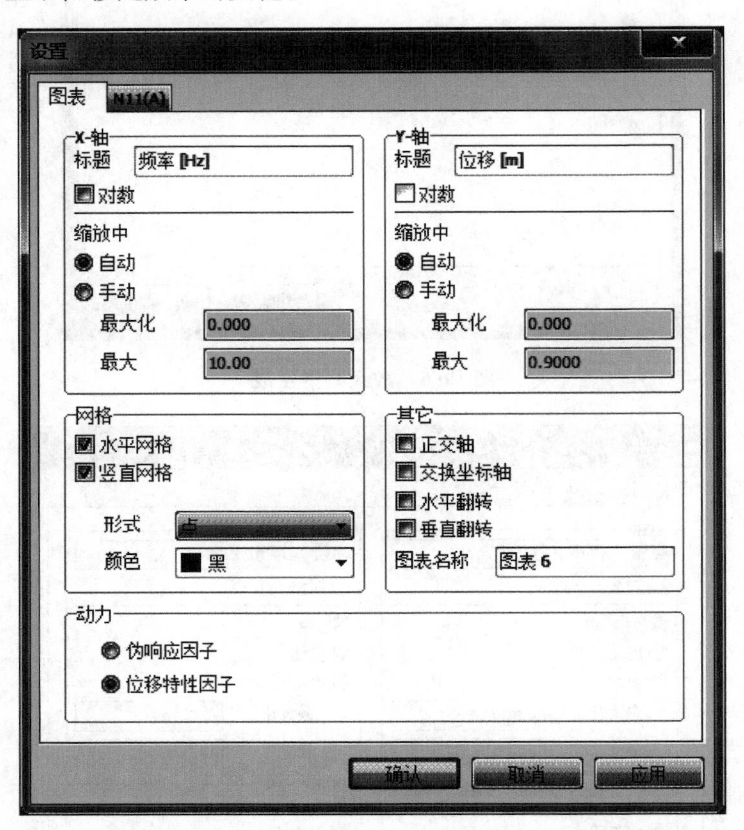

图 10-8　PSA 曲线设置中的“位移特性因子”选项

提示： 要打开曲线“设置”窗口，可在图表上右击，从右键菜单中选择相应选项，或者从“格式”菜单中选择“设置”选项。

10.3　曲线格式设置

生成一条曲线后，程序会自动打开一个新的图表窗口显示新生成的曲线。沿 x 轴和 y 轴显示生成曲线时所用的变量。默认在图表右侧显示图例，图例中会包含曲线名称，这个名称是随曲线一起自动生成的。在“输出”程序中通过“曲线管理器”创建的某曲线图如图 10-9所示。

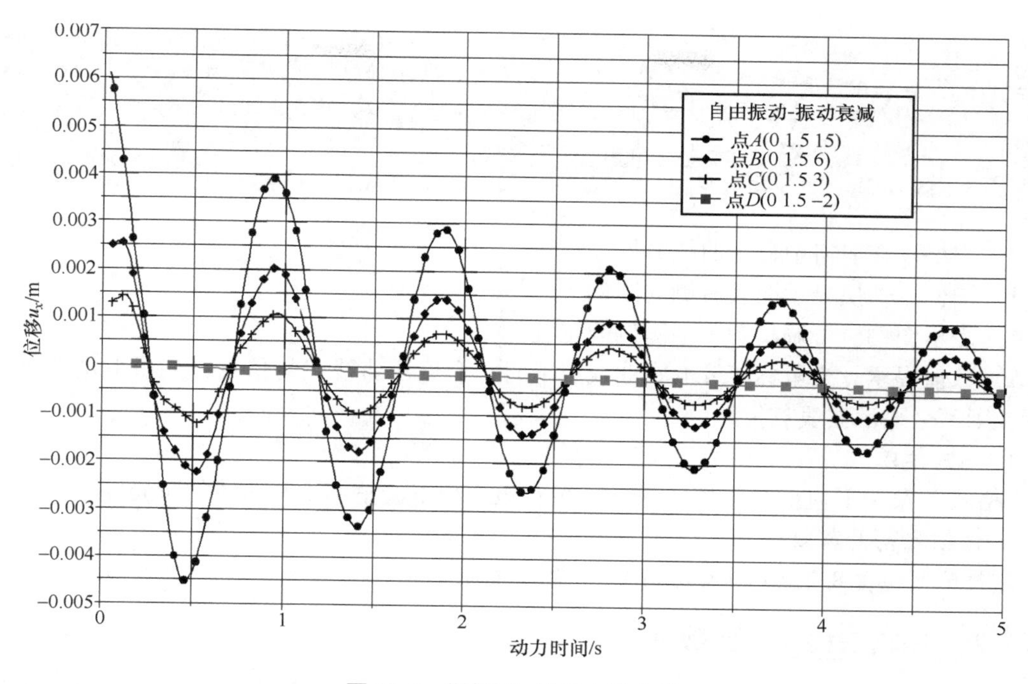

图 10-9 “输出”程序中的曲线

10.3.1 曲线菜单

当显示曲线时菜单栏中的菜单与普通“输出”程序的菜单稍有不同，下面详细介绍这些菜单和选项。

1. 文件菜单

“文件”菜单与“输出”程序中的基本相同，详见 8.2.1。

2. 编辑菜单

注意，“编辑”菜单只有在显示曲线后才可用。编辑菜单下的选项可用于在当前图表中加入新的曲线。这些选项有：

1）复制。利用 Windows 剪切板将图表输出到其他程序中。

2）从当前项目添加曲线。从当前项目中添加新的曲线到当前激活的曲线图表中来。

3）从其他项目添加曲线。从其他项目中添加新的曲线到当前激活的曲线图表中来。

4）从剪切板添加曲线。利用剪切板向当前激活的曲线图表中添加新的曲线。

提示： 添加的曲线会利用当前项目、其他项目或剪切板的数据重新定义。但是不能将一条已生成的曲线直接放到当前图表上，需要使用右键菜单中的“添加曲线”选项向当前激活的图表中添加曲线。

3. 查看菜单

窗口中结果的显示通过“查看”菜单下的选项来控制，这些选项有：

1）重置视图。重置缩放视图。

提示： 如果要更详细地查看曲线的某一部分，可按住鼠标左键从该区域左上角拖动到右下角然后放开鼠标，可将该区域放大，可多次重复该操作。单击工具栏上的按钮“🔍”，可重置视图。

2）表格。在表格中显示曲线数据。

3）图例。切换显示图表右侧的图例。

4）表格图例。可调整图表中图例的位置。

5）数值提示。当鼠标指针放在曲线点上时，会显示曲线点的信息；如果取消对该项的选择，则不会显示曲线点信息。

4. 格式菜单

“格式”菜单下包括“设置”选项，可在该选项下调整图表和曲线的布局。

5. 窗口和帮助菜单

该菜单下包含 8.2.10 和 8.2.11 中介绍的选项。

10.3.2 编辑表格中曲线数据

显示曲线后，在当前界面的工具栏中单击“表格”按钮“▦”，弹出当前显示曲线的数据表格，在表格上单击鼠标右键，从弹出的菜单中选择相应选项，可以对该数据表格进行编辑。表格上右键菜单选项见表 10-1。

表 10-1 曲线数据表格右键菜单选项

选　项	说　明
删除行	删除表格中被选中的一行
更新图表	根据对表格所作的调整更新曲线
排列	调整表格中被选中单元格所在列的文本的对齐方式（左、中、右）
十进制	以十进制格式表示数据
科学记数	以科学记数法表示数据
小数位数	指定表格数据显示的小数位数（Decimal digits）
查看因子	将表中数据乘上一个因子后显示（数据对应的单位会相应调整）
复制	复制选中的表格数据
查找值	在表中查找某个数值
过滤器	过滤表中的数据

10.3.3 数值提示

如果选中了“查看”菜单中的“数值提示”选项，当鼠标指针移动到曲线的某个数据点上时，会弹出提示框，显示该点在曲线图中的 x、y 坐标值，另外还显示其曲线点号和步数、阶段号。

10.4 格式设置选项

在工具栏中单击“设置”按钮“ ”或者在“格式”菜单中选择相应选项，会弹出“设置”窗口，可以调整图表的布局和显示。另外还可以从右键菜单中的“格式”菜单下选择“设置”选项。注意，“设置”窗口下的第一个“图表”设置选项卡与其他的每条曲线对应的“曲线”设置选项卡是不同的。“图表”选项卡中的选项可用于定义整个曲线图的框架和坐标轴。而每条曲线对应的选项卡中的选项可用于定义单个曲线。

定义好适当的设置后，单击“确定”按钮使设置生效并关闭窗口。另外还可以在定义好设置后单击“应用”按钮使设置生效但保持“设置”窗口仍然激活。单击“取消”按钮会忽略掉当前对设置所作的修改。

10.4.1 图表设置

“设置”窗口下的“图表”选项卡中的选项可用于定义整个曲线图的布局和显示（见图10-10），各选项的详细说明见表10-2。

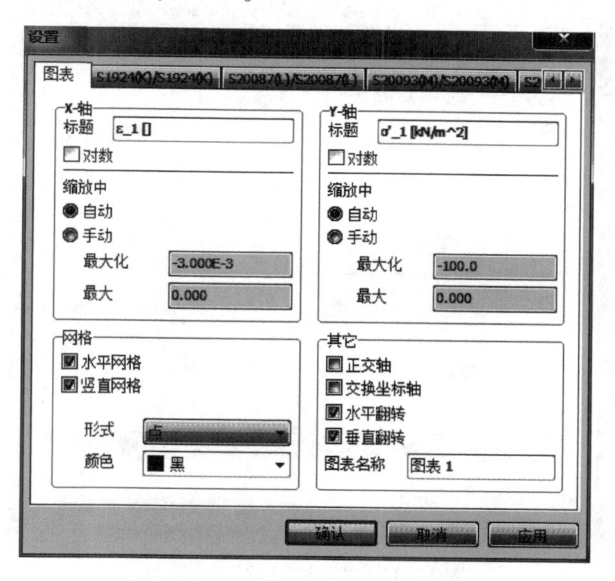

图10-10 “图表”设置选项卡

表10-2 “设置”窗口中“图表”选项卡下的选项

选　项	说　明
标题	默认基于生成曲线所用的变量自动给 x 轴和 y 轴生成标题，用户可在坐标轴的“标题”文本框中修改标题名称。另外，还可以在“图表名称”文本框中给整个曲线图定义一个名称。注意不要将这个“图表名称”与前面所说的“曲线名称”混淆
x 轴和 y 轴的范围	默认情况下，程序会自动给 x 轴和 y 轴设取值范围，用户可以选择“手动”选项然后在“最大”和“最小”值文本框中输入自定义值。设定取值范围后，曲线图中将不包含此范围之外的数据。另外，如果选中了“对数”复选框，还可以对数形式表示 x 轴、y 轴，只有当某坐标轴上的全部数据都严格为正值时才可使用对数形式

（续）

选　项	说　明
网格	如果选中了“水平网格”或“竖向网格”复选框，在曲线图中会显示横（纵）坐标网格线。网格线可通过“样式”和“颜色”选项进行自定义
正交轴	“正交轴”选项可用于确保 x 轴和 y 轴的取值范围相同。当 x 轴和 y 轴表示相似变量的值时可使用该选项，例如当绘制不同位移分量的曲线时
交换坐标轴	“交换坐标轴”选项可用于交换 x、y 坐标轴及其对应的变量。交换后，x 轴变为竖轴，y 轴变为横轴
水平翻转或竖向翻转	勾选后会分别将水平轴或竖直轴翻转

10.4.2 曲线设置

“设置”窗口下包括当前曲线图中每条曲线对应的一个“曲线设置”选项卡，每个选项卡下的选项相同（见图 10-11），各选项的详细说明见表 10-3。

图 10-11 “曲线设置”选项卡

表 10-3 “设置”窗口中“曲线设置”选项卡下的选项

选　项	说　明
标题	生成曲线时程序会自动为其生成标题，用户可在“曲线标题”文本框中修改。当主窗口中的激活图表显示图例时，在图例中就会显示“曲线标题”
显示曲线	当在一张曲线图中显示多条曲线时，可以暂时隐藏其中一条或多条曲线从而专注于剩下的曲线，此时可取消选择“显示曲线”复选框
阶段	通过“阶段”按钮可选择生成曲线的计算阶段。当不想在曲线中包含所有计算阶段时可使用该选项

（续）

选项	说明
拟合	如果想绘制光滑的曲线，用户可选择“拟合”复选框，然后从“类型”下拉列表框中选择拟合类型。“样条曲线”拟合通常能给出比较满意的结果，还可以利用最小二乘法拟合多项式
线和标记的样式	可以采用各种选项自定义曲线线型和标记的样式
箭头按钮	箭头按钮可用于更改图例中线的顺序
重新生成	结果数据有变化时，可以使用“重新生成”按钮根据新数据重新生成曲线（见10.5节）
添加曲线	可以使用“添加曲线”按钮在当前的曲线图中添加新的曲线（见10.6节）
删除	如果一张曲线图中包含多条曲线，可以使用删除按钮删除某些曲线

10.5 重新生成曲线

如果由于某种原因，重新执行了某个计算过程，或者在计算过程里添加了若干新的计算阶段，则由于计算结果的数据发生了变化，之前绘制的曲线也需要基于新的数据进行更新。此时，可以使用“设置”选项卡下的“重新生成”工具来更新某条曲线（见图10-11）。单击“重新生成”按钮，会弹出“曲线生成”窗口显示 x 轴和 y 轴的当前设置，单击“确认”按钮，就可以基于新数据重新生成曲线。再次单击“确认”按钮，关闭“设置”窗口，显示新生成的曲线。

如果一张曲线图中包含多条曲线，那么应该对每一条曲线分别使用“重新生成”工具重新生成。重新生成工具也可以用来更改 x 轴和 y 轴上的分量。

10.6 一张曲线图中生成多条曲线

实际应用中常常需要比较一个模型或几个不同几何模型或项目中不同点的类似的曲线，在PLAXIS中也可以在同一张图表中生成多条曲线。生成一条曲线后，可通过“编辑”菜单或者右键快捷菜单下的“添加曲线”选项向当前图表中添加一条新的曲线。当前项目的新曲线、其他项目的新曲线或者剪切板输入的新曲线是有区别的。

“添加曲线”过程与生成一条新曲线的过程相同。但是，实际添加曲线的生成过程中，程序会对 x 轴和 y 轴的数据做一些限制。这是为了使添加的新曲线数据与原曲线的数据相协调。

当使用“添加曲线”选项向当前图表中添加曲线后，程序会自动更新当前图表。为了保存当前图表，可以在“曲线管理器”窗口中的“图表”选项卡下从曲线列表中选择某个图表，然后单击“复制”按钮，会将选中的图表复制到曲线列表中。

第二部分 应用示例

作为一款通用的岩土有限元程序，PLAXIS 3D 可以应用于绝大多数岩土工程问题，例如：地基基础、桩基、路基、边坡、大坝、隧道、基坑以及地下空间工程等。这些岩土工程问题各有其自身的特点，分析方法和分析目标也各有不同。为了适应各类岩土工程的应用需求，PLAXIS 3D 提供了以下几种分析方式：塑性分析、固结分析、安全性分析、动力分析和渗流分析等。通过操作简单的输入过程可以利用 PLAXIS 3D 生成复杂的有限元模型，用户设置好计算条件后程序可自动完成计算过程，其强大的输出功能可以提供详尽的计算结果。

本书第二部分，主要讲述如何使用 PLAXIS 3D 程序对各类岩土工程问题进行分析。该部分共包括 8 个计算示例，涵盖了各类典型岩土工程问题，如软黏土地基上基础的沉降、基坑降水开挖支护、吸力桩加载、路堤填筑过程固结与稳定性分析、盾构隧道开挖支护、库水骤降坝体稳定性分析、弹性地基上振动装置动力分析以及建筑物自由振动及地震分析等，涉及了程序的大部分功能特性。对每个算例都会详述从建立几何模型、创建材料组、生成网格、设置计算条件、到执行计算和输出结果的全部具体过程。但这些算例并非来自我国的实际工程项目，旨在帮助用户熟悉 PLAXIS 3D 程序功能特性，其参数不宜作为用户的实际工程项目参数取值的推荐值。

在使用 PLAXIS 3D 进行岩土工程分析时，用户应具有土力学的基本知识，以便于理解计算条件设置的依据及计算结果的合理性。这些算例的模型文件包含在“天工讲堂”中，读者可使用本书附赠的刮刮卡下载，用来学习并检查自己的计算结果。

第 11 章 超固结黏土地基上基础的沉降分析

作为第一个 PLAXIS 3D 岩土工程分析示例，考虑一个典型的岩土工程问题，即黏土地基上基础的沉降。本章将详细介绍从建立几何模型、生成有限元网格到执行有限元计算和评估输出结果的整个过程。读者可借此了解到应用 PLAXIS 3D 进行岩土有限元计算与分析的基本流程。

本例模拟弱超固结黏土地基上方形建筑基础的施工和加载。原始地层中上部为黏土层，下部为硬岩层，本例的几何模型中不包括岩层，即模型底部取在黏土层底面，在黏土层底部施加了合适的边界条件。

建筑物包括地下一层和地上五层（见图 11-1），水平面上呈正方形。为节省计算用时，

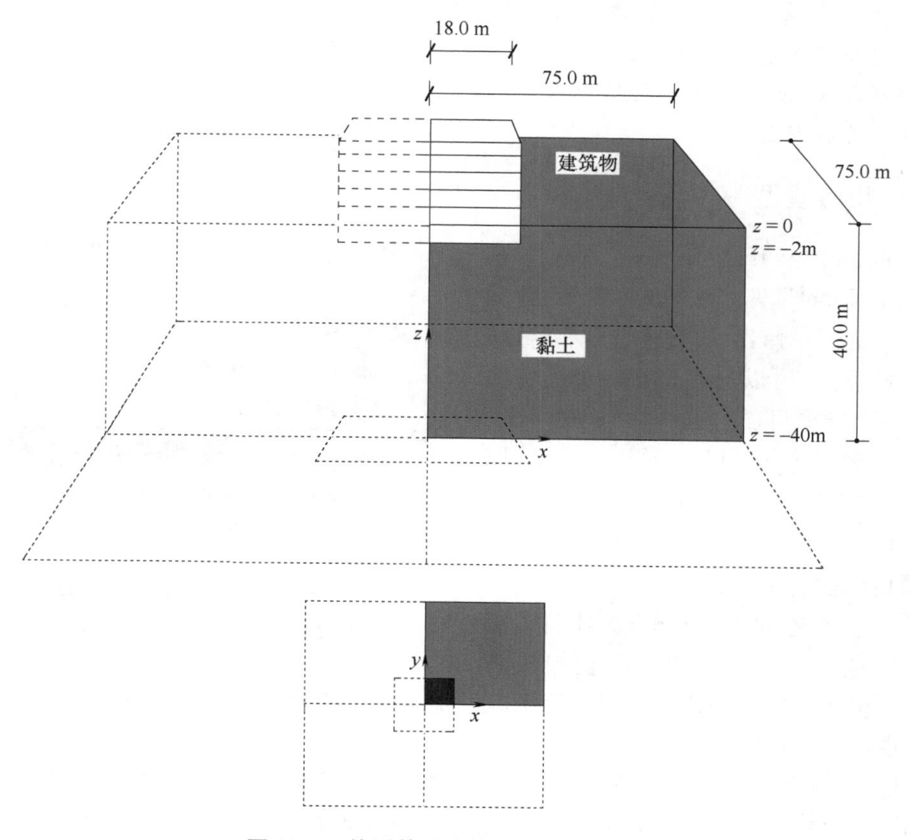

图 11-1　筏型基础建筑物 1/4 几何模型

取建筑物的 1/4 构建模型，沿对称线施加对称边界条件。为了避免模型边界的影响并适当反映黏土层的各种变形机理，在水平方向上自建筑物中心线分别沿 x 轴方向和 y 轴方向取 75m 作为土层分布范围。

本例计算目标是评估基础的沉降，共分 3 种工况进行计算：

工况 A：假定建筑物刚度很大，地下室采用线弹性实体单元模拟。

工况 B：模拟地下室筏板基础，结构自重采用作用在筏板基础上的等效荷载模拟。

工况 C：模拟地下室桩筏基础，在工况 B 基础上添加 Embedded 桩，以减小沉降量。

11.1 工况 A：刚性基础

首先考虑建筑物刚度非常大的情况，地下室采用非多孔线弹性实体单元模拟。地下室总重对应整个建筑物的全部永久和可变荷载。该简化模拟方法使得模型非常简单，但同时也存在一些不足，比如不能给出基础的内力。

学习要点：

1）新建一个项目。

2）利用单个钻孔创建土层。

3）创建材料数据组，为模型对象指定材料组。

4）利用“创建面”和“拉伸”工具创建实体。

5）局部网格加密，生成网格。

6）利用“K_0 过程”生成初始应力。

7）定义塑性计算。

11.1.1 几何模型

从 Windows 的“开始”⟶“所有程序”菜单中单击“Plaxis”⟶“PLAXIS 3D”⟶“PLAXIS 3D Input”（见图 11-2），启动 PLAXIS 3D 程序，弹出“快速选择”对话框（见图 11-3）。可以选择打开一个已有项目或建立一个新项目。

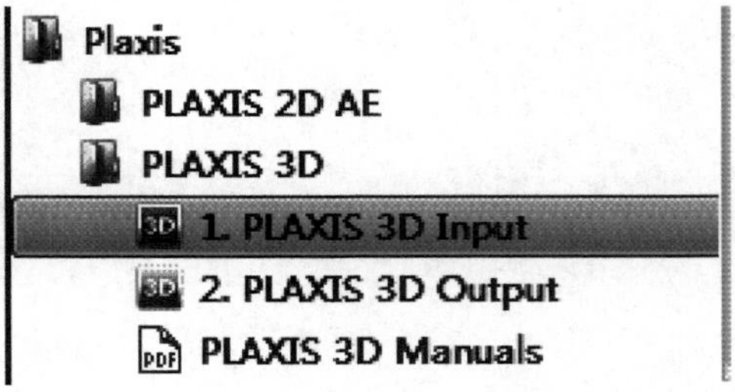

单击“启动新项目”，弹出“项目属性”窗口，该窗口包括“项目”和“模型”两个选项卡。

图 11-2　从“开始”菜单启动 PLAXIS 3D“输入”程序

1. 项目属性

对于一个新建的 PLAXIS 3D 项目，第一步要做的是通过“项目属性”窗口进行基本设置，包括对项目的描述，以及绘图区的基本单位和模型边界的设置。

对于本例，可设置如下：

1）在“项目”选项卡的“标题”文本框中输入项目名称，例如“PLAXIS3D 示例 1A：刚性基础”；在注释框中可输入对本工程项目的一些具体描述，例如“基础的沉降”（见图 11-4）。

图 11-3 “快速选择”对话框

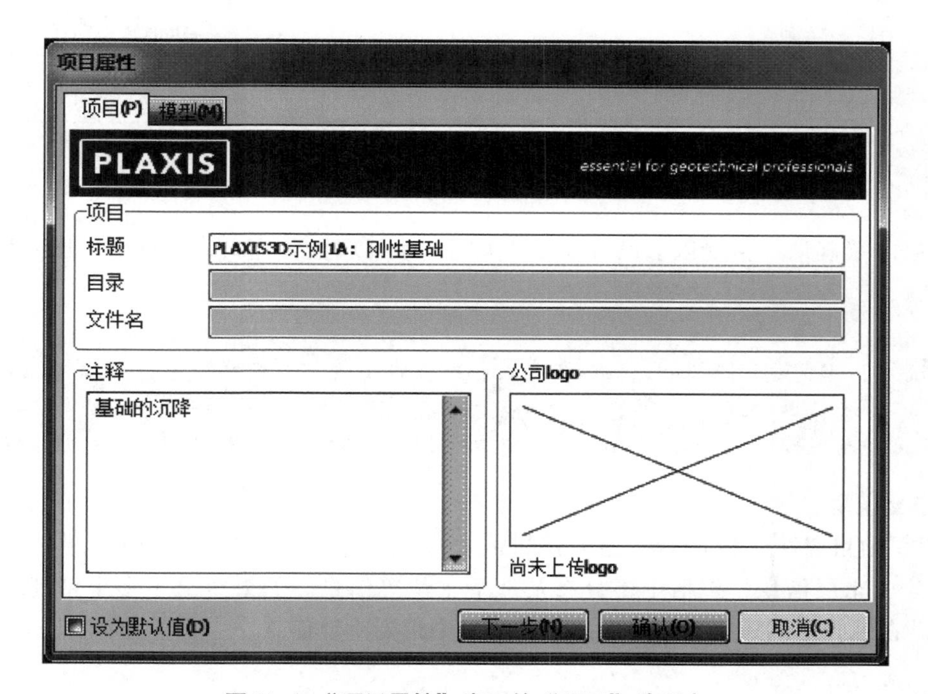

图 11-4 “项目属性”窗口的“项目”选项卡

2）单击“下一步”按钮或单击“模型”标签，进入“模型”选项卡（见图 11-5）。“单位”选项组中的单位设置一般保持默认即可（长度单位“m”，力单位“kN”，时间单位“day”）。

3）在“一般”选项组中，显示恒定的重力（1.0G），方向竖直向下（$-z$）。重力加速度的值可在“地球重力”文本框中指定。本例中应保持默认值 9.810m/s^2。在 γ_{water} 文本框中定义水的重度，此处保持默认值 10kN/m^3。

4）在“模型边界”选项组内，定义土层边界为 $x_{min}=0$m，$x_{max}=75$m，$y_{min}=0$m 和 $y_{max}=75$m。

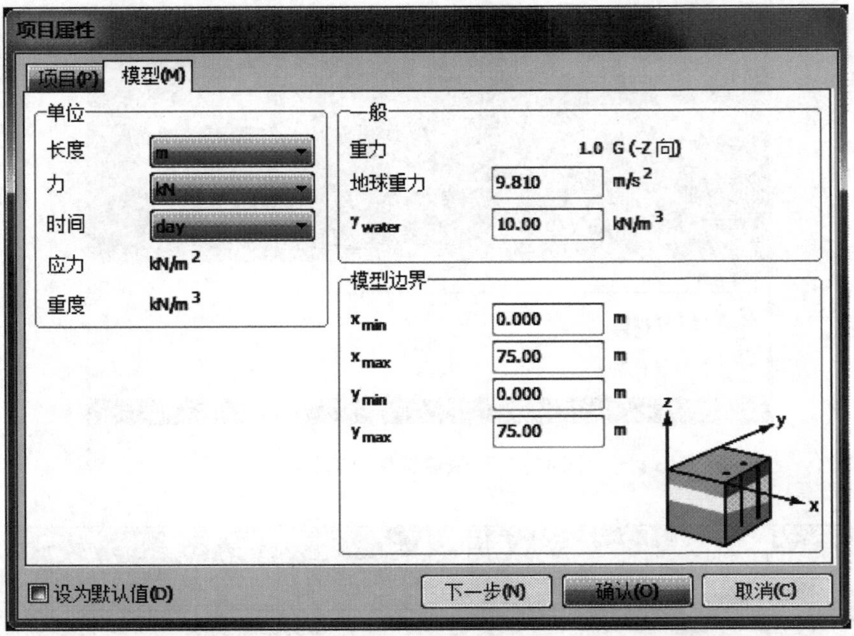

图 11-5 “项目属性”视窗的“模型”选项卡

5）单击“确认”接受以上设置，自动关闭“项目属性”窗口，显示用于建立几何模型的绘图区。

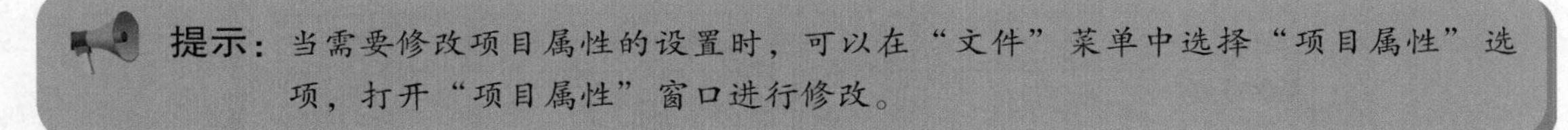

提示： 当需要修改项目属性的设置时，可以在“文件”菜单中选择“项目属性”选项，打开“项目属性”窗口进行修改。

2. 定义土层

关闭“项目属性”窗口后，会默认进入程序的“土”模式。在“土”模式下可通过“钻孔”定义土层信息，包括土层分布及地下水位等信息。如果定义了多个钻孔，PLAXIS 3D 将自动在钻孔之间进行插值，并从钻孔信息中得到土层信息。

提示： PLAXIS 3D 可以处理土层不连续的情况，例如某土层仅在模型局部范围内出现，将该土层在其他范围内的钻孔中的厚度设为零即可。

本例中只考虑一个水平土层，只需用一个钻孔来定义土层，步骤如下：

1）在“土”模式下的侧边工具栏中单击“创建钻孔”按钮“  ”，然后在绘图区中坐标（0，0，0）处单击，就在（x，y）=（0，0）处创建了一个钻孔，并自动弹出“修改土层”窗口。

2）在“修改土层”窗口中，单击“添加”按钮添加一个土层。将该土层顶部标高设为 $z=0$，底部标高设为 $z=-40$m。窗口左侧钻孔柱状图中“水头”标高设为 -2m（见

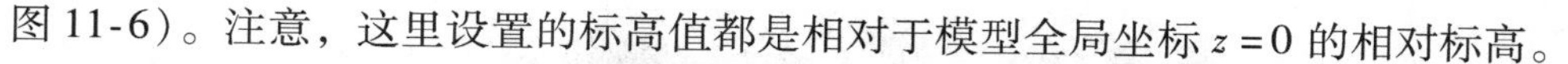

图 11-6）。注意，这里设置的标高值都是相对于模型全局坐标 $z=0$ 的相对标高。

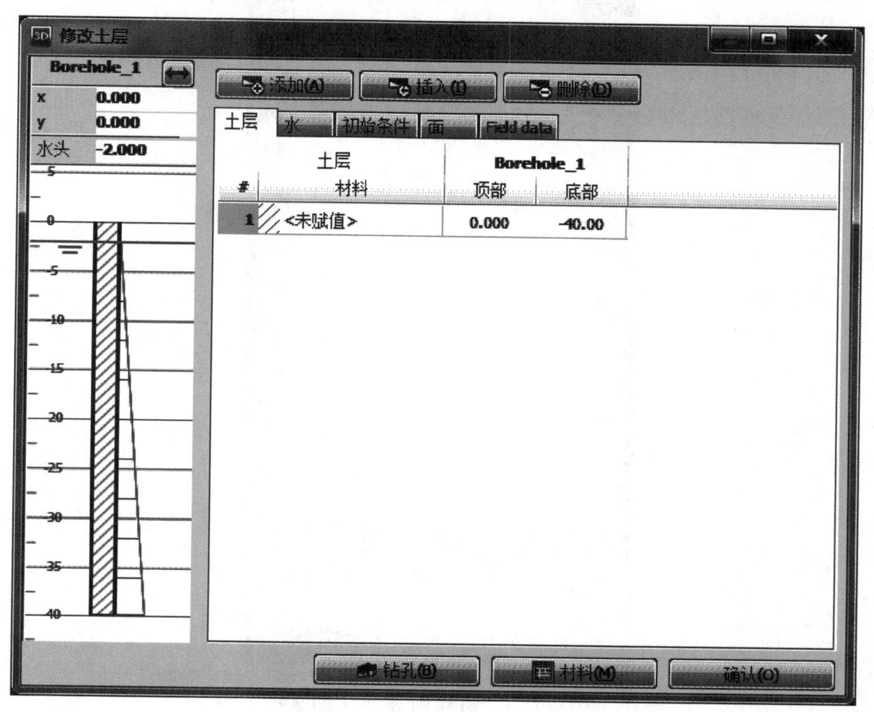

图 11-6 “修改土层”窗口

11.1.2 材料数据组

为模拟土体材料的力学行为，必须给几何体指定适当的材料模型及恰当的材料参数。在 PLAXIS 3D 中，土体材料的属性集中在材料数据组中，各种数据组保存在材料数据库中。通过材料数据库，可将一个材料数据组指定给一个或多个类组。对于结构单元（如梁、板等）也是如此，只是不同结构单元的参数不同，因而材料数据组类型也不同，即每一种结构单元都有其独立的材料数据组。

PLAXIS 3D 中的材料数据组分为土和界面、板、土工格栅、梁、Embedded 桩和锚杆等六类，在“材料数据组”窗口下的“材料组类型”下拉列表中可以选择要创建的数据组所属的材料组类型（见图 11-7）。在生成网格之前需先给土体单元和结构单元指定相应的材料数据组。根据表 11-1 所列的材料参数创建土体和建筑物材料数据组。

1. 创建“黏土”材料组（莫尔-库仑）

1）单击“显示材料”按钮“ ”，打开“材料数据组”窗口（见图 11-7），“材料组类型”设为“土和界面”（默认）。

2）单击“材料数据组”窗口左下角的“新建”按钮，弹出“土和界面”材料设置窗口，包括五个选项卡：一般、参数、渗流参数、界面、初始条件。

3）在“一般”选项卡下，设置材料组的“名称”为“黏土”，从“材料模型”下拉列表中选择“莫尔-库仑”，从“排水类型”下拉列表中选择“排水”，在“一般属性”选项

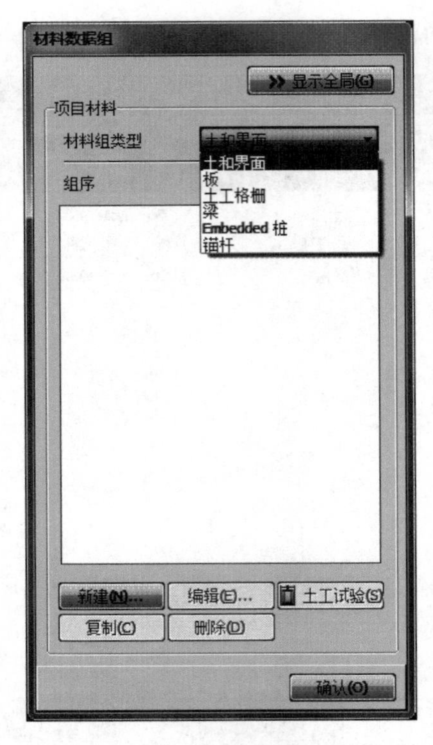

图 11-7 “材料组类型”的选择

组中输入材料的重度。此处不使用高级参数，保持默认设置即可。设置完毕后的“一般”选项卡如图 11-8 所示。

4）单击“下一步”按钮或单击“参数”标签，继续输入模型参数。“参数”选项卡中出现哪些参数取决于前面所选的材料模型（此处为莫尔-库仑模型）。莫尔-库仑模型主要使用五个基本参数（E'、ν'、c'、φ'、ψ'），此处根据表 11-1 设置“黏土”的模型参数（见图 11-9）。

关于其他土体模型及其相应参数的详细描述请参看 PLAXIS 3D 程序的材料模型手册。

表 11-1 材料参数

选项卡	参数	符号	黏土	建筑物	单位
一般	材料模型	—	莫尔-库仑	线弹性	—
	排水类型	—	排水	非多孔	—
	天然重度	γ_{unsat}	17	50	kN/m^3
	饱和重度	γ_{sat}	18	—	kN/m^3
参数	弹性模量	E'	1E4	3E7	kN/m^2
	泊松比	ν'	0.3	0.15	—
	黏聚力	c'_{ref}	10	—	kN/m^2
	摩擦角	φ'	30	—	(°)
	剪胀角	ψ	0	—	(°)
初始条件	K_0 的确定	—	自动	自动	—
	水平地应力系数	K_0	0.5	1	—

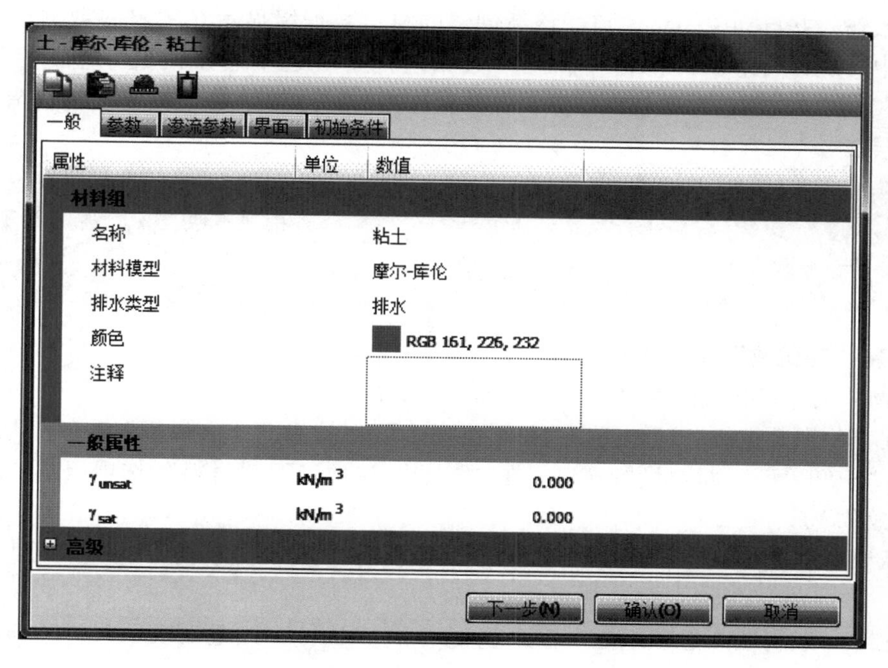

图 11-8 “土和界面”数据组窗口下的“一般”选项卡

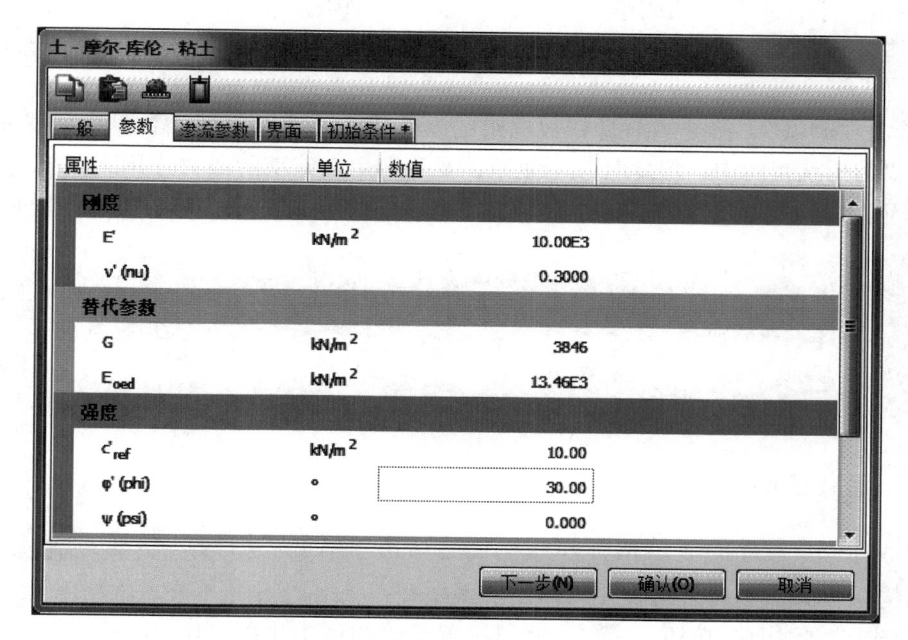

图 11-9 “土和界面”数据组窗口下的“黏土”的模型参数选项卡

本例中不考虑固结，土体渗透性不会影响计算结果，所以可略过“渗流参数”标签。由于模型中不包含界面单元，故“界面”标签也可以略过。

5）单击进入“初始条件”选项卡，“K_0 的确定”一栏设为“自动”（默认），此时 K_0 值由程序自动根据 Jaky 经验公式得到：$K_0=1-\sin\varphi$。单击“确认”按钮，接受当前材料数据组的参数输入并自动关闭该窗口。该新创建的材料数据组显示在“材料数据组”窗口的树状视图中。从材料组窗口中将“黏土”数据组拖动（选中并按住鼠标左键后移动）到“修改土层”窗口左侧的钻孔柱状图中，释放鼠标左键，这样就将“黏土”材料指定给了这个钻孔土层。

提示： 鼠标的形状变化能显示能否将材料组指定给该模型类组。给土层指定数据组成功后，土层颜色会发生相应改变。

2. 创建“建筑物”材料组（线弹性）

建筑物采用非多孔线弹性材料模拟，定义步骤如下：

1）在“材料数据组”窗口下，“材料组类型”保持为“土和界面”，单击“新建”按钮，弹出“土和界面”材料设置窗口。在“一般”选项卡下“材料”选项组的“名称”处输入“建筑物”。

2）从“材料模型”下拉列表框中选择“线弹性”，从“排水类型”下拉列表框中选择“非多孔”。

3）在“一般属性”选项组框中输入重度（$50kN/m^3$），该重度表示对应建筑物的永久荷载和可变荷载的折算重度。

4）单击“下一步”按钮或单击“参数”标签，继续输入其他模型参数。线弹性模型只包含两个基本参数（E'、ν'）。在“参数”选项卡的相应文本框中输入表11-1中所列的模型参数。

5）单击“确认”，接受当前材料数据组的参数输入。该新创建的数据组将显示在“材料组”窗口的树状视图中，但此时并不使用，要等到定义施工阶段时才用到。单击“确认”按钮，关闭“材料数据组”窗口，再次单击“确认”按钮，关闭“修改土层”窗口。

提示： PLAXIS 3D 中材料组可分为项目数据库和全局数据库。通过全局数据库，数据组可在不同项目之间进行数据交流。在“材料组”窗口中单击“显示全局”按钮，可显示全局数据库。

11.1.3 定义结构

在 PLAXIS 3D 程序的“结构”模式下创建结构。单击“结构”标签“结构”，进入“结构”模式，创建建筑物几何体，步骤如下：

1）单击“创建面”按钮“”，将鼠标置于绘图区中坐标（0，0，0）处。在绘图区底部的鼠标位置提示框处可查看鼠标当前所在位置。单击鼠标左键，定义生成面的第一个点，继续单击鼠标左键定义生成面的其他三个点，坐标分别为（0，18，0），（18，18，0），（18，0，0）。单击鼠标右键或按 <Esc> 键完成面的定义。注意，此时新生成的这个面还处于被选中的状态，显示为红色。

2）单击“拉伸对象”按钮“”，将上一步生成的面拉伸成实体。在“拉伸”窗口中，将 z 值设为 -2（见图 11-10），单击“应用”按钮执行拉伸操作并自动关闭窗口。

3）单击“选择”按钮“![]”，在上一步生成的面上单击鼠标右键，在快捷菜单中选择“删除”，这样将删除面而保留模拟建筑物的实体。至此创建了建筑物实体及其相应的材料数据组。

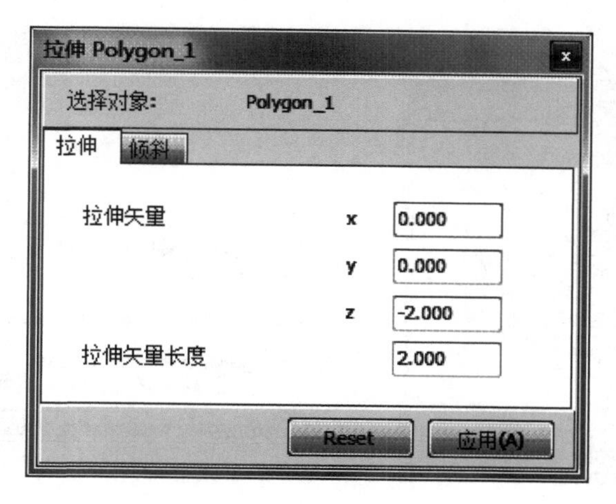

图 11-10 “拉伸”窗口

11.1.4 生成网格

建立完成几何模型后，单击“网格”标签“网格”，进入“网格”模式。PLAXIS 3D 提供完全自动的网格生成过程，将几何体划分为实体单元和兼容的结构单元。网格生成时会全面考虑几何模型中几何实体的位置，所以土层、荷载和结构单元的精确位置会影响有限元网格。本例中将对建筑物实体的网格进行局部加密。可按以下步骤生成网格：

1）加密建筑物实体网格。在“网格”模式下的侧边工具栏上单击“优化网格”按钮“![]”，然后单击建筑物实体，则该部分实体由灰色变为绿色（见图 11-11）。选中该实体后，查看“选择浏览器”可发现其加密系数由 1.0 变为 0.7 左右（程序默认）。

图 11-11 模型局部网格加密的颜色显示

2）生成网格。在侧边工具条上单击“生成网格”按钮“”，或者在“网格”菜单中选择“生成网格”，弹出“网格选项”窗口。在“网格选项”窗口中，将“单元分布”改为“粗”（见图11-12），单击“确认”按钮，程序开始自动划分网格。

3）等待片刻后，成功生成网格，在绘图区下方的命令行面板中会提示生成多少个单元和节点（见图11-13）。

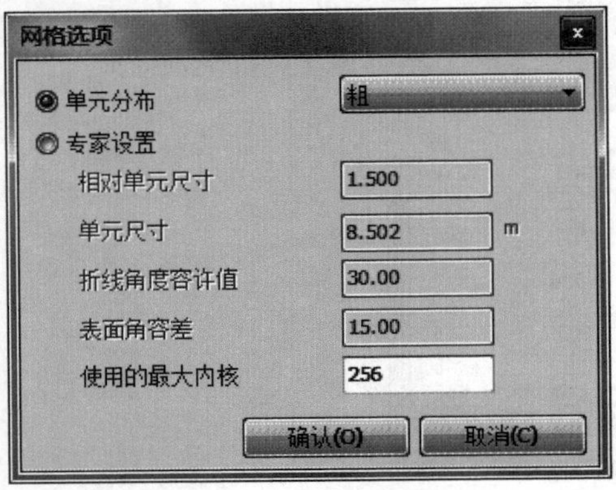

网格选项

◉ 单元分布	粗
◎ 专家设置	
相对单元尺寸	1.500
单元尺寸	8.502 m
折线角度容许值	30.00
表面角容差	15.00
使用的最大内核	256

确认(O) 取消(C)

图 11-12 “网格选项”窗口

图 11-13 生成网格完成后提示网格信息

4）网格生成后，单击“查看网格”按钮“”，将自动打开“输出”窗口，显示生成的网格（见图11-14）。单击“关闭”按钮“”，回到“输入”程序下的“网格”模式。

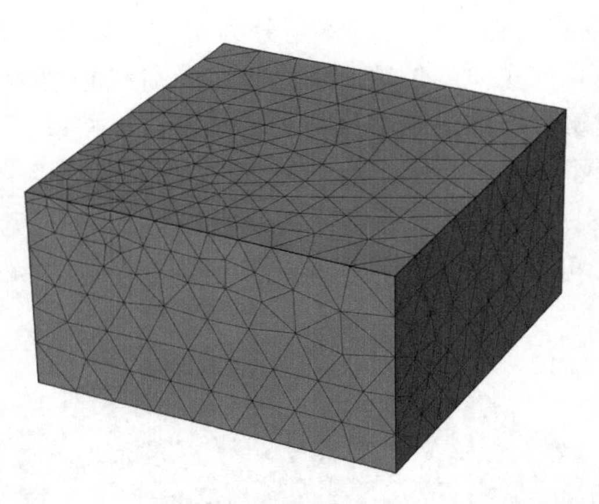

图 11-14 “输出”窗口中显示的生成的网格

提示： 1）“单元分布”设置默认为“中等”，也可在“网格选项”窗口中更改。另外，还可以对模型的局部或整体进行网格加密。

2）如果对几何模型进行了修改，则需重新生成网格。

3）自动生成的网格可能难以完全满足计算需求，因此建议在必要时检查网格并对其进行优化加密。

11.1.5 执行计算

网格生成后，有限元模型也就建立完成。单击“分步施工”标签“分步施工”，进入“分步施工”模式，进行计算阶段的定义。

1. 初始条件

“初始阶段”通常涉及初始条件的建立。一般来说，初始条件包括初始几何形态和初始应力状态，即有效应力、孔压和状态参数。本例中初始水位已在“修改土层”窗口中定义钻孔土层时输入，程序在计算初始有效应力状态时会考虑水位的影响，因此这里无需进入“水位”模式。

对于一个新建项目，进入“分步施工”模式后在“阶段浏览器”中会自动创建一个名为“初始阶段（Initial phase）”的计算阶段，并处于选中状态（见图11-15）。几何模型中包含的结构单元和荷载在初始阶段中会默认处于冻结状态，默认只有土体单元处于激活状态。

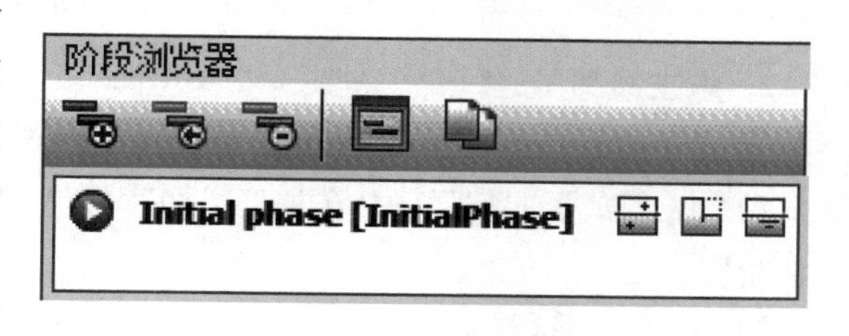

图11-15 阶段浏览器

这里对“初始阶段”涉及的选项作一简单介绍，以便读者了解阶段定义的内容和方法。

1）单击“编辑阶段”按钮“”或在“阶段浏览器”中双击“初始阶段（Initial phase）”，打开“阶段”窗口（见图11-16）。

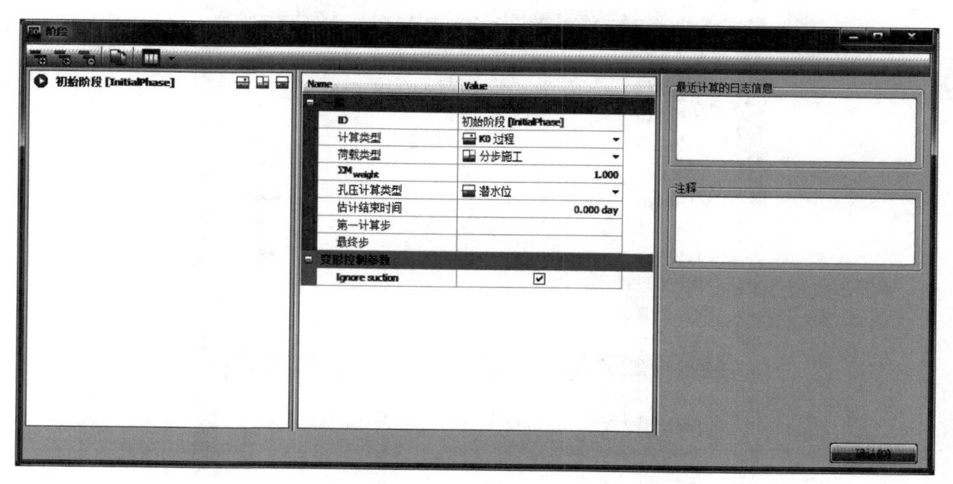

图11-16 “初始阶段”的“阶段”窗口

2）PLAXIS 3D 中提供两种生成初始应力的方法：“重力加载”和“K_0 过程”。“初始阶段”的默认计算类型为“K_0 过程”（图标为“”），本例中便是使用“K_0 过程”生成初始应力。

3）“荷载类型”选为“分步施工”（图标为“”），对于“K_0 过程”这是唯一可用的选项。注意：“阶段浏览器”中的荷载类型图标“”为灰色，表明此时默认荷载类型不可更改。

4）“孔压计算类型”默认选为“潜水位”（图标为“”），对于“K_0 过程”这是唯一可用的选项。

5）“阶段”窗口中的其他选项在这里也是采用默认设置，单击“确认”按钮，关闭“阶段”窗口。

6）在“模型浏览器”中展开“模型条件（Model conditions）”目录下的“水位（Water）”子目录，可以看到根据前面在“修改土层”窗口中为钻孔指定的水头生成的水位（Borehole Water Level_1）已自动设为了“全局水位（Global Water Level）”。

7）检查模型及其各项设置，确保所有土体单元已被激活且已经被指定为“黏土”材料。

提示：“K_0过程”只能用于地表水平、土层水平且潜水位水平的情况。

2. 施工阶段

定义好初始条件后，即可添加新计算阶段进行施工过程模拟，方法如下：

1）在“阶段浏览器”中单击“添加”按钮“ ”，添加一个名为“阶段_1（Phase_1）”的新阶段。

2）双击“阶段_1”，打开“阶段”窗口。在“一般”目录下的“ID”文本框中输入自定义阶段名称（例如此阶段可命名为“施工建筑物”）。“起始阶段”选择“初始阶段”（表示本阶段计算开始时继承上一阶段计算得到的初始应力状态）。其他选项采用程序默认设置（见图11-17），单击“确认”按钮，关闭“阶段”窗口。

Name	Value
一般	
ID	施工建筑物 [Phase_1]
起始阶段	初始阶段
计算类型	塑性
荷载类型	分步施工
ΣM_{stage}	1.000
ΣM_{weight}	1.000
孔压计算类型	潜水位
时间间隔	0.000 day
估计结束时间	0.000 day
第一计算步	
最终步	
变形控制参数	
忽略不排水行为(A,B)	☐
重置位移为零	☑
Reset state variables	☐
更新网格	☐
Ignore suction	☑
空化截断	☐

图11-17 “施工建筑物”阶段（阶段1）的“阶段”窗口

3）在前面11.1.3中创建的“建筑物”实体上单击鼠标右键，从弹出菜单中的“设置材料”选项下选择“建筑物”材料组（见前面11.1.2中依据表11-1所创建的“建筑物”材料组）。这样就将“建筑物”数据组指定给了建筑物实体，模拟建筑物施工（注意，这里

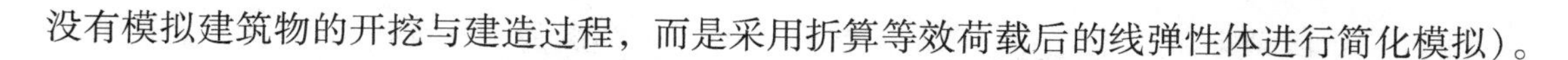

没有模拟建筑物的开挖与建造过程，而是采用折算等效荷载后的线弹性体进行简化模拟）。

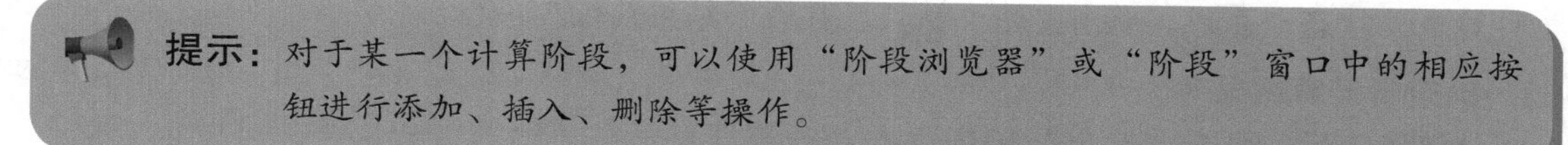

提示： 对于某一个计算阶段，可以使用“阶段浏览器”或“阶段”窗口中的相应按钮进行添加、插入、删除等操作。

3. 执行计算

将所有计算阶段（本工况只有两个阶段）都标记为计算（“阶段浏览器”中阶段名称左侧标识为“▶”）。计算阶段的执行顺序由“起始阶段”参数来控制。单击“计算”按钮“∫dv”，弹出提示“未选择节点和应力点”用于生成曲线，本例中不生成曲线，可单击“忽略提示继续计算”，开始进行计算。在计算执行过程中，会弹出一个“激活任务”窗口，显示当前计算阶段的计算过程相关信息（见图 11-18）。这些信息在计算过程中不断更新显示计算过程、当前步数、当前迭代步的全局误差、当前计算步中的塑性点数等内容。本工况执行计算只需要十几秒钟的时间（计算时间依用户计算机硬件配置的不同会有所差异）。计算结束后，该窗口自动关闭，重新回到程序主窗口。

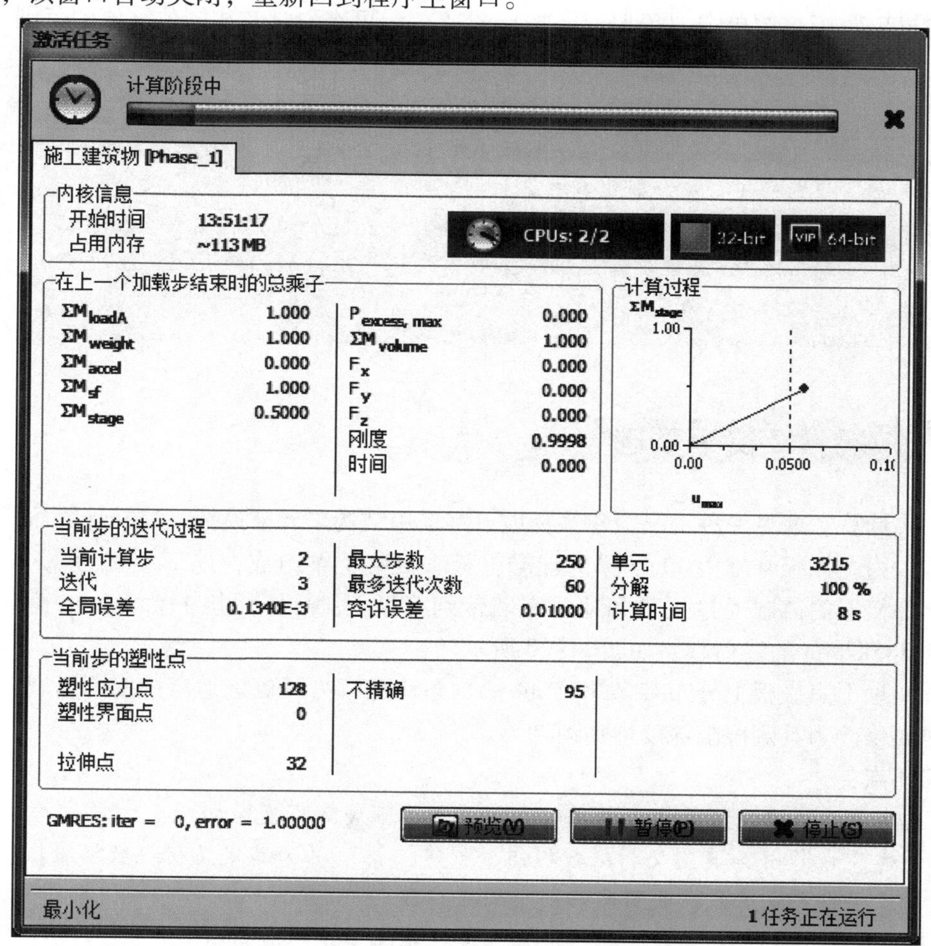

图 11-18 “激活任务”窗口显示计算过程信息

此时，“阶段浏览器”中计算成功的阶段左侧的状态标识会由计算状态“”自动更新为计算成功状态“”。单击按钮“”，在查看结果前保存项目。

4. 查看计算结果

计算结束后，可在“输出”程序中查看计算结果。在“输出”程序中，可以查看整个三维模型以及剖面或结构单元的位移和应力。计算结果还可以表格形式输出。可查看当前计算结果，操作如下：

1）在“阶段浏览器”目录树下选中最后一个计算阶段（单击“施工建筑物”阶段）。

2）在侧边工具条中单击“查看结果”按钮“”，自动打开“输出”程序。默认情况下，“输出”程序将显示所选计算阶段最终的三维变形网格。程序会自动缩放该变形网格以获得最佳显示效果。

3）从“输出”程序主菜单中选择“位移”→“总位移”→“|u|”，显示总位移彩色云图，如图 11-19 所示（见书后彩色插页）。图中右侧着色条为图例，可查看云图中不同彩色区域对应的位移值。如果没有显示图例，可在“查看”主菜单下选择“图例”选项来显示。在“输出”窗口中单击“等值面”按钮“”，可查看具有相同位移值的范围。

提示： 1）除了“总位移”之外，“变形”菜单还可输出“增量位移”和“阶段位移”。
2）“增量位移”是指在一个计算步中发生的位移（本例中指最后一步）。增量位移可能有助于观察破坏机制。
3）“阶段位移”是指在一个计算阶段中发生的位移（本例中指最后一个计算阶段）。阶段位移可用于查看单个施工阶段的影响，而不必在开始该阶段时将位移清零。

11.2 工况 B：筏板基础

第二次计算考虑另一种工况，建筑物地下室采用结构单元来模拟，这样计算后可得到基础的结构内力。筏板基础由 50cm 厚的混凝土板和混凝土梁组成，地下室墙为 30cm 厚的混凝土。上部楼层的荷载通过柱子和地下室墙传到筏板上。柱子承担 11650kN 的荷载，地下室墙承担 385kN/m 的线荷载，如图 11-20 所示。

另外，地下室底板上分布有 5.3kN/m^2 的均布荷载。为了更好地考虑实际情况，黏土层的属性也要修改为其刚度随深度增加而增大。

学习要点：

1）更名另存项目、修改已有数据组、定义土体刚度随深度增加。
2）创建“板”并为其定义材料数据组、创建“梁”并为其定义材料数据组。
3）创建并指定点荷载、线荷载和面上均布荷载。
4）删除阶段、激活和冻结土体、激活和冻结结构单元、激活荷载。
5）在“输出”程序中缩放视图、绘制剖面、观察结构单元计算结果。

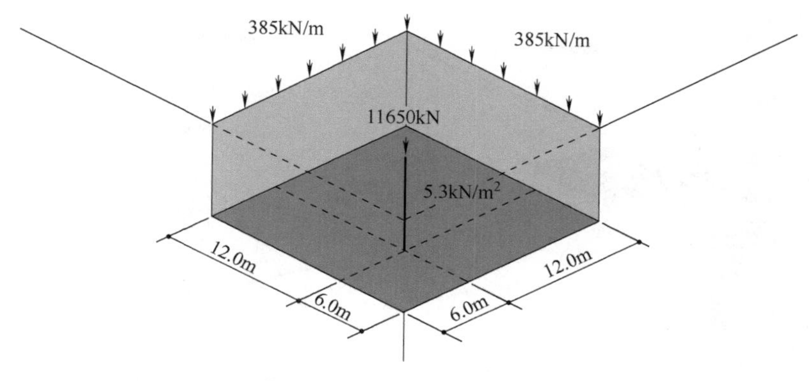

图 11-20 地下室几何形状

11.2.1 几何模型

本工况中用到的几何模型与工况 A 相同，只是改用其他单元来模拟基础，所以无需新建项目，将上一节中为工况 A 创建的项目更名另存然后作相应修改即可，步骤如下：启动 PLAXIS 3D“输入”程序，在“快速选择”对话框下部的“近期项目”中选择上一个项目“PLAXIS3D 示例 1A：刚性基础”。进入“输入”程序后在“文件”菜单下选择“项目另存为”，输入项目名称“PLAXIS3D 示例 1B：筏板基础”后保存。

该项目中已经定义了黏土层的材料数据组，此处要将其修改为考虑刚度随深度变化，步骤如下：

1）单击“土”标签，进入“土”模式。单击“显示材料”按钮“”，打开“材料数据组”窗口。“材料组类型”选为“土和界面”，选中“黏土”材料组，单击“编辑”按钮，弹出“黏土”材料组的属性设置对话框。

2）单击进入“参数”选项卡，将黏土的刚度 E' 改为 5000kN/m²。

3）展开“高级”参数，将 E'_{inc} 设为 500，z_{ref} 保持默认的 0。这样土体刚度定义为在 $z=$ 0m 处为 5000kN/m²，随着深度每增加一米刚度增大 500kN/m²。点击“确认”，关闭“土和界面”材料组设置窗口，再次点击“确认”，关闭“材料数据组”窗口。

11.2.2 定义结构

进入“结构”模式，定义组成地下室的结构单元。

1. 创建板

单击“选择”按钮“”，在表示建筑物的实体上右击，从弹出菜单中选择“分解为面”。选中顶面，按 <Delete> 键删掉。在表示建筑物的实体上右击，从弹出菜单中选择“隐藏”，隐藏这部分实体，这样便于对上一步分解成的面进行操作。在分解生成的底部面上右击，从弹出菜单中选“创建板”。同样操作将位于模型内部的两个竖直面也创建为板，然后可将位于模型边界上的其余两个竖直面删掉。创建的板如图 11-21 所示。

提示： 按住 <Ctrl> 键，可选择多个对象。对多个对象指定属性与对单个对象的操作相同。

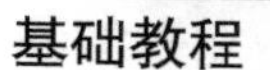

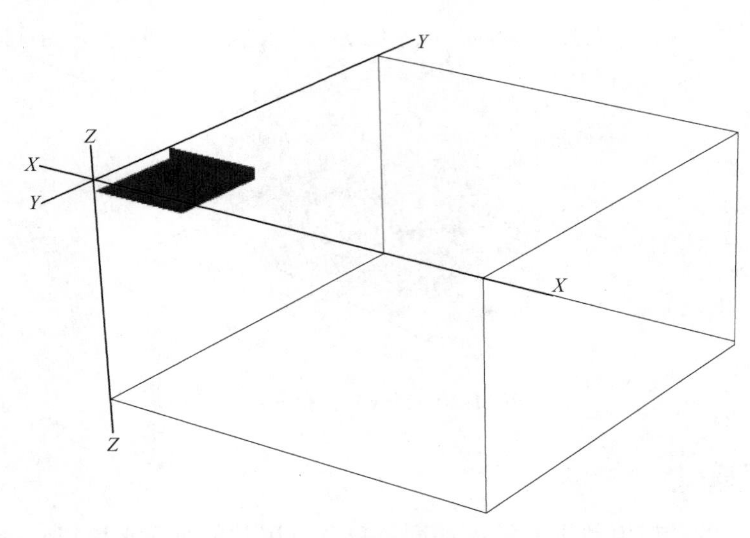

图 11-21 模型中的板单元

2. 创建板材料组并指定给板单元

点击按钮""打开"材料数据组"窗口，将"材料组类型"设为"板"。根据表 11-2为地下室底板和侧墙创建相应的材料组，然后将对应的材料组拖放到底板和侧墙上去。此时可能需要移动"材料组"窗口，可单击窗口顶部并拖动。材料指定完成后，单击"确认"按钮，关闭"材料数据组"窗口。

表 11-2 地下室地面及墙体的材料属性

参　数	符　号	底　板	侧　墙	单　位
厚度	d	0.5	0.3	m
重度	γ	15	15.5	kN/m^3
材料模型	—	线性各向同性	线性各向同性	—
弹性模量	E_1	3E7	3E7	kN/m^2
泊松比	ν_{12}	0.15	0.15	—

提示： 指定重度时，要考虑到结构单元本身不占体积，与土体单元重叠。因此，可从板、梁或 Embedded 桩的实际重度中减去土体的重度，以考虑重叠部分的影响。对于部分重叠的板、梁或 Embedded 桩，可按比例折减重度。

3. 创建面荷载

在分解生成的底部面上右击，从弹出菜单中选择"创建面荷载"，程序会默认赋予其一个单位值和方向。我们可以在当前的"结构"模式下指定荷载的实际值，也可以在定义计算阶段时再为其指定实际值。本例中，将在"分步施工"模式下定义计算阶段时再指定荷载的实际值。

4. 创建线荷载

在侧边工具条中单击“创建线”按钮“”，从展开菜单中单击“创建线荷载”按钮“”。然后在程序界面底部的命令行中“_lineload ”命令后输入“0 18 0 18 18 0 18 0 0”（注意，输入时不要带引号，数字间以空格隔开），按 <Enter> 键执行命令，会沿地下室侧墙顶部建立线荷载，单击鼠标右键结束线荷载的创建。

5. 创建梁并为其指定材料组

在侧边工具条中单击“创建线”按钮“”，从展开菜单中单击“创建梁”按钮“”。然后在绘图区中（6，6，0）处单击，创建竖向梁的第一个点，按住 <Shift> 键，将光标移动到（6，6，−2）。注意，当按住 <Shift> 键时绘图区中的光标将只能沿竖向移动，在绘图区下部的鼠标位置提示框中可看到 z 坐标改变，x、y 坐标不变。在（6，6，−2）处单击，定义梁的第二个点，右击结束绘制。创建水平的梁单元时则无需按住 <Shift> 键，在当前的 $z=-2$ 平面内移动光标，在梁的两端点坐标处分别单击即可。创建两根水平梁，其端点坐标分别为（0，6，−2）、（18，6，−2）和（6，0，−2）、（6，18，−2）。

提示： 1）默认情况下，光标位于 $z=0$ 平面内，若想沿竖直方向移动，在移动鼠标时需按住 <shift> 键。
2）创建梁时当然也可以像创建线荷载那样通过命令行输入梁的端点坐标来创建。

打开“材料数据组”窗口，“材料组类型”设为“梁”，根据表 11-3 为水平梁和竖直梁（模拟柱子）创建数据组并将其拖放到相应的梁单元上。

表 11-3 地下室柱和梁的材料属性

参数	符号	柱	梁	单位
截面面积	A	0.49	0.7	m^2
重度	γ	24	6	kN/m^3
材料模型	—	线弹性	线弹性	—
弹性模量	E	3E7	3E7	kN/m^2
惯性矩	I_3	0.02	0.058	m^4
	I_2	0.02	0.029	m^4

6. 创建点荷载

在侧边工具条上单击“创建荷载”按钮“”，从右键菜单中单击“创建点荷载”按钮“”，然后在绘图区中（6，6，0）处单击，在竖直梁的顶部添加点荷载（等到定义施工阶段时再指定点荷载的实际值）。

11.2.3 生成网格

点击“网格”标签，进入“网格”模式。单击“生成网格”按钮“”，弹出“网格选项”窗口，“单元分布”设为“粗”，单击“确认”按钮，生成网格。一旦几何模型发生改变，所有计算阶段都需重新定义。

11.2.4 执行计算

单击“分步施工”标签，进入“分步施工”模式。

1. 初始条件

与上一工况一样，本工况仍然使用“K_0 过程”来建立初始条件。“初始阶段”中应冻结所有结构单元，也不进行开挖，且要激活代表地下室的实体并为其指定“黏土”材料组。

2. 施工阶段

本工况中建筑物施工并不在一个计算阶段中完成，而是分多个计算阶段完成。阶段 1，模拟地下室开挖和墙体施工；阶段 2，模拟底板和梁的施工；阶段 3，激活荷载。

1）将“阶段 1”重命名为“开挖”，“计算类型”设为默认的“塑性”。在地下室底板上方的土体上右击，从右键菜单中选择“冻结”。在“模型浏览器”中选中对应地下室墙体的板单元前面的复选框“☑”，将其激活。

2）在“阶段浏览器”中单击“添加阶段”按钮“”，添加一个新阶段（阶段 2）。双击阶段 2，弹出“阶段”窗口，将阶段 2 重命名为“地下室施工”，保持阶段参数的默认设置，关闭“阶段”窗口。在“模型浏览器”中选中对应地下室底板的板单元前的复选框“☑”，将其激活。在“模型浏览器”中选中梁单元前面的复选框“☑”，将所有梁单元激活。

3）在“地下室施工”阶段后添加一个新阶段（阶段 3），重命名为“加载”。在“模型浏览器”中选中“面荷载”前面的复选框“☑”，激活地下室底板上的面荷载，将荷载的 z 方向分量设为“-5.3”，表示作用在 z 轴负方向的大小为 5.3kN/m^2 的荷载。在“模型浏览器”中选中“线荷载”前面的复选框“☑”，激活作用在地下室墙体上的线荷载，将荷载的 z 方向分量设为“-385”，表示作用在 z 轴负方向上的大小为 385kN/m 的线荷载。在“模型浏览器”中选中“点荷载”前面的复选框“☑”，激活作用在地下室柱子上的点荷载，将荷载的 z 方向分量设为“-11650”，表示作用在 z 轴负方向上的大小为 11650kN 的点荷载。

上述阶段定义完毕后，单击“预览阶段”按钮“”，检查每个阶段的设置。检查无误之后，单击“计算”按钮“”，开始计算。此处仍可忽略“未选择节点和应力点”的提示。计算完成后保存项目。

3. 查看计算结果

在“阶段浏览器”中选择“地下室施工”，单击“查看计算结果”按钮“”，打开“输出”程序，显示本阶段最终的变形网格。在“输出”程序常用工具栏中部的阶段及计算步下拉菜单中选择最后一个计算阶段，切换显示最后阶段的最终结果。

为评估模型内部的应力和变形，单击程序界面最左侧工具栏中的“竖向剖面”工具“”，弹出“剖面点”窗口并显示模型俯视图。由于最大位移出现在柱子下方，应在此处作剖面。在“剖面点”窗口输入（0.0，6.0）和（75.0，6.0）分别作为第一点（A）和第二点（A*）的坐标。显示出一个竖向剖面，该剖面可以像几何体的一个常规 3D 视图那样进行旋转。在“变形”菜单下选择“总位移”→“u_z”，显示竖向位移的最大、最小值（见图 11-22，见书后彩色插页）。如果没有显示图形的标题，可从“查看”菜单下选中相应选

项来显示。按下 <Ctrl> + < + >键和 <Ctrl> + < – >键，可以移动剖面的位置。

在“窗口”菜单下选择相应窗口返回到三维视图。双击地下室底板，自动打开另一个窗口，显示底板的位移。从“内力”菜单下选择“M_{11}”，单击“云图”按钮“ ”，显示底板的弯矩云图，如图 11-23 所示（见书后彩色插页）。

在“工具”菜单下单击“表”选项“ ”，会自动打开一个新窗口，以表格形式显示板内每个节点处的弯矩值。

11.3 工况 C：桩筏基础

鉴于工况 B 中筏板基础的沉降仍然比较大，本工况中改用桩筏基础来减小沉降。这里用 Embedded 桩模拟钻孔桩，桩长 20m，直径 1.5m。

学习要点：创建 Embedded 桩、定义 Embedded 桩材料数据组、为实体创建多个副本。

11.3.1 几何模型

本工况的几何模型与上一工况相同，只是改用桩筏基础，所以不必重新建立模型，可以打开上一项目，更名另存，然后对其进行修改。打开 PLAXIS 3D“输入”程序，在“快速选择”对话框下部的“近期项目”中选择上一个项目“PLAXIS3D 示例 1B：筏板基础”。进入“输入”程序后，在“文件”菜单下选择“项目另存为”，输入项目名称“PLAXIS3D 示例 1C：桩筏基础”后保存。

11.3.2 定义 Embedded 桩

进入“结构”模式。在侧边工具条上单击“创建线”按钮“ ”，从展开菜单中单击“创建 Embedded 桩”按钮“ ”，桩顶、桩底两端点坐标分别定义为（6，6，–2）和（6，6，–22）。打开“材料数据库”窗口，将“材料组类型”设为“Embedded 桩”，根据表 11-4 创建 Embedded 桩的数据组。桩的截面积 A 和惯性矩 I_2、I_3、I_{23} 会由程序根据圆形桩的直径自动计算，单击“确认”按钮关闭窗口。将 Embedded 桩的数据组拖放到绘图区中的桩单元上，桩单元改变颜色，表明材料组指定成功。单击“确认”按钮，关闭“材料数据组”窗口。

表 11-4　Embedded 桩材料属性

参　数	符　号	桩	单　位
弹性模量	E	3E7	kN/m^2
重度	γ	6	kN/m^3
桩类型	—	预定义	
预定力桩类型	—	大直径圆桩	—
半径	—	1.5	m
侧摩阻力	—	线弹性	—
桩顶极限侧摩阻	$T_{top,max}$	200	kN/m
桩底极限侧摩阻	$T_{bot,max}$	500	kN/m
桩底极限反力	F_{max}	1E 4	kN

提示：给Embedded桩指定材料组还有另一种方法，即在绘图区或“选择浏览器”或“模型浏览器”中右击Embedded桩，通过右键菜单中的“设置材料”选项指定桩的材料组。

单击“选择”按钮“”，选中Embedded桩，然后单击“创建阵列”按钮“”。在“创建阵列”窗口中，选择“2D，在*xy*平面”。列数设为2，列距设为$x=12$，$y=0$。排数设为2，行距设为$x=0$，$y=12$（见图11-24）。单击“确认”按钮，创建阵列，总共创建$2\times2=4$根桩。

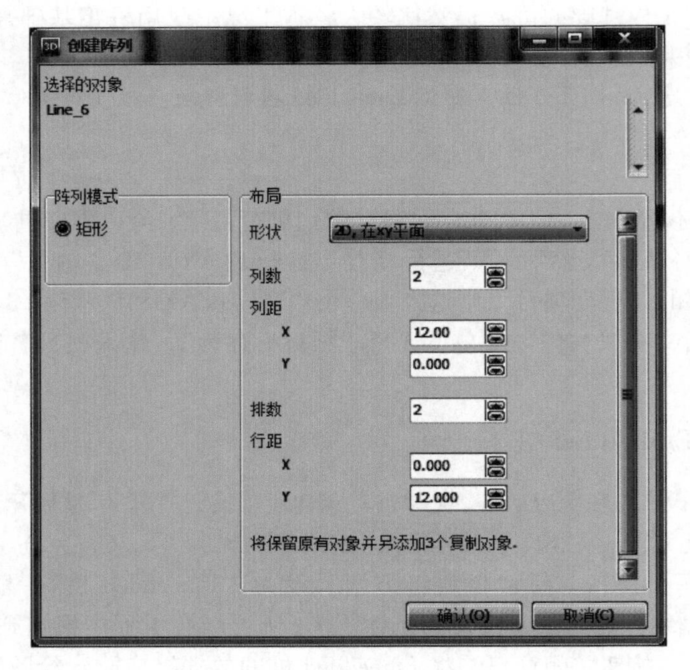

图11-24 “创建阵列”窗口

11.3.3 生成网格

几何模型建立完成后，单击“生成网格”按钮“”，弹出“网格选项”窗口，保持“单元分布”为“粗”，单击“确认”按钮，生成网格。生成网格后，单击“”按钮查看网格。要查看Embedded桩，可关闭“模型浏览器”中“土”目录左侧的眼睛“”，隐藏土体（见图11-25）。观察完毕后关闭网格预览回到输入程序。

11.3.4 执行计算

生成网格后，需要重新定义所有施工阶段。虽然在实际工程中，桩与墙体在不同的阶段施工，但此处为了简化，桩与墙体在同一施工阶段中激活。定义各计算阶段的步骤如下：

1）切换到“分步施工”模式，初始阶段的“计算类型”设为“K_0过程”。冻结所有结

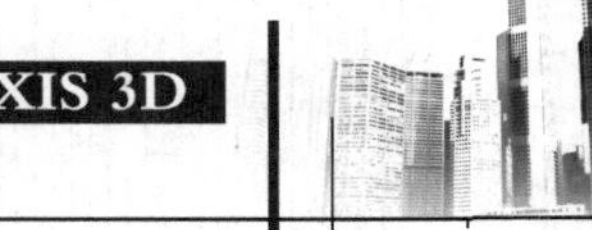

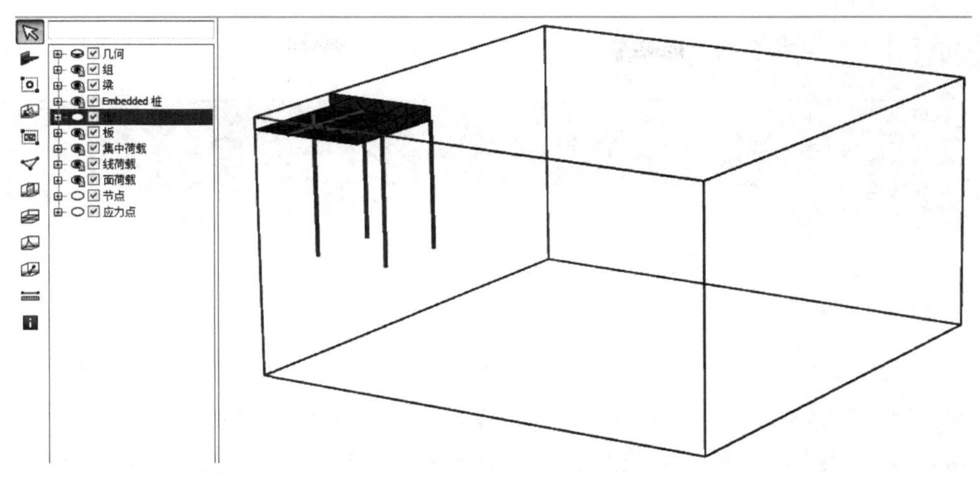

图 11-25　在输出程序中查看部分模型

构单元，激活所有土体单元，确定所有土体都被指定了“黏土”材料组。

2）在“阶段浏览器”下选中“开挖”阶段，确保地下室土体被挖掉，墙体被激活，另外要激活所有 Embedded 桩。选中“地下室施工”阶段，激活所有结构单元。选中“加载”阶段，激活所有结构单元和荷载。

3）单击按钮“”，执行计算。计算完成后保存项目。

计算完毕后，可在“阶段浏览器”中选择“加载”阶段，然后单击按钮“”，自动打开“输出”程序并显示变形网格。双击地下室底板，自动打开新窗口显示板的位移，从“内力”主菜单下选择“M_{11}”选项，显示结果如图 11-26 所示（见书后彩色插页）。

在“窗口”菜单下选择对应变形网格的视图，从侧边工具栏中单击“隐藏土体”按钮“”，然后按下 <Shift> 键，同时单击土体网格，将其隐藏，这样就可看到 Embedded 桩单元。单击“选择结构”按钮“”，同时按下 <Ctrl> 和 <Shift> 键，在某根桩上双击，会自动打开新窗口显示全部 Embedded 桩单元。在“内力”主菜单下选择“N”，显示 Embedded 桩的轴力，如图 11-27 所示，桩底所示数值为桩端约束力。

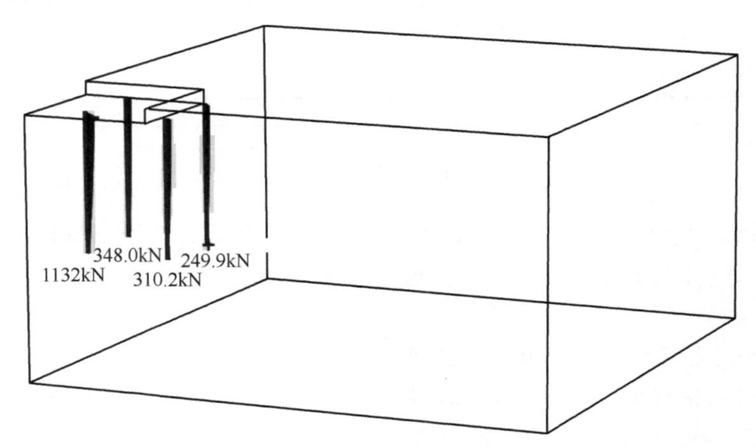

图 11-27　Embedded 桩的轴力

第12章 砂土中基坑开挖支护分析

本例模拟在软黏土和砂层中进行基坑开挖支护的施工过程。基坑开挖尺寸比较小，长×宽为12m×20m（见图12-1），开挖至地表以下6.5m深度。为防止基坑侧壁发生坍塌采用内支撑、板桩墙加锚杆联合防护形式。开挖至基底后，在基坑某侧地表还施加了面荷载。

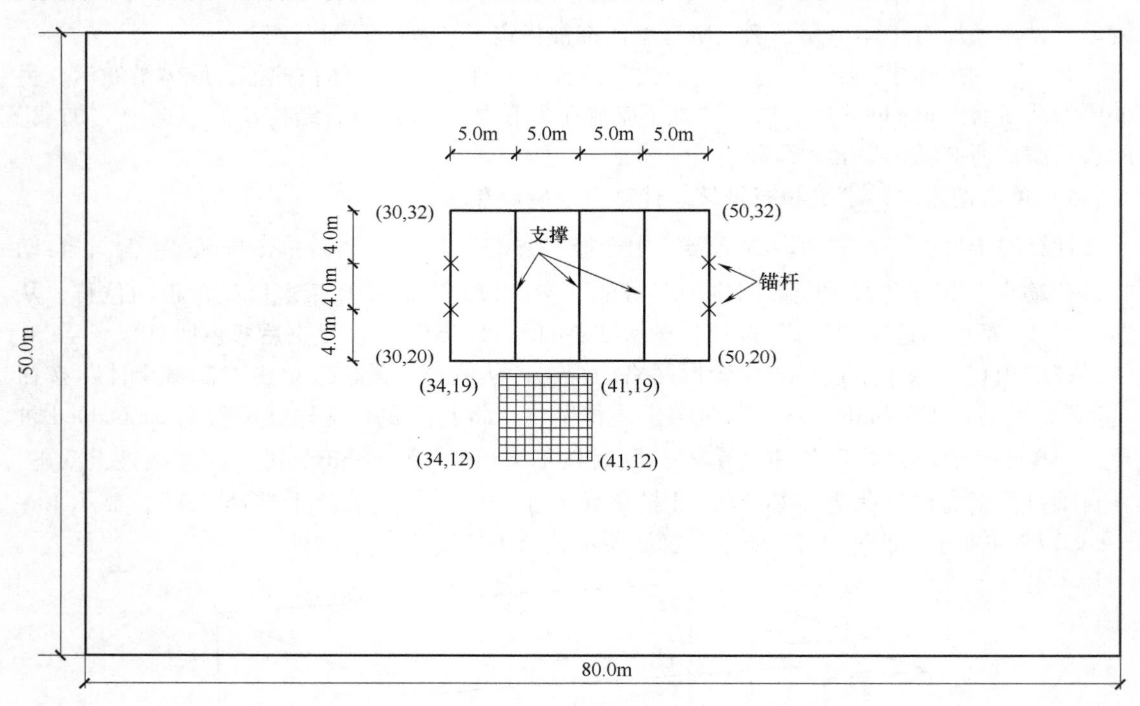

图12-1　基坑开挖平面图

本例几何模型尺寸取为80m宽，50m长，如图12-1所示，开挖基坑位于几何模型中心。图12-2所示为基坑开挖土层剖面图，黏土层视为不透水层。

学习要点：

1）使用HS模型模拟土体行为，定义超固结比（*OCR*）。

2）使用点对点锚杆单元和Eembedded桩单元模拟地层锚杆，施加锚杆预应力。

3）使用界面单元模拟土-结构相互作用。

4）在计算阶段定义中改变地下水条件。

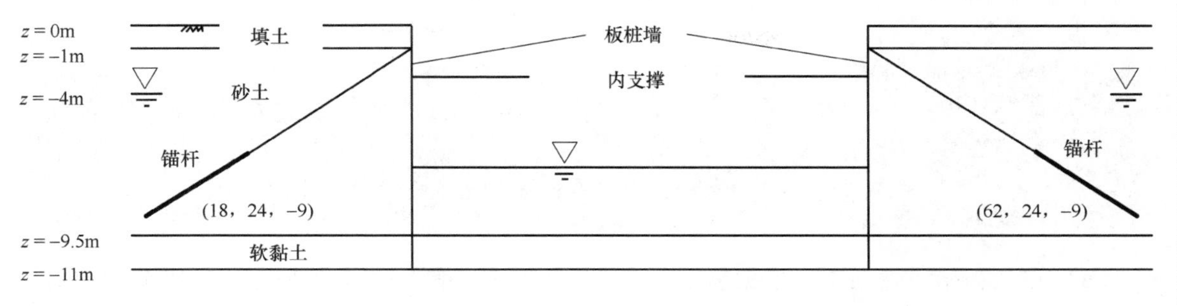

图 12-2　基坑开挖剖面土层分布

5）选择应力点生成应力-应变曲线，查看塑性点。

12.1　几何模型

12.1.1　项目属性

启动新项目，输入项目名称。定义模型边界为 $x_{min}=0m$，$x_{max}=80m$，$y_{min}=0m$，$y_{max}=50m$。

12.1.2　定义土层

通过添加钻孔并为其指定材料属性来定义土层。本例中所有土层都是水平的，所以只需定义一个钻孔。定义步骤如下：

1）单击“ ”，在（0.0，0.0）处创建钻孔，弹出“修改土层”窗口。添加4个土层，最上土层顶面标高为0，各土层底面标高分别为 −1m，−9.5m，−11m 和 −20m。钻孔柱状图中“水头”设为 −4m。

2）单击“ ”，打开“材料组”窗口。在“土和界面”材料组类型下创建新数据组，命名为“填土”。在“材料模型”下拉列表中选择“土体硬化”模型。与莫尔-库仑模型相比，土体硬化模型能够考虑初始加载和卸载-重加载过程中刚度的不同。

3）根据表12-1定义土体重度、刚度和强度等参数，注意此时泊松比为高级参数。由于本例中不考虑土的固结，土体渗透性不影响计算结果，所以“渗流参数”选项卡下的参数可保持程序默认值。

4）在“界面”选项卡中，“强度”选为“手动”，为“R_{inter}”输入“0.65”。该参数将界面强度与土体强度联系起来，关系式如下

$$c_i = R_{inter} c_{soil}, \tan\varphi_i = R_{inter}\tan\varphi_{soil} \leqslant \tan\varphi_{soil}$$

因此，输入 R_{inter} 值使得界面黏聚力和界面摩擦角成为折减了的界面相邻土体的黏聚力和

摩擦角。

提示： 1）在“强度”下拉列表中选择“刚性”时，界面强度参数与相邻土体相同（$R_{inter}=1.0$）。
2）注意，$R_{inter}<1.0$ 时，不仅折减强度，也折减刚度。

5）在“初始”选项卡中根据表 12-1 定义“*OCR*”值，单击“确认”按钮关闭窗口。同样根据表 12-1 定义名为“砂土”和“软黏土”的材料属性。关闭“材料组”窗口后，单击“确认”按钮关闭“修改土层”窗口。

6）在“土”模式下右击上部土层，弹出右键菜单，在“材料组”中选择“填土”。同样方法将 $y=-9.5\text{m}$ 与 $y=-11.0\text{m}$ 之间的土层指定为“软黏土”。其他两土层指定为“砂土”材料。进入“结构”模式定义结构单元。

提示： 默认激活“拉伸截断”选项，默认值为 0kN/m²。该选项在“土体”窗口的“参数”选项卡下的“高级”选项中。用户可以更改“拉伸截断”值或取消选择。

表 12-1　土层材料属性

选项卡	参数	符号	填土	砂土	软黏土	单位
一般	材料模型	—	土体硬化	土体硬化	土体硬化	—
	排水类型	—	排水	排水	不排水 A	—
	天然重度	γ_{unsat}	16	17	16	kN/m³
	饱和重度	γ_{sat}	20	20	17	kN/m³
参数	三轴排水试验割线模量	E_{50}^{ref}	2.2E4	4.3E4	2E3	kN/m²
	固结仪切线模量	E_{oed}^{ref}	2.2E4	4.3E4	2E3	kN/m²
	卸载/重加载模量	E_{ur}^{ref}	6.6E4	1.29E5	1E4	kN/m²
	应力相关幂值	m	0.5	0.5	1	—
	黏聚力	c'	1.0	1	5	kN/m²
	摩擦角	φ'	30	34	25	(°)
	剪胀角	ψ	0	4	0	(°)
	卸载泊松比	ν'	0.2	0.2	0.2	—
界面	界面强度	—	手动	手动	手动	—
	界面折减系数	R_{inter}	0.65	0.7	0.5	—
初始条件	K_0 确定	—	自动	自动	自动	—
	初始水平应力系数	K_0	0.5	0.4408	0.7411	—
	超固结比	*OCR*	1	1	1.5	—
	前期固结应力	*POP*	0	0	0	—

12.1.3 定义结构单元

1. 创建腰梁和内支撑

1）单击“”，过点（30，20，0），（30，32，0），（50，32，0），（50，20，0）创建面。

2）单击“”，将上一步创建的面分三次分别拉伸至 $z=-1\text{m}$，$z=-6.5\text{m}$ 和 $z=-11\text{m}$，创建三个实体（基坑的开挖部分）。右击拉伸创建的最深的实体（$z=0$ 到 $z=-11$），在弹出的右键菜单中选择“分解为面”。然后将顶部的两个面删除，其中一个是上一步创建的面，多出的一个是将实体分解为面时生成的。

3）将上一步拉伸生成的三个实体隐藏（不要删除）。“模型浏览器”和“选择浏览器”目录树前面的按钮“”可用于隐藏模型的组成部分从而简化视图。关闭眼睛“”表示模型对象被隐藏。

4）单击“创建结构”按钮“”，从展开菜单中选择“创建梁”按钮“”，在 $z=-1\text{m}$ 标高处沿开挖侧壁创建梁（腰梁）。按住 <Shift> 键，沿“$-z$”方向移动鼠标，当光标的 z 坐标为 -1 时停止移动鼠标。注意，当松开 <Shift> 键后，光标的 z 坐标将保持不变，这样就可以在 $z=-1\text{m}$ 的 xy 平面上绘制图形。依次单击（30，20，−1），（30，32，−1），（50，32，−1），（50，20，−1），（30，20，−1），绘制腰梁，右击鼠标结束绘制。在（35，20，−1）和（35，32，−1）之间创建梁（内支撑），按 <Esc> 键结束。

5）根据表 12-2 创建腰梁和内支撑材料数据组并指定给相应单元。

6）选中内支撑，然后沿 x 轴方向阵列两次，列距分别为 5m 和 10m，从而在 $x=40\text{m}$ 和 $x=45\text{m}$ 处生成另外两根内支撑。

表 12-2 梁材料属性

参数	名称	内支撑	腰梁	单位
截面面积	A	0.007367	0.008682	m^2
重度	γ	78.5	78.5	kN/m^3
行为类型	类型	线弹性	线弹性	—
弹性模量	E	2.1E8	2.1E8	kN/m^2
惯性矩	I_3	5.073E-5	1.045E-4	m^4
	I_2	5.073E-5	3.66E-4	m^4

2. 创建地层锚杆

在 PLAXIS 3D 中可用“点对点锚杆”和“Embedded 桩”来模拟地层锚杆，方法如下：

1）锚杆自由段采用“点对点锚杆”来模拟。单击“创建结构”按钮，在展开工具栏中选择相应按钮“”，然后在命令行中“_n2nanchor ”命令后输入“30 24-1 21 24-7”，按 <Enter> 键，然后按 <Esc> 键，生成第一根锚杆的自由段。同样方法在点（50，24，−1）和点（59，24，−7）之间创建另一根点对点锚杆。

2）锚杆锚固段采用“Embedded 桩”模拟。在点（21，24，−7）和（18，24，−9）之间以及点（59，24，−7）和（62，24，−9）之间创建 Embedded 桩，方法与上一步创建

点对点锚杆类似。

3）根据表12-3和表12-4创建Embedded桩和点对点锚杆材料数据组，并指定给相应单元。其余锚杆可通过复制已有锚杆来建立。单击“选择”按钮，按住<Ctrl>键选择组成两根锚杆的所有单元。利用“创建阵列”功能，在“形状”下拉列表框中选择“1D，在y方向”，列距设为4m，将两根锚杆（包括2根Embedded桩和2根点对点锚杆）复制为总共4根锚杆，分别位于$y=24$m和$y=28$m。

表12-3　点对点锚杆材料属性

参　数	名　称	点对点锚杆	单　位
材料类型	类型	线弹性	—
轴向刚度	EA	6.5E5	kN

表12-4　Embedded桩（锚固段）材料属性

参　数	名　称	Embedded桩	单　位
弹性模量	E	3E7	kN/m^2
重度	γ	24	kN/m^3
桩类型	—	预定义	—
预定义桩类型	—	大直径圆桩	—
半径	—	0.14	m
侧摩阻力	—	线弹性	—
桩顶极限侧摩阻	$T_{top,max}$	200	kN/m
桩底极限侧摩阻	$T_{bot,max}$	0	kN/m
桩底极限反力	F_{max}	0	kN

4）按住<Ctrl>键，选择全部地层锚杆（共8个对象），右击鼠标，在弹出菜单中选择“组”。在“模型浏览器”中，单击组前面的按钮“⊞”，展开“组”子目录。单击Group_1，重命名为“锚杆”。

提示：项目中的对象名不能包含空格或特殊符号，只有“_”除外。

3. 创建板桩墙

定义板桩墙及其界面，操作如下：

1）按住<Ctrl>键，选择前面分解实体时生成的4个竖直面，右击鼠标，在弹出菜单中选择“创建板”。根据表12-5创建板桩墙（板单元）材料数据组，并指定给四面板。再次选中四个面，在右键菜单中创建正向界面和负向界面。

提示：界面的符号“正”和“负”没有物理意义，仅用于区分板两侧的界面。

表 12-5 板桩墙材料属性

参数	符号	板桩墙	单位
厚度	d	0.379	m
重度	γ	2.55	kN/m³
材料模型	—	线性各向同性	—
弹性模量	E_1	1.46E7	kN/m²
	E_2	7.3E5	kN/m²
泊松比	ν_{12}	0.0	—
剪切模量	G_{12}	7.3E5	kN/m²
	G_{13}	1.26E6	kN/m²
	G_{23}	3.82E5	kN/m²

2）上一步定义了非各向同性（在两个方向上刚度不同）板桩墙，其局部坐标轴需指向正确的方向（这决定了哪个方向为“刚”，哪个方向为“柔”）。由于竖直方向一般为板桩墙的较大刚度方向，故“局部坐标轴 1”应指向 z 方向。在“模型浏览器”中展开“几何”目录下的“面”子目录，将“Axis Function”设为“手动”，并将“$Axis1_z$”设为“-1”。对所有板单元作同样操作。

最后，单击按钮“”，通过点（34，19，0），（41，19，0），（41，12，0），（34，12，0）创建面荷载。至此几何模型建立完成。

提示：“局部坐标轴 1”显示为红色箭头，“局部坐标轴 2”显示为绿色箭头，“局部坐标轴 3”显示为蓝色箭头。

12.2 生成网格

进入“网格”模式，单击按钮“”，“单元分布”设为“粗”，单击“确定”按钮生成网格。单击按钮“”查看网格，要查看 Embedded 桩可将土体隐藏掉。

12.3 执行计算

计算过程分为 6 个阶段来模拟。初始阶段，利用“K_0 过程”生成初始应力。阶段 1，激活板桩墙，进行第一步开挖。阶段 2，激活腰梁和内支撑。阶段 3，激活地层锚杆，施加预应力。阶段 4，进行第二步开挖。阶段 5，激活坑外地表荷载。

1. 初始阶段

单击标签“分步施工”进入“分步施工”模式，进行计算阶段定义。程序自动引入初始阶段，计算类型设为“K_0 过程”。确保所有土体处于激活状态，所有结构单元处于冻结状态。

2. 阶段1

添加一个新阶段（阶段1），“阶段”窗口下参数保持默认。冻结第一部分开挖土体（$z=0$m至$z=-1$m）。在“模型浏览器”中激活所有板单元和界面单元（选中其前面的复选框“☑”即可）。“模型浏览器”中处于激活状态的单元前面的复选框中有绿色对号标记。

3. 阶段2

添加一个新阶段（阶段2），“阶段”窗口下参数保持默认。在“模型浏览器”中激活所有梁单元。

4. 阶段3

添加一个新阶段（阶段3），“阶段”窗口下参数保持默认。在“模型浏览器”中激活“组”目录下的“锚杆”组。选中一个点对点锚杆，在“选择浏览器”中展开点对点锚杆特性。单击“调整预应力”，将其改为“True”，预应力$F_{prestress}$设为“200kN”（见图12-3）。对其他点对点锚杆执行同样操作。

5. 阶段4

添加一个新阶段（阶段4），“阶段”窗口下参数保持默认。单击标签“水位”进入“水位”模式。先选中在本阶段中要开挖的土体（$z=-1$m至$z=-6.5$m），在“选择浏览器”中展开该土体对象的各级目录，在其“Water Conditions”子目录下单击“条件”下拉列表，选择“干”（见图12-4）。

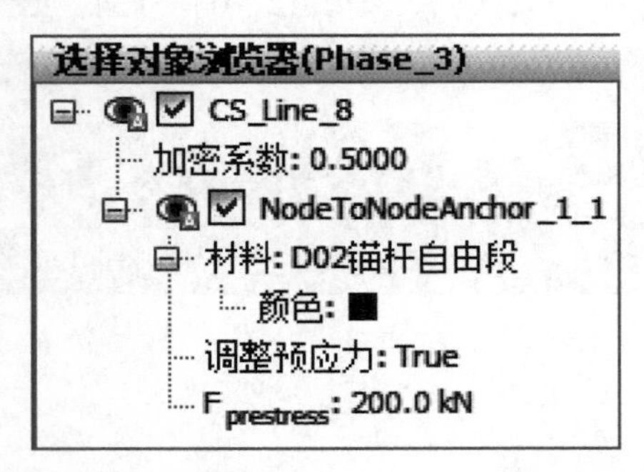

图12-3 “选择浏览器”中的“点对点锚杆”

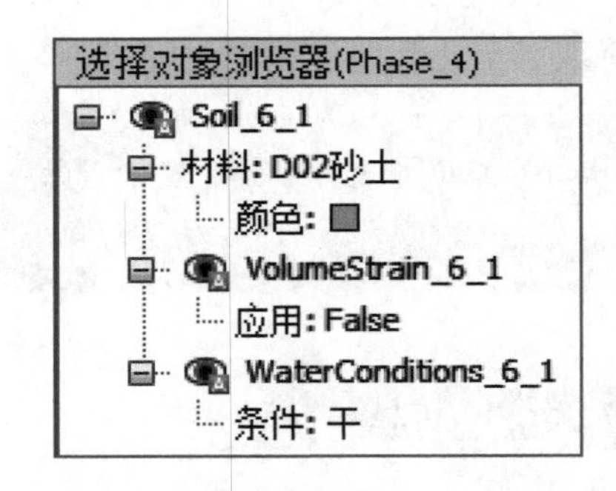

图12-4 “选择对象浏览器”中的“水”条件

隐藏开挖部分周边土体，选中开挖基坑下方的土体（$z=-6.5$m至$z=-9.5$m），在“选择浏览器”中展开该土体对象的各级目录，在其“WaterConditions”子目录下单击“条件”下拉列表，选择“水头”，输入$z_{ref}=-6.5$m。选择开挖基坑下方的软黏土，将其水力条件设为“插值”。

进入“分步施工”模式，冻结要开挖的土体（$z=-1$m至$z=-6.5$m）。单击“”预览本计算阶段。在“视图”窗口中单击“竖直剖面”按钮“”，穿过开挖基坑划线定义剖面。从“应力”菜单中选择P_{steady}，显示稳态孔压分布等值线，要确保“查看”菜单中选中了“图例”。稳态孔压分布如图12-5所示。滚动鼠标滚轮对视图进行缩放，调整到最佳视图。单击“关闭”按钮回到“输入”程序。

6. 阶段5

添加一个新阶段（阶段5），“阶段”窗口下参数保持默认。激活坑外面荷载，荷载值

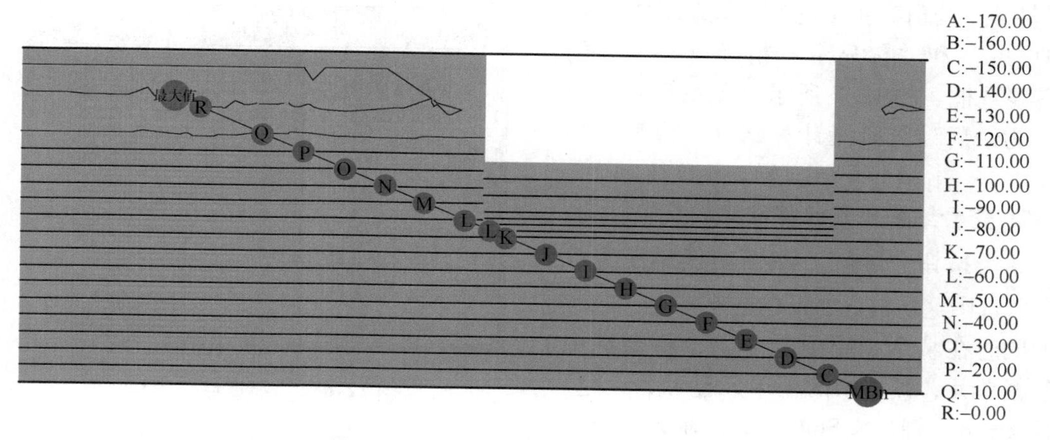

图 12-5 阶段 4 中剖面稳态孔压预览

设为 $\sigma_z = -20\text{kN/m}^2$。

7. 定义生成曲线所需的点

开始计算之前，在基坑附近选取几个应力点，以备计算完成后绘制应力应变曲线之用。单击“选择点生成曲线”按钮“”，自动启动“输出”程序显示网格模型和“选择点”窗口。在“选择点”窗口下定义（37.5，19，－1.5）为“预期点的坐标”，然后单击“搜索最近点”按钮，将显示距离所设坐标最近的节点和应力点。选择距离最近的某应力点，选中其前面的复选框“”。选中的应力点将显示在窗口上部的点列表中。同样选取靠近（37.5，19，－5），（37.5，19，－6）和（37.5，19，－7）的应力点，关闭“选择点”窗口。单击“更新”按钮，关闭“输出”程序。

完成上述定义后，点击“”开始计算。计算结束后，单击“”保存项目。

提示： 1）除了可以在开始计算前选择绘制曲线用的节点或应力点之外，还可以在计算结束后查看输出结果时选择曲线点。不过，这样绘制出的曲线精度会偏低，因为其中只考虑了保存的计算步的结果。
2）要绘制结构内力曲线，则只能在计算结束后选择节点。
3）节点或应力点可通过单击来选取。移动鼠标时，窗口底部的光标位置提示器会显示其所处位置的精确坐标。

12.4 查看结果

计算结束后，可从阶段目录中选择一个阶段，单击按钮，查看计算结果。

1. 查看塑性点

选择最后计算阶段（阶段5），单击按钮“”，自动打开“输出”程序，默认显示该计算阶段计算结束后的变形网格。应力、变形和三维几何模型等可从相应菜单中选择所需输出内容进行查看。例如，从“应力”菜单中选择“塑性点”查看模型中塑性点分布。在

"塑性点"窗口中（见图 12-6）选中除"弹性点"和"仅显示不精确点"以外的所有复选框。图 12-7 所示（见书后彩色插页）为最后计算阶段计算结束后模型中的塑性点。

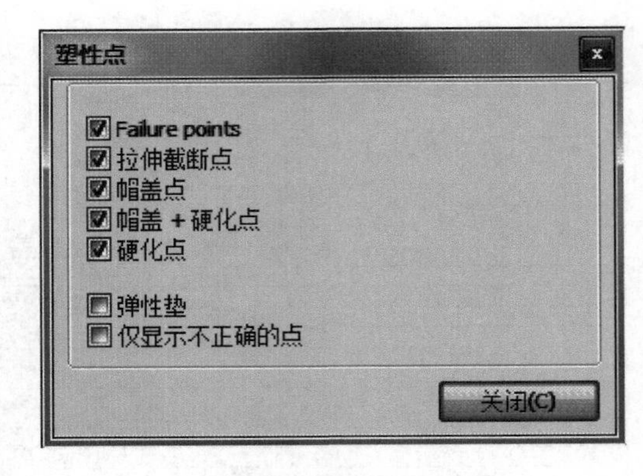

图 12-6 "塑性点"窗口

2. 查看结构单元计算结果

单击按钮" "，然后在板单元上单击，可选中这块板。如果在按下 <Ctrl + A> 键的同时在某个板单元上单击，将会选中所有板单元，被选中的板单元显示为红色。按住 <Ctrl> 键或 <Shift> 键，在某个板单元上双击，可查看全部板单元（板桩墙）的总位移 $|u|$ 。

3. 绘制应力-应变曲线

要生成曲线，可从"工具"菜单选择"曲线管理器"，或在工具栏单击按钮" "。所有在计算前选择的应力点都显示在"曲线管理器"窗口的"曲线点"选项卡下（见图 12-8）。单击"曲线管理器"窗口左下角的"新建(N)"按钮，创建一个新图表，自动弹出"曲线生成"窗口。从左侧"X-轴"下拉列表中选择一个点（例如点"L（36.60/19.00/–1.40）"，点的编号及具体坐标会随读者建立的模型与选择的点的不同而有所差别）作为曲线的 x 轴，变量内容选择"总应变"目录下的"ε_1"。从右侧"Y-轴"下拉列表中仍然选择点"L（36.60/19.00/–1.40）"，作为图形的 y 轴，变量内容选择"有效主应力"目录下的"σ_1'"，见图 12-9，单击"确认"按钮，生成第一条应力-应变曲线。要在此同一幅图中生成其他几个点的应力-应变曲线，在该图表上右击，从右键菜单中选择"添加曲线"，

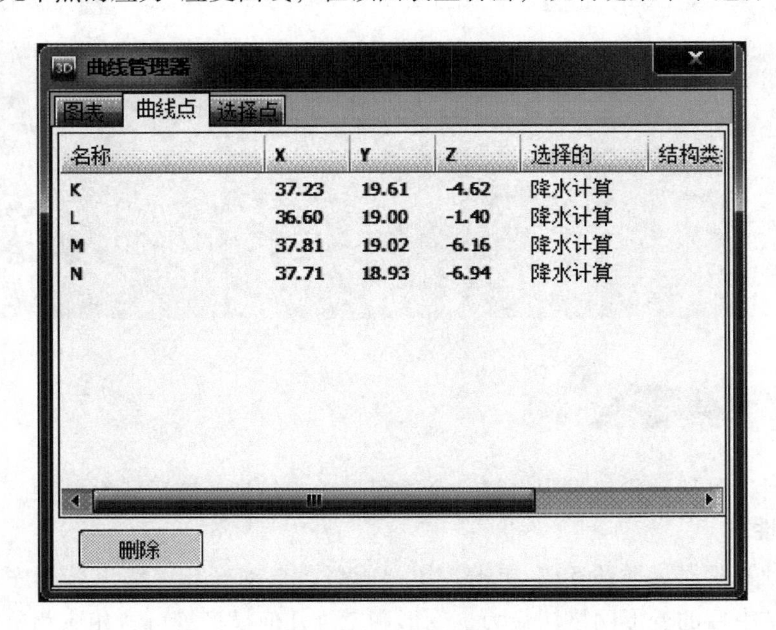

图 12-8 计算开始前选择的用于生成曲线的点

再从展开菜单中选择“从当前项目”，然后按相同方法生成其他几个点的应力-应变曲线。生成四条应力-应变曲线后，在图表上右击，从右键菜单中选择“设置”，弹出“设置”窗口。在“设置”窗口下单击进入“图表”选项卡，在右下方“其他”选项组下选中“水平翻转”和“垂直翻转”（即翻转x轴和y轴）复选框，还可在下方的“图表名称”文本框中输入图表名称，如图12-10所示。最后生成的曲线图如图12-11所示，为主应变-主应力关系曲线，初始条件之初都为0。初始条件生成后，主应变仍为0，主应力不再为0。

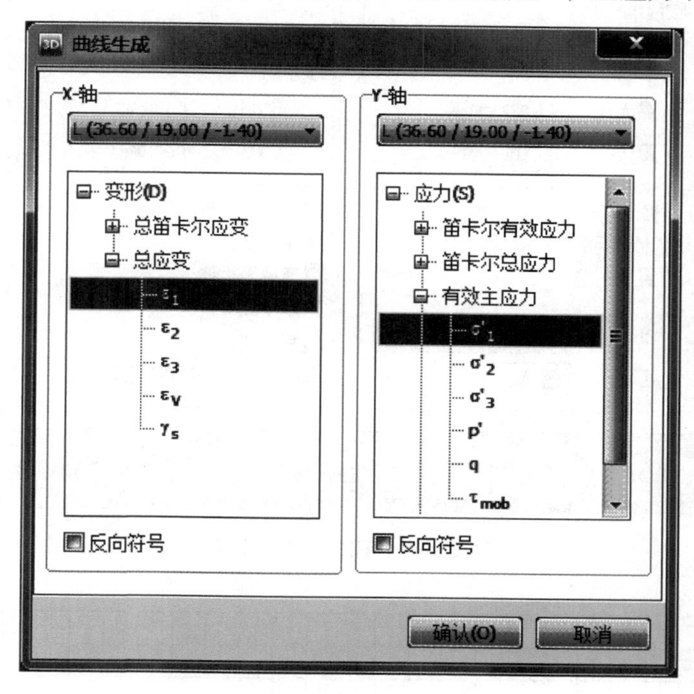

图12-9 “生成曲线”窗口

图12-11中显示了4个应力点的应力-应变曲线，如果“查看”菜单中选中了“数值提示”，鼠标在数据点上停留时会弹出数据点信息，包括数据点在图形中的坐标值、点编号、阶段号和计算步号。尤其是较低的应力点在最后阶段施加荷载时显示出明显的应力增长。

提示： 1）要重新进入“曲线生成”窗口（如操作错误、想重生成或想修改时），从“格式”菜单中选择“设置”选项，弹出“设置”窗口，可单击“重新生成”按钮。

2）“格式”菜单下的“设置”选项还可用于修改整个图表的通用设置。

4. 绘制应力路径曲线

为某应力点生成应力路径曲线，方法如下：单击“曲线管理器”窗口左下角的“新建(N)”按钮，创建一个新图表，自动弹出“曲线生成”窗口。在“曲线生成”窗口中，从左侧的X轴下拉列表中选择点［例如点“M（37.81，19.02，-6.16）”］，变量内容

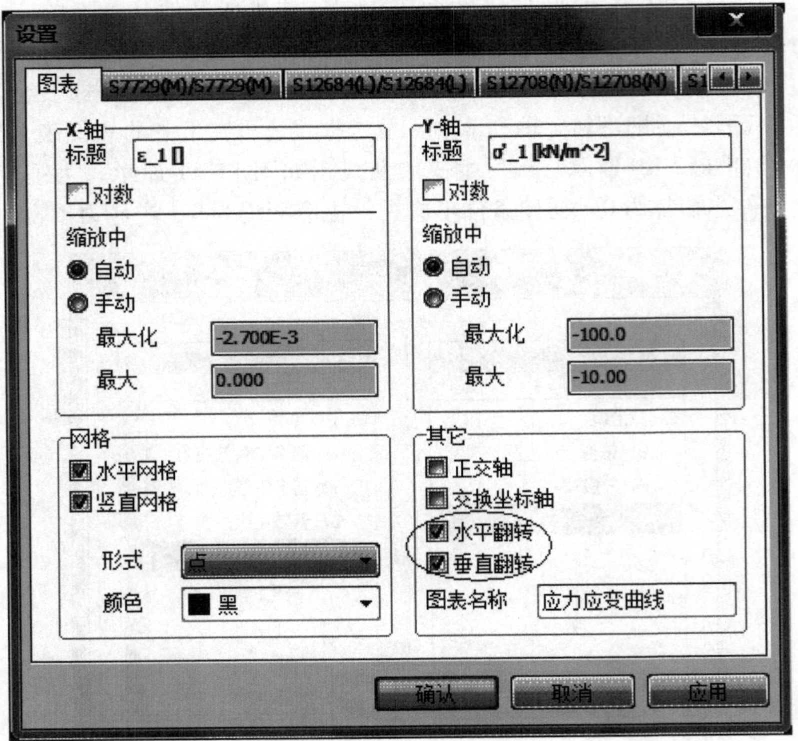

图 12-10　图表的通用设置

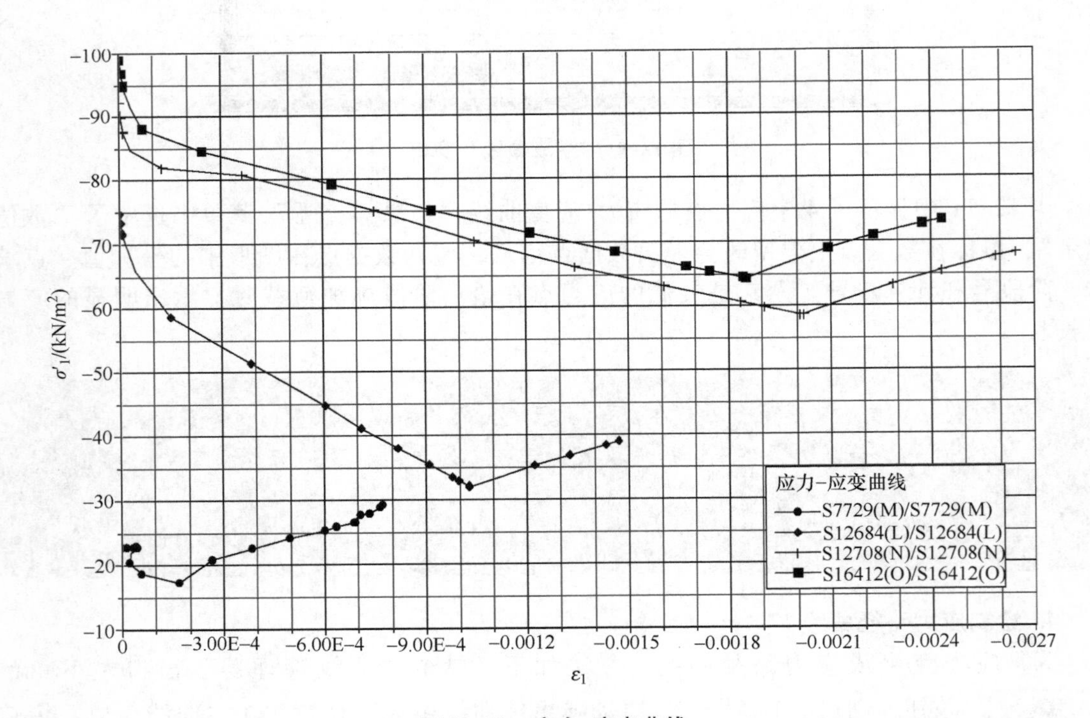

图 12-11　应力-应变曲线

选择“笛卡儿有效应力”目录下的“σ'_{yy}”。从窗口右侧的 Y 轴下拉列表中选择同一点，变量内容选择“笛卡儿有效应力”下的“σ'_{zz}”，单击“确认”按钮，生成的应力路径曲线见图 12-12。

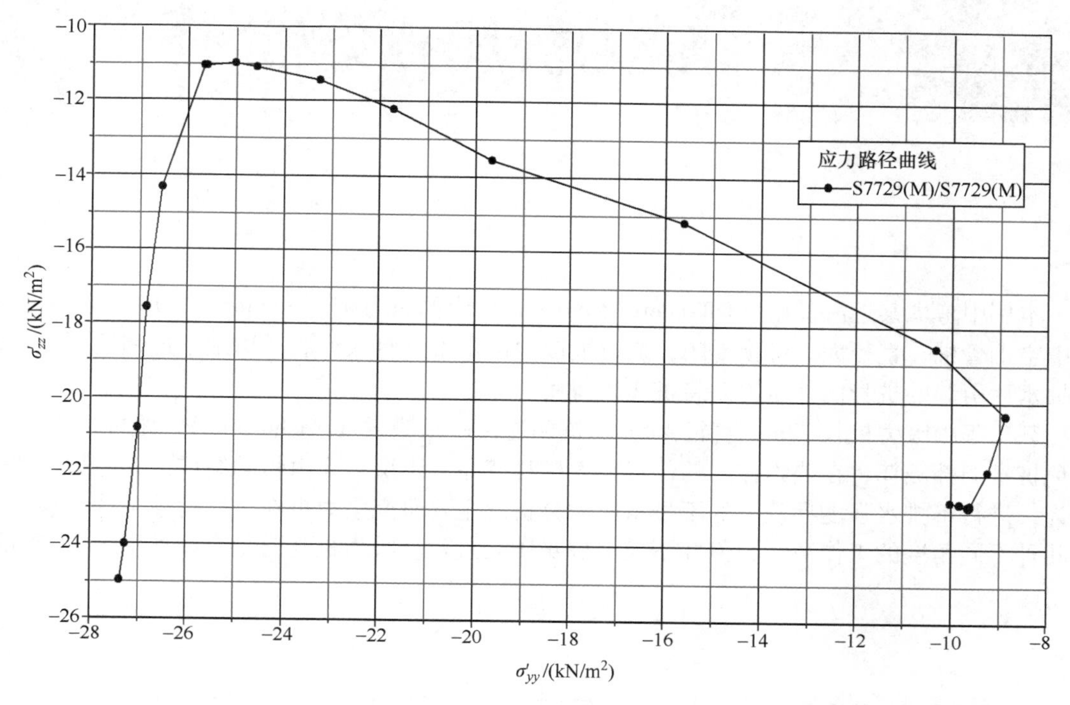

图 12-12　靠近（37.81，19.02，−6.16）处的应力点 M 的竖向有效应力（σ'_{zz}）-水平有效应力（σ'_{yy}）曲线

第13章 吸力桩加载分析

本例中考虑某近海基础（Off-shore foundation）中的吸力桩（Suction pile）。吸力桩是一种中空钢管桩，直径大、桩顶封闭，通过抽取内部水将桩打入海底。该施工过程的原理就是靠抽水后引起的桩身内外压力差将桩压入海底。

某工程中吸力桩长10m，直径4.5m。桩侧连接一根锚索（Anchor line），距桩顶7m。为避免桩身局部破坏，在锚索作用的位置加大桩身壁厚。土层主要由粉砂组成。为模拟不排水行为，进行不排水强度参数下的不排水应力分析。主要研究吸力桩在工作荷载下的位移，考虑几种不同角度的工作荷载，但并不模拟桩身压入过程。吸力桩几何示意图如图13-1所示。

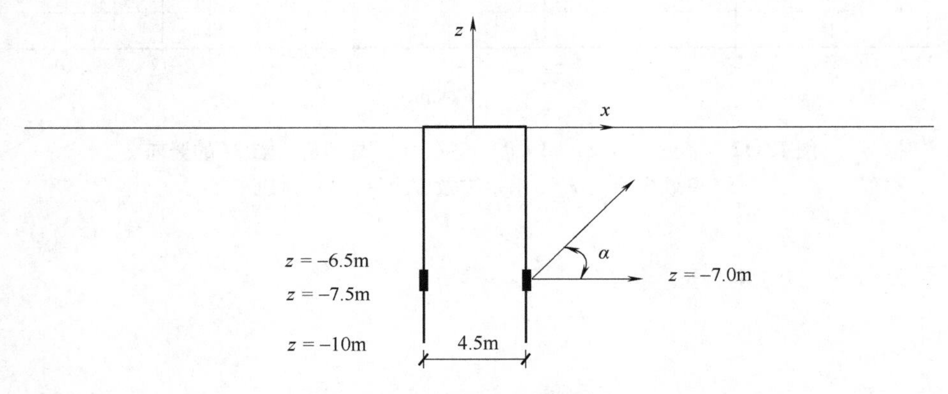

图13-1 吸力桩几何示意图

学习要点：

1）从3D Studio文件中导入实体。

2）采用不排水强度参数进行不排水应力分析。

3）定义土体的强度、刚度参数随深度增大，复制材料数据组。

4）更改“输出”窗口的设置，计算结束后选择节点，生成结构内力曲线。

13.1 几何模型

建模范围包括吸力桩之外长60m、宽60m的区域，这样的模型尺寸已足够大，可避免来自模型边界的影响。

13.1.1 项目属性

几何模型定义步骤如下：

1）启动“输入”程序，在“创建/打开项目”对话框中选择“新建项目”，输入一个名称。

2）保持默认单位系统，将模型边界设置为 $x_{min}=-30m$，$x_{max}=30m$，$y_{min}=-30m$，$y_{max}=30m$，单击“确认”按钮。

13.1.2 定义土层

本例中只包含一个水平土层，故只需定义一个钻孔。在几何模型中添加一个钻孔，然后在“修改土层”窗口中添加一个土层，土层顶面边界 $z=0m$，底面边界 $z=-30m$。“水头”值设为50.0m，表示土层上方水深50m。

打开“材料组”窗口，按表13-1创建材料数据组。在“参数”选项卡下的高级强度参数中取消对“拉伸截断”选项的选择，忽略“渗流参数”选项卡。本例中使用黏聚力参数模拟不排水抗剪强度，而不使用有效强度属性。在“参数”选项卡下展开“高级”参数目录，可输入高级参数以考虑刚度、强度随模型深度的增长。将“砂土”材料数据组指定给土层然后关闭“材料组”窗口。

提示：“界面”数据组可通过复制“砂（Sand）”数据组并更改“R_{inter}”值快速创建。

表13-1　砂层及其界面材料属性

标　签	参　数	符　号	砂　土	界　面	单　位
一般	材料模型	—	莫尔-库仑	莫尔-库仑	—
	行为类型	—	不排水（B）	不排水（B）	—
	天然重度	γ_{unsat}	20	20	kN/m³
	饱和重度	γ_{sat}	20	20	kN/m³
参数	弹性模量	E'	1000	1000	kN/m²
	泊松比	ν'	0.35	0.35	—
	抗剪强度	$s_{u,ref}$	1	1	kN/m²
φ_u	摩擦角	φ_u	0	0	(°)
	剪胀角	ψ	0	0	(°)
	刚度增量	E'_{inc}	1000	1000	kN/m²/m
	参考高程	z_{ref}	0	0	m
	强度增量	$s_{u,inc}$	4	4	kN/m²/m
	参考高程	z_{ref}	0	0	m
界面	界面折减系数	R_{inter}	0.7	1	—
初始条件	K_0 确定	—	手动	手动	—
	初始水平应力系数	$K_{0,x}$，$K_{0,y}$	0.5	0.5	—

13.1.3 定义结构单元

在“结构”模式下导入预定义的实体来建立吸力桩模型。步骤如下：

1）使用按钮“ ”导入圆柱体。要导入的圆柱体保存在 PLAXIS 3D 安装目录下的“Importables”文件夹中的“example_ cylinder_ vertical_ D1h1_ centered. 3ds”文件里。

2）在“导入结构”窗口中调整比例使得导入圆柱体直径 4.5m，高 10m。定义插入点坐标，使得吸力桩顶部处于海底标高（$z=0$m），桩底位于 $z=-10$m（见图 13-2）。

3）导入该实体后在其上右击，从快捷菜单中选择“分解为面”，将其分解为面。

提示： 除了导入圆柱体外，还可以使用“cylinder”命令创建吸力桩。关于本程序可使用的命令，可在“帮助”菜单下单击“命令参考”选项进行查看。

4）在该导入实体上右击，从快捷菜单中选择相应选项，基于其外表面分别创建板、正向界面和负向界面。

5）打开材料数据库，材料组组类型选择“板”，根据表 13-2 创建吸力桩相关的三个材料数据组。

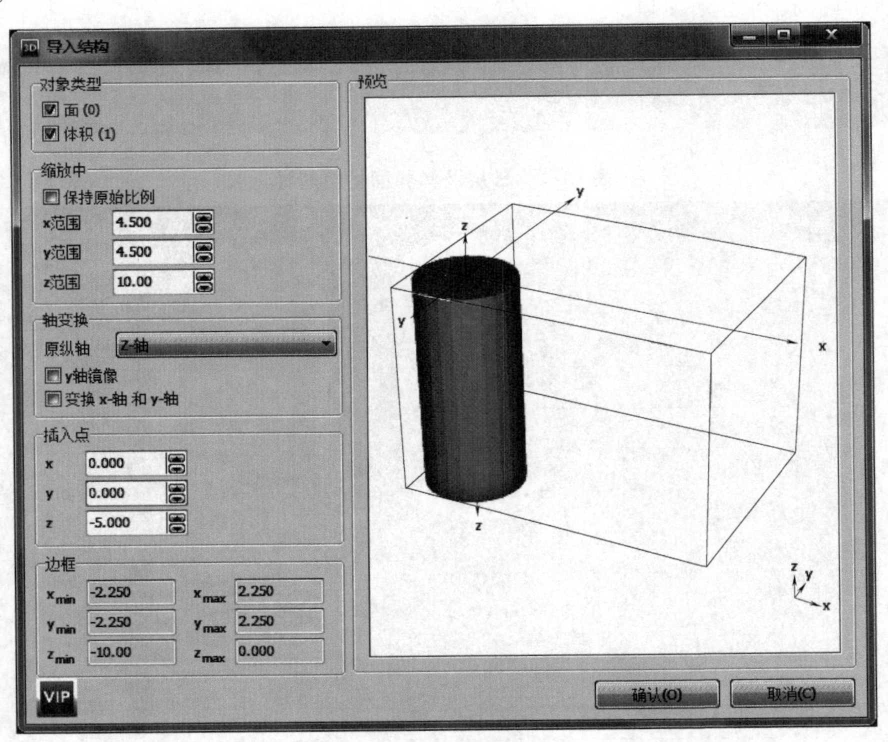

图 13-2 “导入结构”窗口

6）将“薄壁”材料组指定给前面创建的板（桩壁），然后关闭“材料数据组”窗口。使用右键快捷菜单中的“隐藏”选项，将桩壁和原始实体对象隐藏。注意，顶面和底面仍保持可见。

表 13-2 吸力桩材料属性

参数	符号	薄壁	厚壁	顶板	单位
厚度	d	0.05	0.15	0.05	m
重度	γ	58.5	58.5	68.5	kN/m³
材料模型	—	线性，各向同性	线性，各向同性	线性，各向同性	—
弹性模量	E_1	2.1E8	2.1E8	2.1E8	kN/m²
泊松比	ν_{12}	0.1	0.1	0.1	—
剪切模量	G	9.545E7	9.545E7	9.545E7	kN/m²

7）选中顶面，单击侧边工具栏中的“创建阵列”按钮，“形状”下拉列表框中选择“1D，在 z 方向（1D, in z direction）”。保持列数为“2”，“列距 z”定义为“-6.5”，单击“确认”按钮。重复上一步操作，创建处于 $z=-7.0$m 和 $z=-7.5$m 的面。最后基于顶面创建板，将“顶板（Top）”材料数据组指定给它。

8）为底面（$z=-10$m）指定正向界面，并为其指定“界面”材料数据组。在位于 $z=-7.0$m 处的面上右击，从快捷菜单中选择“分解为轮廓线”。在（2.25，0.0，-7.0）附近的点上右击，从快捷菜单选择“创建点荷载”，等到定义施工阶段时再为其指定实际荷载值。至此几何模型定义完毕。

13.2 生成网格

生成网格时，在板单元和荷载作用的位置会自动加密网格。在“网格”模式下单击点荷载将其选中，在“选择浏览器”中可看到其加密系数为0.5，在模型中显示为浅绿色。单击生成网格按钮“”，单元分布设为“粗”，生成网格。

13.3 执行计算

计算共分6个阶段，包括初始条件定义、吸力桩施工及四个不同的荷载条件。分析荷载大小保持不变的情况下改变荷载方向对桩壁受力的影响。单击“分步施工”进入“分步施工”模式，进行施工阶段定义。

1）初始阶段。计算类型设为“K_0 过程”，确保所有结构和界面都处于冻结状态。

2）阶段1。添加一个新计算阶段，命名为“吸力桩施工”，“阶段”窗口下其余选项采用默认设置。激活所有板和界面，将“厚壁”材料组指定给点荷载上下各0.5m范围内（$z=-6.5$m～$z=-7.5$m）的板单元。注意，此时可能需要将桩体外侧的正向界面隐藏（而不是冻结）才能看到板单元。该阶段中不激活点荷载。

3）阶段2。添加一个新计算阶段，打开“阶段”窗口，将本阶段命名为“30°加载”。在“变形控制参数”子目录下选择“重置位移为零”。激活点荷载，并设置 $F_x=3897$kN，$F_z=2250$kN。

4）阶段 3 至阶段 5。根据表 13-3 所列内容定义其他三个施工阶段。注意，每个阶段都应选择“重置位移为零”选项。

表 13-3　加载信息

阶　段	起始阶段	F_x	F_z
30°加载（阶段 2）	吸力桩施工（阶段 1）	3897kN	2250kN
40°加载（阶段 3）	吸力桩施工（阶段 1）	3447kN	2893kN
50°加载（阶段 4）	吸力桩施工（阶段 1）	2893kN	3447kN
60°加载（阶段 5）	吸力桩施工（阶段 1）	2250kN	3897kN

阶段定义完成后，可在“阶段浏览器”中查看计算阶段的顺序（见图 13-3）。检查无误后，单击“∫dV”执行计算，计算结束后保存项目。

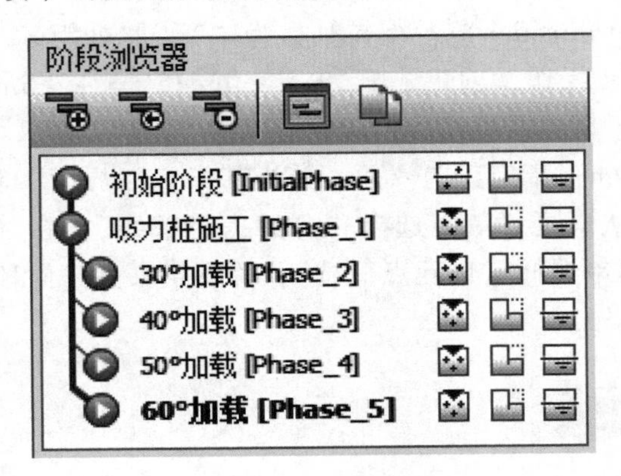

图 13-3　阶段浏览器（阶段定义完成后）

13.4 查看结果

查看最后计算阶段的结果，默认先显示整个几何模型的变形网格。本例中主要关注的是吸力桩本身的位移，可在“模型浏览器”中关闭“土体”和“界面”左侧的“眼睛”，将其隐藏，这样就可看到吸力桩。

单击“选择结构”按钮，选择桩壁，这样只能选中桩壁的一部分。按下 <Ctrl + A> 键，选中吸力桩桩壁所有单元。按住 <Ctrl> 键，双击吸力桩桩壁，弹出一个新窗口显示吸力桩桩壁的计算结果。

选择“云图”显示，旋转模型，使得 x 轴垂直于计算机屏幕。如果坐标轴不可见，可从“查看”菜单中选择该项使其可见。很明显，点荷载作用的部位局部位移场并未被打断，表明此处桩壁足够厚。

可以同样方式查看吸力桩在不同方向荷载作用下的总位移。其中，以“阶段 2”中的荷载水平分量最大，此时桩壁总位移如图 13-4 所示（见书后彩色插页）。

第 14 章 软土地基上路堤填筑稳定性分析

在水位很高的软土地基上快速修筑路堤常常会使地基土中的有效应力维持在较低水平，因为这一不排水施工过程将引起孔隙水压力的增长。因此一般采用分层填筑路堤的施工方式，并在各层填筑之间引入固结期以保证施工过程中的安全。在土体固结过程中，超孔压逐渐消散，土体抗剪强度得到提高，满足稳定性要求后方可继续施工过程。

本例模拟软土地基上进行路堤填筑的施工过程（见图 14-1），会详细分析上述机理并介绍两种新的计算选项，即固结分析和安全性分析的安全系数计算。另外，还模拟了排水对加快固结过程的作用。

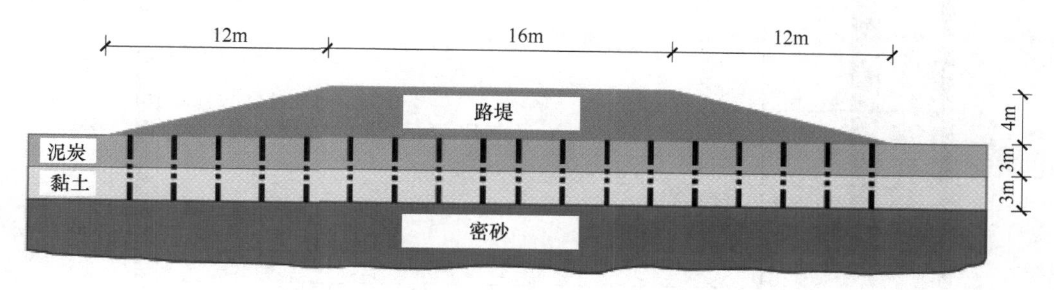

图 14-1　软土地基上路基填筑示意图

学习要点：

1）利用“排水线”单元模拟排水设施。

2）进行固结分析，在固结过程中考虑渗透系数的变化。

3）进行安全性分析。

14.1 几何模型

图 14-1 所示为该路堤的一个典型横断面，该路堤顶面宽 16m，坡比为 1∶3。鉴于该问题是对称的，可以只模拟断面的一半（本例中选取右半边），沿纵向取 2m 厚。路堤由松散砂土填筑而成，下方路基包括 6m 厚的软土，上部 3m 为泥炭层，下部 3m 为黏土层。软土层下方是密砂层，本模型下边界取为 4m 厚。潜水位位于原始地表以下 1m。

首先，启动“输入”程序，在“快速选择”对话框中选择“新建项目”。在“项目属性”窗口下的“项目”选项卡中输入项目名称。然后，保持默认单位系统，将模型边界设

置为 $x_{min}=0m$，$x_{max}=60m$，$y_{min}=0m$，$y_{max}=2m$，单击“确认”按钮。

14.1.1 定义土层

路基土层在“土”模式下通过钻孔来定义，填筑的路堤则在“结构”模式下定义。单击“ ”在（0，0）位置处创建一个钻孔，弹出“修改土层”窗口，如图4-2所示定义三个土层。水位位于 $z=-1m$，在钻孔柱状图中指定“水头”值为“-1”。

单击“ ”打开“材料组”窗口，按表14-1创建土体材料数据组，并将其指定给钻孔中对应的土层（见图14-2）。关闭“修改土层”窗口，进入“结构”模式。

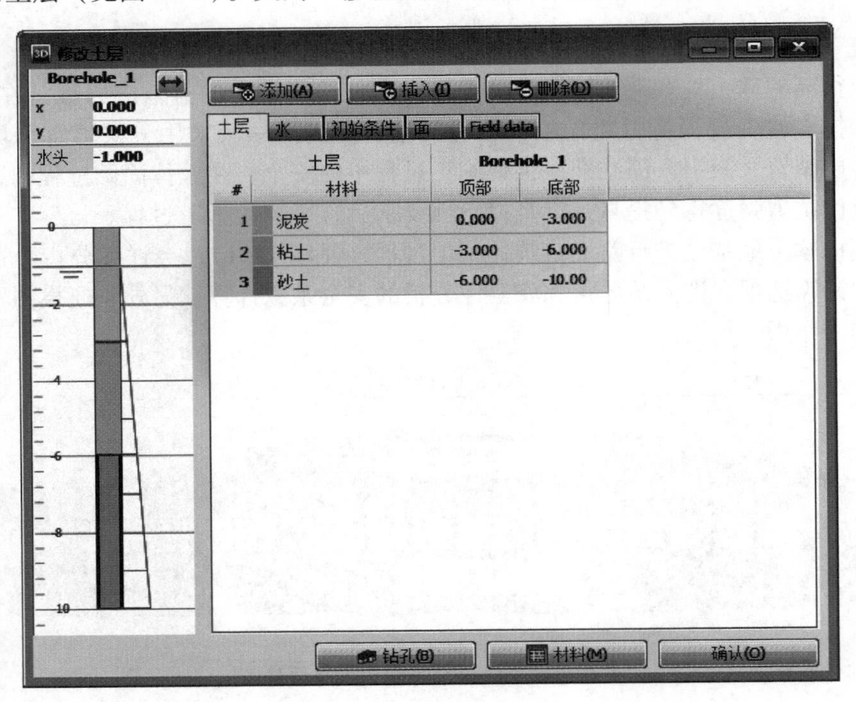

图14-2 土层分布

提示： 本例中需定义初始孔隙比（e_{init}）和渗透系数（c_k）的变化规律以模拟随土体压缩引起的渗透性的变化。建议在使用高级模型时考虑这些选项。

表14-1 路堤填筑材料和地基土材料属性

标签	参数	符号	路堤	砂土	泥炭	黏土	单位
一般	材料模型	—	土体硬化	土体硬化	软土	软土	—
	排水类型	—	排水	排水	不排水（A）	不排水（A）	—
	天然重度	γ_{unsat}	16	17	8	15	kN/m^3
	饱和重度	γ_{sat}	19	20	12	18	kN/m^3
	初始孔隙比	e_{int}	0.5	0.5	2	1	—

（续）

标签	参数	符号	路堤	砂土	泥炭	黏土	单位
参数	三轴 CD 割线模量	E_{50}^{ref}	2.5E4	3.5E4	—	—	kN/m^2
	固结仪切线模量	E_{oed}^{ref}	2.5E4	3.5E4	—	—	kN/m^2
	卸载/重加载模量	E_{ur}^{ref}	7.5E4	1.05E5	—	—	kN/m^2
	应力相关幂值	m	0.5	0.5	—	—	—
	修正压缩指标	λ^*	—	—	0.15	0.05	—
	修正膨胀指标	κ^*	—	—	0.03	0.01	—
	黏聚力	c'_{ref}	1.0	0	2	1	kN/m^2
	摩擦角	φ'	30	33	23	25	(°)
	剪胀角	ψ	0	0	0	—	(°)
	其他高级参数默认	—	是	是	是	是	—
渗流参数	数据组	—	USDA	USDA	USDA	USDA	—
	模型	—	Van Genuchten	Van Genuchten	Van Genuchten	Van Genuchten	—
	土体类型	—	壤质砂土	砂	黏土	黏土	—
	<2μm	—	6	4	70	70	%
	2μm~50μm	—	11	4	13	13	%
	50μm~2mm	—	83	92	17	17	%
	设置为默认	—	是	是	否	是	—
	渗透系数（x向）	k_x	3.499	7.128	0.1	0.04752	m/day
	渗透系数（y向）	k_y	3.499	7.128	0.1	0.04752	m/day
	渗透系数（z向）	k_z	3.499	7.128	0.02	0.04752	m/day
	改变渗透系数	c_k	1E15	1E15	1	0.2	—
界面	界面强度	—	刚性	刚性	刚性	刚性	—
	界面折减系数	R_{inter}	1	1	1	1	—
初始条件	K_0确定	—	自动	自动	自动	—	—
	超固结比	OCR	1	1	1	1	—
	前期固结应力	POP	0	0	5	0	kN/m^2

14.1.2 定义路堤和排水

路堤和排水线在“结构”模式下定义。

1. 定义路堤土层

1）单击工具栏中的按钮“”，显示模型的前视图。单击“”，通过四个点（0，0，0），（0，0，4），（8，0，4）和（20，0，0）创建一个面。单击“”，通过点（0，0，2）和（14，0，2）创建一条线，用以定义路堤土层。

2）按住<Ctrl>键，依次单击选择上一步创建的线和面，然后单击“拉伸对象”按钮

“ ”，在弹出的拉伸对象对话框中，将拉伸矢量的 y 方向分量定义为2，如图14-3所示，然后单击“应用”按钮，拉伸面和线。

3）拉伸后，将第一步中创建的面和线删掉。右击拉伸生成的实体，从快捷菜单中单击“Soil_4”，显示一个新菜单，单击“设置材料”选项，然后选择“路堤”。

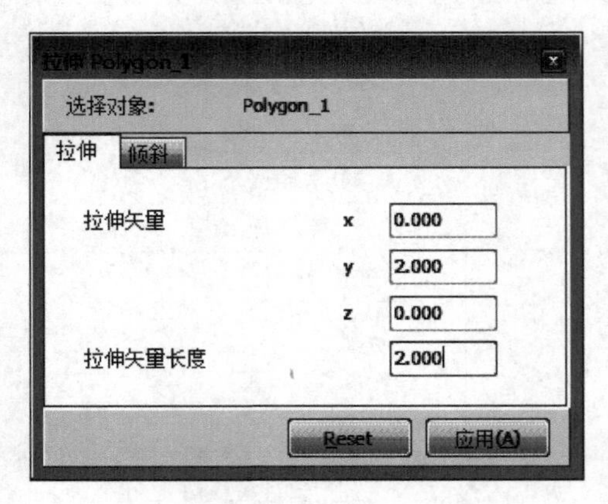

图14-3 “拉伸”窗口

2. 定义排水线

本例中将通过对比有无排水两种情况来考察排水对固结时间的影响，在考虑排水的情况中激活排水线单元。排水线按矩形排列，两相邻排水线单元间距为2m（行距、列距）。本例中只考虑一行排水线单元。创建排水线步骤如下：

1）单击侧边工具栏中的“创建水力条件”按钮“ ”，从展开菜单中单击“创建线排水”按钮“ ”，然后在模型中两点（1，1，0）和（1，1，-6）处单击，创建排水线单元。

2）选中上一步创建的排水线单元，单击“创建阵列”按钮“ ”，弹出“创建阵列”窗口，从“形状”下拉菜单中选择“1D，在 x 方向”，列数设为9，列距 $x=2.000$，如图14-4所示。单击“确认”按钮，完成排水线布置。

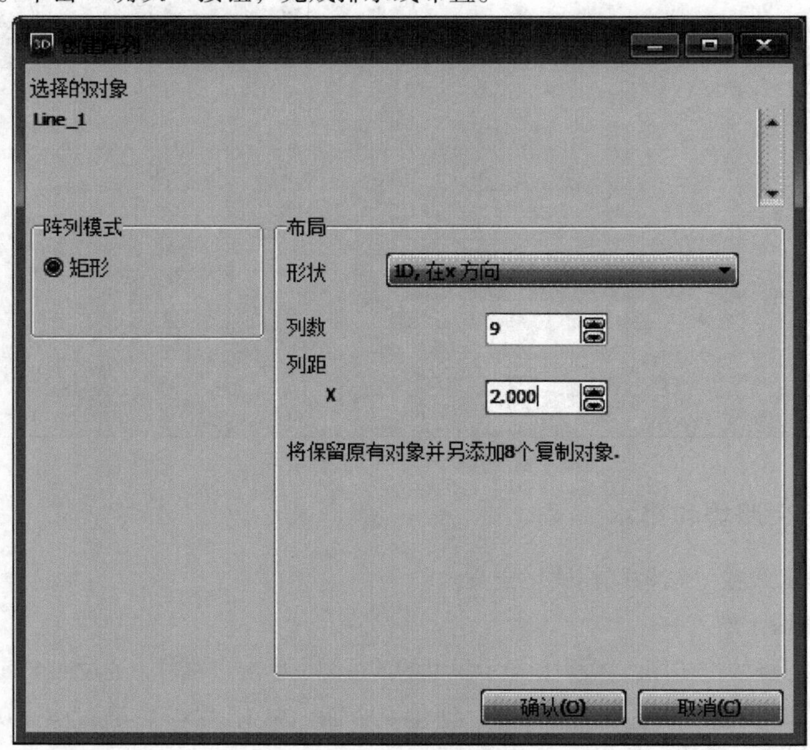

图14-4 排水线布置

建立完成的几何模型如图 14-5 所示。

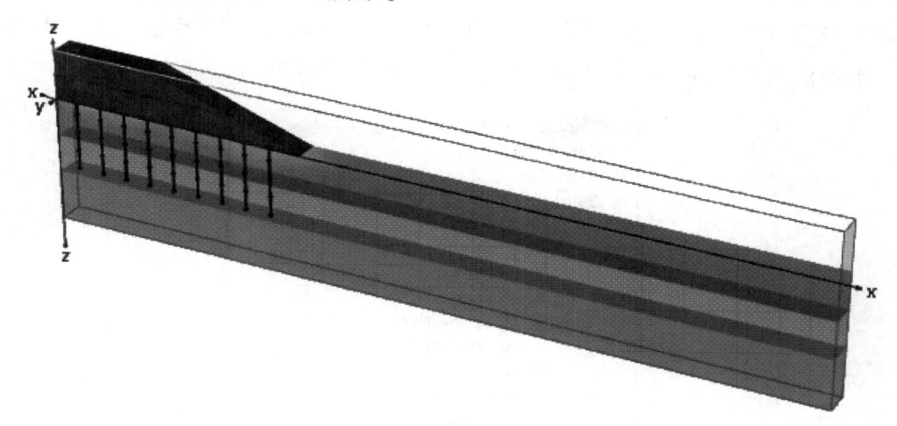

图 14-5 几何模型

14.2 生成网格

进入“网格”模式，单击“生成网格”按钮“ ”，单元分布设为“粗”。单击“ ”可查看生成的网格，如图 14-6 所示。

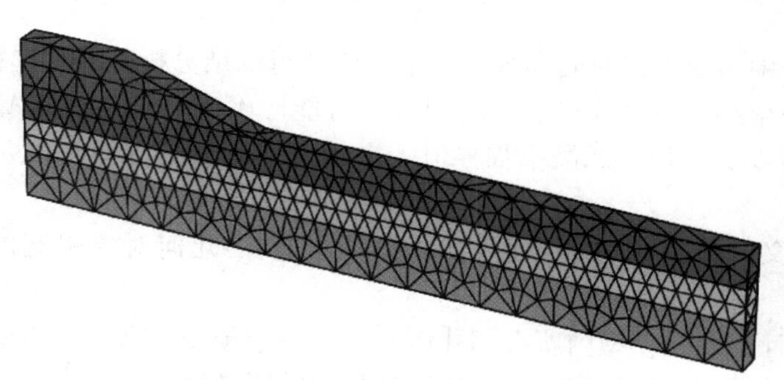

图 14-6 生成的网格

14.3 执行计算

对于路堤施工过程将分两种情况进行计算，其中一种情况不考虑排水单元。

14.3.1 初始阶段

初始条件下还没有施工路堤，因此初始阶段中先将路堤对应的实体冻结掉，利用“K_0 过程”计算初始应力。初始水压力为静水压力，根据钻孔中指定的“水头”值确定潜水位从而计算水压力分布。对于“初始阶段”，孔压计算类型选择“潜水位”选项，“全局水位（Global Water Level）”自动设为与钻孔中指定水头定义的水位对应的“Borehole Waterlevel_1”。

渗流边界条件在“模型浏览器”下的“模型条件”子目录中定义。在本例中，由于是对称模型，左侧边界（$X_{\min}$）必须为“关闭”，以免发生水平方向的渗流。模型底面边界为“打开”，因为超孔压可自由流入深部渗透性好的砂层中。模型上边界显然为“打开”。定义好的“地下水渗流（Ground Water Flow）”子目录如图 14-7 所示。

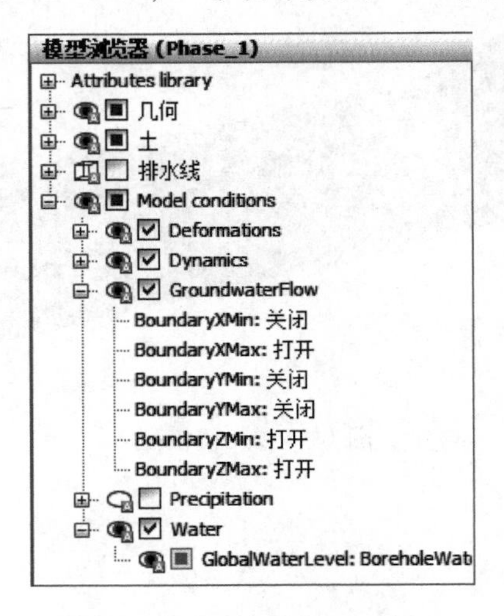

图 14-7　地下水渗流边界条件

14.3.2 固结分析

固结计算过程中需要引入时间参数。为了正确进行固结分析，必须选择一个恰当的时间步长，因为使用一个小于最小临界值的时间步长可能产生应力振荡。PLAXIS 程序会为固结分析自动选择时间步长，并考虑最小临界值。自动时间步长的选择对“加载类型”参数而言有三种可能性：

1）在预先定义的时间段内进行固结，同时考虑激活几何对象引起的形状变化的影响（分步施工）。

2）执行固结计算直至模型内所有超孔压减小至一个预先定义的最小值（最小孔压）。

3）执行固结计算直至模型内所有土体达到指定的固结度。

本例在第一次计算中不考虑排水设施的作用（即不激活排水线单元）。路堤分两层填筑，填筑第一层后，进行为期 30 天的固结以使超孔压消散。填筑第二层后，再进行一段时间的固结，并据此确定最终沉降。所以除了初始阶段，还要定义 4 个计算阶段，步骤如下：

1. 阶段 1：第一层路堤填筑

在“阶段浏览器”中单击“添加阶段”按钮“”，在初始阶段后引入第一个计算阶段。在“阶段”窗口“一般”子目录下的“计算类型”下拉列表中选择“固结”选项“”。“加载类型”保持默认的“分步施工”，孔压计算类型自动选为“潜水位”。注意，某一计算阶段中的全局水位可在“模型浏览器”中“模型条件”下的“水位”子目录中定义。“时间间隔”设为“2”天，单击“确认”按钮，关闭“阶段”窗口。在“分步施工”模式下激活第一部分路堤（填筑第一层）。

2. 阶段 2：第一层路堤填筑后固结

在“阶段浏览器”中单击“添加阶段”按钮“”，引入下一个计算阶段。第二个计

算阶段仍为“固结”分析。本计算阶段中不改变激活模型，只是需要输入一个固结分析的终止时间。计算类型定义为“固结”，“时间间隔”设为“30”天，其他参数保持默认。

3. 阶段3：第二层路堤填筑

在“阶段浏览器”中单击“添加阶段”按钮“ ”，引入下一个计算阶段。计算类型定义为“固结”，“时间间隔”设为“1”天，其他参数保持默认。在“分步施工”模式下激活第二部分路堤（填筑第二层）。

4. 阶段4：第二层路堤填筑后固结

在“阶段浏览器”中单击“添加阶段”按钮“ ”，引入下一个计算阶段。第四阶段仍为“固结”分析，要求达到最小孔压。计算类型定义为“固结”。在“加载类型”下拉菜单中选择“最小孔压”选项，最小孔压（$|P\text{-stop}| = 1.0\text{kN/m}^2$）及其他参数均保持默认值。

至此计算阶段定义完毕。

开始计算之前，单击“选择生成曲线所需的点”按钮“ ”，选取两个监测点：一是，选择路堤坡脚，作为点A；二是，在软土层中部靠近（但不要在边界上）模型左侧边界选择第二个点，作为点B，此点可用于观察超孔压的累积与消散过程（此点选择不同，下文孔压曲线会略有不同）。之后单击“ ”开始计算。

在固结分析过程中，随时间而变化的结果将显示于计算信息视窗的上部（见图14-8）。除了乘子，视窗中还给出一个参数$P_{\text{excess,max}}$，表示当前的最大超孔压。这个参数在“最小孔压”固结分析中非常重要，因为此时计算要求所有孔压都降低至低于预先定义的最小孔压值。

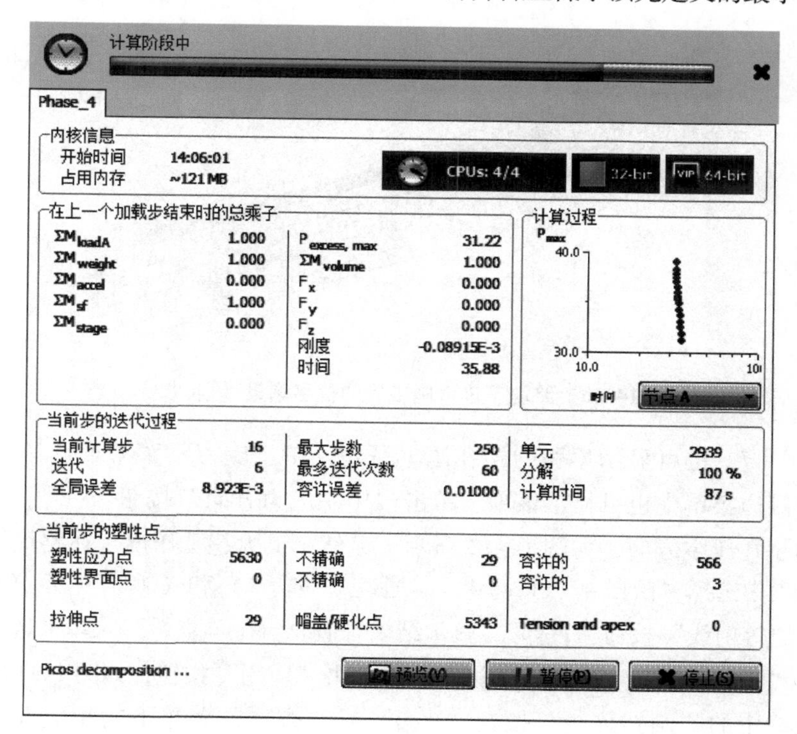

图14-8 “激活任务”窗口中显示的计算过程信息

14.4 查看结果

计算结束后，选择第三计算阶段，单击“查看计算结果”按钮“”，“输出”窗口显示不排水填筑第二层路堤后的变形网格（见图 14-9）。对于第三计算阶段，变形网格显示出由于不排水施工引起的路堤坡脚及附近地表隆起。

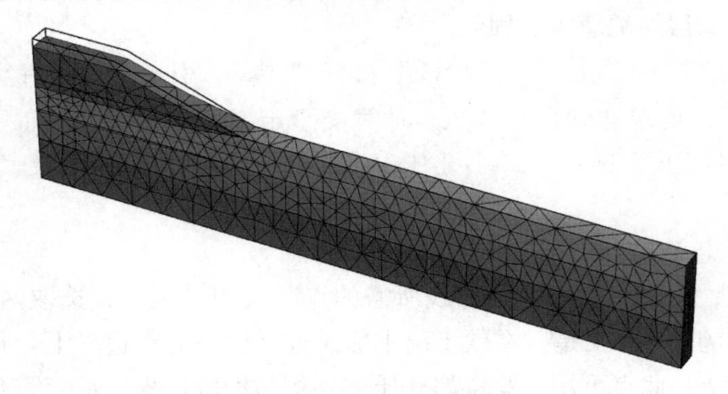

图 14-9　路堤不排水施工后的变形网格（阶段 3，真实比例）

从主菜单中依次选择“变形”→“增量位移”→“$|\Delta u|$”。在“查看”菜单中选择“矢量”选项，或者单击工具栏中的相应按钮“”，显示结果矢量图。观察总位移增量，可看出破坏机制正在发展之中（见图 14-10）。

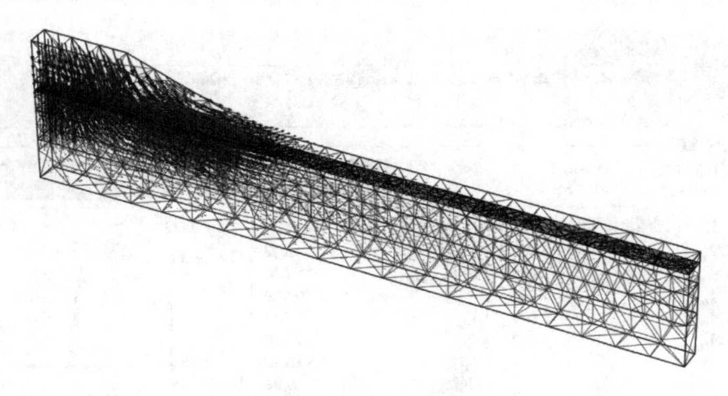

图 14-10　路堤不排水施工后的位移增量（阶段 3）

按下 <Ctrl +7> 键可显示累积的超孔压。另外，在“应力”菜单下选择“孔压”选项后，从对应的侧边菜单中也可显示该项。单击“中主应力方向”按钮“”，显示每个土体单元中心处的超孔压主方向，如图 14-11 所示。显然，最大超孔压出现在路堤下方中心。

在下拉列表中选择“阶段 4（Phase 4）”。通过点（0，1）和（60，1）定义竖直剖面。单击工具栏中的“等值线”按钮“”，显示结果等值线。在“查看”菜单下选择“视角”选项，在弹出的“视角”窗口中选择“前视图”并单击“应用”按钮，如图 14-12 所示。

使用工具栏中的“画扫描线”按钮“”或“查看”菜单下的相应选项，定义等值线标签的位置。可以看出，在阶段 4 中，原始地表面和路堤的沉降显著增大。这是由于超孔

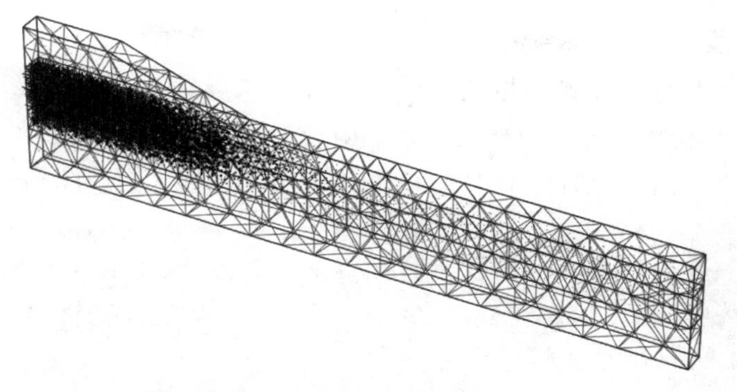

图 14-11 路堤不排水施工后的超孔压

图 14-12 “视角”窗口

压的消散（即固结）导致了土体进一步沉降。图 14-13 给出了固结后残余的超孔压分布，查看其最大值是否小于 1.0kN/m^2。

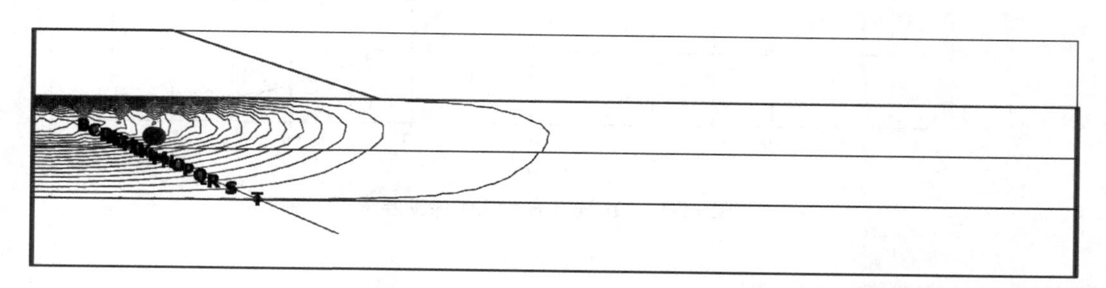

图 14-13 固结至 P_{excess} <1.0kN/m^2 后的超孔压

“曲线管理器”可用于观察路堤下超孔压随时间的发展变化过程。绘制超孔压-时间变化曲线步骤如下：

1）单击工具栏中的“曲线管理器”按钮“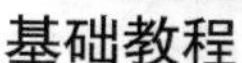”，弹出相应窗口。在“图表”选项卡下单击“新建”，弹出“曲线生成”窗口。对 x 轴，在下拉列表中选择“项目”选项，然后在目录树中选择“时间”。对 y 轴，在下拉菜单中选择软土层中间的点（点 B），然后在目录树中选择“应力”→“孔压”→“P_{excess}”。对 y 轴选择“反转符号”复选框。单击“确

认”按钮，生成曲线。

2）单击工具栏中的“设置”按钮“ ”，弹出“设置”窗口，显示已创建曲线的选项卡。单击“阶段”按钮，在弹出的窗口中选中“阶段 1”至“阶段 4”。重命名曲线，在“曲线标题”单元格中输入“阶段 1-4”。单击“应用”按钮，更新图示，保存图表。

提示： 如需在图表内显示图例，可在图表名上右击，从快捷菜单中选择“查看”选项，然后选择“表格图例”选项。（注意，此处 PLAXIS 软件汉化有误，应为“图内图例”，而非“表格图例”）。

图 14-14 中清楚地显示了四个计算阶段中超孔压的发展变化过程。在路堤填筑施工过程中，超孔压短时间内急剧增大，而在固结过程中，超孔压随时间逐渐消散。实际上，在路堤填筑施工过程中已经开始固结，只是时间很短。

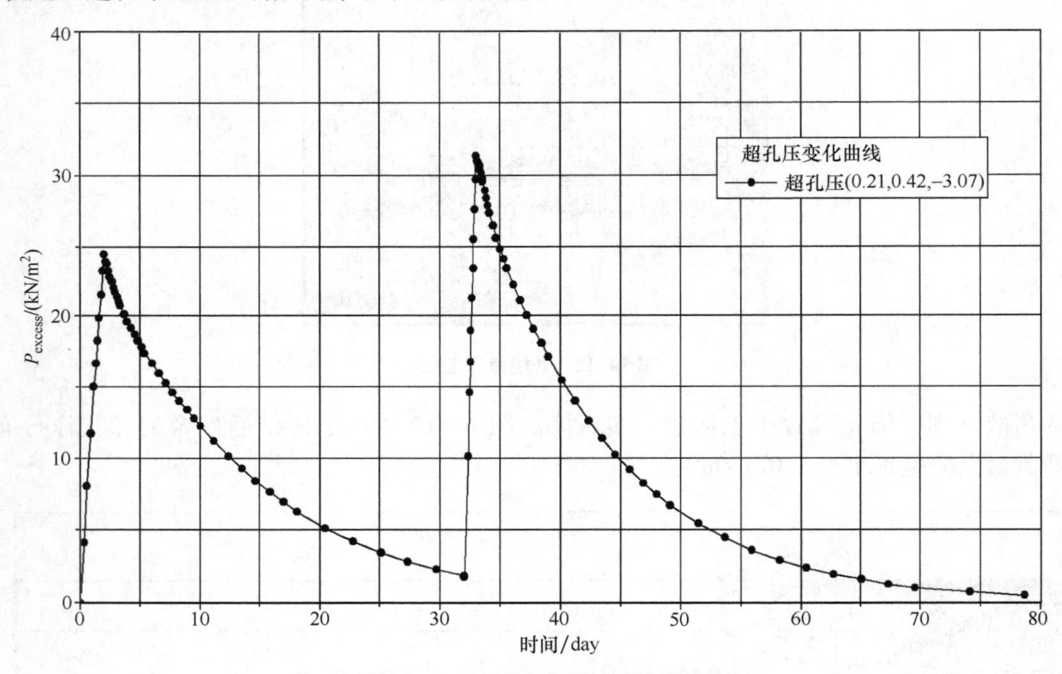

图 14-14　路堤下方超孔压的发展

14.5 安全性分析

1. 安全性的定义

在路堤设计中，不仅要考虑最终稳定性，而且也要考虑施工期间的稳定性。从计算输出结果可以清楚地看到在第二施工阶段之后破坏机制开始发展。因此，需要在这一阶段和其他施工阶段评估整体安全系数。

在结构工程中，安全系数通常定义为破坏荷载与工作荷载之比。不过，对于土工结构来说，这样的定义不一定有效。例如，对于路堤来说，大部分加载是由于土自重产生的，土重量的增加不一定导致破坏。事实上，一个纯摩擦土坡在土自重增加的实验（离心机实验）中不会发生破坏。因此，对安全系数更恰当的定义如下

$$安全系数 = S_{最大可用} / S_{平衡所需} \quad (14\text{-}1)$$

式中，S——抗剪强度。

实际抗剪强度和计算得到的保证土体平衡状态所需要的最小抗剪强度之比是土力学中传统上使用的安全系数。通过引入标准库仑条件，安全系数可以表达为

$$安全系数 = (c - \sigma_n \tan\varphi)/(c_r - \sigma_n \tan\varphi_r) \quad (14\text{-}2)$$

式中　c、φ——输入强度参数；

σ_n——实际正应力分量。

c_r和 φ_r 是不断减小到恰好足够大而能保持土平衡的抗剪强度参数。上面描述的原理是 PLAXIS 程序中计算整体安全系数使用的安全性分析方法的基础。应用这种方法，黏聚力和内摩擦角的正切将同比例折减，即

$$c/c_r = \tan\varphi/\tan\varphi_r = \sum Msf \quad (14\text{-}3)$$

强度参数的折减将由总乘子$\sum Msf$来控制。这个乘子将逐步增加，直到发生破坏。如果在破坏发生后连续几步的计算中能大体给出一个恒定的$\sum Msf$，这个乘子就定义为安全系数。

2. 路堤安全性计算

在“阶段”窗口下的“计算类型”下拉列表中可选择“安全性”计算选项。

要计算不同施工阶段路堤的整体安全系数步骤如下：

1）首先要计算第一个施工阶段后的安全系数，在“计算”程序中引入一个新的计算阶段（阶段5），在“起始阶段”下拉列表中选择“阶段1”。在“一般”子目录下选择计算类型为“安全性”，“加载类型”自动更改为“增量乘子”，对“安全性”计算类型只能使用该选项。乘子的第一步增量控制强度折减过程，Msf 自动设为0.1，本例中使用该值即可。注意，“孔压计算类型”会自动选择为“使用前一阶段孔压”，并且显示为灰色，表示不能更改。为了将计算起始阶段中已发生的破坏机制引起的变形清除掉，在“变形控制参数”子目录中选中“重置位移为零”选项，其余参数使用默认值。至此第一个安全性计算阶段定义完成。

2）遵循同样的步骤创建新的计算阶段，分析其他计算阶段末的安全性。除了计算类型要选择为“安全性”之外，“起始阶段”也要选择其相应的计算阶段。图14-15所示为包括“安全性”计算阶段的“阶段浏览器”。

3）定义好计算阶段后执行“安全性”计算。

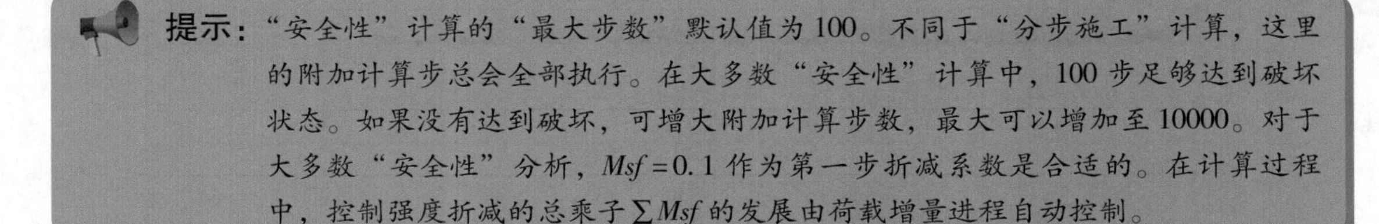

提示：“安全性”计算的“最大步数”默认值为100。不同于“分步施工”计算，这里的附加计算步总会全部执行。在大多数“安全性”计算中，100步足够达到破坏状态。如果没有达到破坏，可增大附加计算步数，最大可以增加至10000。对于大多数“安全性”分析，$Msf=0.1$ 作为第一步折减系数是合适的。在计算过程中，控制强度折减的总乘子$\sum Msf$的发展由荷载增量进程自动控制。

3. 结果评估——安全性

在“安全性”计算中会引起附加位移。总位移没有物理意义，但最终步（破坏状态）的增量位移可揭示可能的破坏机制。

选择最后一个“安全性”分析阶段，单击“查看计算结果”按钮。从“变形”下拉列表中选择“增量位移”⟶“|△u|”。将图形表现形式由“矢量图”改为“云图”，该图形可揭示可能的破坏机制（见图14-16，见书后彩色插页）。位移增量的大小没有意义。

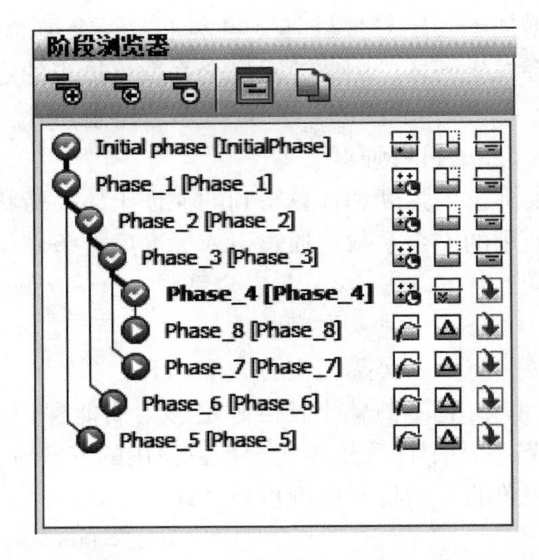

图14-15 “阶段浏览器”中显示的“安全性计算”阶段

“安全系数”可从“项目”菜单下的“计算信息”选项中查看。$\sum Msf$的值表示安全系数，前提是该值在最后几个计算步中基本保持为常量。评估安全系数最好的方式是绘制总乘子$\sum Msf$与某点位移之间的关系曲线。虽然位移大小没有意义，但可以以此揭示破坏机制是否得到充分发展。按此方法评估三种情况下的安全系数，可按如下操作：单击工具栏中的“曲线管理器”按钮；单击“图表”选项卡下的“新建”按钮；在“曲线生成”窗口中，为x轴选择路堤坡脚处的点（点A），继续选择“变形”⟶“总位移”⟶“$|u|$”；对y轴，选择“项目”，然后选择“乘子”⟶“$\sum Msf$”。在曲线图中包含“安全性”分析阶段，结果如图14-17所示。

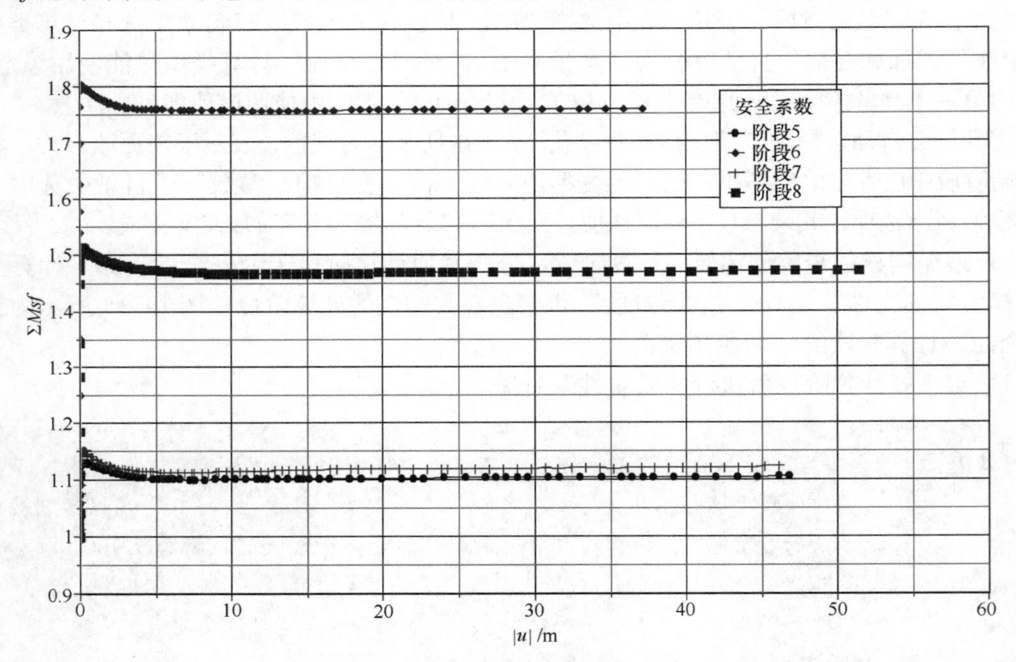

图14-17 位移——安全系数曲线

曲线图中的最大位移值没有意义。可以看到，每条曲线后期都得到了基本恒定的$\sum Msf$值。当鼠标光标滑过曲线上某点时，会弹出提示框，显示该点处$\sum Msf$的精确值。

14.6 使用排水单元

本节中考察使用排水单元后加快固结的效果。重新定义路堤施工过程，引入4个新阶段，属性与之前的4个阶段相同。新阶段的不同之处在于：在每个新阶段中都激活“排水单元”；前3个固结阶段（1~3）的“时间间隔”设为“1”天；最后阶段设为“最小孔压”，并取为1.0kN/m^2（即$|P\text{-stop}|$）。

计算完成后，选择最后阶段，单击“查看计算结果”按钮。弹出“输出”窗口，显示路堤最后一部分排水施工后的变形网格。

为比较排水的效果，可使用点B的超孔压消散来表现。打开“曲线管理器”，在“图表”选项卡中双击图表1（点B的P_{excess}与时间），显示该曲线图，关闭“曲线管理器”。单击工具栏中的“设置”按钮，弹出“设置”窗口。单击“添加曲线”按钮，从弹出菜单中选择“从当前项目添加”选项，弹出“曲线生成”窗口。

提示： 如果不添加新的曲线，也可以使用“曲线设置”窗口中的相应按钮对已有曲线进行重新生成。

对y轴选中“反转符号”复选框，单击“确认”按钮，关闭“曲线生成”窗口。

在图表中添加一条新曲线，在“设置”窗口中打开其对应的一个新选项卡。单击“阶段”按钮，从弹出窗口中选择“初始阶段”和最后4个阶段（排水），单击“确认”按钮。在“设置”中单击“应用”按钮，预览生成的曲线。单击“确认”按钮，关闭“设置”窗口。该曲线图（见图14-18）清楚地显示出考虑排水对超孔压消散所需时间的影响。

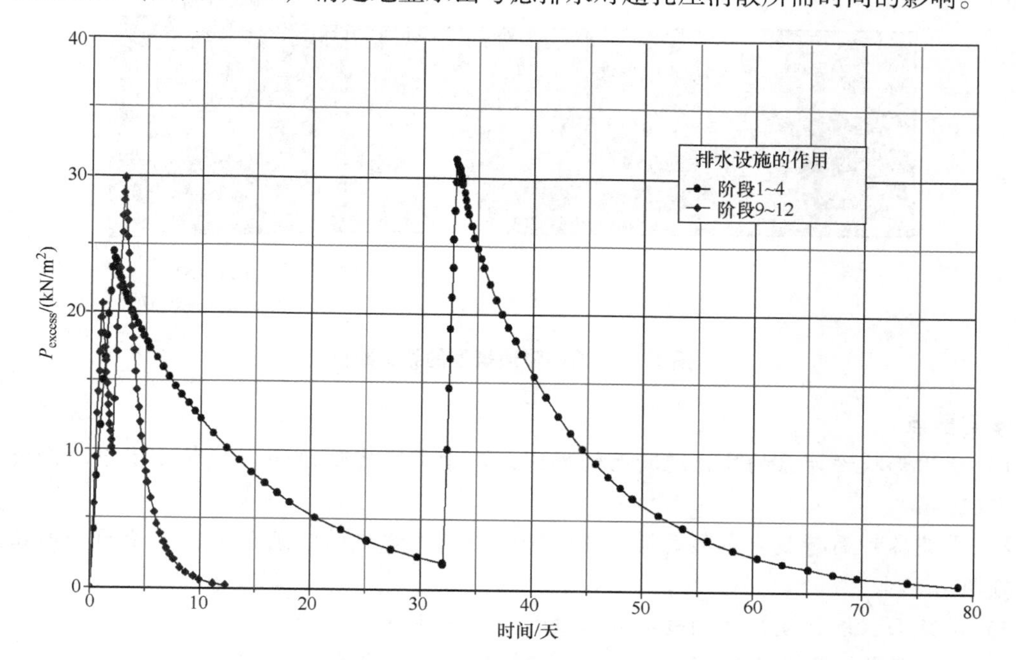

图14-18 排水对超孔压消散快慢的影响

第 15 章

15 盾构隧道分段开挖地表沉降分析

盾构隧道的衬砌常用预制混凝土管片组成，在隧道掘进机中用螺栓连接预制混凝土管片，形成隧道衬砌。组装衬砌时隧道掘进机（TBM，Tunnel Boring Machine）静止不动。当某一环衬砌组装完成后，继续开挖，直至能够安装下一环衬砌管片。因此，施工过程可以按每一环衬砌管片的长度分为若干施工阶段，一般约 1.5m 长。在每个施工阶段按上述步骤施工，如此往复进行。

为利用 PLAXIS 3D 模拟上述施工过程，沿隧道轴线方向将隧道几何模型分割为若干施工段，每段长 1.5m。计算过程由若干"塑性"计算阶段组成，每个阶段用来模拟相同的开挖施工过程，模拟内容包括：为防止掌子面土体主动破坏施加在掘进面上的支承压力，盾构机（TBM）护盾的锥形形状，盾构机（TBM）中土体和孔隙水的开挖过程，隧道管片安装及在新装衬砌与土体之间空隙注浆（见图 15-1）。在每个计算阶段中，为相应施工阶段输入的参数都是相同的，只是各施工阶段的位置，需每次向前移动 1.5m。

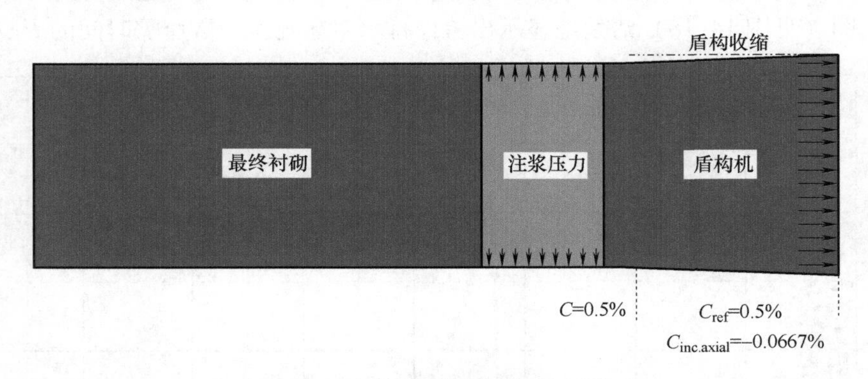

图 15-1　盾构隧道模型的施工阶段

学习要点：

1）使用形状设计器构建隧道断面轮廓线，基于多段线创建面，对部分重合的面进行交叉与重组。

2）定义各种面荷载分布形式模拟盾构隧道施工过程中的注浆压力、掌子面平衡压力和千斤顶推力。

3）定义面收缩，模拟盾构隧道施工过程中的土体损失。

4）模拟盾构隧道推进过程。

15.1 几何模型

根据隧道断面形状及周边环境的对称性建立模型，只包括隧道的一半。本例模型宽20m（x轴方向），y轴方向长80m，高20m，该范围已足够大到允许各种可能的破坏机制发生，并能避免模型边界的影响。

启动PLAXIS 3D“输入”程序，在“快速选择”对话框中选择“启动新项目”。在“项目属性”窗口中设置适当的模型尺寸，即$x_{min}=-20m$，$x_{max}=0m$，$y_{min}=0m$，$y_{max}=80m$。

15.1.1 定义土层

本例几何模型中涉及的地层由三种土层组成。上部软砂层厚2.0m，自地表延伸至平均海平面（MSL，Mean Sea Level）。砂层下是12.0m厚的黏土层，黏土层下部为很厚的硬砂层，模型中只包含了6.0m厚的硬砂层。因此，模型底部在平均海平面以下18.0m。首先在“土”模式下定义土层，单击“土”标签进入“土”模式。

1）创建钻孔。假定整个模型土层均为水平的，所以只需一个钻孔来描述土层。当前地下水位与平均海平面相同。单击“创建钻孔”按钮，在坐标系原点单击左键，从而在（0，0，0）处创建一个钻孔。此时，会自动弹出“修改土层”窗口。

2）定义土层。共定义3个土层：上部软砂层顶标高2.0m，底标高0.0m，黏土层底标高-12.0m，硬砂层底标高-18.0m。单击“材料”按钮打开材料数据库，为土层材料和隧道混凝土衬砌材料创建数据组，具体材料参数见表15-1。

表15-1 土层材料参数

选项卡	参数	符号	上部砂层	黏土层	硬砂层	混凝土	单位
一般	材料模型	—	莫尔-库仑	莫尔-库仑	莫尔-库仑	线弹性	—
	排水类型	—	排水	排水	排水	非多孔	—
	天然重度	γ_{unsat}	17.0	16.0	17.0	27.0	kN/m³
	饱和重度	γ_{sat}	20.0	18.0	20.0	—	kN/m³
参数	弹性模量	E_{ref}	1.3E4	1.0E4	7.5E4	3.1E7	kN/m²
	泊松比	ν	0.3	0.35	0.3	0.1	—
	黏聚力	c'	1.0	5.0	1.0	—	kN/m²
	摩擦角	φ	31	25	31	—	(°)
	剪胀角	ψ	0	0	0	—	(°)
界面	界面强度	R_{inter}	刚性	刚性	刚性	刚性	—
初始条件	初始水平应力系数	K_0	自动	自动	自动	自动	—

3）指定土层并定义水位。将上一步定义好的3个土层材料组指定给相应土层（见图15-2），上部砂层指定最顶层，之下为黏土层，最下面为硬砂层，然后关闭“修改土层”窗口。混凝土数据组将在后面定义施工阶段时指定。地下水位0.0m，故水头（Head）处取默认值0.0m。定义好的钻孔见图15-2。单击“确定”按钮，关闭“修改土层”窗口，返回

到绘图区。在绘图区中现在已有一个土层几何模型，尺寸大小即为“项目属性”窗口中定义的模型范围，各土层厚度及颜色与钻孔数据相对应。

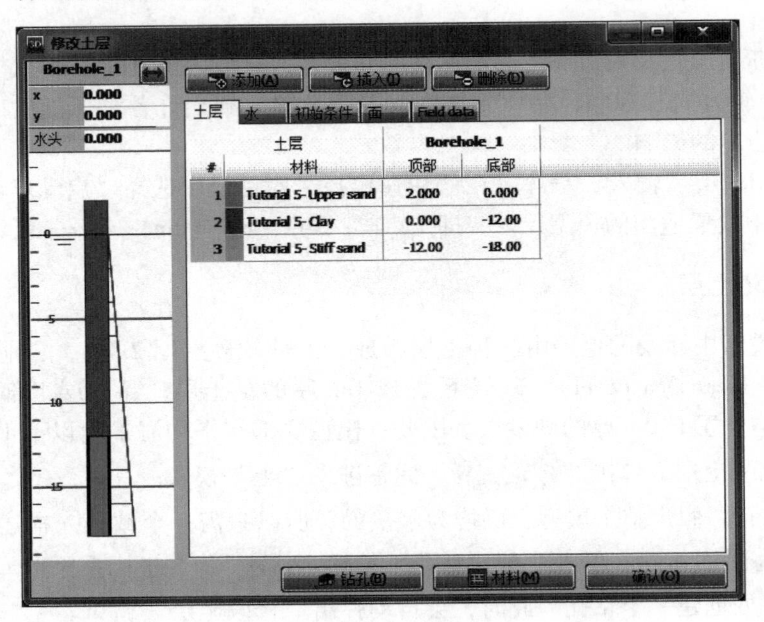

图 15-2　土层分布

15.1.2　定义结构单元

在“结构”模式下定义盾构隧道的开挖、支护等相关各项内容。隧道通过盾构机（TBM）进行开挖，盾构机长 9.0m，直径 8.5m。

1. 创建隧道表面

在“结构”模式下，利用“创建多段线”工具建立隧道和盾构机的几何模型：

1）第一步，创建隧道衬砌的外径轮廓线。单击“创建多段线”按钮“”。在绘图区任意位置单击，弹出“形状设计器”窗口。在该窗口“一般”选项卡下，保持形状的默认选项“自由（Free）”。在“方向轴 1（Orientation axis 1）”的下拉列表中选择“*X* 轴”，在“方向轴 2（Orientation axis 2）”的下拉列表中选择“*Z* 轴”，从而确定在 *XZ* 平面内绘制多段线，如图 15-3 所示。

单击进入“线段（Segments）”选项卡。单击“添加”，引入一个新的线段。更改线段类型，在“线段类型（Segment type）”下拉列表中选择“圆弧（Arc）”。“相对起始角（Relative start angle）”设为 180°，“半径（Radius）”设为 4.25m，“线段角度”设为 180°，“离散角”采用默认值 5°。设置完成后如图 15-4 所示。单击“确认（O）”按钮，完成多段线定义，关闭“形状设计器”窗口。在绘图区模型中会显示该多段线（圆弧）。

提示： 一段圆弧会离散化为多个直线线段。沿离散化圆弧的每一段弦（chord）对应的圆心角称为“离散角”。

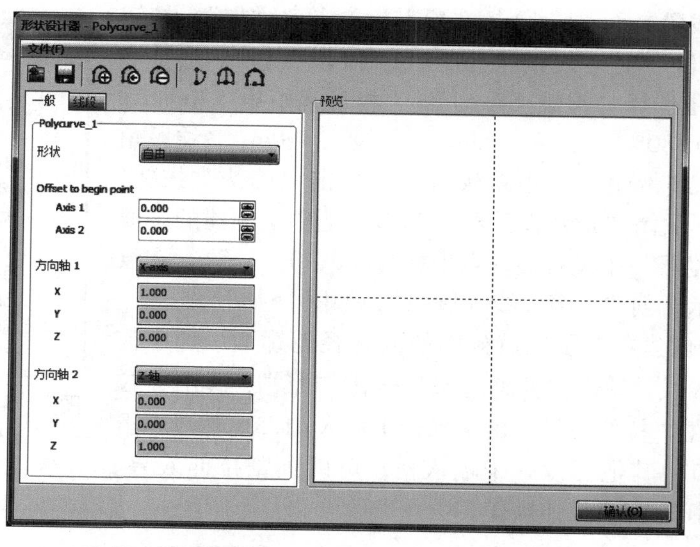

图 15-3 “形状设计器”的“一般”选项卡

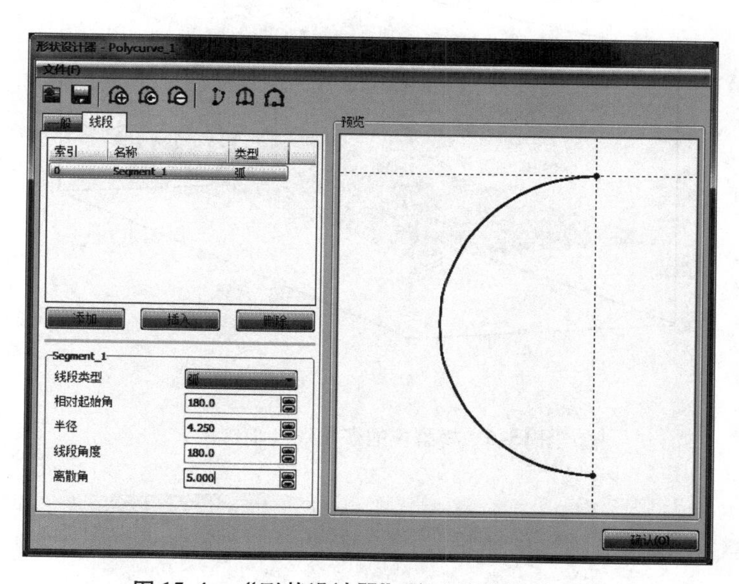

图 15-4 “形状设计器”的“线段”选项卡

在绘图区中单击上一步创建的多段线将其选中，则绘图区左侧上部的“选择浏览器”中会列出该多段线的相关信息，将其插入点坐标（x，y，z）设为（0，0，-4.75），如图 15-5所示。

2）第二步，创建隧道最终衬砌（以下简称“衬砌”）的内径轮廓线。考虑衬砌厚度 0.25m，圆弧半径为（4.25 - 0.25）m = 4m，插入点将位于 z = -5m。操作如下：单击“创建多段线”按钮“”。在绘图区任意位置单击，弹出“形状设计器”窗口。在该窗口“一般”选项卡下，保持形状的默认选项“自由（Free)”。在“方向轴 1（Orientation axis 1）”的下拉列表中选择“X 轴”，在“方向轴 2（Orientation axis 2）”的下拉列表中选择“Z 轴”，从而确定在 XZ 平面内绘制多段线。

单击进入“线段（Segments）”选项卡。单击“添加”，按钮引入一个新的线段。更改线段类型，在“线段类型（Segment type）”下拉列表中选择“圆弧（Arc）”。“相对起始角（Relative start angle）”设为180°，“半径（Radius）”设为4.0m，“线段角度”设为180°，“离散角”采用默认值5°。单击“确认”按钮，完成多段线定义，关闭“形状设计器”窗口。选中刚创建的多段线，在“选择浏览器”中设置插入点坐标为（0，0，−5）。在绘图区模型中会显示新创建的多段线（圆弧），如图15-6所示。

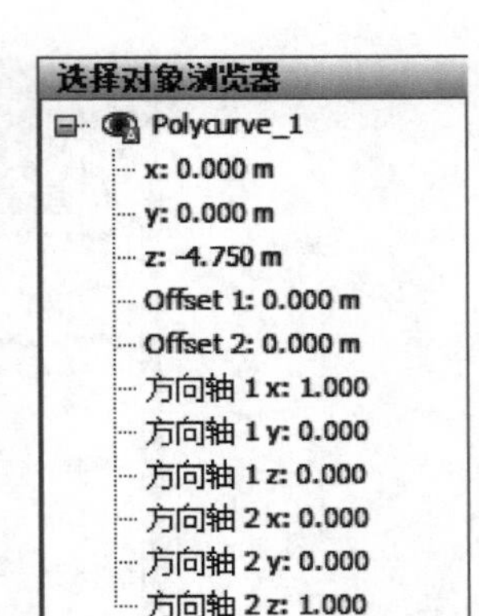

图15-5 “选择浏览器”中的“多段线”

3）第三步，创建左半段隧道衬砌的内外径轮廓面。选中前面创建的两条多段线，单击“拉伸对象”按钮“ ”，弹出“拉伸对象”窗口，在“拉伸矢量”的y坐标中输入41.5。然后单击“拉伸对象”窗口中其他任意一个输入格，可以预览拉伸效果。单击“应用”按钮，完成拉伸操作。

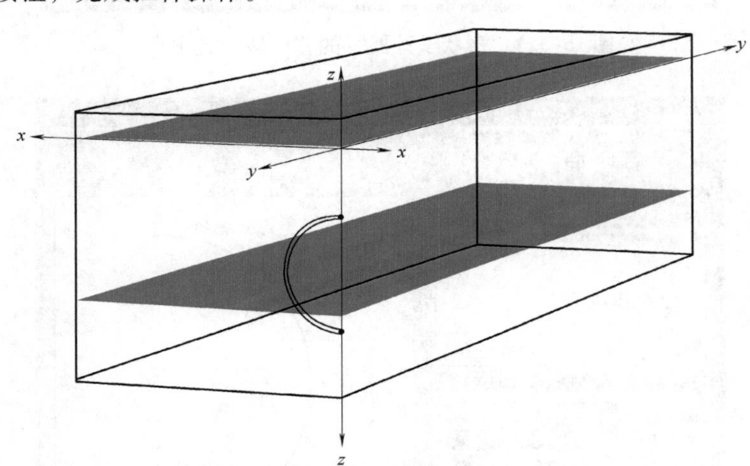

图15-6 模型中的多段线（前视图）

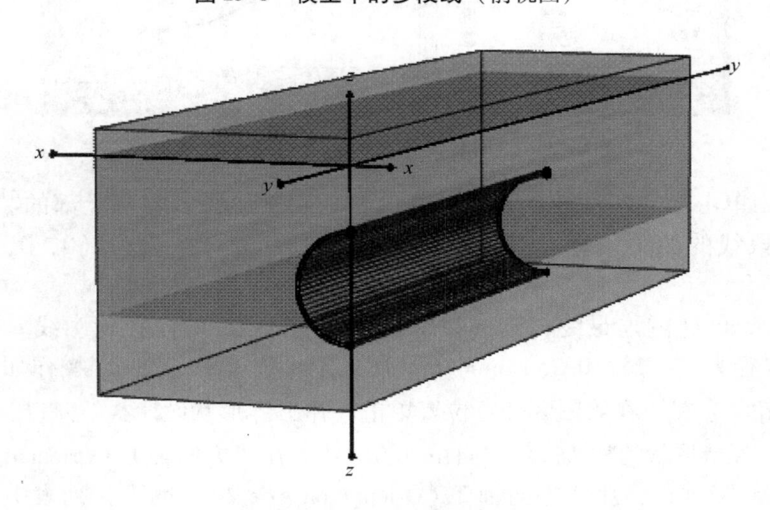

图15-7 拉伸结果预览

4）第四步，创建左半段隧道实体。要创建隧道实体，需先定义最终交叉平面。右击隧道衬砌内径轮廓线，在快捷菜单中选择“创建面”选项，以隧道内径轮廓线和该线两端点连线为外边线创建一个半圆面。同样操作，为隧道衬砌外径轮廓线创建半圆面。

单击“透视图”按钮“”，重置模型视图。然后单击“选择多个对象”按钮“”，在展开菜单中单击“选择面”选项，在模型中框选上一步从隧道轮廓线创建的两个面（见图 15-8）。在选中的面上右击，从快捷菜单中选择“交叉与重组（Intersect and recluster）”选项。交叉分割后生成的面可分别称为 *A*（内部半圆面）和 *B*（外部半圆环面），如图 15-9 所示。注意，外部面 *B* 对应衬砌，内部面 *A* 对应隧道内部空间。

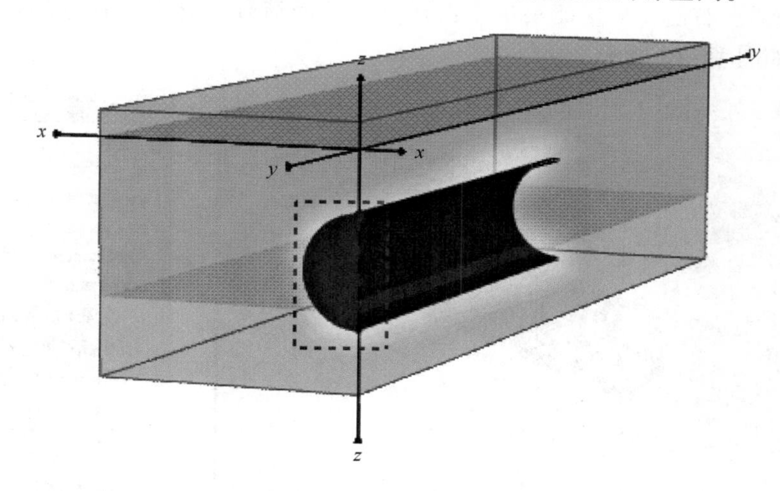

图 15-8　选择模型中的面

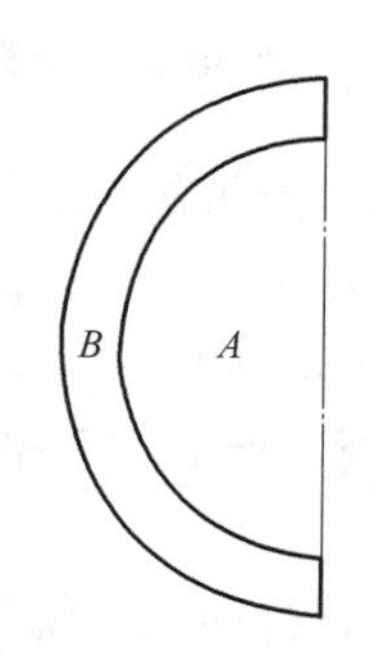

图 15-9　内部和外部面

选中 *A*、*B* 两个面，单击“创建阵列”按钮，在“创建阵列”窗口中在“形状”下拉列表中选择“1D，在 *y* 方向”。列数保持默认值 2，“列距”设为 $y = 41.5\text{m}$。单击“确认”按钮，就在 $y = 41.5\text{m}$ 处创建了 *A*、*B* 两个面。此后可删除位于 $y = 0$ 处的两个原始面。

2. 创建盾构推进开挖线段

为模拟盾构推进过程，共分 5 个计算阶段，包括盾构的初始位置及 4 次推进，每次推进 1.5m。因此需定义如下内容：代表盾构和衬砌初始位置的竖向平面、代表 4 次推进过程中盾构端头、尾部和衬砌位置的竖向平面。总共需 12 个平面，从 $y = 25\text{m}$ 至 $y = 41.5\text{m}$，间距1.5m。

1）选中位于 $y = 41.5\text{m}$ 处的两个面（A 和 B）。

2）单击“创建阵列”按钮“ ”，在“创建阵列”窗口中从“形状”下拉列表中选择“1D，在 y 方向”，“列数”设为12，“列距”设为 $y = -1.5\text{m}$，点击“确认”，创建面。

3. 创建隧道掌子面平衡压力

隧道掌子面平衡压力为膨润土压力，随深度线性增长。对盾构初始位置以及后续4次推进位置，均需定义隧道掌子面平衡压力。

1）选中 $y = 35.5\text{m}$ 至 $y = 41.5\text{m}$ 处的面（5个位置，包括 A 部分和 B 部分，共10个面），在选中的面上右击，从快捷菜单中选择“创建面荷载”选项，在选中的这10个面上创建面荷载，如图15-10所示。

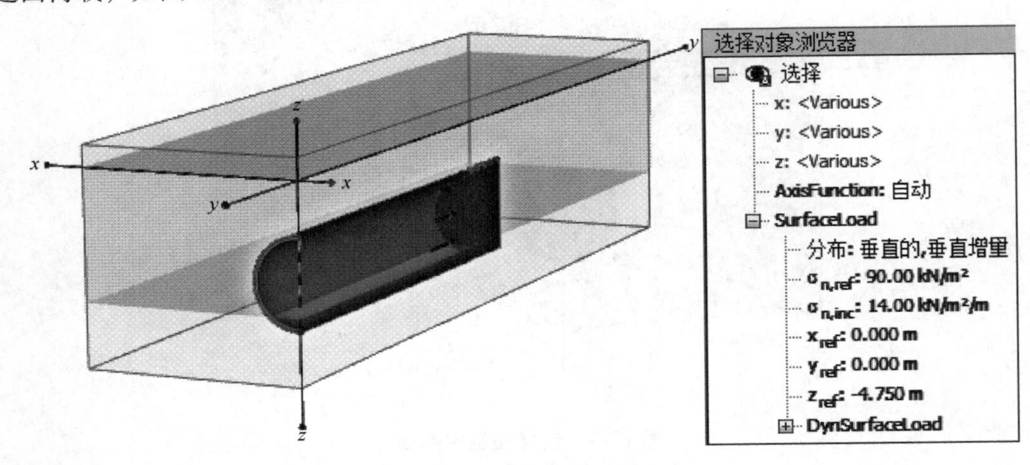

图15-10　模型中隧道掌子面压力

2）创建面荷载后，上述10个面仍处于被选中的状态（红色），在“选择浏览器”中单击“面荷载”前面的按钮“⊞”，展开目录树。从面荷载的“分布”下拉菜单选择“垂直，沿竖向增长（Perpendicular，vertical increment）”，并输入 $\sigma_{n,ref} = 90\text{kN/m}^2$，$\sigma_{n,inc} = 14\text{kN/m}^2$。参考点坐标设为（0，0，−4.75），注意，此处主要是 z 坐标发挥作用。

4. 创建千斤顶推力

在隧道掘进过程中，盾构需要推动自身前进，脱离已完成的衬砌，该过程通过液压千斤顶来实现，故此模型中需要考虑千斤顶作用在隧道衬砌上的力。

1）选中 $y = 25$ 至 $y = 31$ 范围内5个隧道平面的 B 部分（见图15-11，见书后彩色插页）。在选中的面上右击，在弹出菜单中选择“创建面荷载”选项，在这选中的5个半圆环面上创建面荷载。

2）创建面荷载后，上述5个面仍处于被选中的状态（红色），在“选择浏览器”中单击“面荷载”前面的按钮“⊞”，展开目录树。千斤顶推力为均匀分布，荷载“分布”设为“垂直”，输入 $\sigma_n = -635.4\text{kN/m}^2$。注意，因为千斤顶推力是向后的所以为负值，与隧道掌子面平衡压力的方向相反。

5. 定义盾构、面收缩和注浆压力

定义好隧道和盾构的几何模型之后，需要定义模拟盾构机的板单元，定义面收缩以及定义用以填充尾部空隙的注浆压力。

1）定义盾构机。右击模型中的外圆柱面，在右键菜单中选择“创建板”，从而为代表盾构机的面指定板单元。根据表15-2为盾构机创建板材料数据组，并将其指定给刚创建的板单元。注意，每个阶段中只有9.0m长的板单元是激活的，用以模拟盾构机。

表15-2 模拟盾构机的板材料属性

参 数	符 号	盾 构	单 位
厚度	d	0.35	m
重度	γ	120	kN/m^3
材料模型	—	线性各向同性	—
弹性模量	E_1	2.3E7	kN/m^2
泊松比	ν_{12}	0	—
剪切模量	G	11.5E6	kN/m^2

2）定义面收缩。右击外圆柱面（与上一步选择的圆柱面相同），在右键菜单中选择“创建面收缩”，收缩的分布类型和取值将在计算阶段定义中指定。表示注浆压力的面荷载在施工过程中是恒定不变的，因此可以在“结构”模式下定义，从而不必在计算阶段定义中更改。

3）定义注浆压力。类似的，右击外圆柱面（与上一步选择的圆柱面相同），在右键菜单中选择“创建面荷载”，用以模拟注浆压力。在隧道开挖定义中，隧道顶部（$z=-4.75$m）注浆压力为100kN/m^2，并随深度按20kN/m^2/m的规律增长。在“选择浏览器”中单击“面荷载”前面的按钮“⊞”，展开目录树。在“分布”下拉列表框中选择“垂直，沿竖向增长”，输入$\sigma_{n,ref}=100$kN/m^2，$\sigma_{n,inc}=20$kN/m^2，并将荷载参考点坐标（x_{ref}，y_{ref}，z_{ref}）定义为（0，0，−4.75）。

提示： 当施加垂直荷载时，荷载的符号取决于面的局部垂直坐标系。负号荷载表示荷载方向与局部垂直轴方向相反。

6. 定义土与结构相互作用

最后，在隧道外围添加土与结构相互作用模拟。右击外圆柱面（与前几步同一个面），在右键菜单中选择“创建正向界面”。

提示： 为了绘图方便，可以隐藏界面单元和隧道衬砌，以免遮挡观察隧道。这可以在“模型浏览器”中通过单击界面单元前面的小眼睛“👁”来实现选中对象的显示和隐藏。

至此，完成了“结构”模式下的建模，如图 15-12 所示。

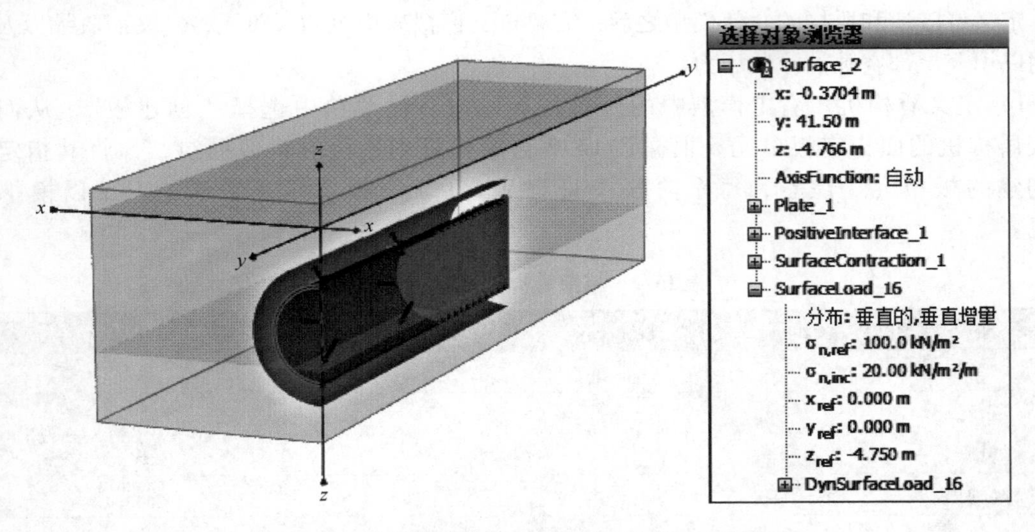

图 15-12　模型中的盾构、面收缩、注浆压力和界面

15.2 生成网格

在“网格”模式中可根据前面定义的几何模型生成有限元网格，还可以指定全局或局部网格加密。为得到更加精确的结果，可以在围绕墙体和基础等部位进行网格局部加密。进入网格模式后，整个几何模型显示为暗灰色。

首先，单击“生成网格”按钮，自动弹出“网格选项”窗口，其中“单元分布”采用默认选项（“中等”），单击“确认”按钮，程序开始自动生成有限元网格。划分网格成功后，绘图区下方命令行区域提示生成的单元和节点数量。然后，可单击“查看网格”按钮，观察生成的网格（见图 15-13）。查看网格后可关闭输出窗口。

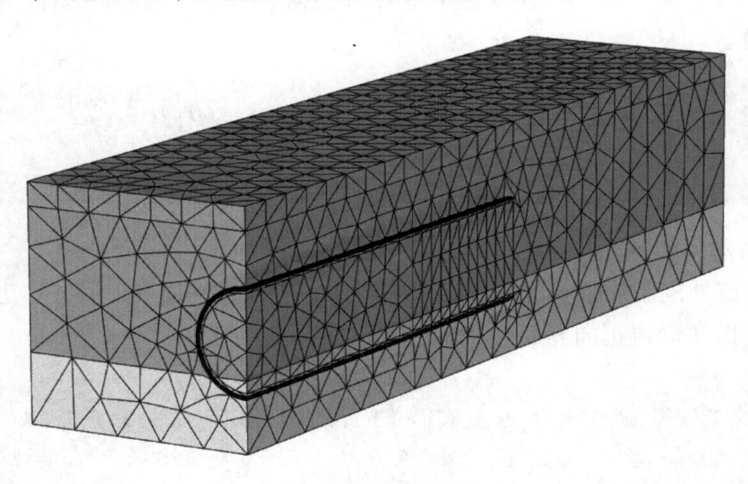

图 15-13　生成的网格

15.3 执行计算

隧道开挖和衬砌施工将在“分步施工”模式下模拟。由于水位恒定不变，可以略过“水位”模式。应注意，在生成网格时，隧道已被分为两大部分，上半部分位于黏土层中，下半部分位于硬砂层中。因此对于隧道的上下两部分，很多操作需执行两次。

本例中将分若干计算阶段模拟土体开挖和隧道衬砌施工，每个计算阶段的设置基本相同。首先开挖盾构前方的土体，在掘进面上施加支承压力，然后激活盾构机并模拟其锥度影响，在盾构机尾部施加因注浆填充空隙产生的注浆压力以及为推动盾构机前进而作用在已完成衬砌上的千斤顶推力，之后拼装新一环衬砌管片。第一个计算阶段与后续计算阶段不同，因为在这一阶段是头一次激活隧道。在第一计算阶段中将模拟隧道已经掘进 25m，后续计算阶段中每次掘进 1.5m。

15.3.1 初始阶段

利用“K_0 过程”生成初始应力，初始阶段采用程序默认设置即可。

15.3.2 第一阶段——TBM 初始位置

在第一阶段中假定 TBM 已经推进了 25m。考虑到前 25m 中 TBM 的锥度的影响，需激活模拟 TBM 的板单元并为其施加 0.5% 的面收缩。衬砌在下一阶段激活。

1）在“阶段浏览器”中单击“添加阶段”按钮，在初始阶段后添加第一个计算阶段（阶段 1）。单击按钮“ ”，将模型视图重置为右视图，以便更清楚地查看隧道内部。在绘图区中选中对应前 25m 隧道衬砌和内部空间的土体单元（见图 15-14）。注意，为了便于观察该图中只显示隧道及其周围部分模型。

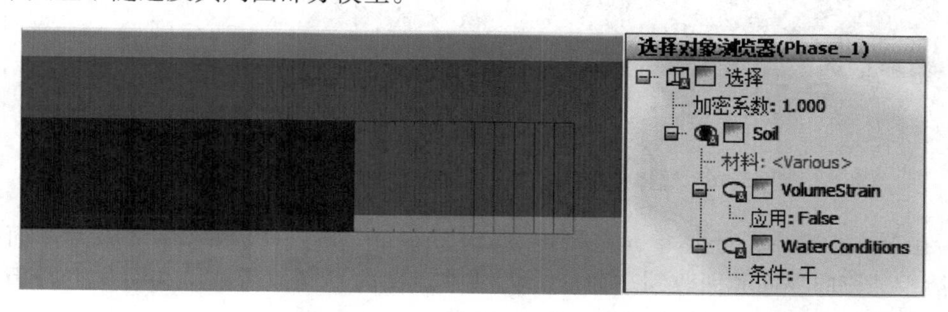

图 15-14　选择土体并冻结 + 设置水力条件（$y = 0 \sim 25$m）

2）在“选择浏览器”中冻结上一步选中的土体。冻结土体后，代表被冻结土体的线框仍显示为红色，这是因为其还处于被选中状态。在“选择浏览器”中单击“土（Soil）”子目录前方的按钮“⊞”将其展开，将“水力条件（Water Conditions）”设为“干”，如图 15-14 所示。

> **提示：** 冻结的对象自动隐藏其面和体，但代表被隐藏对象的线框不会隐藏。要在计算阶段中设置对象是否可见，可在“可视化设置”窗口的相应标签页下进行设置。

3）激活 $y=0$m 至 $y=25$m 范围内隧道的界面、板和面收缩。单击“多项选择（Select multiple objects）”按钮“”，在展开菜单中单击“选择板”选项“”，然后框选模型中 $y=0$m 至 $y=25$m 之间赋予了板属性的面（见图 15-15）。

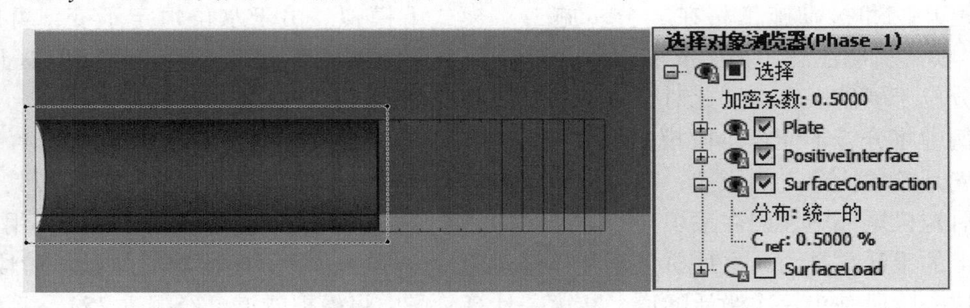

图 15-15　选择板并激活板、界面和面收缩（$y=0\sim25$m）

4）在“选择浏览器”中选中对应检查框，激活板、正向界面和面收缩。在“选择浏览器”中展开“面收缩（Surface Contraction）”子目录，指定面收缩为均匀分布，$C_{ref}=0.5\%$，如图 15-15 所示。

5）紧挨隧道前 25m 的部分（$y=25\sim26.5$m）用来模拟 TBM 尾部空隙注浆区域。这里需冻结隧道内土体和衬砌，激活面荷载模拟注浆压力。

具体操作是：选中 $y=25$m 至 $y=26.5$m 范围内的衬砌和隧道内土体，在“选择浏览器”中将其冻结，并将“水力条件（Water Conditions）”设为“干”，如图 15-16 所示。

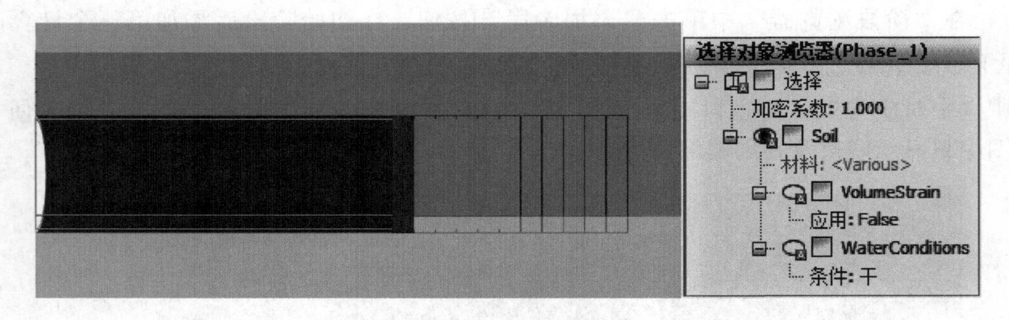

图 15-16　选择土体并冻结 + 设置水力条件（$y=25\sim26.5$m）

6）在上一步选中的土体单元范围内（$y=25\sim26.5$m），只激活注浆压力（面荷载），但不激活板、正向界面和面收缩。为区分模型中定义的不同面荷载，利用“选择板”选项来选择指定了板、界面、面收缩和注浆压力的面。

具体操作是：单击“多项选择”工具展开菜单中的“选择板”按钮“”，然后框选 $y=25$m 至 $y=26.5$m 之间的面。在“选择浏览器”中激活对应注浆压力的面荷载，如图 15-17所示。注意，这个表示注浆压力的面荷载在“结构”模式下已经定义好了。

7）随后的 6 个分段（$y=26.5\sim35.5$m）用来模拟 TBM。单击“多项选择”按钮“”，在展开菜单中单击“选择土”按钮“”，然后框选 $y=26.5$m 至 $y=35.5$m 范围内 6 个分段中对应衬砌及隧道内土体的土体单元。在“选择浏览器”中冻结选中的土体，并将“水力条件”设为“干”（见图 15-18）。

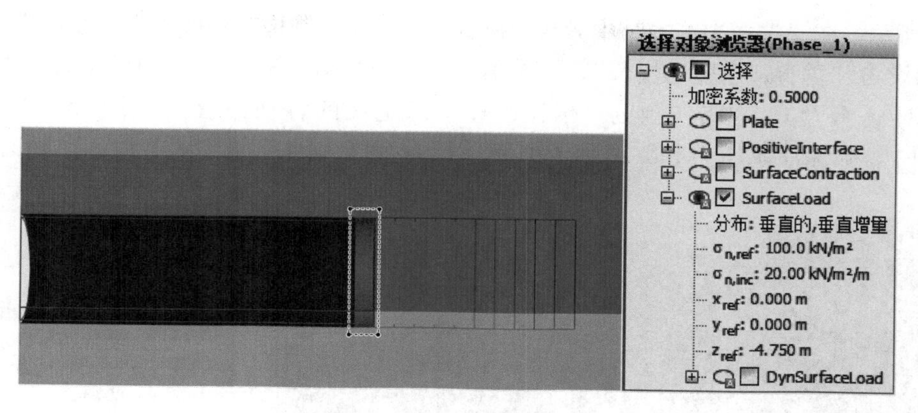

图 15-17　选择板激活面荷载（$y=25\sim26.5\mathrm{m}$）

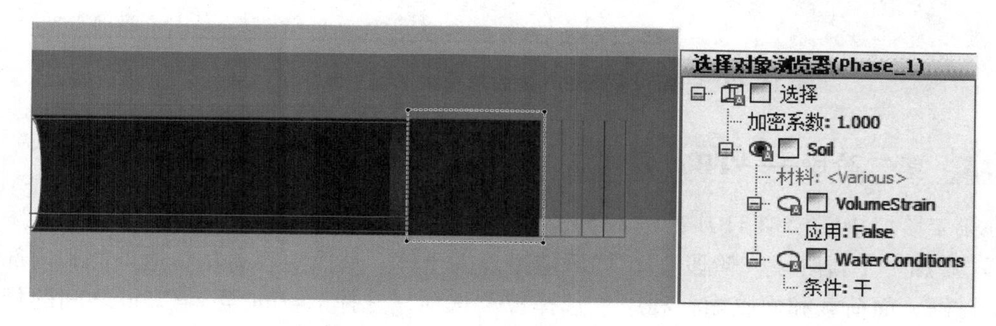

图 15-18　选择土体并冻结 + 设置水力条件（$y=26.5\sim35.5\mathrm{m}$）

8）单击“多项选择”工具展开菜单中的“选择板”按钮“”，框选 $y=26.5\mathrm{m}$ 至 $y=35.5\mathrm{m}$ 之间已指定了板属性的面。在“选择浏览器”中激活正向界面、板和面收缩。

9）设置 TBM 的面收缩值。由于 TBM 外形有轻微锥度，TBM 尾部断面面积比端部断面面积缩小 0.5%。TBM 的前 7.5m 范围（$y=35.5\mathrm{m}$ 至 $y=28\mathrm{m}$）直径逐渐缩小，最后 1.5m（$y=28\mathrm{m}$ 至 $y=26.5\mathrm{m}$）直径不变。这意味着 $y=28\mathrm{m}$ 至 $y=26.5\mathrm{m}$ 这段均匀收缩 0.5%，其余 5 段收缩沿轴向线性变化，参考值 $C_{ref}=0.5\%$，增量 $C_{inc,axial}=-0.0667\%$，参考点 y 坐标为 28。

具体操作为：单击“多项选择”工具展开菜单中的“选择板”按钮“”，框选 $y=26.5\mathrm{m}$ 至 $y=28\mathrm{m}$ 之间的面，设置面收缩分布为“均匀”，$C_{ref}=0.5\%$。单击“多项选择”工具展开菜单中的“选择板”按钮“”，框选 $y=28\mathrm{m}$ 至 $y=35.5\mathrm{m}$ 之间的面。在“选择浏览器”中，收缩分布选为“轴向增加”，定义 $C_{ref}=0.5\%$，$C_{inc,axial}=-0.0667\%/\mathrm{m}$。

提示： 注意，该增量值必须为负，因为收缩率沿第 1 局部坐标轴正向逐渐减小。参考点坐标设为（0，28，0）。

10）第一计算阶段还需定义隧道开挖面支承压力以保证开挖面稳定。利用“选择面荷载”选项“”，选择位于 $y=35.5\mathrm{m}$ 处对应支承压力的面荷载。总览图及局部放大图如

图15-19所示。在“选择浏览器”中激活面荷载，在前面“结构”模式下定义几何模型时，荷载分布已设为“垂直，沿竖向增长”，荷载值为 $\sigma_{n,ref}=90\text{kN/m}^2$，$\sigma_{n,inc}=14\text{kN/m}^2$，参考点位置（0，0，-4.75）。单击“预览”按钮，查看已定义的各项内容（见图15-20，见书后彩色插页）。确保注浆压力和隧道掌子面支承压力都已施加且都是从上到下逐渐增大。

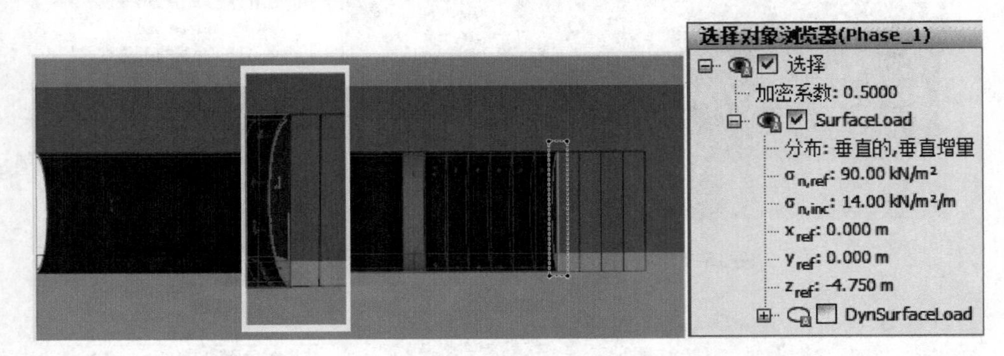

图15-19 选择 $y=35.5\text{m}$ 处的隧道掌子面支承压力并激活

15.3.3 第二阶段——TBM推进1

在第二阶段中，模拟TBM推进1.5m。

1）添加一个新阶段（阶段2）。隐藏隧道外围土体，从而更容易从隧道外部和内部选择TBM、衬砌、面荷载和面收缩。利用“选择板”选项，选择 $y=0\text{m}$ 至 $y=25\text{m}$ 之间的板，冻结板和面收缩。利用“选择体积”选项，选择 $y=0\text{m}$ 至 $y=25\text{m}$ 之间隧道衬砌对应的土体单元。在“选择浏览器”中激活选中的土体，展开“土体（Soil）”子目录，从“材料”下拉列表框中选择“混凝土”。

2）单击 $y=25\text{m}$ 至 $y=26.5\text{m}$ 之间的荷载，将其冻结。激活 $y=25\text{m}$ 至 $y=26.5\text{m}$ 之间的正向界面。利用“选择体积”选项，选择 $y=25\text{m}$ 至 $y=26.5\text{m}$ 之间对应隧道衬砌的土体，按上一步的方法将其定义为隧道衬砌。利用“选择面荷载”选项，选中 $y=26.5\text{m}$ 处的千斤顶推力（见图15-21），将其激活。

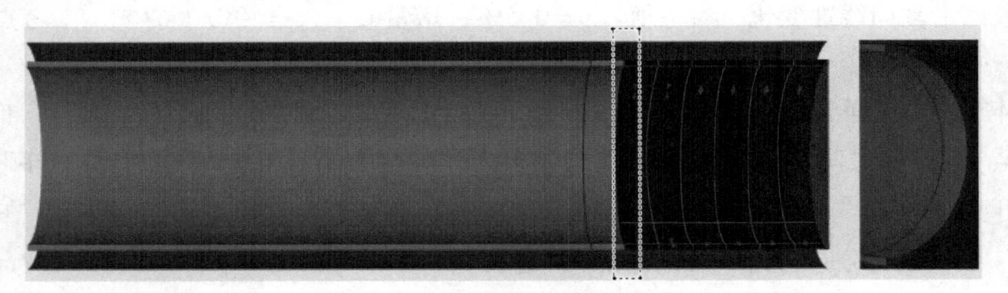

图15-21 $y=26.5\text{m}$ 处的千斤顶推力

3）由于TBM推进了1.5m，在 $y=26.5\text{m}$ 至 $y=28\text{m}$ 之间只存在注浆，需冻结这一范围内的板、界面和面收缩。利用“选择板”选项，选中 $y=26.5\text{m}$ 至 $y=28\text{m}$ 之间的面，冻结界面、板和面收缩。激活注浆对应的荷载。

4）随后的6个分段（$y=28\text{m}$ 至 $y=37\text{m}$）对应TBM。$y=28\text{m}$ 至 $y=29.5\text{m}$ 之间的一段

为 TBM 尾部，选中该范围内两部分板单元，将其收缩分布修改为“均布”，$C_{ref}=0.5\%$。利用“选择面荷载”选项，选中 $y=35.5\text{m}$ 处的面荷载，将其冻结。（此为第一计算阶段中第10步激活的隧道开挖面支承压力，本阶段中隧道推进1.5m后，需冻结该荷载。）

5）本阶段开挖 $y=35.5\text{m}$ 至 $y=37\text{m}$ 范围内的土体。冻结隧道内土体及代表隧道衬砌的土体，并将其“水力条件”设为“干”。激活 $y=35.5\text{m}$ 至 $y=37\text{m}$ 范围内的界面、板和面收缩。选择 $y=29.5\text{m}$ 至 $y=37\text{m}$ 范围内代表 TBM 的面，如同第一计算阶段第9步对 $y=28\text{m}$ 至 $y=35.5\text{m}$ 那样定义收缩率的线性变化。激活 $y=37\text{m}$ 处的隧道开挖面支承压力。

至此，完成了隧道第一次推进过程的定义。

15.3.4 第三阶段——TBM 推进 2

第三阶段为 TBM 的下一次推进，因此需进行类似上一阶段的一系列定义，只是向前推进1.5m。

1）添加一个新阶段（阶段3）。$y=0\text{m}$ 至 $y=25\text{m}$ 之间的隧道不变，$y=25\text{m}$ 至 $y=26.5\text{m}$ 之间也不变，只是要冻结作用在位于 $y=26.5\text{m}$ 处面上的千斤顶推力。冻结 $y=26.5\text{m}$ 至 $y=28\text{m}$ 之间表示注浆压力的面荷载，然后激活该部分界面。激活表示该部分（$y=26.5\text{m}$ 至 $y=28\text{m}$）衬砌的土体，并为其指定“混凝土”材料。激活 $y=28\text{m}$ 处表示千斤顶推力的面荷载（见图15-22）。

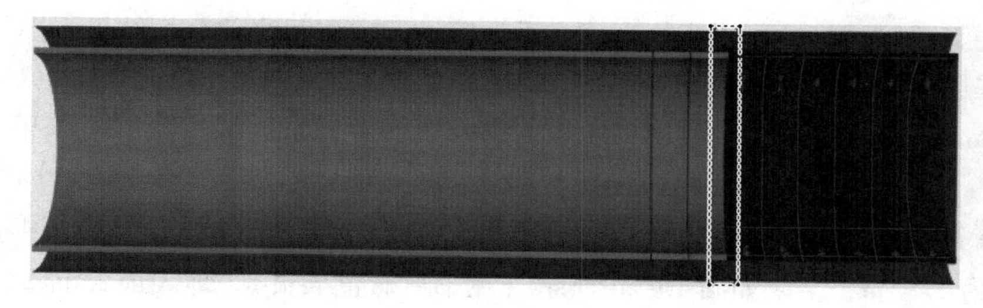

图 15-22 激活 $y=28$ 处的千斤顶推力

2）$y=28\text{m}$ 至 $y=29.5\text{m}$ 之间的部分需从 TBM 尾部改为注浆压力。利用“选择板”选项，选中 $y=28\text{m}$ 至 $y=29.5\text{m}$ 之间的面，冻结界面、板和收缩，激活代表注浆压力的面荷载。$y=29.5\text{m}$ 至 $y=31\text{m}$ 之间的一段为 TBM 尾部，该范围内两部分板单元，将其收缩分布修改为“均布”，$C_{ref}=0.5\%$。

3）利用“选择面荷载”选项，选中 $y=37\text{m}$ 处的面荷载，将其冻结。（此为第二计算阶段中第15步激活的隧道开挖面支承压力，本阶段中隧道推进1.5m后，需冻结该荷载）。本阶段开挖 $y=37\text{m}$ 至 $y=38.5\text{m}$ 范围内的土体。冻结隧道内土体及代表隧道衬砌的土体，并将其“水力条件”设为“干”。

4）激活 $y=37\text{m}$ 至 $y=38.5\text{m}$ 范围内的界面、板和面收缩。选择 $y=31\text{m}$ 至 $y=38.5\text{m}$ 范围内代表 TBM 的面，如同第一计算阶段第9步对 $y=28\text{m}$ 至 $y=35.5\text{m}$ 那样定义收缩率的线性变化。激活 $y=38.5\text{m}$ 处的隧道面压力。

15.3.5 第四阶段——TBM 推进 3

第四阶段中 TBM 自 $y=38.5\text{m}$ 推进至 $y=40\text{m}$，模拟过程与第三阶段基本相同，只是整

体沿 y 轴正向推进 1.5m。操作要点为：$y=0$m 至 $y=28$m 保持不变，移除 $y=28$m 处的千斤顶推力；$y=28$m 至 $y=29.5$m 需从注浆压力更改为衬砌，并施加千斤顶推力；$y=29.5$m 至 $y=31$m 需从 TBM 尾部更改为注浆压力；$y=38.5$m 至 $y=40$m 之间的一段为本阶段的开挖部分。具体操作过程可参考第三阶段的叙述。

15.3.6 第五阶段——TBM 推进 4

第五阶段模拟 TBM 自 $y=40$m 推进至 $y=41.5$m，模拟过程与第四阶段基本相同，只是整体沿 y 轴正向推进 1.5m。操作要点为：$y=0$ 至 $y=29.5$m 保持不变，移除 $y=29.5$m 处的千斤顶推力；$y=29.5$m 至 $y=31$m 需从注浆压力更改为衬砌，并施加千斤顶推力；$y=31$m 至 $y=32.5$m 需从 TBM 尾部更改为注浆压力；$y=40$m 至 $y=41.5$m 之间的一段为本阶段的开挖部分。具体操作过程可参考第三阶段的叙述。

上述设置完成后，单击“计算”按钮“”，开始计算。可忽略“没有选中曲线点”的提示，因为本例中不绘制荷载位移曲线。

15.4 查看结果

计算完成后，可在“输出”程序中查看计算结果。在“输出”程序中位移和应力可在全 3D 模型中显示，同时还可以表格形式查看计算结果。查看当前分析结果，操作如下：

1）在“阶段浏览器”中选中最后一个计算阶段（Phase_5）。单击“输出”按钮，打开“输出”程序，默认显示选中计算阶段结束时的三维变形网格。从“变形”菜单中选择“总位移”⟶“*Uz*”，查看模型总竖向位移云图（见图 15-23，见书后彩色插页）。

2）为查看地表沉降，作一水平剖面。单击“水平剖面”按钮“”，在弹出窗口中输入剖面标高为 1.95m，结果如图 15-24 所示（见书后彩色插页），地表最大沉降约 2cm。

16 第16章 库水骤降坝体稳定性分析

本例研究水库坝体在水位下降情况下的稳定性。库内水位骤降后由于坝体中仍然存在较高的孔压可能导致坝体失稳。本例中大坝高 30m，底部宽 172.5m，顶部宽 5m。大坝包括黏土夹心墙和两侧级配较好的填土，典型几何剖面如图 16-1 所示。库内常水位高 25m，计算中考虑库内水位降低 20m 的情况。库外一般潜水位在地面以下 10m，地基土为超固结粉砂。

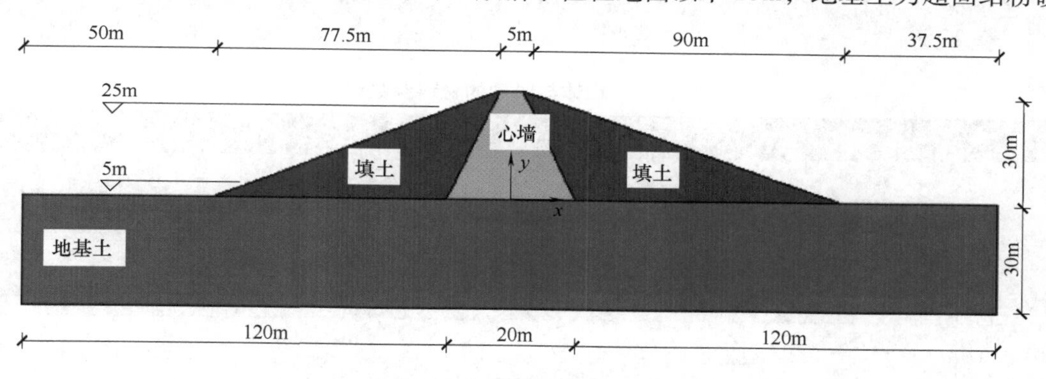

图 16-1 坝体几何剖面

学习要点：

1）进行完全流固耦合分析。

2）定义时间相关水力边界条件。

3）采用不饱和渗流参数。

16.1 几何模型

启动 PLAXIS 3D “输入”程序，在“快速选择”对话框中选择“启动新项目”。在“项目属性”窗口中输入项目名称。保持默认单位系统，将模型边界设置为 $x_{min}=-130\text{m}$，$x_{max}=130\text{m}$，$y_{min}=0\text{m}$，$y_{max}=50\text{m}$。沿坝体纵向截取 50m 宽的一段作为分析对象，几何模型如图 16-2 所示。

16.1.1 定义土层

为定义地基土层，需要建立一个钻孔并定义土体材料属性。模型中包含坝体下方 30m 厚的超固结粉砂层。

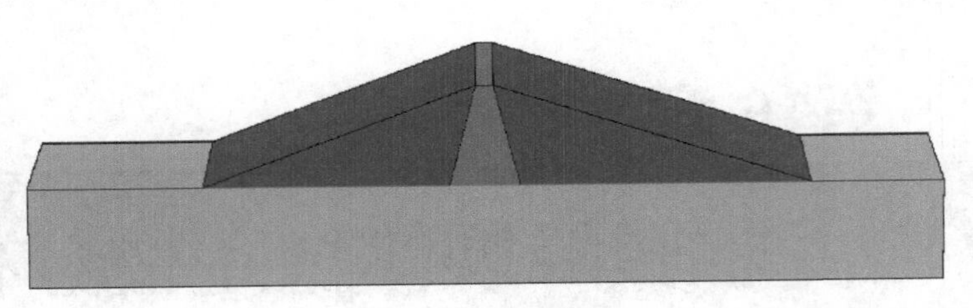

图 16-2 几何模型

在（0，0）位置创建一个钻孔，弹出“修改土层”窗口。添加一个土层，从地表 $z=0$m 至埋深 $z=-30$mm。钻孔“水头”设为 −10m，程序将自动生成水平的潜水位。水位线与面渗流边界条件在后面的完全流固耦合分析中将会用到。

打开“材料组”窗口，在“材料组类型”下拉列表中选择“土和界面”选项，单击“新建”按钮，输入表 16-1 中的数据。将“地基土”材料指定给钻孔中的相应土层。

提示： 注意“界面”和“初始条件”两个标签的功能在本例中不起作用（没有使用界面，也不使用“K_0 过程”）。

表 16-1 坝体与粉砂的材料参数组

选项卡	参数	符号	夹心墙	填土	地基土	单位
一般	材料模型	—	莫尔-库仑	莫尔-库仑	莫尔-库仑	—
	排水类型	—	不排水（B）	排水	排水	—
	天然重度	γ_{unsat}	16.0	16.0	17.0	kN/m³
	饱和重度	γ_{sat}	18.0	20.0	21.0	kN/m³
参数	弹性模量	E'	1.5E3	2.0E4	5.0E4	kN/m²
	泊松比	ν'	0.35	0.33	0.3	—
	黏聚力	c'_{ref}	—	5.0	1.0	kN/m²
	不排水抗剪强度	$s_{u,ref}$	5.0	—	—	kN/m²
	摩擦角	φ'	—	31	35.0	(°)
	剪胀角	ψ	—	1.0	5.0	(°)
	弹性模量增量	E'_{inc}	300	—	—	kN/m²
	参考标高	z_{ref}	30	—	—	m
	不排水抗剪强度增量	$s_{u,inc}$	3.0	—	—	kN/m²
	参考标高	z_{ref}	30	—	—	m
渗流参数	渗流数据组	—	Hypres	Hypres	Hypres	—
	模型	—	Van Genuchten	Van Genuchten	Van Genuchten	—
	土	—	下层土	下层土	下层土	—
	土体粗细	—	非常细	粗	粗	—
	水平渗透系数	k_x	1.0E-4	0.25	0.01	m/day
		k_y	1.0E-4	0.25	0.01	m/day
	垂直渗透系数	k_z	1.0E-4	0.25	0.01	m/day

16.1.2 定义坝体

在“结构”模式下定义坝体几何模型。绘制一个面，四个角点坐标分别为（-80，0，0），(92.5，0，0)，（2.5，0，30）和（-2.5，0，30）。再绘制一个面，四个角点坐标分别为（-10，0，0），(10，0，0)，(2.5，0，30）和（-2.5，0，30）。框选两个面并在选中的面上右击，从右键菜单中选择“交叉并重组（Intersect and recluster)”，得到三个面。框选交叉重组后的三个面并拉伸，拉伸向量为（0，50，0），生成的实体即为坝体。删除用于拉伸的面，为拉伸成的实体赋予相应的坝体材料数据组。

为坝体的边界设置“时间相关水力边界条件”。根据表16-2的内容，利用“创建水力条件”工具定义地下水渗流面边界条件。

表16-2 地下水渗流面边界条件

面	面上的点
1	(-130，0，0)，(-80，0，0)，(-80，50，0)，(-130，50，0)
2	(-80，0，0)，(-2.5，0，30)，(-2.5，50，30)，(-80，50，0)
3	(-130，0，0)，(-130，0，-30)，(-130，50，-30)，(-130，50，0)

16.2 生成网格

进入“网格”模式，单击“生成网格”按钮“”，弹出“网格选项”窗口，其中“单元分布”设为“细”（见图16-3)；单击“确认”按钮，关闭“网格选项”窗口，开始自动生成有限元网格。

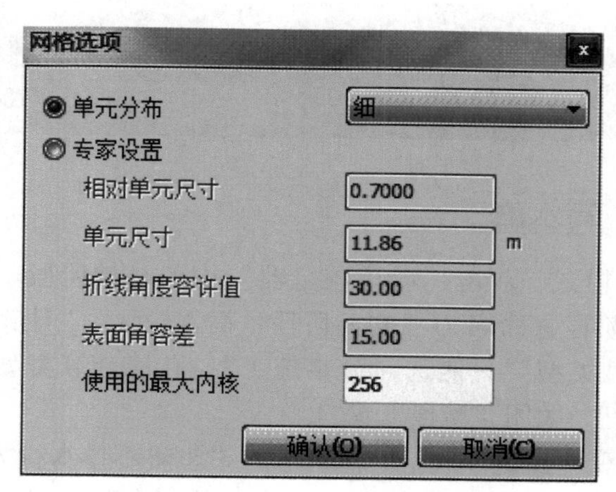

图16-3 “全局疏密度”设置

生成网格后，单击“查看网格”按钮，弹出“输出”窗口并显示生成的单元网格，如图16-4所示。

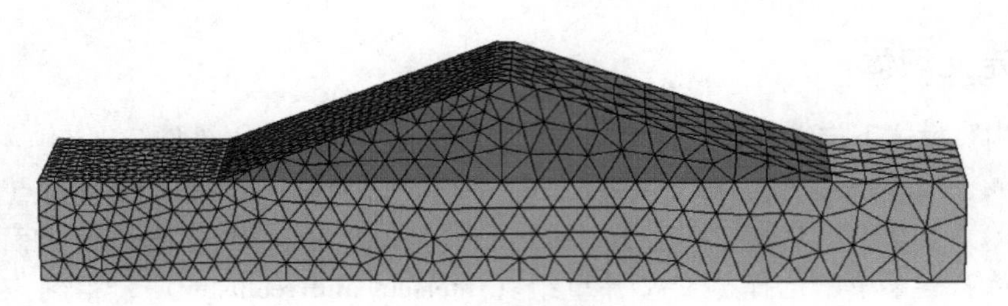

图 16-4　单元网格

16.3 执行计算

创建如下几个计算阶段：初始阶段（高水位）；水位快速下降阶段；水位慢速下降阶段；低水位阶段。最后对每个阶段进行安全性分析。

进入“水位”模式。根据表 16-3 的内容，创建两个水位面：分别对应库水达到全容量的高水位和低水位。在“模型浏览器”中的“属性库（Attributes library）”目录下，将创建的两个用户水位重命名为“高水位”和“低水位”。

表 16-3　水位

水　　位	水位面上的点
高水位	(−130, 0, 25), (−10, 0, 25), (93, 0, −10), (130, 0, −10), (130, 50, −10), (93, 50, −10), (−10, 50, 25), (−130, 50, 25)
低水位	(−130, 0, 5), (−10, 0, 5), (93, 0, −10), (130, 0, −10), (130, 50, −10), (93, 50, −10), (−10, 50, 5), (−130, 50, 5)

提示： 对“钻孔水位”和“非水平”用户水位不能更改，例如不能更改其“时间相关（Time dependency）”属性。

16.3.1 初始阶段：高水位

进入“分步施工”模式。双击“阶段浏览器”中的初始阶段。在“阶段”窗口下的“一般”子目录中将该阶段重命名为“初始阶段：高水位”，“计算类型”设为“重力加载”。注意，此时“加载类型”只能选“分步施工”。孔压计算类型设为“稳态地下水渗流”。单击“确认”按钮，关闭“阶段”窗口。

注意，本阶段中“变形控制参数”子目录下的“忽略不排水行为（A，B）”和“忽略吸力”是默认选择的。“数值控制参数”和“水力控制参数”子目录中的参数均采用默认值。

在“分步施工”模式下激活表示坝体的土类组。在“模型浏览器”中展开“模型条件”子目录，在“地下水渗流（Groundwater Flow）”子目录下，将“Boundary *Y* Min”、“Boundary *Y* Max”和“Boundary *Z* Min”设为“关闭”，其他边界设为“打开”（见

图16-5）。在“水（Water）”子目录下“全局水位（Global Water Level）”下拉列表中选择“高水位”。

图16-5 地下水渗流边界条件

16.3.2 阶段1：水位骤降

考虑库内水位骤降的情况，库内水位5天内从$z=25$m降至$z=5$m。定义描述水位变动的函数，步骤如下：在“模型浏览器”中展开“属性库（Attributes library）”目录；右击“渗流函数（Flow functions）”，从右键菜单中选择“编辑”，弹出“渗流函数（Flow functions）”窗口。在“水头函数（Head functions）”选项卡中单击按钮“➕”，添加一个新函数。新建函数在列表中高亮显示，并显示各定义选项。

为描述水位骤降的水头函数定义合适的名称（如“快速降低”）。从“信号（Signal）”下拉列表中选择“线性”选项，“ΔHead”指定为“-20.00”，表示水头下降量，时间间隔指定为5天，下方显示定义函数的图形（见图16-6）。单击“确认”按钮，关闭“渗流函数（Flow functions）”窗口。

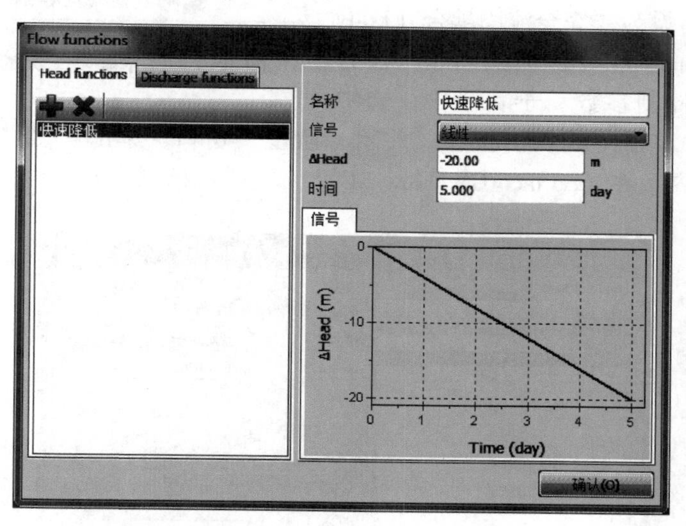

图16-6 库水骤降工况的渗流函数

新建一个计算阶段，命名为“阶段1：水位骤降”。“计算类型”设为“完全流固耦合（Fully coupled flow-deformation）”，“时间间隔”设为5天。在“变形控制参数”子目录下，勾选“重置位移为零”。单击“确认”按钮，关闭“阶段”窗口。

激活所有渗流面边界条件。在绘图区中选中所有“渗流面边界条件（Surface GW Flow BC）”，然后在“选择浏览器”中将“行为”设为“水头”，“分布”设为“均布”，“h_{ref}”设为“25”。“时间相关性（Time dependency）”设为“时间相关”，“水头函数

(Head function)”选择“快速降低”。水头函数相关信息在“对象浏览器”中也有所体现(见图16-7)。

在“模型浏览器”下的“水（Water）”子目录中，“全局水位（Global Water Level）”选择“钻孔水位1（Borehole Water Level_1）”。

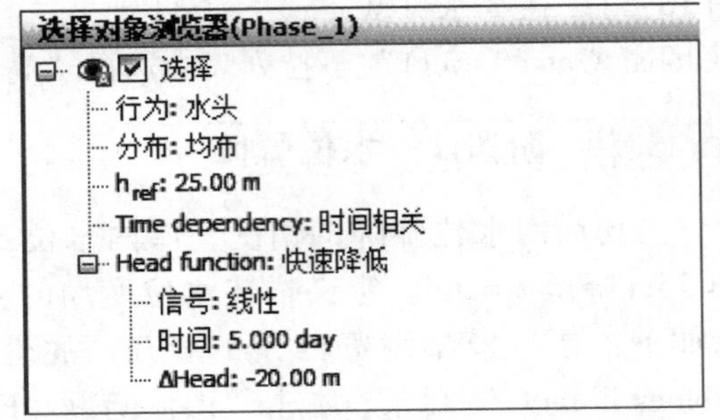

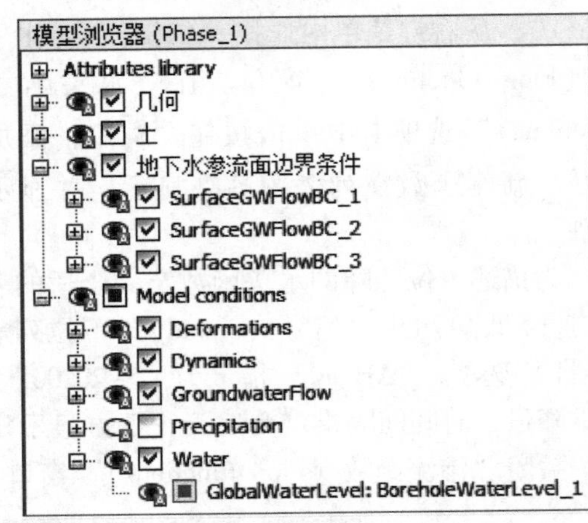

图16-7　库水骤降工况的渗流边界条件

16.3.3 阶段2：水位缓降

考虑水位缓降的情况，库内水位在50天内从$z=25$m降至$z=5$m。定义描述水位变动的函数，步骤如下：新建一个渗流函数，命名为“缓慢降低”；从“信号”下拉列表中选择“线性”；“ΔHead”设为“-20”，表示水头下降量；时间间隔指定为50天。渗流函数定义完成后窗口显示如图16-8所示。单击“确认”按钮，关闭“渗流函数”窗口。

新建一个计算阶段，命名为“阶段2：水位缓降”。“起始阶段”选择“初始阶段：高水位”，“计算类型”设为“完全流固耦合（Fully coupled flow-deformation）”，“时间间隔”设为50天，在“变形控制参数”子目录中，选中“重置位移为零”。单击“确认”按钮，关闭“阶段”窗口。单击“”选中模型中所有“地下水渗流面边界条件（Surface GW Flow BC）”。在“选择浏览器”中，“水头函数”选为

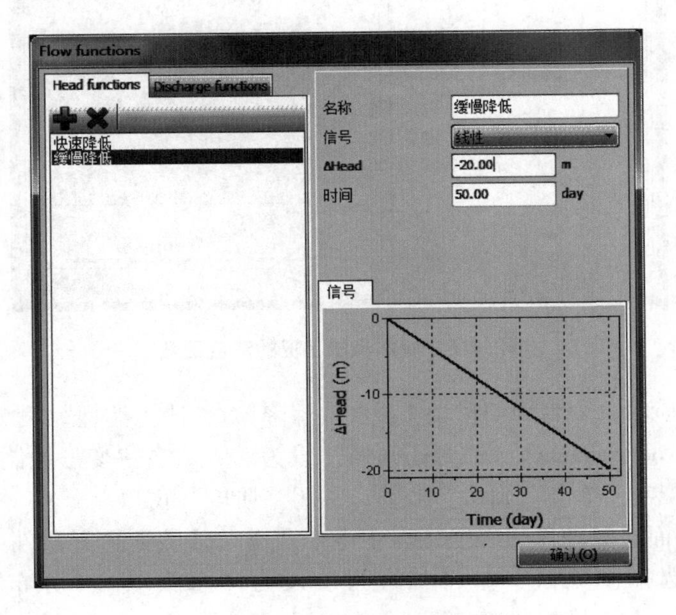

图16-8　库水缓降工况的渗流函数

"缓慢降低"。"全局水位（Global Water Level）"仍为"钻孔水位1（Borehole Water Level_1）"，如图16-9所示。

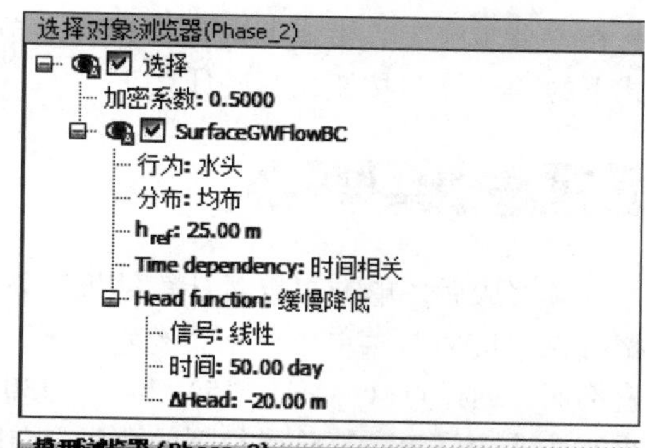

图16-9　库水缓降工况的渗流边界条件

16.3.4　阶段3：低水位

本阶段考虑库内水位较低情况下的稳态渗流。

新建一个计算阶段。在"阶段浏览器"中双击新建的阶段，弹出"阶段"窗口；在"一般"子目录中指定阶段名称为"阶段3：低水位"；"起始阶段"设为"初始阶段：高水位"，计算类型选为"塑性"，"孔压计算类型"选择"稳态地下水渗流"，在"变形控制"子目录中，选中"忽略不排水行为（A，B）"和"重置位移为零"；单击"确认"按钮，关闭"阶段"窗口。

在"模型浏览器"中，冻结所有渗流面边界条件；在"水"子目录中，"全局水位"选择"低水位"，如图16-10所示。

16.3.5　阶段4 ~ 7

新建4个计算阶段，分别命名为"阶段4"、"阶段5"、"阶段6"和"阶段7"，其各自的"起始阶段"分别设为前述"初始阶段"至"阶段3"等四个阶段，进行稳定性计算。

在"阶段浏览器"中双击某一新计算阶段，如"阶段4"，进入"阶段"窗口。"起始阶段"设为"初始阶段：高水位"，"计算类型"选择"安全性"，"加载类型"选择"增量乘子"；在"变形控制参数"子目录中，选中"重置位移为零"；在"数值控制参数"子目录中，对阶段4设置"最大步数"为"30"；对"阶段5"至"阶段7"设为"50"；设为完毕后的"阶段浏览器"如图16-11所示。

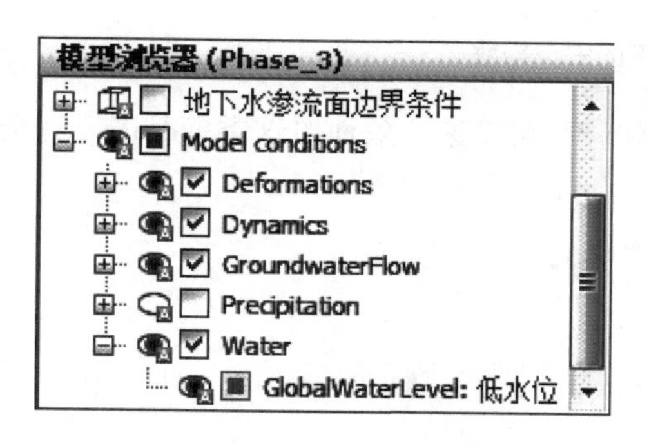

图16-10　低水位工况的渗流边界条件

图16-11　计算阶段定义完毕

在“分步施工”模式下选择坝顶处的节点（-2.5，25.0，30.0）。单击“分步施工”模式下的“计算”按钮，开始计算。

16.4 查看结果

计算完成后，单击“查看计算结果”按钮。弹出“输出”窗口，显示已选阶段的变形网格。在“应力”菜单中单击“孔隙水压”选项，从出现的菜单中选择“P_{water}”。定义一个竖直剖面，通过点（-130，15）和点（130，15）。图16-12～图16-15所示（见书后彩色插页）为4个渗流计算阶段得到的孔压分布图。

在变形分析中如果考虑孔压变化的影响，则坝体变形会更大。这些变形和有效应力分布可在“阶段1”至“阶段4”的计算结果基础上查看。本例中重点关注不同工况下坝体安全系数的变化。因此，绘出了“阶段4”至“阶段7”中“$\sum Msf$”的发展变化与坝体顶点位移发展之间的关系曲线（见图16-16）。

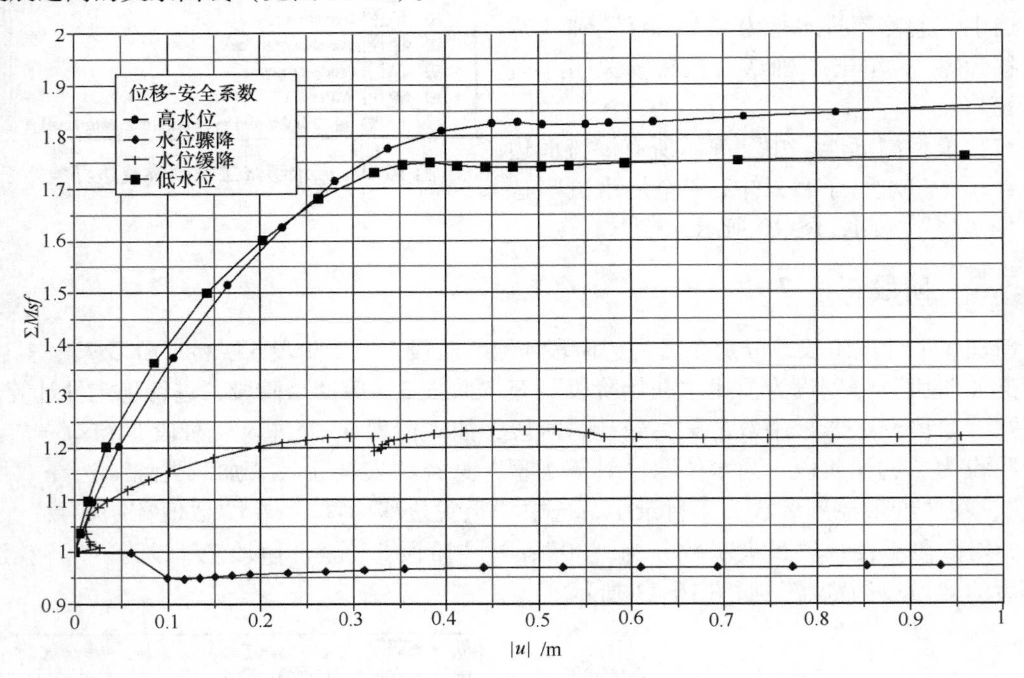

图16-16　各工况下的安全系数

库内水位骤降会显著降低坝体稳定性。PLAXIS 3D可快速有效地对这类工况进行完全流固耦合分析和稳定性分析。

第 17 章 弹性地基上振动装置动力分析

本算例研究振动源对周围土体的影响。为减少计算时间，只模拟整个几何模型的四分之一，在对称线上使用对称边界条件。由于黏滞效应引起的物理阻尼通过“瑞利阻尼（Rayleigh damping）”来考虑。另外，由于径向波的传播，“几何阻尼”会显著削弱振动。

边界条件的模拟是动力计算中的关键问题之一。为了避免波在模型边界上反射（实际上在所取的模型边界位置处并不存在一个能够反射波的边界），需要在边界上施加特殊条件来吸收到达边界上的波。

学习要点：

1）为面荷载定义简谐变化的动力乘子。

2）设置瑞利阻尼来考虑材料阻尼对动力分析的影响。

17.1 几何模型

振源是安置在厚 0.2m、直径为 1.0m 的混凝土基础上的振动装置（见图 17-1）。由振动装置产生的振动通过混凝土基础传入地基土中。该振动由统一的简谐荷载来模拟，频率为 10Hz，振幅 $10kN/m^2$。除了基础的重力，振动装置的重力简化为 $8kN/m^2$ 的均布荷载。

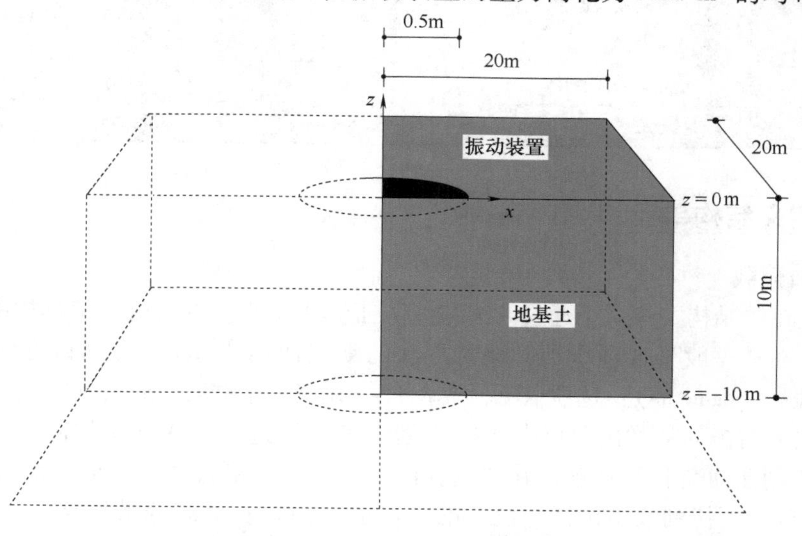

图 17-1　弹性地基上的振动装置

为了避免反射波的干扰，模型的边界应远离我们所要研究的区域。虽然采用了特殊措施（吸收边界）来避免杂波反射，但还是会有少量影响，所以应设置较远的边界。在动力分析中，模型边界通常比静态分析模型边界远。

17.1.1 模型范围

启动 PLAXIS 3D“输入”程序，在“快速选择”对话框中选择“启动新项目”；在“项目属性”窗口下的“项目”标签页中输入名称；保持默认单位系统，将模型边界设置为 x_{min} = 0m，x_{max} = 20m，y_{min} = 0m，y_{max} = 20m。本算例最终建立的几何模型如图 17-2 所示，以下详述建模过程。

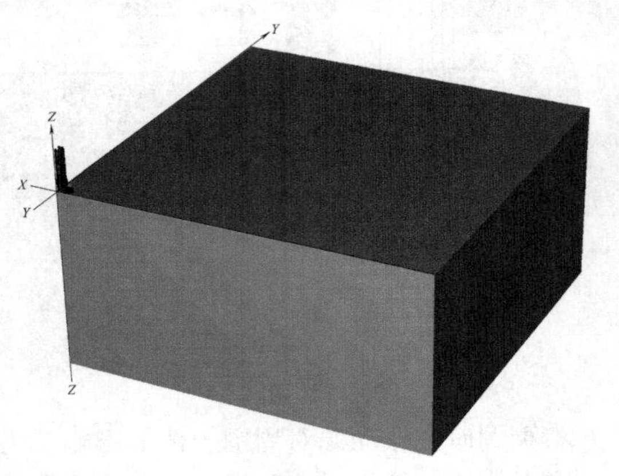

图 17-2　几何模型

17.1.2 定义土层

地基土由一层 10m 厚的土层构成，创建一个钻孔并对其添加一个土层，土层顶标高 z = 0m，底标高 z = −10m。根据表 17-1 创建材料数据组并指定给土层。注意，本例中不考虑地下水的影响，水头定义在 z = −10m。

表 17-1　土层材料属性

选项卡	参数	符号	地基土	单位
一般	材料模型	—	线弹性	—
	排水类型	—	排水	—
	天然重度	γ_{unsat}	20	kN/m³
	饱和重度	γ_{sat}	20	kN/m³
参数	弹性模量	E'	5.0E4	kN/m²
	泊松比	ν'	0.3	—
界面	界面强度	R_{inter}	1.0（刚性）	—
初始条件	水平应力系数	K_0	0.5（手动）	—

17.1.3 定义结构单元

1. 定义面荷载

振动装置在“结构”模式下通过“多段线”工具来定义。点击侧边工具栏中的“创建多段线”按钮；在“一般”选项卡下，保持形状的默认选项“Free”和默认方向轴（x 轴、y 轴）；在“线段（Segments）”选项卡下，按表 17-2 定义三个线段，插入点位于（0，0，0）。

在多段线上右击，从弹出菜单中选择“创建表面”选项；在创建的面上右击，从弹出菜单中选择“创建面荷载”选项；在“选择浏览器”中，单击“面荷载”前面的“⊞”，展开目录，“分布”下拉列表中选择“统一的”（均匀分布）；荷载分量指定为（0，0，−8），如图 17-3 所示。

表 17-2 组成多段线的线段

线段	线段 1	线段 2	线段 3
线段类型	线	弧	线
线段属性	相对起始角 =0°	相对起始角 =90°	相对起始角 =90°
	长度 =0.5m	半径 =0.5m	长度 =0.5m
		线段角度 =90°	
		离散角 =5°	

2. 定义动力乘子

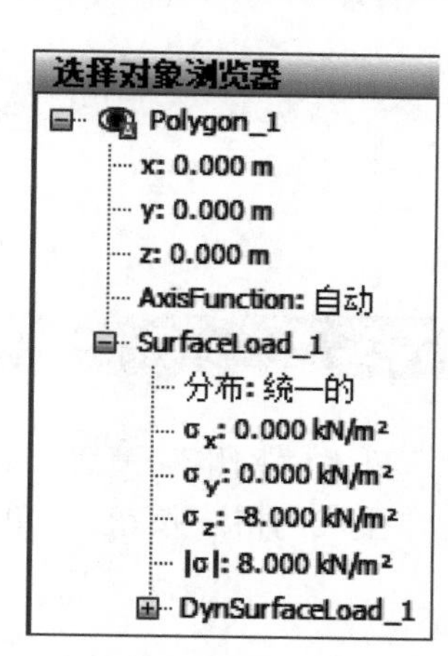

图 17-3 面荷载定义

动力荷载的定义基于荷载或指定位移的输入值以及其对应的时间相关乘子。创建动力荷载乘子步骤如下：

1）从“模型浏览器”中展开“属性库（Attributes library）”目录，在“动力乘子”子目录上右击，从弹出菜单中选择“编辑”选项，弹出“乘子”窗口。

2）单击“荷载乘子”标签，单击“添加”按钮“✚”，为荷载引入一个乘子，命名为“简谐乘子 1”。定义一个“简谐”信号，“振幅”为 10，“频率”为 10 Hz，“相位角”为 0°（此处 PLAXIS 程序汉化有误，此处的“Phase”应译为“相位角”，而非“阶段”），如图 17-4 所示。

3）在“选择浏览器”中单击“简谐乘子 1”前面的“⊞”，展开动力荷载子目录。荷载分量指定为（0，0，－1）。单击动力荷载子目录中的“乘子_z”，从下拉列表中选择“简谐乘子 1”，如图 17-5 所示。

图 17-4 “简谐乘子”定义

提示： 动力乘子既可在“计算”模式下定义，也可在“几何”模式下定义。

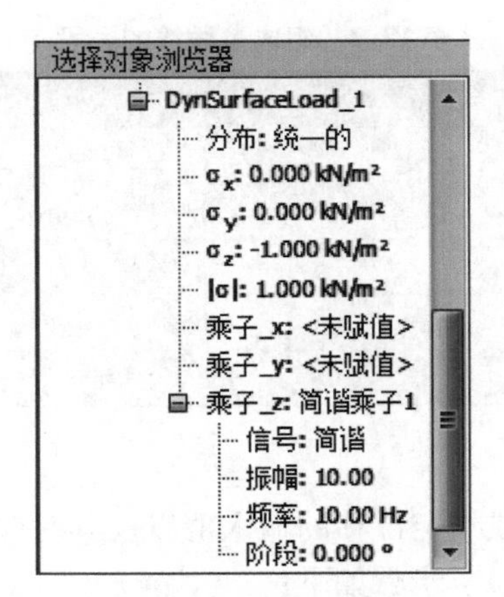

图 17-5　动力荷载定义

17.2 生成网格

进入“网格”模式。对表示振动装置的面进行加密，定义其“加密系数”为0.125。单击“生成网格”按钮，“单元分布”选择“中等”，生成的网格如图 17-6 所示。

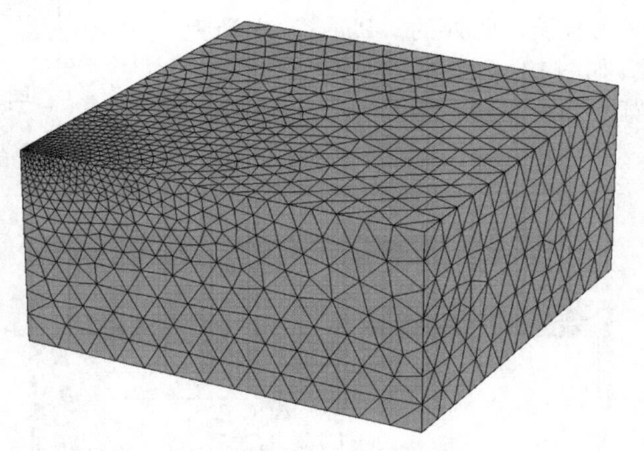

图 17-6　几何模型和网格

提示： 1) 在所有动力计算中，用户需特别注意单元尺寸的大小，以减小波的数值发散。应注意到，单元尺寸过大则无法传输高频波。

2) 波的传播受波速和波长控制。如果动力输入中包含高频部分，那么需要将高频部分过滤掉，或者使用更细的网格。

17.3 执行计算

对于本例，我们将计算两次。第一次不考虑瑞利阻尼，第二次设置瑞利阻尼来考虑材料阻尼。

17.3.1　不考虑瑞利阻尼

计算过程由4个阶段组成。初始阶段中采用“K_0过程”生成初始应力；阶段1为“塑性”计算，激活静力荷载；阶段2为“动力”计算，考虑振动装置的影响；阶段3为“动力”计算，关闭振动装置，土体自由振动。

1. 初始阶段

单击“分步施工”标签，进行计算阶段定义。在“阶段浏览器”中可见程序会自动引入初始阶段，本例中保持默认设置即可。

2. 阶段1

添加一个新阶段，即阶段1，保持默认设置。在“分步施工”模式下激活面荷载的静力部分，不要激活动力荷载（见图17-7）。

3. 阶段2

添加一个新阶段，即阶段2。在“阶段”窗口下的“一般”子目录中，计算类型选为“动力”，“时间间隔”设为0.5s。在“阶段”窗口下的“变形控制参数”子目录中，选中“重置位移为零”，其他参数保持默认值。在“分步施工”模式下激活面荷载的动力部分，注意，面荷载的静力部分仍然处于激活状态（见图17-8）。

选择对象浏览器(Phase_1)
SurfaceLoad_1_1
分布：统一的
σx: 0.000 kN/m²
σy: 0.000 kN/m²
σz: -8.000 kN/m²
|σ|: 8.000 kN/m²
DynSurfaceLoad_1_1

图17-7　阶段1中施加静力荷载

另外还需要定义特殊的边界条件，来模拟实际土体的半无限介质特性。如果没有这些特殊的边界条件，波会在模型边界上反射，引起干扰。为避免这些杂散反射（Spurious reflections），在x_{max}、y_{max}和z_{min}等位置设置黏性边界。动力边界可在“模型浏览器”中“模型条件（Model conditions）”下的“动力”子目录中设置（见图17-9）。

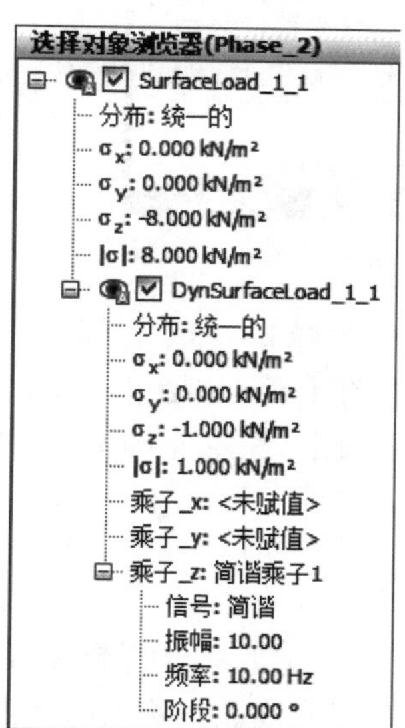

图17-8　阶段2中施加动力荷载

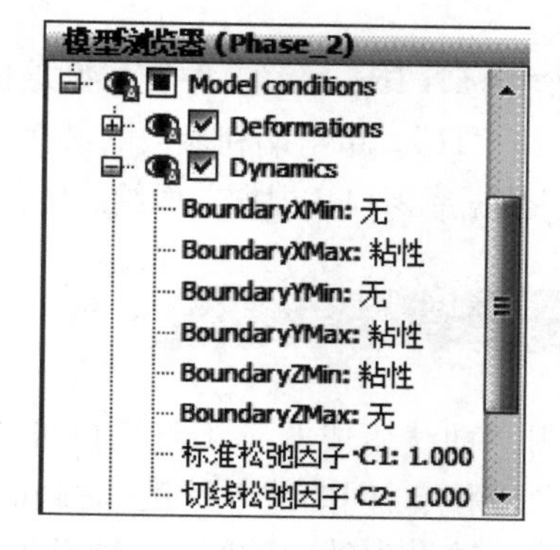

图17-9　阶段2的动力计算边界条件

4. 阶段3

添加一个新阶段（阶段3）。在“阶段”窗口下的“一般”子目录中，计算类型选为“动力”，“时间间隔”设为0.5s。在“分步施工”模式下冻结面荷载的动力部分，注意，面荷载的静力部分仍然处于激活状态。本阶段的动力边界应与上一阶段保持一致。图17-10所示为本例的阶段浏览器。

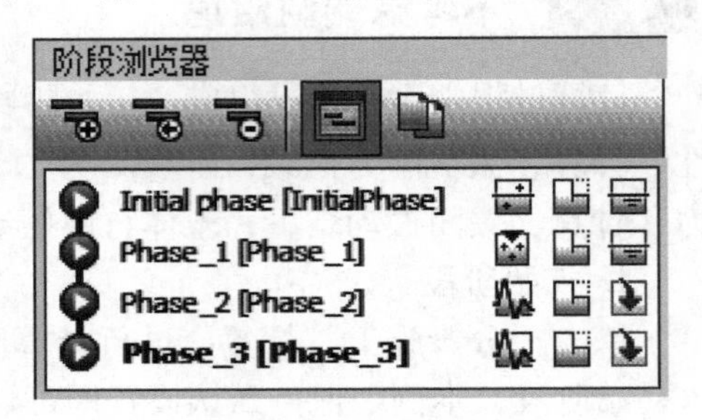

图17-10　阶段浏览器

单击按钮“ ”选择地表处的节点，如：(1.4，0，0)，(1.9，0，0)，(3.6，0，0)，用于后处理时生成曲线。单击按钮“ ”执行计算，计算完成后单击“ ”保存项目。

17.3.2　带阻尼计算

在第二次计算中，通过设置瑞利阻尼来考虑材料阻尼。瑞利阻尼在材料数据组中设置，步骤如下：将上述项目更名另存；打开土体材料数据组；在“一般”选项卡中选中“瑞利 α”参数旁的复选框。注意，此时“一般”选项卡发生了变化，右侧会显示“等效单自由度（Single DOF equivalence）”面板（见图17-11）。

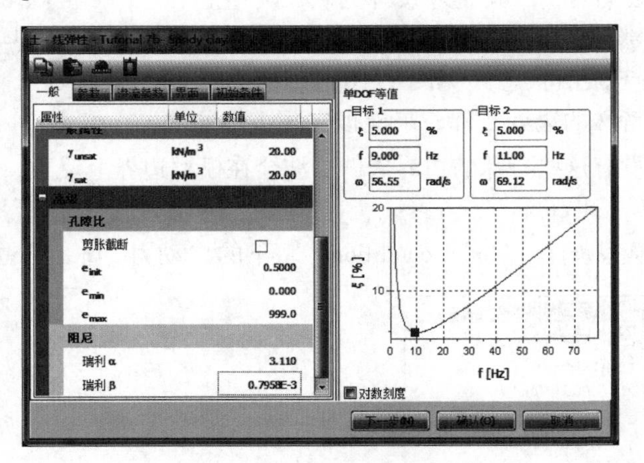

图17-11　瑞利阻尼输入

两个指标（Target）的“ξ”参数取值设为“5%”。“目标1”和“目标2”中频率值分别设为“9”和“11”。单击瑞利参数的某个单元格，程序自动计算 α 和 β 值。单击“确认”按钮，关闭材料数据库窗口。根据前面给出的信息检查各计算阶段定义是否正确无误，然后开始计算。

17.4　查看结果

利用“曲线生成器”工具用户可方便的输出计算前选定的某点的荷载-时间（输入）曲线，以及位移-时间曲线、速度-时间曲线和加速度-时间曲线。位移随时间的发展变化过程可通过将 x 轴设为动力时间、y 轴设为 u_z 来查看。图17-12所示为不设置瑞利阻尼的情况下结构表面某点的振动响应，可以看出，即使没有物理阻尼，由于几何阻尼的存在，波也会逐渐消散。图 17-13 则清晰地显示了设置瑞利阻尼的效应，可以看出移除荷载后，随着时间推移，振动完全被吸收（时间 $t=0.5$s），同时，位移大小也降低。在“变形”菜单下选择适当选项，可以在“输出”程序中显示某一时刻的位移、速度或加速度。图 17-14 所示（见书后彩色插页）为设置瑞利阻尼情况下阶段 2 结束时（$t=0.5$s）土中总加速度。

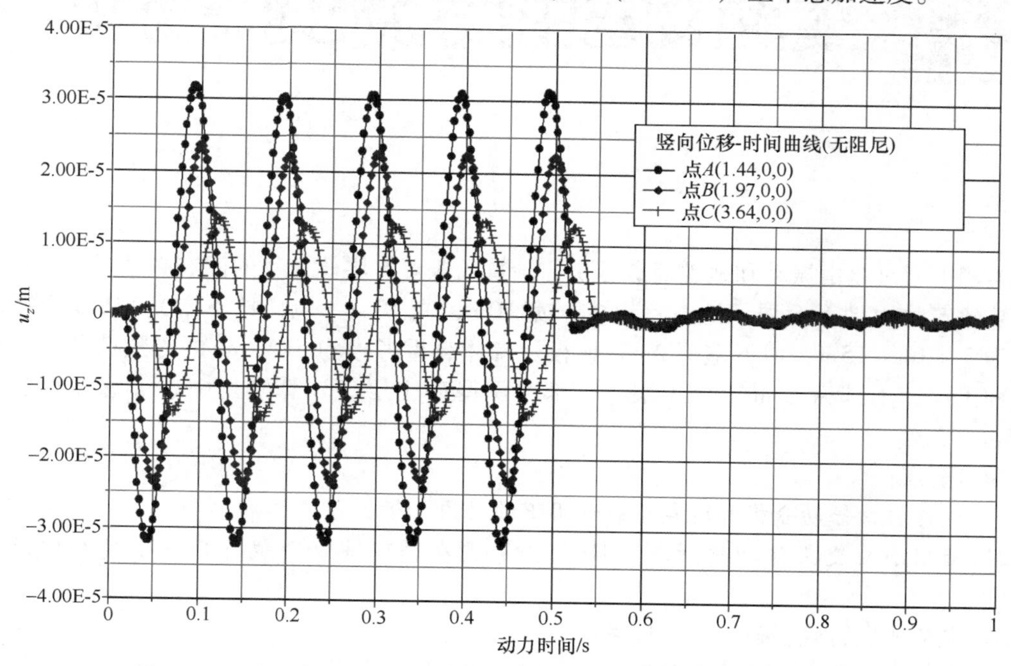

图 17-12　地表距振源不同距离处的竖向位移-时间关系曲线（无阻尼）

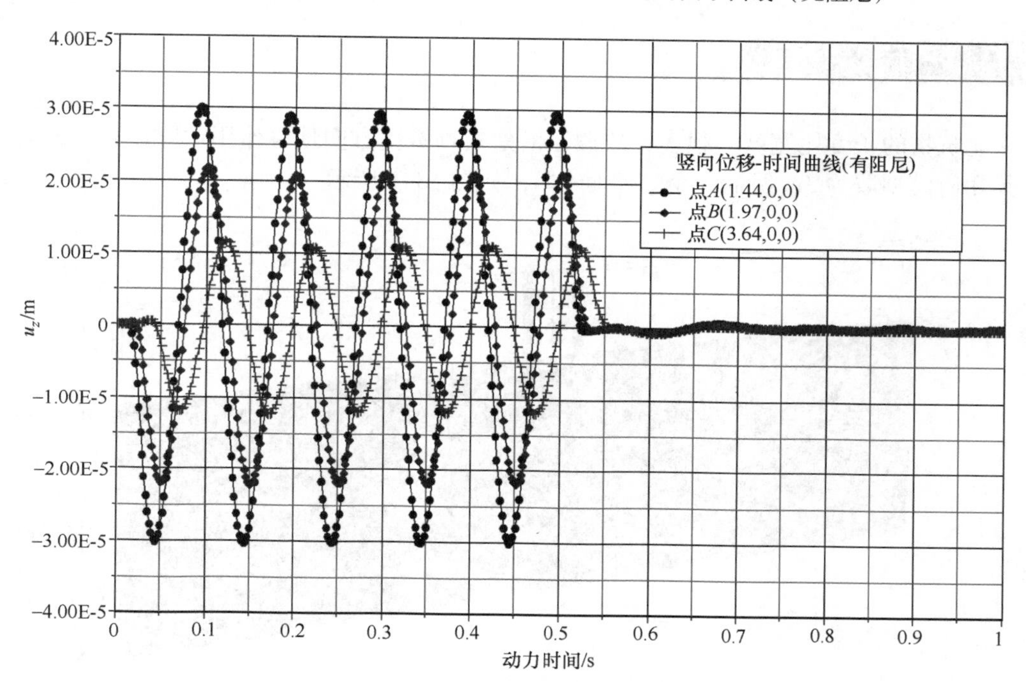

图 17-13　竖向位移-时间曲线（有阻尼）

第18章 建筑物自由振动及地震分析

本例中通过自由振动和地震荷载分析，计算长条形5层建筑物的固有频率。

某建筑物由地上5层及地下室组成，宽10m，高17m（包括地下室）。从地面算起总高度为$5\times3m=15m$，地下室深2m。楼板及墙体自重考虑为$5kN/m^2$的等效荷载。地基考虑两种土层，上部为15m厚黏土层，下部为深厚砂土层。计算模型中，考虑砂土层厚度为25m。

学习要点：

1）进行自由振动分析和地震荷载作用下的动力分析。

2）使用小应变土体硬化材料（HSS），考虑在循环剪切荷载作用下刚度和阻尼比的变化。

3）定义地震荷载，使用黏性边界条件。

4）在动力分析中激活动力荷载。

18.1 几何模型

该建筑物的长度比宽度大很多，故假定沿建筑物宽度方向地震作用效应显著，为简化起见，其几何模型取为3m厚的一个“剖面体”，如图18-1所示。

图18-1　几何模型

18.1.1 模型范围

启动 PLAXIS 3D“输入”程序，在“快速选择”对话框中选择“启动新项目”。在“项目属性”窗口下的“项目”选项卡中输入一个名称。保持默认单位系统，将模型边界设置为 $x_{min}=-80$m，$x_{max}=80$m，$y_{min}=0$m，$y_{max}=3$m。

18.1.2 定义土层

地基土层包括两种，“上层黏土”位于 $z=0$m 和 $z=-15$m 之间，“下层砂土”厚度取至模型底部 $z=-40$m。钻孔中潜水位通过指定“水头”为 -15m 来定义。根据表 18-1 输入土层参数。上层土为黏土，下层土为砂土，忽略地下水的影响。

表 18-1　土层材料参数

标签	参　数	符号	上部黏土层	下部砂土层	单　位
一般	材料模型	—	小应变土体硬化	小应变土体硬化	—
	排水类型	—	排水	排水	—
	天然重度	γ_{unsat}	16	20	kN/m³
	饱和重度	γ_{sat}	20	20	kN/m³
参数	标准排水三轴试验割线模量	E_{50}^{ref}	2.0E4	3.0E4	kN/m²
	固结试验切线模量	E_{oed}^{ref}	2.561E4	3.601E4	kN/m²
	卸载/再加载模量	E_{ur}^{ref}	9.484E4	1.108E5	kN/m²
	幂指数	m	0.5	0.5	—
	黏聚力	c'_{ref}	10	5	kN/m²
	摩擦角	φ'	18	28	(°)
	剪胀角	ψ	0	0	(°)
	剪应变（$G_s=0.722G_0$）	$\gamma_{0.7}$	1.2E-4	1.5E-4	—
	小应变剪切模量	G_0^{ref}	2.7E5	1.0E5	kN/m²
ν'_{ur}	泊松比	ν'_{ur}	0.2	0.2	—

当经受循环剪切荷载时，小应变土体硬化模型（HS small）将表现出典型的迟滞行为。从小应变剪切刚度 G_0^{ref} 开始，实际刚度将随剪切应变的增加而减小。图 18-2 和图 18-3 显示的是模量衰减曲线，即剪切模量随应变的衰减过程。

在 HS small 模型中，切线剪切模量下限值为 G_{ur}，其中 G_{ur} 遵循如下关系式

$$G_{ur}=E_{ur}/2(1+\nu_{ur})$$

上层黏土和下层砂土的卸载模量 G_{ur}^{ref} 及其与 G_0^{ref} 的比值如表 18-2 所示，该比值决定了可能获得的最大阻尼比。

表 18-2　G_{ur} 及其与 G_0^{ref} 的比值

参　数	上部黏土层	下部砂土层	单　位
G_{ur}	39517	41167	kN/m²
G_0^{ref}/G_{ur}	6.75	2.5	—

图 18-4 和图 18-5 显示了该模型中的材料阻尼比和循环剪切应变的函数关系。关于模量衰减及阻尼曲线更详细的阐述可查阅相关文献。

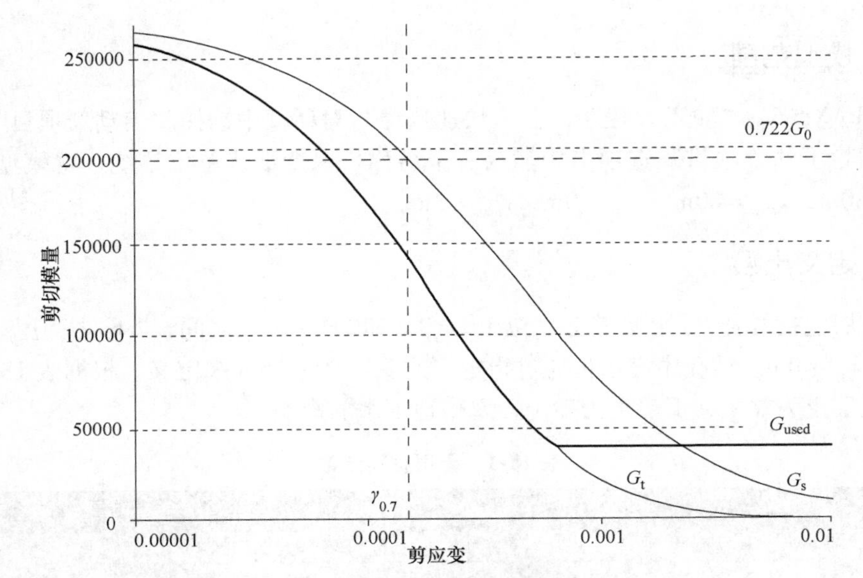

图 18-2　黏土剪切模量衰减曲线

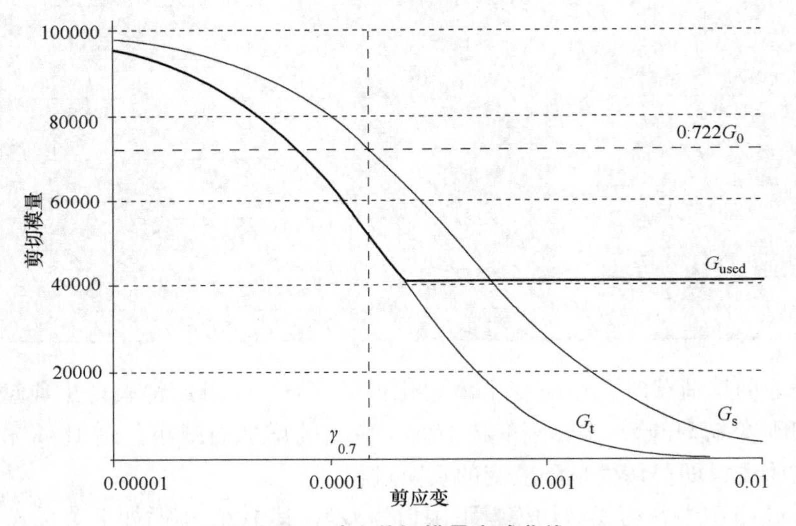

图 18-3　砂土剪切模量衰减曲线

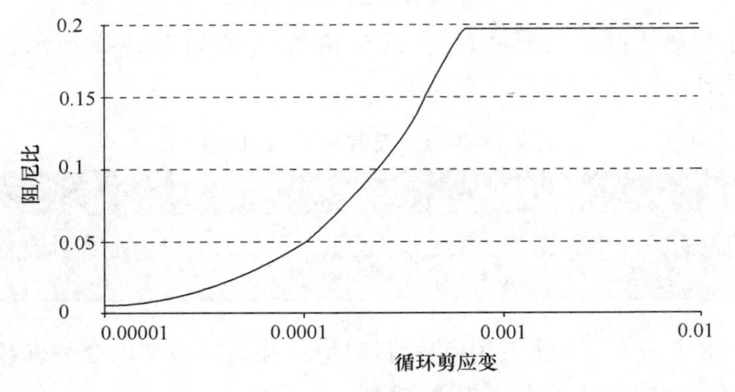

图 18-4　黏土阻尼曲线

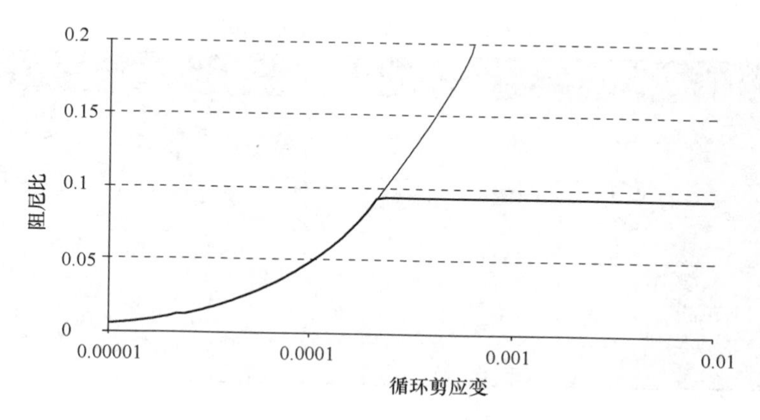

图 18-5 砂土阻尼曲线

18.1.3 定义结构单元

进入“结构”模式，定义结构单元。

1. 创建楼板、墙体和地下室（板单元）

1）使用按钮“ ”定义一个面，该面的四个角点分别为（ −5，0， −2），（5，0， −2），（5，3， −2），（ −5，3， −2）。

2）使用按钮“ ”复制上一步定义的面，先选中上一步创建的面，然后单击“创建阵列”按钮，“形状”下拉列表中选择“1D，在 z 方向”，设置列数为 2，列距为 2m，单击“确认”按钮。

3）选中位于 $z=0$ 处的面，单击“创建阵列”按钮“ ”，“形状”下拉列表中选择“1D，在 z 方向”，列数为 6，列距为 3m，单击“确认”按钮。

4）单击“创建面”按钮“ ”，经过点（5，0， −2），（5，3， −2），（5，3，15），（5，0，15）定义一个面。选中这个面，单击“创建阵列”按钮“ ”，“形状”下拉列表中选择“1D，在 x 方向”，列数为 2，列距为 −10m，单击“确认”按钮。

5）按住 <Ctrl> 键，依次单击上面创建的两个竖直面和位于 $z=0$m 的水平面，在这选中的三个面上单击右键，从快捷菜单中选择“交叉与重组（Intersect and recluster）”选项。因为基础与其他结构的属性不同，需要分别定义，所以需要对这些面进行交叉。

6）框选所有用于模拟建筑结构的面（即基础，楼板和墙），单击鼠标右键，从快捷菜单中选择“创建板”选项。根据表 18-3 定义板的材料数据组。注意，共定义了两个不同的板单元材料组，分别指定给地下部分和地上部分。

7）将“地下室”材料数据组赋给位于 $z=-2$m 的水平板及地表面以下的竖直板。将另一个结构材料数据组赋给剩余的其他板单元。

为模拟土与地下室结构相互作用，在地下室的外侧生成界面。注意，界面的符号取决于面的局部坐标系，所以可能是“ + ”，也可能是“ − ”。此时可从“选项”主菜单下选中“显示局部坐标系”，然后根据板单元的局部坐标系来确定是生成正向界面还是负向界面，总之要确保在地下室外侧生成界面。

2. 创建立柱（点对点锚杆单元）

建筑物中部的立柱使用“点对点锚杆”单元模拟，步骤如下：

表 18-3　板单元的材料数据组

参　数	符　号	建筑物其余部分	地　下　室	单　位
厚度	d	0.3	0.3	m
重度	γ	33.33	50	kN/m^3
材料行为	—	线性，各向同性	线性，各向同性	—
杨氏模量	E_1	3E7	3E7	kN/m^2
泊松比	ν_{12}	0.0	0.0	—
瑞利阻尼	α	0.2320	0.2320	—
	β	8E-3	8E-3	—

1）创建“线”，经过（0，1.5，－2）和（0，1.5，0）两点，模拟地下室的立柱。

2）创建“线”，经过（0，1.5，0）和（0，1.5，3）两点，模拟地上第一层立柱。

3）选中上一步创建的线，单击“创建阵列”按钮，“形状”下拉列表中选择“1D，在 z 方向”，设置列数为 5，列距 3m，单击“确认”按钮。

4）框选前面创建的所有模拟立柱的线，右击，从快捷菜单中选择“创建点对点锚杆”选项。

5）根据表 18-4 创建点对点锚杆材料数据组并指定给相应单元。

表 18-4　点对点锚杆的材料数据组

参　数	符　号	柱	单　位
材料类型	—	弹性	—
轴向刚度	EA	2.5E6	kN

3. 创建静荷载（线荷载）

在建筑物的左上角施加一个静力水平荷载，大小为 1kN/m。创建荷载步骤如下：创建线荷载，端点为（－5，0，15）和（－5，3，15）；指定荷载矢量（10，0，0）。

4. 创建动力荷载（指定面位移 ＋ 动力乘子）

地震荷载通过模型底边界输入一个指定位移并设置对应的动力乘子来模拟。定义“指定位移”步骤如下：

1）创建“指定面位移”，通过点（－80，0，－40），（80，0，－40），（80，3，－40）和（－80，3，－40）。

2）选中该“指定面位移”，在“选择对象浏览器”中展开“Surface Displacement_1”子目录，将这个指定面位移的 x 方向分量“$Displacement_x$”设为“指定”，其 y、z 方向分量“$Displacement_y$”和“$Displacement_z$”设为“固定”，“分布”一栏设为“统一的”（即均布），u_x 值设为 1.000m，如图 18-6 所示。

为上述“指定面位移”定义动力乘子，步骤如下：

1）在“模型浏览器”中展开“属性库（Attributes library）”目录，在该目录下的“动力乘子”上单击右键，从快捷菜单中选择“编辑”。随后弹出“乘子（Multipliers）”窗口，显示“位移乘子”选项卡。

2）单击“位移乘子”选项卡中的“”按钮，添加一个位移乘子，默认名称为

“Displacement Multiplier_1”。从“信号”下拉列表中选择“表（Table）”选项。此处的地震荷载将通过读入smc格式的地震加速度记录数据来设置。读者可通过网络浏览器访问PLAXIS知识库（http：//kb. plaxis. nl/search/site/smc），将这个地震记录数据smc文件（文件名为“225a. smc”）下载到本地计算机上。

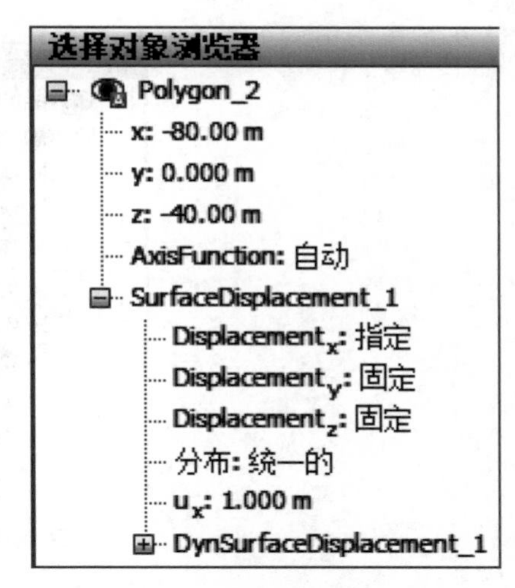

图 18-6 定义“指定面位移”

3）单击表格顶部的“打开（Open）”按钮“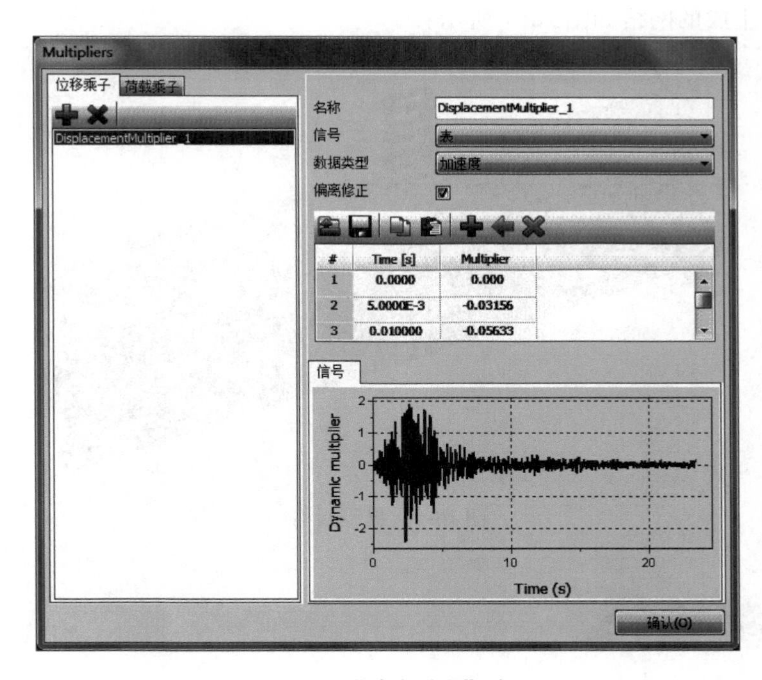”，选择上一步保存到本地的地震波文件并打开。弹出“导入数据”窗口，从右上角的“语法分析方法（Parsing method）”下拉列表中选择“强震CD-ROM文件（Strong motion CD-ROM files）”选项，单击“确认”按钮，关闭“导入数据”窗口。

4）在“乘子（Multipliers）”窗口的右半部分将显示出表格数据和图形曲线。在“数据类型（Data type）”下拉列表中选择“加速度（Accelerations）”选项，并选中“偏离修正（Drift correction）”复选框，点击“确认”按钮，完成动力乘子的定义（见图18-7）。

图 18-7 “动力乘子”窗口

5）在“模型浏览器”中展开“面位移”目录，找到第一个指定面位移“Surface Displacement_1”下的动力项“DynSurfaceDisplacement_1”，在其“乘子_x”下拉列表中选择“DisplacementMultiplier_1”，从而将上面定义的表示地震加速度数据的动力乘子指定给面位移的x方向分量，如图18-8所示。

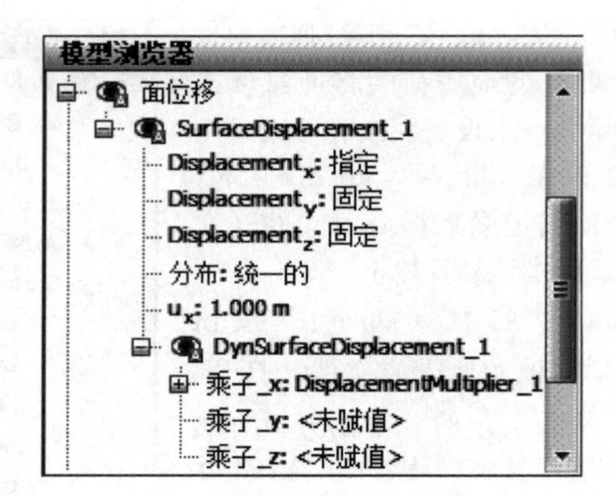

图 18-8　为面位移指定动力乘子

18.2 生成网格

进入到“网格”模式，单击“生成网格”按钮“ ”，单元分布设为“细”，单击“确认”按钮，生成的网格如图 18-9 所示。

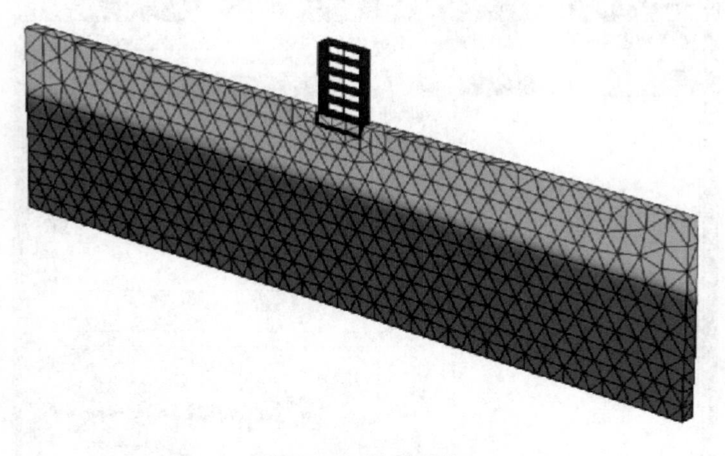

图 18-9　模型网格

18.3 执行计算

计算过程包括初始阶段、建筑物施工、加载、自由振动分析和地震分析等五个阶段。

1. 初始阶段

单击“编辑阶段”按钮，进入到“阶段”窗口，自动引入了初始阶段，本例可使用默认阶段参数。在“分步施工”模式下，确保结构和荷载处于冻结状态。

2. 阶段 1：建筑物施工

新建一个计算阶段，即阶段 1（Phase_1），阶段参数采用默认设置；在“分步施工”模

式下激活建筑物（激活板，界面和锚杆）并冻结地下室内的土体（见图 18-10）。

图 18-10 建筑物施工

3. 阶段 2：加载

新建一个计算阶段，即阶段 2（Phase_2）。在“阶段”窗口中的“变形控制参数”子目录下选中“重置位移为零”选项，其他参数使用默认值。在“分步施工”模式下，激活线荷载，荷载值已经在“结构模式”下定义好，此处无需修改。

4. 阶段 3：自由振动分析

新建一个计算阶段，即阶段 3（Phase_3）。在“阶段”窗口中选择“动力分析”作为“计算类型”，设置“时间间隔”为 5 s。在“分步施工”模式下，冻结线荷载。在“模型浏览器”中，展开“模型条件（Model conditions）”目录，再展开“动力（Dynamics）”子目录。默认情况下 x 方向和 y 方向动力边界均为“黏性（Viscous）”，z 方向动力边界为“无（None）”。此处要将 y 方向的动力边界“Boundary Y Min”和“Boundary Y Max”设为“无（None）”，将 z 方向底部动力边界设为“黏性（Viscous）”（见图 18-11）。

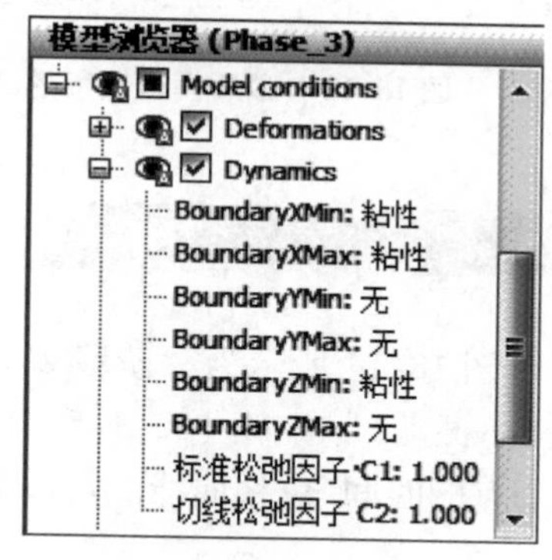

图 18-11 动力分析边界条件

提示： 为了更好的呈现效果，可以创建模型在自由振动和地震荷载下的动画视频。如果需要制作动画，建议找到“阶段”窗口中“数值控制参数”子目录下的“储存的最大步数”选项，输入一个足够大的数（如 100）。

5. 阶段 4：地震分析

新建一个计算阶段，即阶段 4（Phase_4）。进入“阶段”窗口，将本计算阶段的“起始阶段”设为“阶段 1”（建筑物施工［Phase_1］），“计算类型”设为“动力分析”，“动力时间间隔”设为 20 s。在“变形控制参数”子目录下选中“重置位移为零”选项，其他参数保持默认。在“模型浏览器”中，激活“面位移”及其“动力”乘子（见图 18-12）。该阶段中模型底部边界不再是黏性边界，应将“模型条件（Model conditions）”目录下“动力（Dynamics）”中的“Boundary$Z$Min”设为“无”（见图 18-13）。选择“生成荷载位移曲线所需的点”，如（0，1.5，15），（0，1.5，6），（0，1.5，3）和（0，1.5，－2）。单击“[∫dv]”，开始计算。

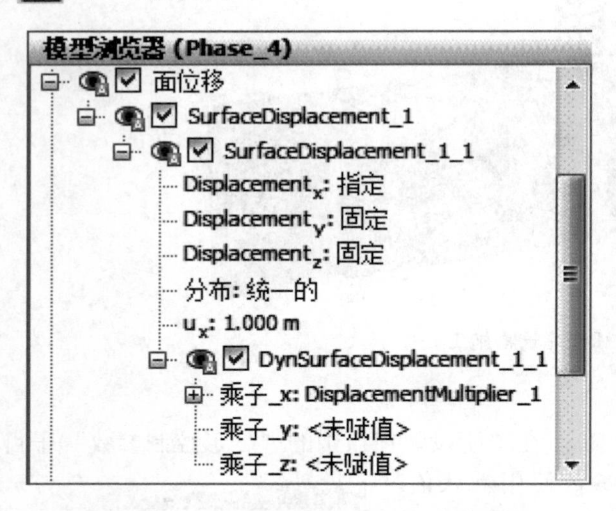

图 18-12　激活模型底部的“指定面位移”

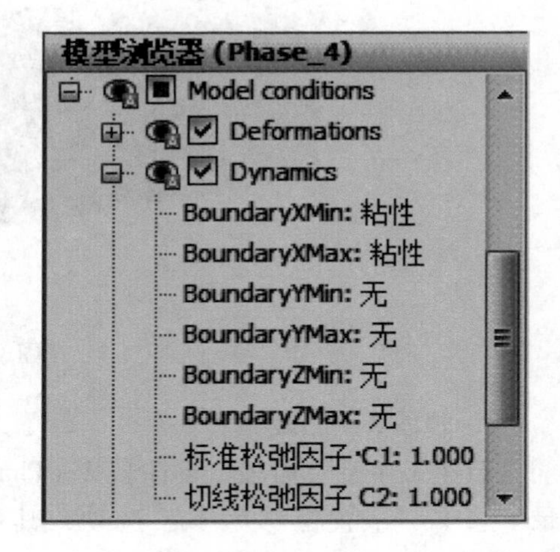

图 18-13　地震分析阶段的动力边界条件

18.4　查看结果

图 18-14 所示为“阶段 2（加载）”计算完成后的结构变形。图 18-15 所示为“阶段 3（自由振动）”中 *A*（0，1.5，15），*B*（0，1.5，6），*C*（0，1.5，3）和 *D*（0，1.5，－2）4 个点的时间-位移曲线。可以看出由于土体和建筑物中的阻尼作用，振动随时间缓慢衰减。

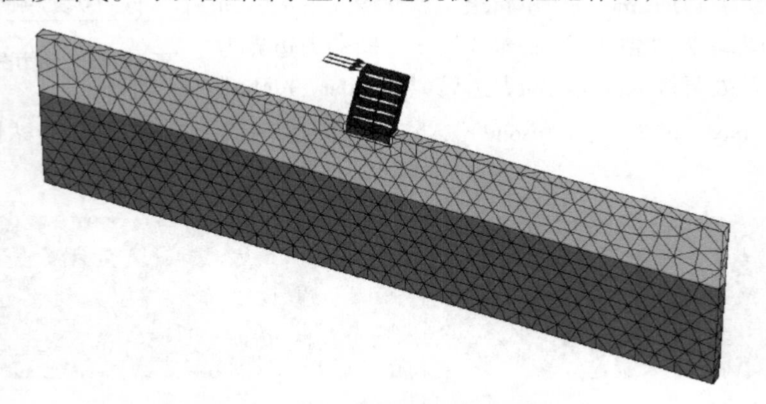

图 18-14　施加水平荷载后的变形网格

在“输出”程序中单击“[图标]”按钮打开“曲线管理器”，显示图 18-15 所示的时间-位移曲线图。在该曲线图上右击，从快捷菜单中选择“设置”选项，弹出“设置”窗口。单击进入“图表”选项卡，在下部的“动力”选项栏中选中“使用频率表示（谱）”，并选择“标准频率（Hz）”选项，单击“确定”按钮，显示结果如图 18-16 所示。通过该图可以评估出结构的主频率为 1Hz 左右。为了更好的展示结果，可以回到输出程序，选择生成动画视频。

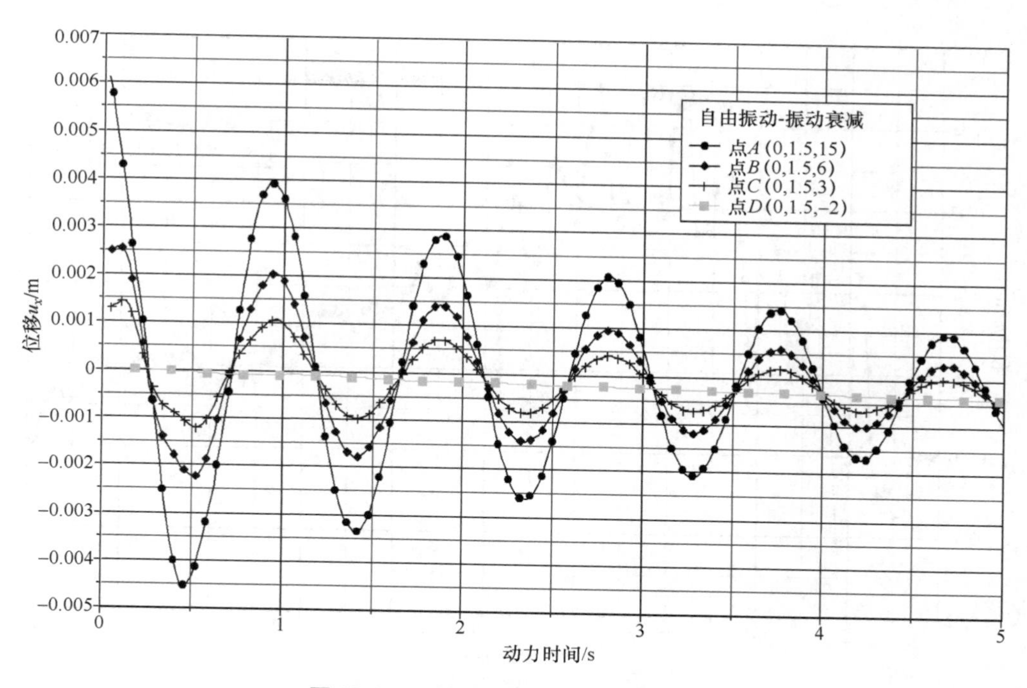

图 18-15　时间-位移曲线（自由振动）

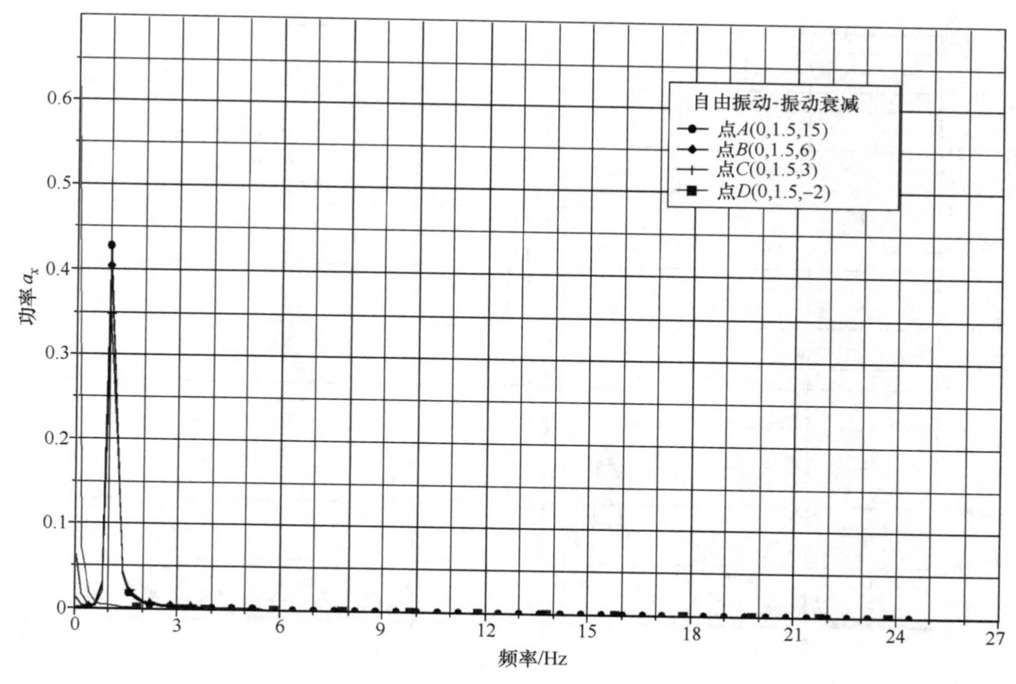

图 18-16　频率表示（谱-自由振动）

图 18-17 显示点 A（0，1.5，15）在地震作用中的时间-位移曲线，可以看出由于土体和建筑物中的阻尼作用，振动随时间缓慢衰减。地震加速度时程曲线可以通过快速傅里叶变换进行正交变换，如图 18-18 所示。

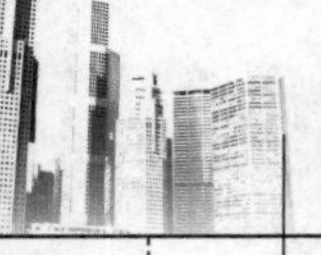

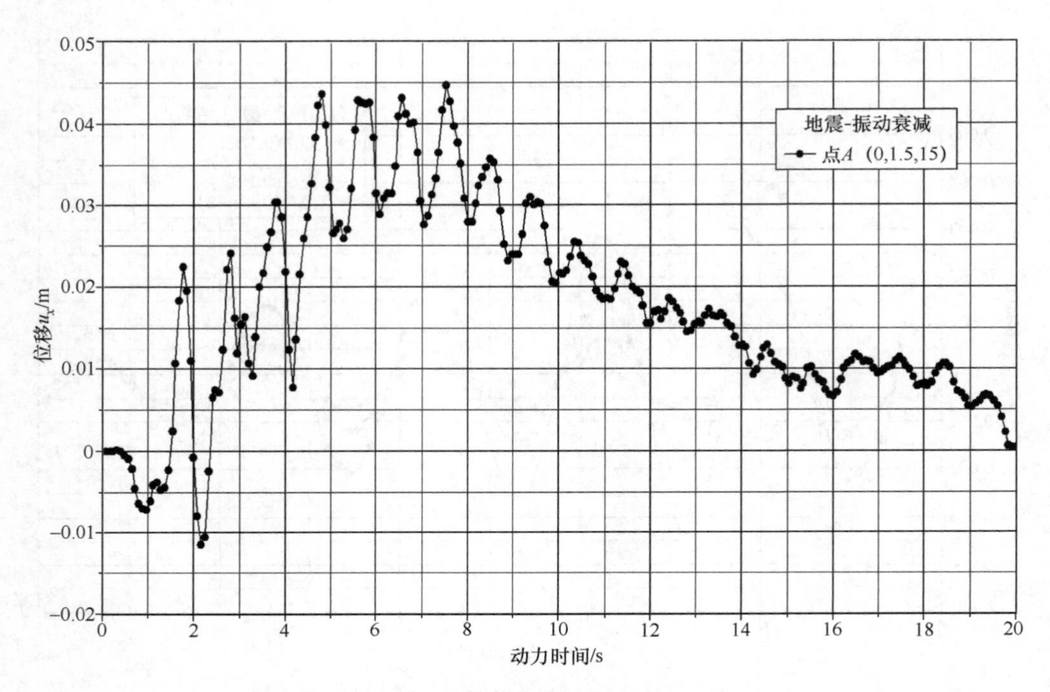

图 18-17　建筑物顶部点 *A* 的时间-位移曲线（地震）

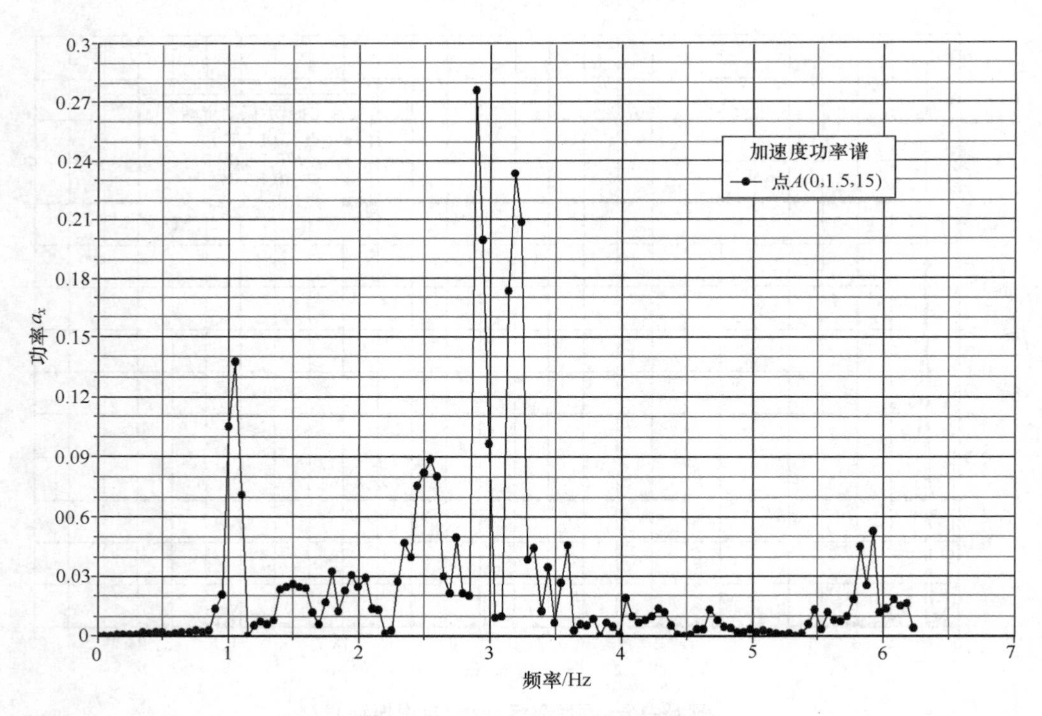

图 18-18　点 *A* 的加速度功率谱

附录

PLAXIS 3D程序安装指南

A.1 硬件要求

1. 操作系统

PLAXIS 软件可在使用 Windows® XP 专业版、Vista 商业版、Windows® 7 专业版和 Windows® 8 专业版等操作系统的计算机上运行。推荐使用 Windows® 7 专业版 64 位系统。

2. USB 接口

至少需有一个 USB 接口，供插入加密锁使用。

3. 显卡

要求：256 MB GPU，支持 OpenGL 1.3。

强烈建议避免使用过于简单的集成显卡，建议最好使用来自 NVIDIA GeForce 或 Quadro 的独立 GPU，要求至少 128 位总线和 1 GB RAM，或者是来自 ATI/AMD 的同等配置的解决方案。

4. 处理器

要求：双核 CPU。

推荐：四核 CPU。

5. 硬盘

要求至少 2GB 的空间用于 Windows 临时目录，另外还需要 2GB 的空间保存项目。一些大型项目可能需要更多的空间。为了获得最佳性能，需确保临时目录、项目目录驻留在同一个分区。

6. 随机存储内存（RAM）

推荐：至少 8GB。大型项目可能需要更多。

7. 视频模式

要求：1024 ×768 像素，32 位彩色。

推荐：1280 ×900 像素，32 位彩色。

8. 鼠标

要求具有两个或三个按钮，带有滚动轮的鼠标在显示输出数据的表格时比较有用。

9. 输出设备

图形化和表格化的输出结果可以在所有的激光或喷墨打印机上输出（包括彩色打印

机）。打印功能完全由 Windows®操作系统控制。

10. PC 网络

PLAXIS 软件分为单机版和网络版。单机版通过识别机器码与相应的计算机绑定，VIP 用户可以申请将一个单机版加密锁绑定到两台机器。PLAXIS 网络版可以是单节点或多节点。网络版只限制同时使用软件的数量（即节点数），而不受限于某一台计算机。另外，网络版程序只能在 Windows 操作系统下运行（包括工作站或服务器）。

A.2 程序的安装

PLAXIS 产品主要有两种形式，即单机版和网络版。单机版和网络版的安装不同主要体现在对加密锁的设置上。下文将以 PLAXIS 3D 2013 的安装为例，先讲述二者安装时共同的部分，然后再分别介绍单机版和网络版加密锁的设置方法。

A.2.1 软件的安装

PLAXIS 3D 程序的安装过程如下：

1）双击运行 PLAXIS 3D 程序安装文件“Plaxis 3D Setup_2013. exe”（见图 A-1），弹出提取文件窗口（见图 A-2），显示从程序安装包中提取文件的进度。

图 A-1 PLAXIS 3D 安装程序

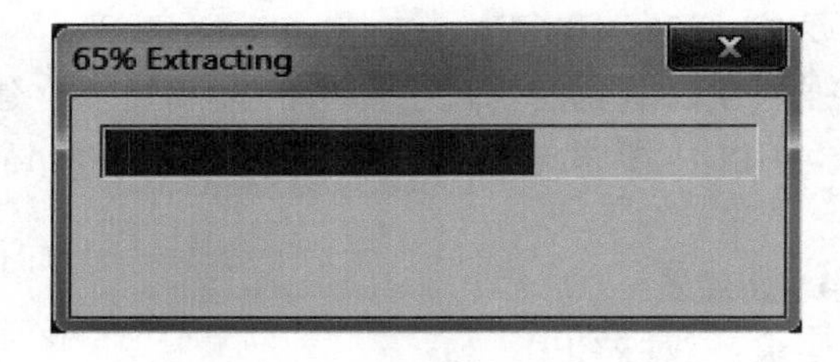

图 A-2 提取安装程序中的文件

2）提取文件完成后，自动弹出“Setup-PLAXIS 3D”程序安装向导界面（见图 A-3），单击“Next”按钮进入下一步。

3）选择程序安装目录（见图 A-4），并单击“Next”按钮进入下一步。

4）选择除 PLAXIS 3D 主程序之外还需安装的附加程序，如果在本机上是首次安装 PLAXIS 系列程序建议将本界面内的 4 个附加程序全部选中（见图 A-5，默认会全部选中），单击“Next”按钮进入下一步。

图 A-5 中所示的四个附加程序功能各有不同：

① 勾选第 1 项，安装“CodeMeter”，是运行 PLAXIS 3D 程序所必需的，用于管理加密锁。

② 勾选第 2 项，安装文件解压工具“7-zip”，用于将程序打包文件解压，如本机上已安装 WinRAR 或 WinZip 之类的文件管理程序，则可不必安装 7-zip。

③ 勾选第 3 项，安装“Plaxis Connect”，用于更新许可、升级程序版本和查看程序相关的新闻要点，是必须安装的。

④ 勾选第 4 项，注册 PLAXIS 3D 项目文件的扩展名，此项必须选中。

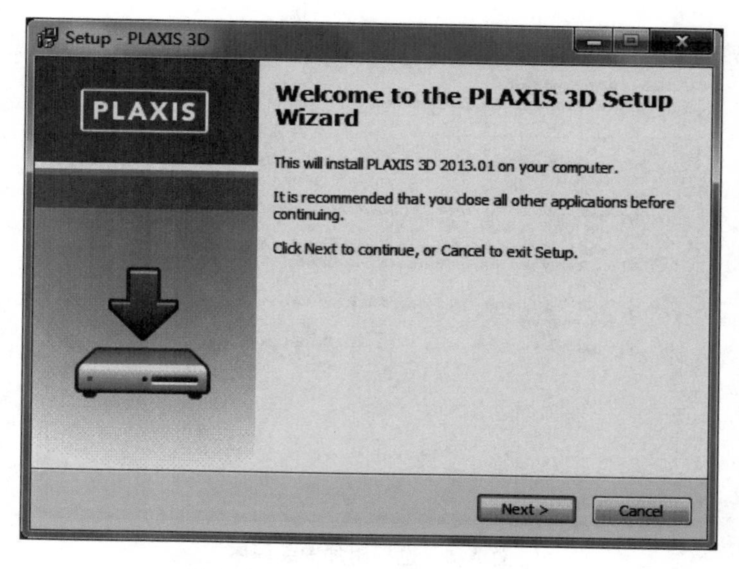

图 A-3 PLAXIS 3D 安装向导界面

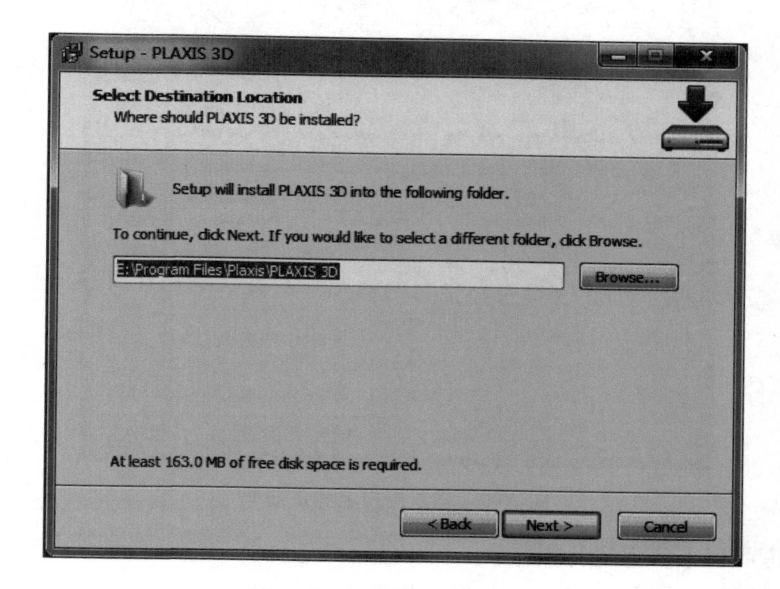

图 A-4 选择程序安装目录

5）输入用户名和注册码（见图 A-6），单击“Next”按钮，开始安装程序（见图 A-7）。

6）单击“Finish”按钮，结束安装（见图 A-8）。

A.2.2 加密锁驱动的安装

PLAXIS 3D 在进行程序安装时会不断查找软件包中的加密锁相关文件，因此在安装程序时需要插上加密锁。由于 PLAXIS 3D 主程序安装包中已经包含了加密锁管理程序 CodeMeter，因此正常情况下，在安装主程序时选中相应选项（见图 A-5）就可以自动完成加密锁驱动的安装。如果某些情况下，需要用户手动安装加密锁驱动，或者需要将加密锁驱动升级到最

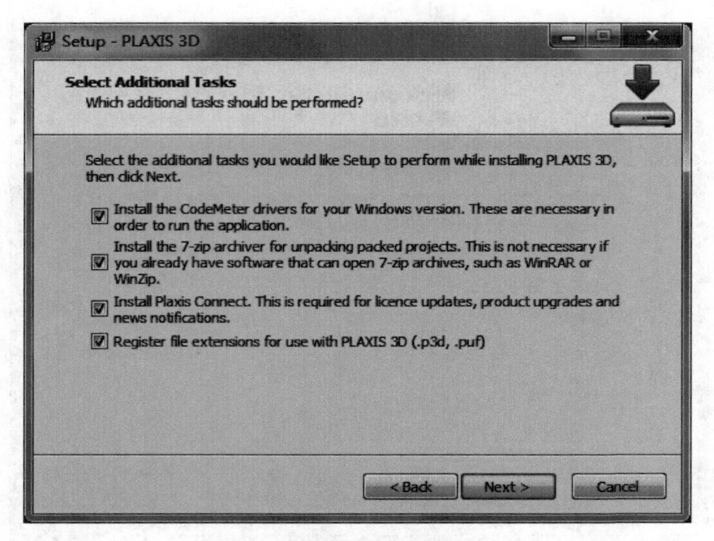

图 A-5　选择附加安装程序

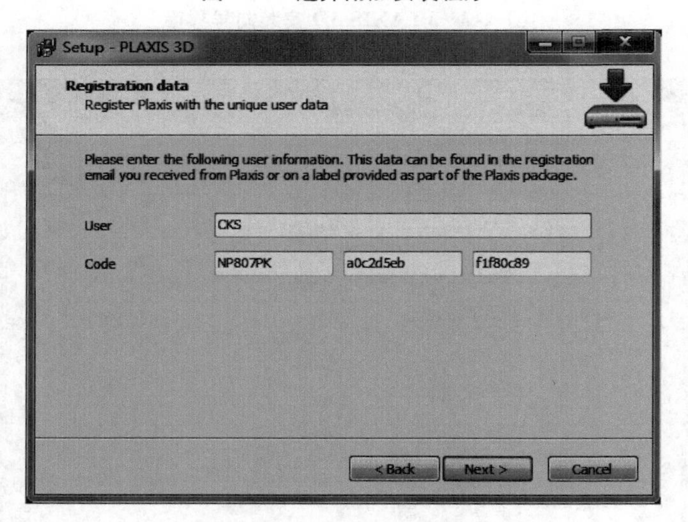

图 A-6　输入用户名和注册码

新版本时，可遵照以下步骤进行操作：

1）通过浏览器登录网址“http://kb.plaxis.nl/downloads/codemeter-drivers”。

2）在当前网页下找到 CodeMeter 安装程序下载链接，可直接单击用浏览器下载，或在该链接上右击使用下载工具下载。加密锁驱动会随着主程序版本的更新而随时更新，通常会分别提供适用于 32 位系统和 64 位系统的两种 CodeMeter 程序，用户可根据本地计算机系统选择下载。一般情况下，用户应保持本地计算机上的 CodeMeter 和 Connect 为最新版本，尤其是当更新 License 文件时，如果前者不是最新版本将无法更新许可。

3）下载完成后，双击该程序，按照提示完成 CodeMeter 的安装。

A.2.3　网络版设置

以下设置过程基于 CodeMeter 5.10a，CmStick 2.02。程序版本更新需连接国际互联网，

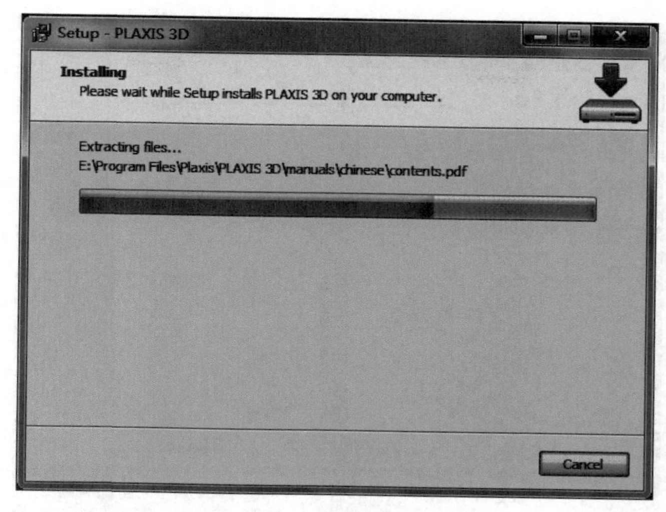

图 A-7 程序安装进度

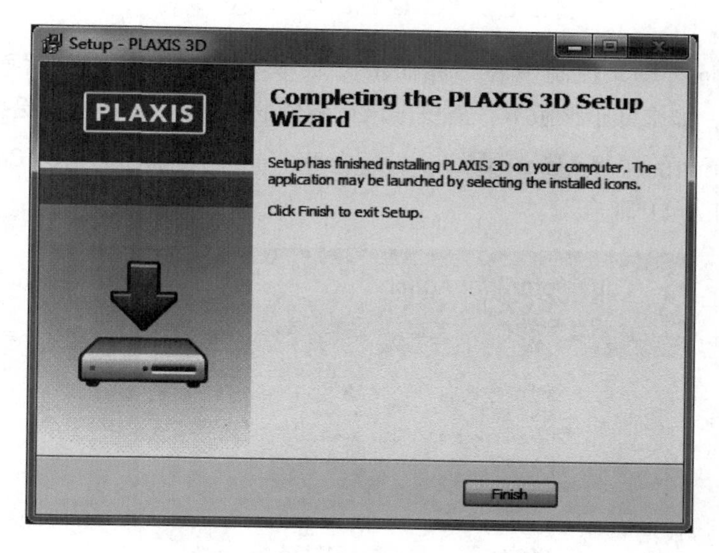

图 A-8 程序安装完成

其他版本设置方法与此类似。

1）在服务器上安装 PLAXIS 3D 程序（同时附带安装 CodeMeter 驱动，即选中图 A-5 中第一项）。（注：如不是最新版 CodeMeter，请通过 PLAXIS Connect 程序进行更新，或者按 A. 1. 2 所述方法手动下载最新版 CodeMeter 后安装。）

2）插上加密锁，在“开始”→“所有程序”中运行“CodeMeter”→“CodeMeter Control Center”，打开“CodeMeter 控制中心”界面，如图 A-9、图 A-10 所示。

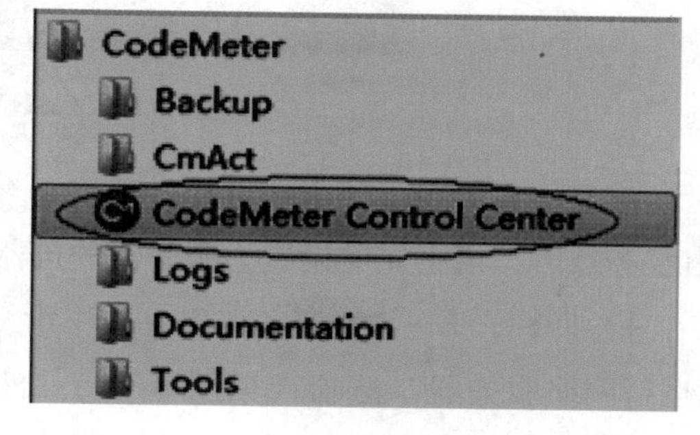

图 A-9 启动 CodeMeter Control Center

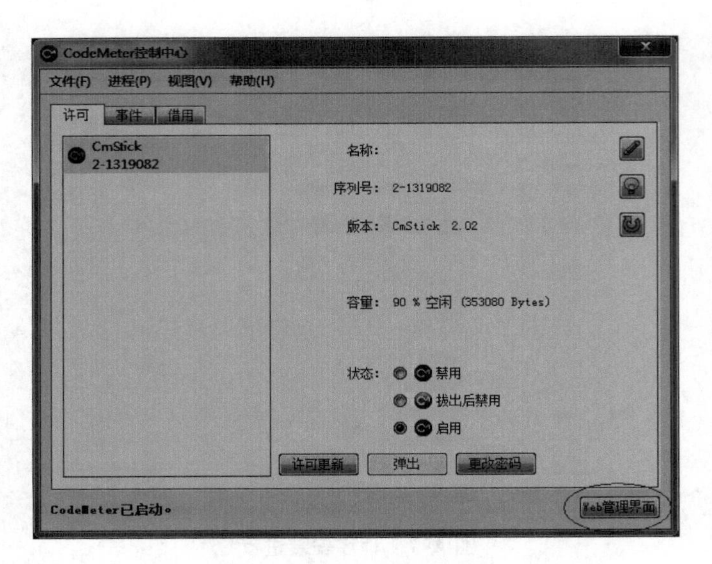

图 A-10 "CodeMeter 控制中心" 界面

首先确认"CodeMeter 控制中心"界面中"版本：CmStick 2.02"后面的数字为 2.02（或者更高版本），如果低于该版本，需单击该行右侧的" "按钮进行更新。

然后单击右下角的"Web管理界面"，自动在 Internet 浏览器中打开"CodeMeter WebAdmin"页面，如图 A-11 所示。

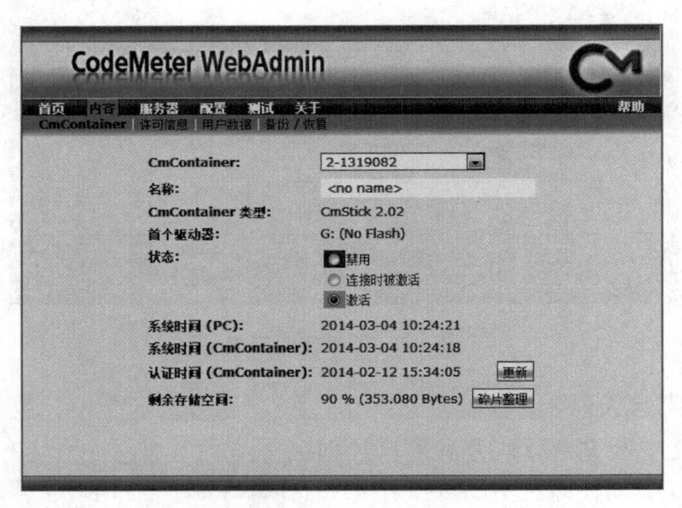

图 A-11 CodeMeter WebAdmin 页面

注意：不要同时将多台机器设置为服务器，以免搜索服务器时出现混乱（设置新机器为服务器后，请将先前设置为服务器的机器 IP 地址从服务器列表中移除）。

4）同样，在"配置"菜单下，单击"网络设置"按钮，进入服务器配置页面，选中"运行网络服务器"选项（见图 A-12），然后单击"添加"按钮，等候片刻，网络服务器设置完成。

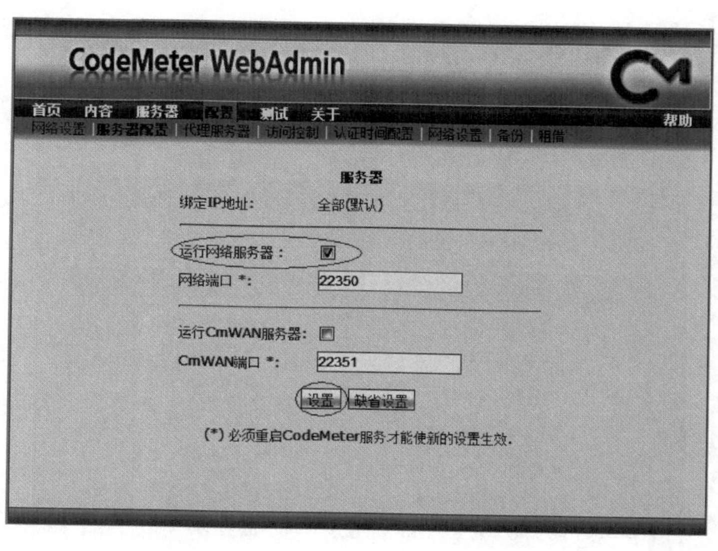

图 A-12 运行网络服务器

5）完成上述设置后，请先退出 CodeMeter（见图 A-13），然后再从 Windows 开始菜单中重新启动 CodeMeter，设置生效。

此时运行客户端程序，如果客户端提示找不到加密锁，则需要：打开客户端服务器列表，将服务器 IP 地址添加到客户端服务器列表中，如图 A-14 所示。

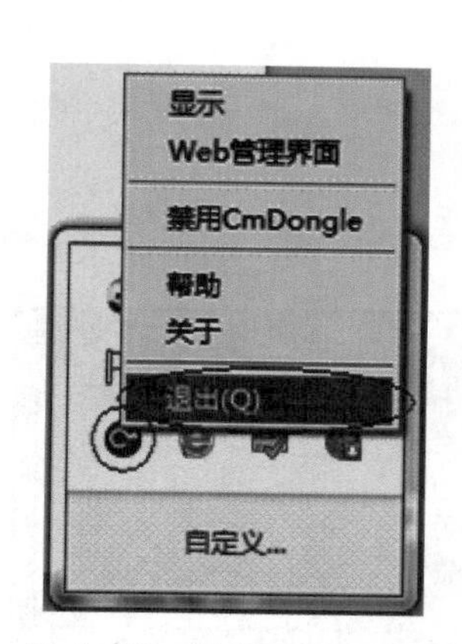

图 A-13 退出 CodeMeter

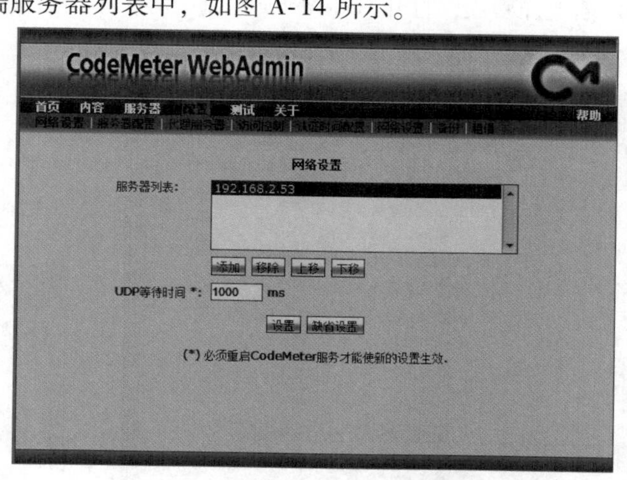

图 A-14 在客户端添加服务器的 IP 地址

注：该图中 192.168.2.53 为服务器 IP 地址。

A.3 查看加密锁的许可信息

1）插上加密锁，打开 CodeMeter，选择右下角的“Web 管理界面”，如图 A-10 所示。

2）单击“**内容**”菜单下的“**许可信息**”标签，进入许可信息页面，如图 A-15 所示，此时即可查看所使用加密锁的信息，如许可产品名称、过期日期、节点数量等。

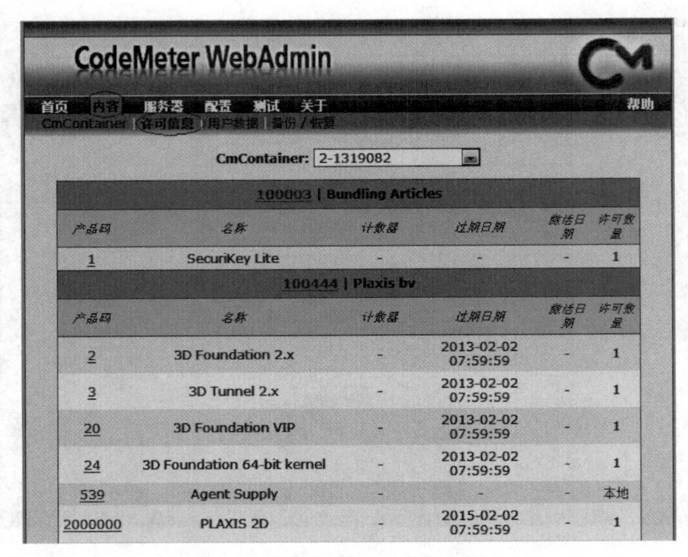

产品码	名称	计数器	过期日期	激活日期	许可数量
100003 | Bundling Articles					
1	SecuriKey Lite	-	-	-	1
100444 | Plaxis bv					
2	3D Foundation 2.x	-	2013-02-02 07:59:59	-	1
3	3D Tunnel 2.x	-	2013-02-02 07:59:59	-	1
20	3D Foundation VIP	-	2013-02-02 07:59:59	-	1
24	3D Foundation 64-bit kernel	-	2013-02-02 07:59:59	-	1
539	Agent Supply	-	-	-	本地
2000000	PLAXIS 2D	-	2015-02-02 07:59:59	-	1

图 A-15　查看加密锁许可信息

A.4　通过网络更新 License

1）插上加密锁，打开 CodeMeter 控制中心，单击右侧第三个按钮（见图 A-16 所示），更新 CmStick（见图 A-17），直到弹出提示信息 CM-Firmware 已是最新版本（见图 A-18）。

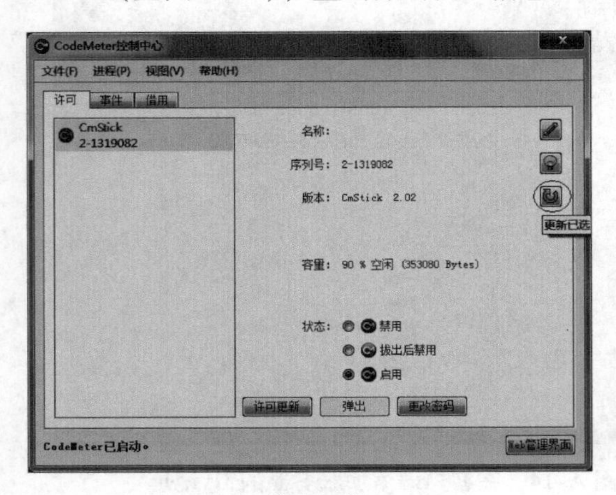

图 A-16　单击更新 CmStick

图 A-17　CmStick 更新过程

2）从 Windows 的“开始”⟶“所有程序”中运行“Plaxis”⟶“PLAXIS Connect”（见图 A-19），弹出“PLAXIS 连接”界面，单击“应用程序”标签，查看 PLAXIS Connect 是否为最新版本。如不是最新，请单击最新版本号右侧的“更新”按钮进行更新，更新成功后提示信息为：您的版本是最新的（见图 A-20）。

3）在“PLAXIS 连接”界面下，首先单击“CodeMeter”标签，查看 CodeMeter 是否为最新，如不是，单击最新版本右侧的“更新”按钮，直至更新后出现提示信息“您的版本是最新的”。

图 A-18 CmStick 更新成功

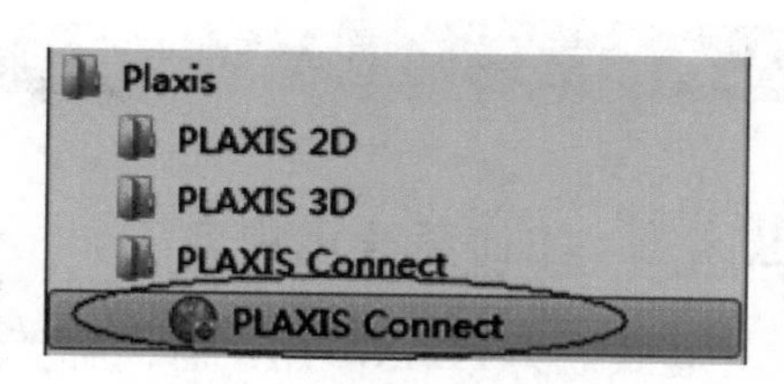

图 A-19 从开始菜单打开 PLAXIS Connect

4）单击“PLAXIS 连接”界面左上角的“刷新”按钮“ ”，刷新后界面下方许可信息框内将出现加密锁锁号及许可内容相关信息。单击加密狗 ID 右侧的“更新许可”按钮，弹出更新过程等待提示框（见图 A-21）。许可更新完成后，可在界面下方许可信息框内查看许可产品名称、许可数量、过期数据、激活状态等，如图 A-22 所示。

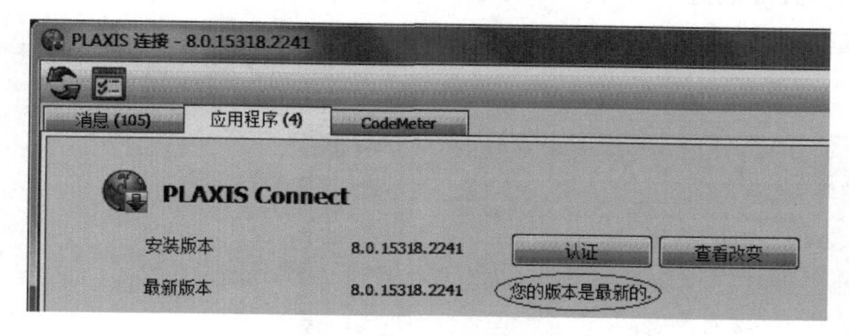

图 A-20 更新 PLAXIS Connect

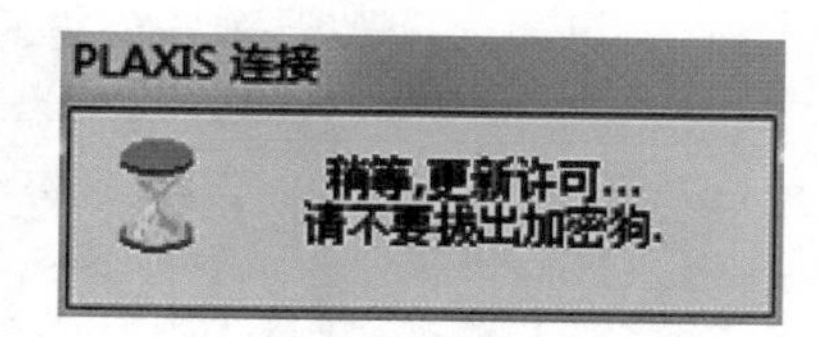

图 A-21 更新许可等待提示框

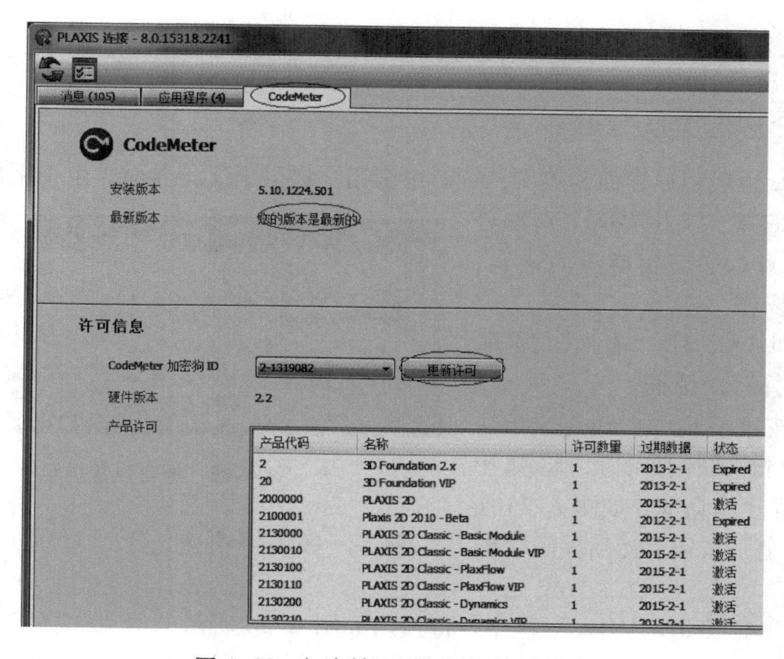

产品代码	名称	许可数量	过期数据	状态
2	3D Foundation 2.x	1	2013-2-1	Expired
20	3D Foundation VIP	1	2013-2-1	Expired
2000000	PLAXIS 2D	1	2015-2-1	激活
2100001	Plaxis 2D 2010 - Beta	1	2012-2-1	Expired
2130000	PLAXIS 2D Classic - Basic Module	1	2015-2-1	激活
2130010	PLAXIS 2D Classic - Basic Module VIP	1	2015-2-1	激活
2130100	PLAXIS 2D Classic - PlaxFlow	1	2015-2-1	激活
2130110	PLAXIS 2D Classic - PlaxFlow VIP	1	2015-2-1	激活
2130200	PLAXIS 2D Classic - Dynamics	1	2015-2-1	激活

图 A-22 加密锁许可更新及许可信息

A.5 常见问题及对策

A.5.1 如何更改用户名

正式成为 PLAXIS 用户后，需要将临时用户名和密码更改为本单位的相关信息。

以程序安装在 C 盘为例，程序安装目录为 C：\ Program Files \ PLAXIS \ PLAXIS 3D > userdef. puf。

可用写字板打开 userdef. puf 文件，通过复制、粘贴，将用户名和注册码更改为新的本单位的 license 文件中的用户名和注册码。注意：修改后的写字板内容，框架中的“竖线”、“加号”等符号应保持原有位置及格式。以北京金土木信息技术有限公司为例，用户名为“CKS”，注册码为“NP807PK a0c2d5eb f1f80c89”，则 userdef. puf 文件如图 A-23 所示。输出图片时会在图形底部标题栏内写入项目描述、项目名称及用户名等信息，如图 A-24 所示（见书后彩色插页）。当用户更改为本单位用户名后，图 A-24 中右下角一栏内的“CKS”将变更为用户本单位的用户名。

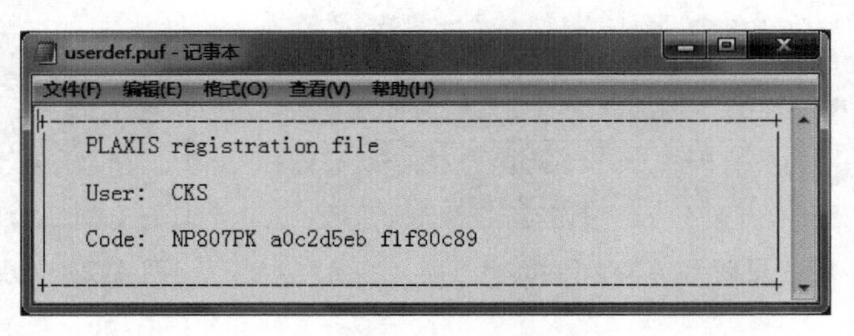

图 A-23　PLAXIS 用户的注册文件信息

A.5.2 如何切换语言

PLAXIS 3D 原版用户界面为英文，针对中国用户提供了汉化界面。由于用户对专业术语的理解可能有偏差，汉化界面个别部分可能不尽如人意。如需切换界面语言，可按下述方法操作：

1）运行 PLAXIS 3D“输入”程序，弹出“快速选择”对话框。

2）此时按下〈Ctrl + Alt + Shift + R〉键（即四键同时按下），将弹出“语言重置”提示信息框，如图 A-25 所示，单击“确定”按钮，然后关闭“输入”程序（关闭“快速选择”对话框，“输入”程序自动关闭）。

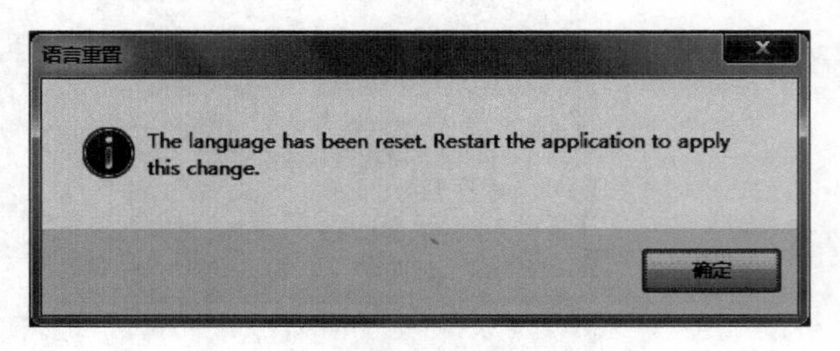

图 A-25　语言重置提示框

3）重启 PLAXIS 3D“输入”程序，将弹出如图 A-26 所示的语言选择提示框，选择所需语言种类，单击“OK”按钮，自动进入切换语言后的程序界面，切换界面语言操作完成。

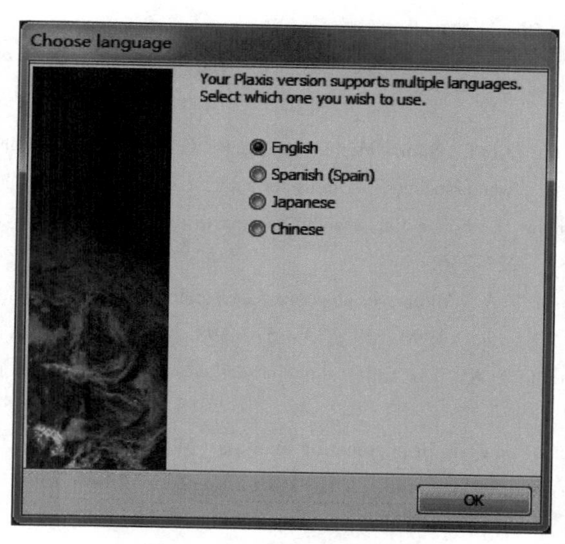

图 A-26 语言选择提示框

A.5.3 安装最新驱动后仍提示驱动过期

更新 CodeMeter 时，有些情况下可能会由于未完全删除旧版 CodeMeter 驱动相关文件，在安装最新 CodeMeter 后仍提示驱动过期。此时可按如下操作步骤手动卸载旧版驱动，然后再安装最新 CodeMeter。

1）完全退出 CodeMeter，可参见图 A-13。
2）重启计算机。
3）打开任务管理器，终止进程“CodeMeter. exe”、“CodeMeterCC. exe”。
4）在控制面板中删除所有 CodeMeter 程序。
5）安装最新的 CodeMeter 驱动。

参考文献

[1] Vermeer P A. Proc. 3rd Int. Conf. Num. Meth. Geomech [C]. Rotterdam: Balkema, 1979: 377-387.

[2] Vermeer P A, De Borst R. Non-associated plasticity for soils, concrete and rock [J]. HERON, 1984, 29 (3).

[3] Vermeer P A, Van Langen H. Soil collapse computations with finite elements [J]. Archive of Applied Mechanics, 1989, 59 (3): 221-236.

[4] Van Langen H, Vermeer P A. Automatic step size correction for non-associated plasticity problems [J]. Int. J. Numer. Meth. Engng., 1990, 29 (3): 579-598.

[5] Zienkiewicz O C, Cheung Y K. The finite element method in structural and continuum mechanics [M]. London: McGraw-Hill, 1967.

[6] Bathe K J. Finite element analysis in engineering analysis [M]. New Jersey: Prentice-Hall, 1982.

[7] Benz T, Schwab R, Vermeer P A, et al. A Hoek-Brown criterionwith intrinsic material strength factorization [J]. Int. J. of Rock Mechanics and Mining Sci., 2007, 45 (2): 210-222.

[8] Brinkgreve R B J, Bakker H L. In Proc. 7th Int. Conf. on Comp. Methods and Advances in Geomechanics [C]. Cairns, 1991: 1117-1122.

[9] CUR. Geotechnical exchange format for cpt-data [R]. Technical report, CUR, 2004.

[10] Brinkgreve R B J, Kappert M H, Bonnier P G. Numerical Models in Geomechanics-NUMOG X [C]. London: Taylor & Francis Group, 2007: 737-742.

[11] Goodman R E, Taylor R L, Brekke T L. A model for the mechanics of jointed rock [J]. Journal of Soil Mechanics & Foundations Div, 1968, 94 (sm3): 637-659.

[12] Schank O, Gärtner K. On fast factorization pivoting methods for symmetric indefinite systems [J]. Electronic Transactions on Numerical Analysis, 2006, 23: 158-179.

[13] Schank O, Wächter A, Hagemann M. Matching-based preprocessing algorithms to the solution of saddle-point problems in large-scale nonconvex interior-point optimization [J]. Computational Optimization and Applications, 2007, 36 (2-3): 321-341.

[14] Van Langen H. Numerical analysis of soil structure interaction [D]. The Netherlands: Delft University of Technology, 1991.

[15] Van Langen H, Vermeer P A. Interface elements for singular plasticity points [J]. Int. J. Num. Analyt. Meth. in Geomech., 1991, 15: 301-315.

[16] Zienkiewicz O C. The finite element method [M]. London: McGraw-Hill, 1977.

[17] Peschl G M. Institute for Soil Mechanics and Foundation Engineering [C]. Graz: Graz University of Technology, 2004.

[18] Adachi T, Oka F. Constitutive equation for normally consolidated clays based on elasto-viscoplasticity [J]. Soils and Foundations, 1982, 22: 57-70.

[19] Atkinson J H, Bransby P L. The mechanics of soils [M]. London: McGraw-Hill, 1978.

[20] Bjerrum L. Engineering geology of Norwegian normally-consolidated marine clays as related to settlements of buildings [J]. Seventh Rankine Lecture, Geotechnique, 1967, 17: 81-118.

[21] Bolton M D. The strength and dilatancy of sands [J]. Géotechnique, 1986, 36 (1): 65-78.

[22] Borja R I, Kavaznjian E. A constitutive model forthe σ-ε-t behaviour of wet clays [J]. Geotechnique, 1985, 35: 283-298.

[23] Brinkgreve R B J. Geomaterial models and numerical analysis of softening [D]. The Netherlands: Delft U-

niversity ofTechnology：1994.

[24] Buisman K. Proceedings of the First International Conference on Soil Mechanics and Foundation Engineering，Cambridge，Mass，1936 [C]. Mass：Harvard Printing Office，1965，1：103-107.

[25] Burland J B. The yielding and dilation of clay（Correspondence）[J]. Géotechnique，1965，15：211-214.

[26] Burland J B. Deformation of soft clay [D]. Cambridge：Cambridge University，1967.

[27] Drucker D C，Prager W. Soil mechanics and plastic analysis or limit design [J]. Quart. Appl. Math. 1952，10（2）：157-165.

[28] Duncan J M，Chang C Y. Nonlinear analysis of stress and strain in soil [J]. ASCE J. of the Soil Mech. and Found. Div.，1970，96：1629-1653.

[29] Fung Y C. Foundations of solid mechanics [M]. New Jersey：Prentice-Hall，1965.

[30] Janbu J. Proc. ECSMFE [C]. Wiesbaden：1963，1：19-25.

[31] Kondner R L. 2. Pan. Am. ICOSFE [C]. Brazil：1963，1：289-324.

[32] Schanz T，Vermeer P A. Angles of friction and dilatancy of sand [J]. Géotechnique，1996，46：145-151.

[33] Schanz T，Vermeer P A. Special issue on pre-failure deformation behaviour of geomaterials [J]. Géotechnique，1998，48：383-387.

[34] Schanz T，Vermeer P A，Bonnier P G. Beyond 2000 in Computational Geotechnics [C]. Rotterdam：Balkema，1999：281 - 290.

[35] Smith I M，Griffith D V. Programming the finite element method [M]. 2nd ed. U. K.：John Wiley & Sons，1982.

[36] Stolle D F E，Bonnier P G，Vermeer P A. In NUMOG VI [C]. Rotterdam：Balkema，1997：123-128.

[37] Vaid Y，Campanella R G. Time-dependent behaviour of undisturbed clay [J]. ASCE Journal of the Geotechnical Engineering Division，1977，103（GT7）：693-709.

[38] Vermeer P A，Stolle D F E，Bonnier P G. Proc. 9th Int. Conf. Comp. Meth. and Adv. Geomech [C]. Wuhan，China，1998，4：2469-2478.

[39] Kramer S L. Geotechnical earthquake engineering [M]. New Jersey：Prentice-Hall，1996.

[40] Das B M. Fundamentals of soil dynamics [M]. New York：Elsevier，1983

[41] Davis E H，Booker J R. The effect of increasing strength with depth on the bearing capacity of clays [J]. Geotechnique，1973，23（4）：551-563.

[42] Gibson R E. Some results concerning displacements and stresses in a non-homogeneous elastic half-space [J]. Geotechnique，1967，17：58-64.

[43] Mattiasson K. Numerical results from large deflection beam and frame problems analyzed by means of elliptic integrals [J]. Int. J. Numer. Methods Eng.，1981，17：145-153.

[44] 北京金土木软件技术有限公司. PLAXIS 岩土工程软件使用指南 [M]. 北京：人民交通出版社，2010.

[45] Brinkgreve R B J，Engin E，Swolfs W M，et al. PLAXIS 3D 2013 User's Manuals [M]. The Netherlands：Plaxis BV，Delft，2013.

[46] Brinkgreve R B J，Engin E，Swolfs W M，et al. PLAXIS 2D 2012 User's Manuals [M]. The Netherlands：Plaxis BV，Delft，2012.

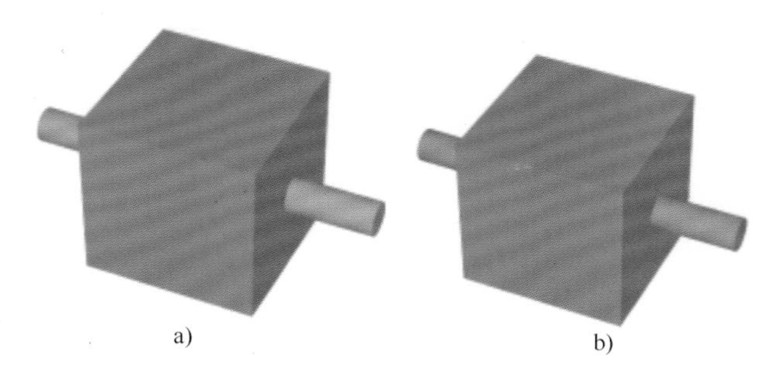

图 5-18　体合并举例

a）合并前　b）合并后

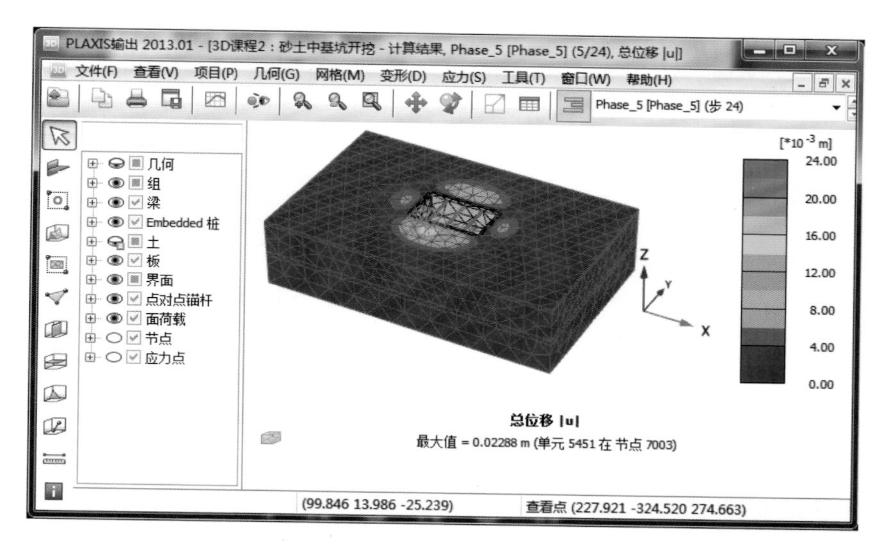

图 8-2　“输出”程序的主窗口

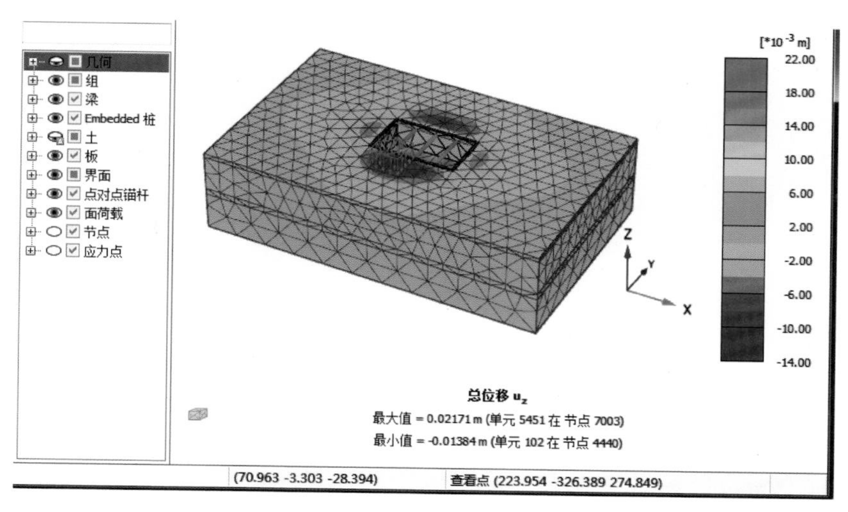

图 8-12　“输出”程序的显示区

图 8-15 “设置”窗口下的“颜色”选项卡

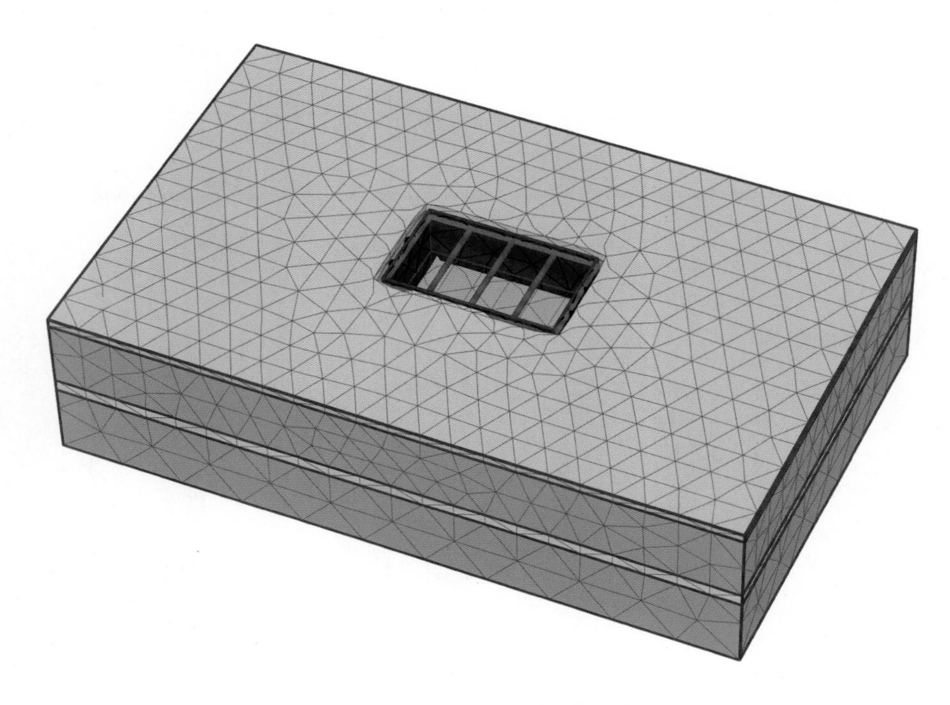

图 9-1 “单元关联图”示例

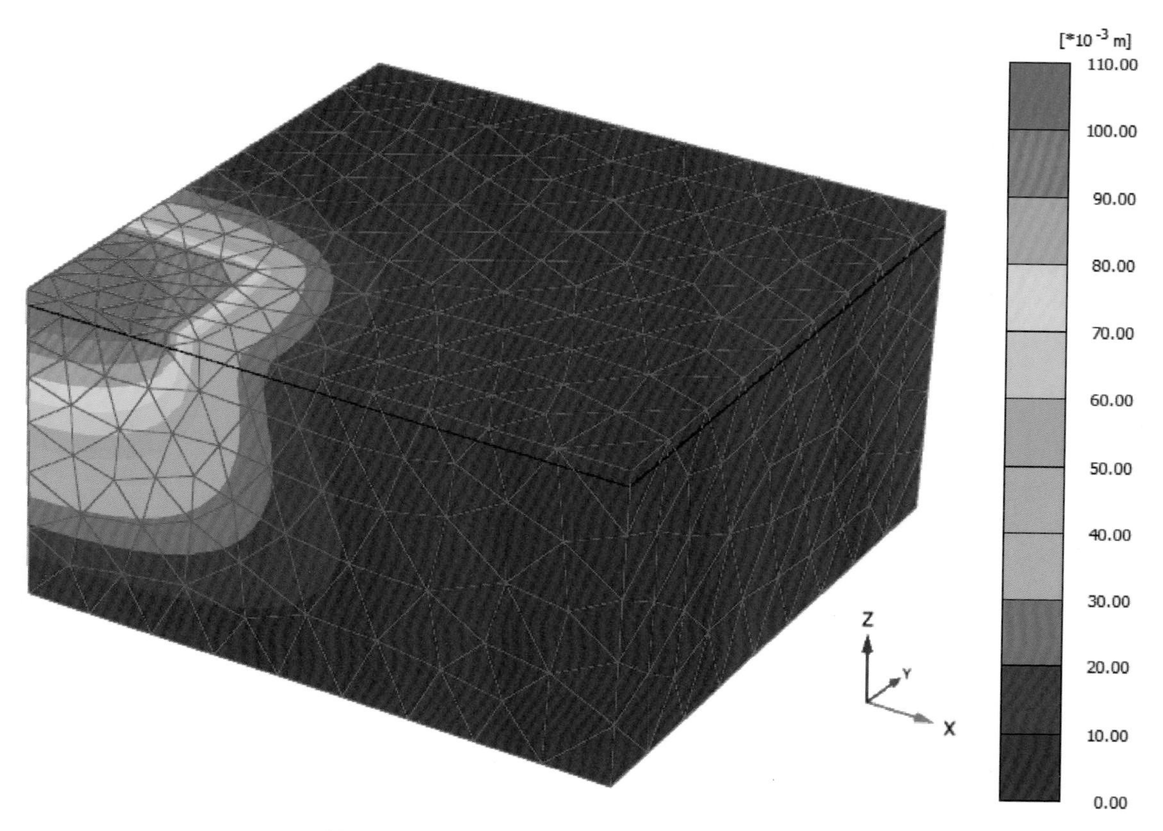

图 11-19 最后计算阶段的最终“总位移”云图

图 11-22 “总竖向位移”剖面图

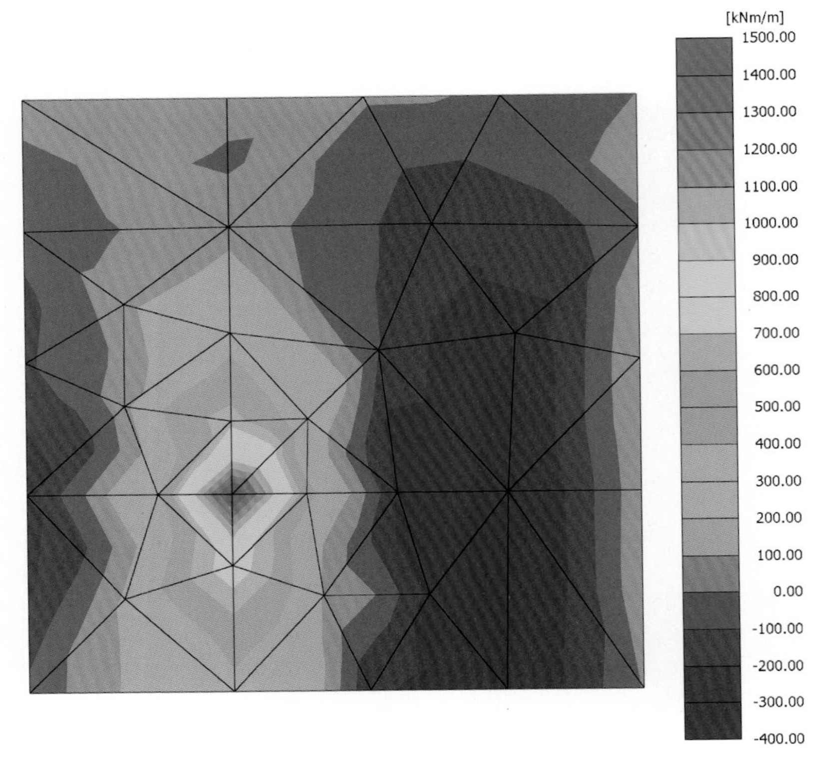

图 11-23　地下室底板弯矩

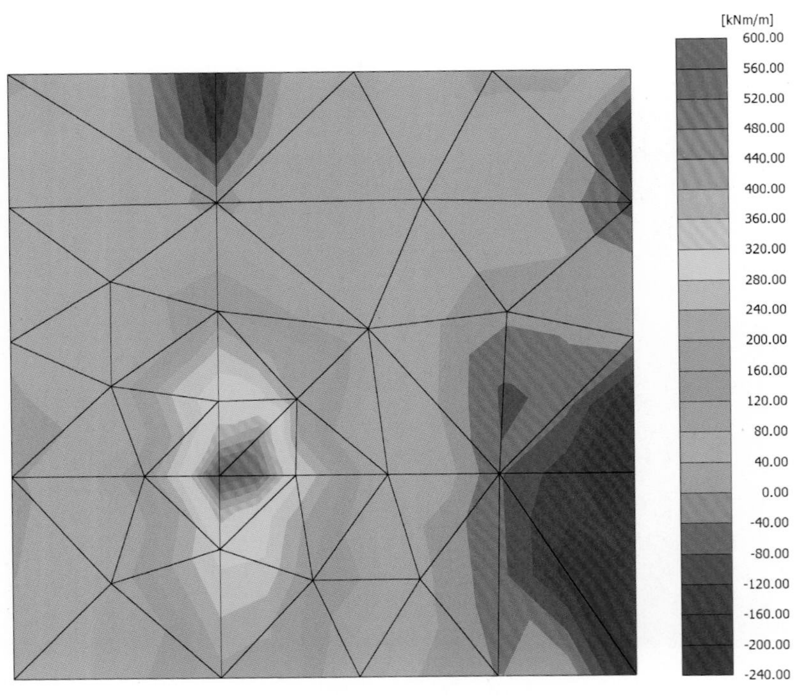

图 11-26　地下室底板中的弯矩

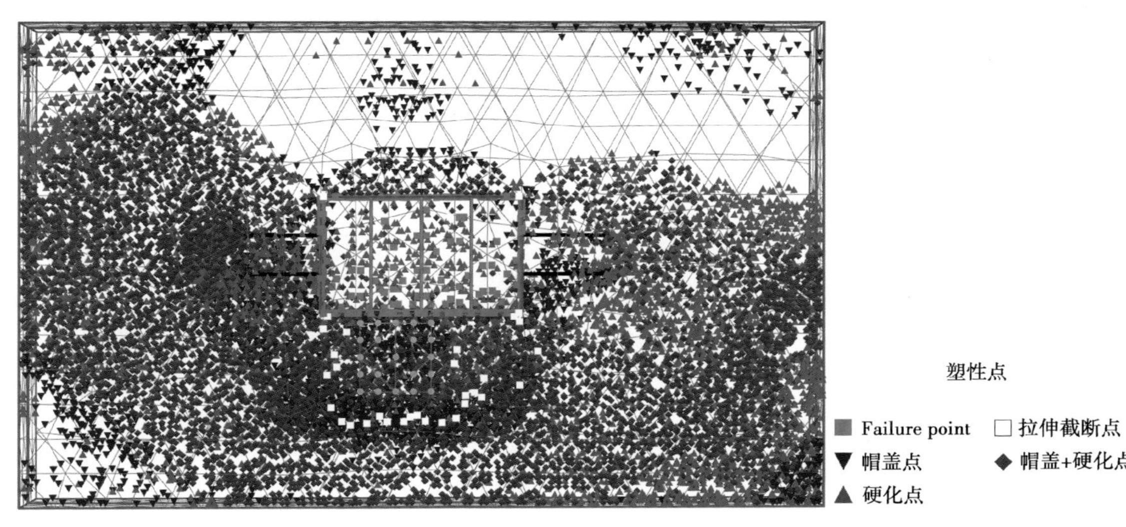

图 12-7　最后计算阶段计算结束后的塑性点

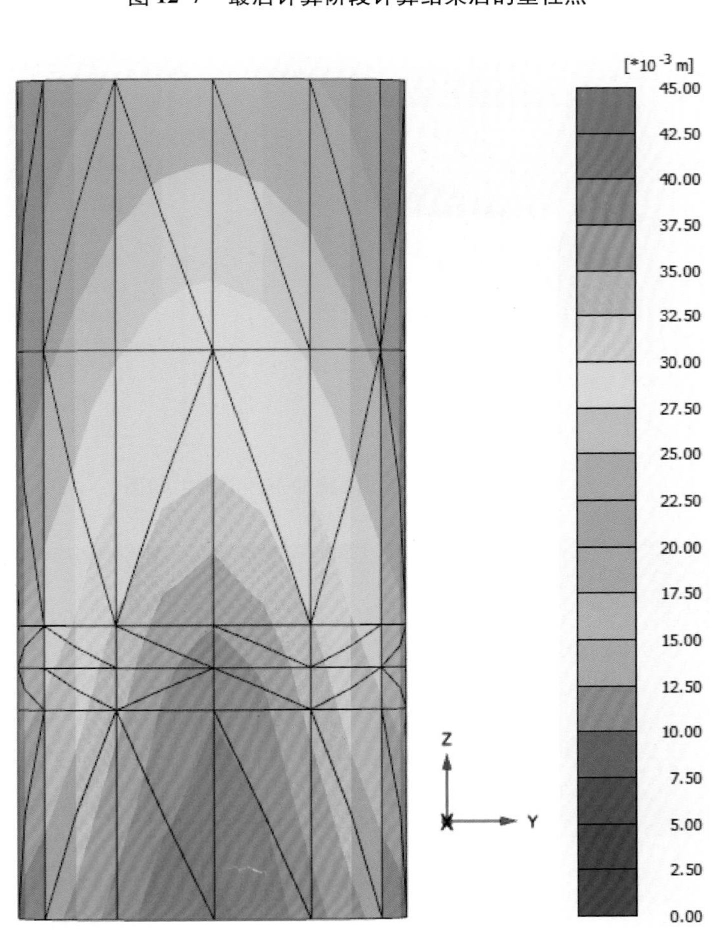

图 13-4　“阶段 2”吸力桩总位移

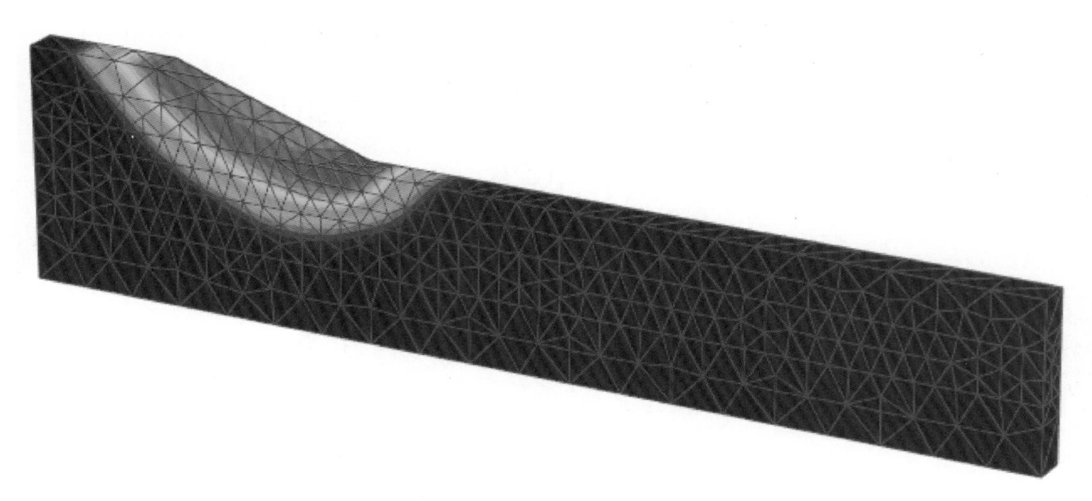

图 14-16　最后施工阶段中路堤总位移增量云图

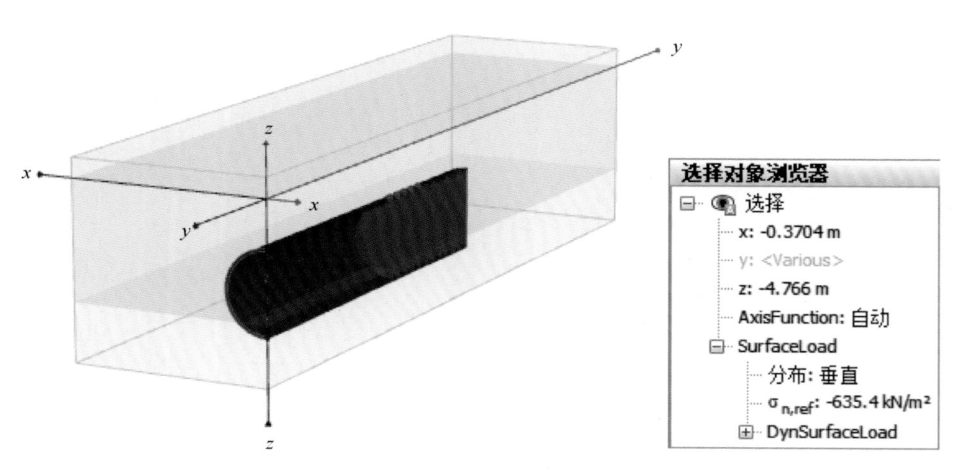

图 15-11　在模型中选择施加千斤顶推力的面

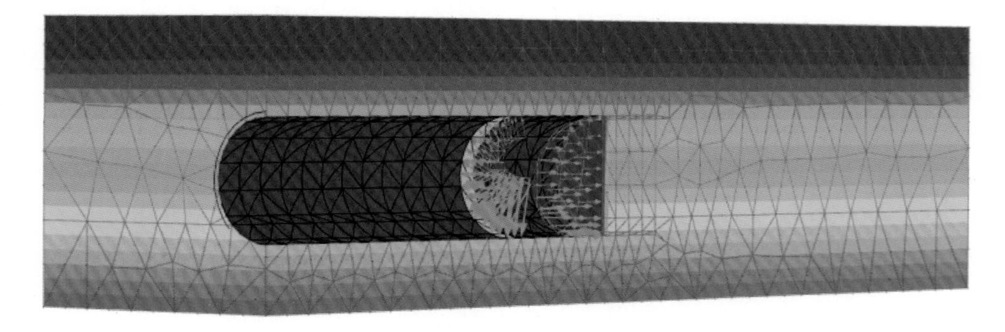

图 15-20　阶段一预览

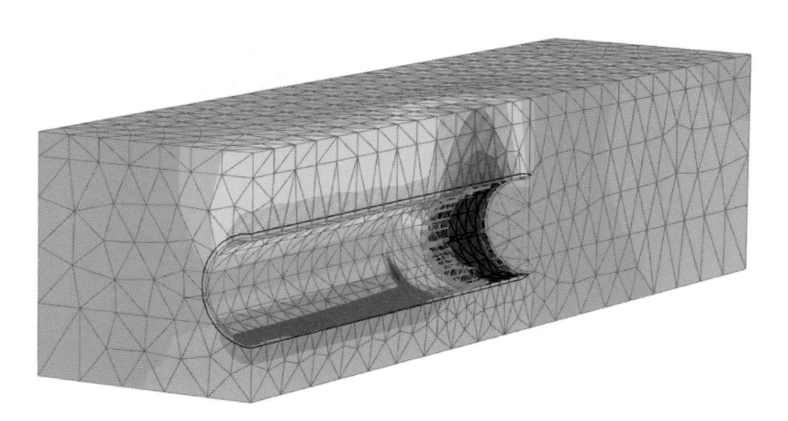

图 15-23　最后施工阶段后的总竖向位移

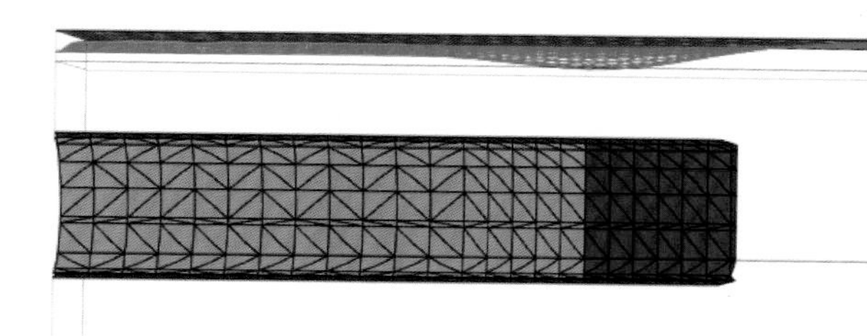

图 15-24　地表沉降变形

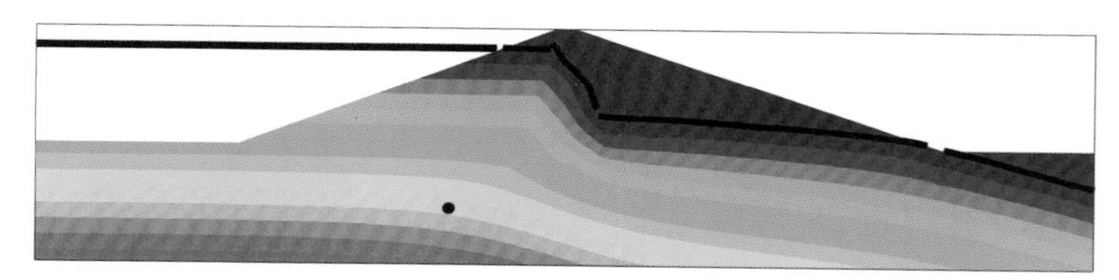

图 16-12　高库水位孔压分布（初始阶段：高水位）

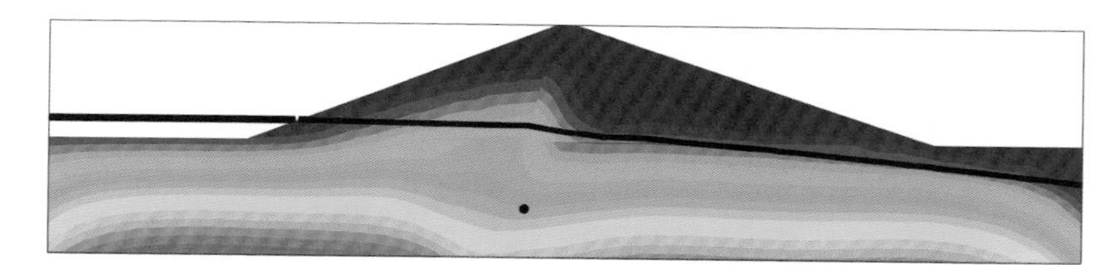

图 16-13　库水骤降后孔压分布（阶段 1：水位骤降）

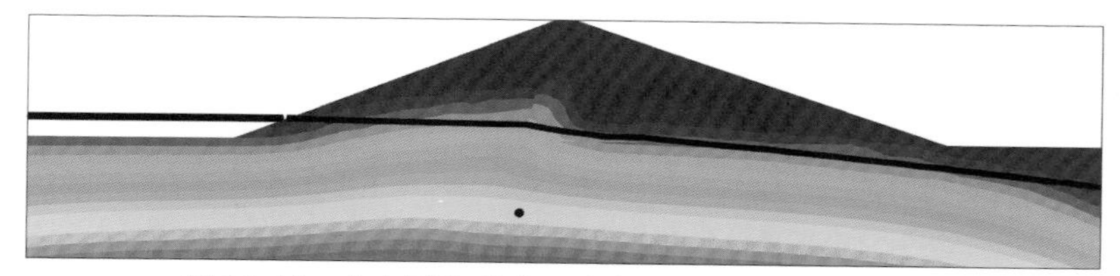

图 16-14　库水缓降后孔压分布（阶段 2：水位缓降）

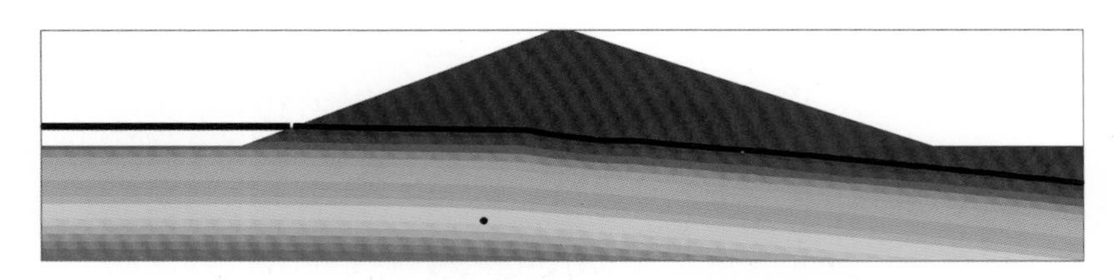

图 16-15　低库水位孔压分布（阶段 3：低水位）

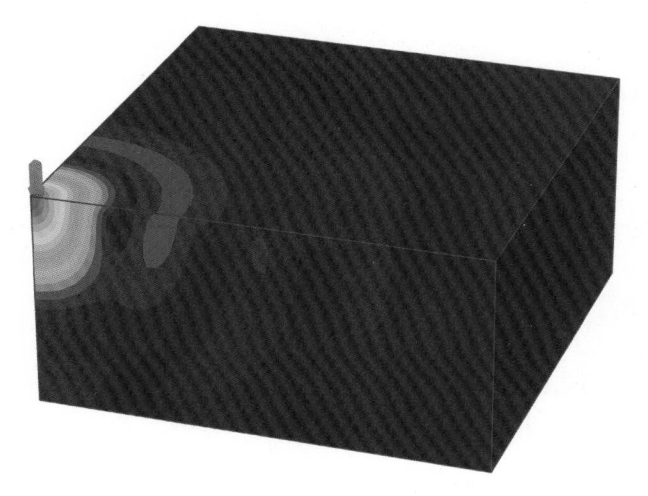

图 17-14　阶段 2 结束时土中总加速度（有阻尼）

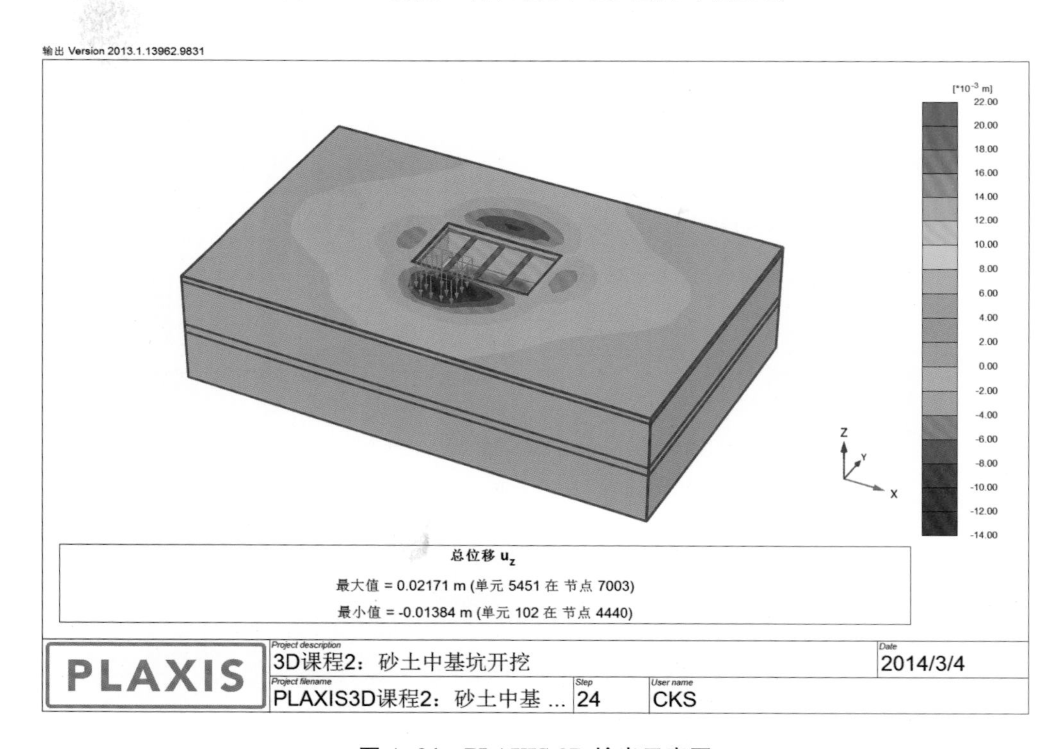

图 A-24　PLAXIS 3D 输出示意图